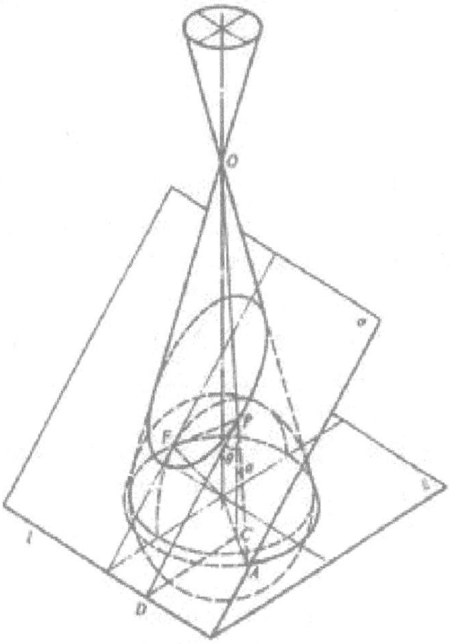

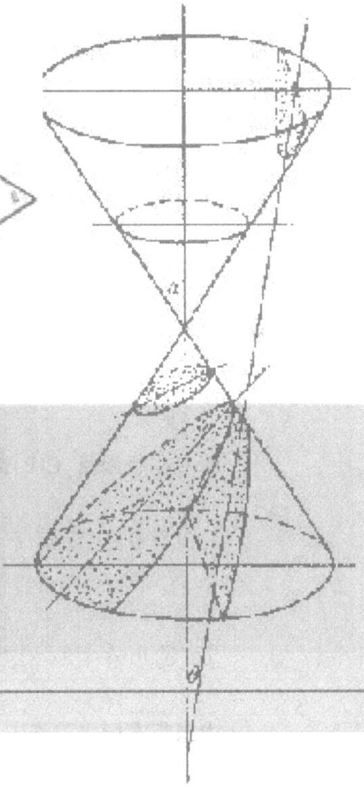

几何学概论

第2版

罗淼 严虹 廖义琴 编著

清华大学出版社

北 京

内 容 简 介

本书是顺应高等师范院校基础数学专业几何课程改革和中学数学课程改革的要求，以及高等院校师范认证的背景编写而成的。全书分为四个部分，其中第一部分的目的是使学生了解几何学发展简史和非欧几何的几种典型模型；第二部分主要讲解欧氏几何、二次曲线的度量性质与分类，以及古典微分几何初步；第三部分主要包括仿射坐标系、仿射平面与仿射变换，从仿射平面到射影平面，射影坐标系与射影变换，二次曲线的射影性质、仿射性质与相应分类，使学生理解和掌握仿射几何和射影几何的基本内容；第四部分主要介绍"大学几何"对"中学几何"的指导意义以及"大学几何"方法在"中学几何"中的应用，让读者通过本部分的学习为中学几何教学更好地服务。

本书可作为高等师范院校本科数学教育、数学与应用数学等专业的几何教材，也可作为在职中学数学教师的参考读本，还可作为数学爱好者，特别是几何爱好者的读本。

图书在版编目(CIP)数据

几何学概论/罗淼，严虹，廖义琴编著. —2版. —北京：清华大学出版社，2020.12(2025.1重印)
ISBN 978-7-302-56974-9

Ⅰ. ①几… Ⅱ. ①罗… ②严… ③廖… Ⅲ. ①几何学－高等师范院校－教材 Ⅳ. ①O18

中国版本图书馆 CIP 数据核字(2020)第 231835 号

责任编辑：刘　颖
封面设计：常雪影
责任校对：赵丽敏
责任印制：杨　艳

出版发行：清华大学出版社
　　网　　址：https://www.tup.com.cn，https://www.wqxuetang.com
　　地　　址：北京清华大学学研大厦A座　　**邮　　编**：100084
　　社 总 机：010-83470000　　**邮　　购**：010-62786544
　　投稿与读者服务：010-62776969，c-service@tup.tsinghua.edu.cn
　　质量反馈：010-62772015，zhiliang@tup.tsinghua.edu.cn
印 装 者：三河市人民印务有限公司
经　　销：全国新华书店
开　　本：185mm×260mm　　**印　张**：17　　**字　　数**：408千字
版　　次：2011年4月第1版　2020年12月第2版　　**印　　次**：2025年1月第3次印刷
定　　价：49.00元

产品编号：089944-01

第2版前言

本书是在2011年出版的《几何学概论》的基础上，结合教材使用实际与2017年教育部颁发《普通高等学校师范类专业认证实施办法》后开启的普通高等学校师范类专业的认证工作修订而成的。修订的主导思想是保持第1版的内容，增加了“古典微分几何初步”，放在本书的第4章，将第1版的第4章至第9章向后顺次变成第2版的第5章至第10章。同时为了教师和读者的方便，增加了“习题答案与提示”，其余的地方，根据使用教师的意见和建议，这在个别地方作了极少的修改。

本书的修订工作是经几位编著者共同策划、讨论和修改完成的，增加的“古典微分几何初步”由罗森编写。本书是贵州省本科高校一流大学专业建设点项目——数学与应用数学——教材建设的成果之一、也是国家级一流本科专业建设点项目——数学与应用数学——教材建设的成果之一、还是贵州省科技计划项目——黔科合基础[2019]1228号项目的成果之一。

本书在修订过程中，贵州师范大学王泽平副教授(博士)、张石梅副教授(博士)提出了很宝贵的意见和建议，在此表示衷心的感谢。本次修订工作得到了贵州师范大学数学科学学院领导的关心、支持和帮助，同时与清华大学出版社的领导和有关同志的支持也是分不开的，在此表示深切的谢意。还要特别感谢清华大学出版社刘颖编辑的辛勤付出，使得本书能顺利出版。

罗　森

2020年10月

第1版前言

高等师范院校数学教育专业开设的重要基础课程之中，几何课程主要有“解析几何”“高等几何”“微分几何”等。大多数学校的“高等几何”课本以射影几何为主要内容，并由仿射几何作为过渡，也有少数简单介绍了几何基础的内容。但也有学校只有“解析几何”是必修课程，“高等几何”“微分几何”均作为选修课。这主要是由于新课程的增加(如：信息类、新的实用技术类等)与总课程的压缩，使传统几何课程的教学学时不得不大大缩减；但中学数学对几何内容的要求并没有降低。由此可以看出高等师范数学教育的课程设置已经滞后于中学数学教育。

随着中学课程改革进程的不断深入，培养教师的高等师范教育被推到了非改不可的境地。高等师范数学课程改革中，几何课程内容与教学的改革又是历来数学教育改革的热点及争议较大的问题。本书——《几何学概论》正是顺应这个潮流进行高等师范数学教育专业几何课程改革的结果。同时，该书也是教育部高等学校特色专业建设点项目——数学与应用数学——教材建设的成果之一。

为了满足中学数学课程改革对几何课程的要求，我校将几何发展史、几何基础与射影几何等内容有机结合而设立了“几何学概论” 这门课程，为了配合教学，特地编写了《几何学概论》一书。其目的是使学生通过对该课程的学习，能较全面地了解几何学的发展概况、不同几何分支的研究方法，理解不同几何学的基本观点及思想方法，并用较高的观点去分析和处理中学几何的问题。

本书的宗旨是借助介绍历史学习几何，通过讨论变换来研究几何；运用“大学几何”指导“中学几何”。

本书分三个部分共 9 章：

第一部分(第 1,2 章)为几何学发展概述，主要介绍几何学发展简史和非欧几何的几种经典模型。学习该部分的目的是使学生对几何学的发展有一个较为完整和全面的认识，了解几何学的主要分支以及研究方法。

第二部分(第 3～7 章)是欧氏几何、仿射几何与射影几何，主要介绍射影几何和仿射几何的基础知识、基本理论和基本方法，希望帮助学生发展几何空间概念。我们还将解析几何中二次曲线的一般理论与仿射几何、射影几何放在一起，试图通过对二次曲线的度量、仿射与射影分类及性质的对比，使学生明确欧氏几何、仿射几何与射影几何之间的内在联系和根本区别，更好地理解变换群与几何学的关系，为进一步学好现代数学打好基础，同时也为中学数学教师的几何教学提供更多的方法。

第三部分(第8,9章)是“大学几何”与“中学几何”,主要介绍“大学几何”对“中学几何”的指导意义,以及“大学几何”方法在“中学几何”中的应用。目的在于引导学生用较高的观点理解“中学几何”教材,用不同的方法解决初等几何问题,从而培养他们的能力。这部分内容学生完全可以自学。

本教材由罗森、严虹和廖义琴编写,具体分工为:教材的第1,2章由严虹执笔;第3~7章由罗森执笔;第8,9章由廖义琴执笔。由罗森统稿。

使用本教材时,我们有如下建议:如果在解析几何中已经讲授了二次曲线的一般理论,则可跳过这部分内容,选讲其他内容。

本书的取材力求精练,突出主干,深入浅出,简明易懂。在阐述历史时,充分尊重历史事实,对一些内容作简明的历史知识介绍,另外,对于重要的历史人物以阅读材料的形式加以补充和充实。

在本书编写过程中,多次得到贵州师范大学数学与计算机科学学院全国高校教学名师项昭教授和贵州师范大学数学与计算机科学学院院长游泰杰教授的关心、支持、帮助和指导,他们提出了很多宝贵意见和建议。我们对项昭教授和游泰杰教授严谨的学风和认真的工作态度表示钦佩,并对他们为本书付出的辛勤劳动表示衷心的感谢!还要感谢清华大学出版社的领导和有关同志的大力支持和辛勤劳动,使得本书能顺利出版。

由于时间仓促,加之水平有限,不足与错误在所难免。恳请各位同行及广大读者提出宝贵意见,以便改正。

本书既可作为高等院校本科数学教育专业的几何教材,也可供在职中学数学教师作为参考读本。

编　者

2010年12月

目录

第一部分　几何学发展概述

第二部分 欧氏几何与微分几何

第三部分 仿射几何与射影几何

第四部分 “大学几何”与“中学几何”

第一部分

几何学发展概述

第1章

几何学发展简史

几何学是数学中最古老的一门学科。最初的几何知识是从人们对形的直觉中萌发出来的。史前人大概首先是从自然界本身提取出几何形式，并且在器皿制作、建筑设计及绘画装饰中加以再现。图1-1所示图片显示了早期人类的几何兴趣，不止是对圆、三角形、正方形等一系列几何形状的认识，而且还有对全等、相似、对称等几何性质的运用。

古埃及时期陶器

西安半坡陶器

图 1-1

根据古希腊学者希罗多德的研究，几何学起源于古埃及尼罗河泛滥后为整修土地而产生的测量法，它的英语名称geometry就是由geo(土地)与metry(测量)组成的。古埃及有专门人员负责测量事务，这些人被称为"司绳"。古代印度几何学的起源则与宗教实践密切相关，公元前8世纪至公元前5世纪形成的所谓"绳法经"，就是关于祭坛与寺庙建造中的几何问题及求解法则的记载。中国最早的数学经典《周髀算经》事实上是一部讨论西周初年天文测量中所用数学方法的著作，其中第一章叙述了西周开国时期(约公元前1000年)周公姬旦同商高的问答，讨论用矩测量的方法，得出了著名的勾股定理，并举出了"勾三、股四、弦五"的例子。

古希腊数学家泰勒斯曾经利用两三角形的等同性质，做了间接的测量工作；毕达哥拉斯学派则以勾股定理等著名。在埃及产生的几何学传到希腊，然后逐步发展起来而变为理论的数学。哲学家柏拉图(公元前427—前347年)对几何学做了深奥的探讨，确立起今天几何学中的定义、公设、公理、定理等概念，而且树立了哲学与数学中的分析法与综合法的概念。此外,梅内克缪斯(约公元前 340 年)已经有了圆锥曲线的概念。

1 欧几里得与《原本》

1.1 《原本》产生的历史背景

欧几里得的《原本》①是一部划时代的著作。其伟大的历史意义在于它是用公理法建立起演绎体系的最早典范。它的出现不是偶然的,在它之前,已有许多希腊学者做了大量的前驱工作。从泰勒斯算起,已有三百多年的历史。泰勒斯是希腊第一个哲学学派——伊奥尼亚学派的创建者。他力图摆脱宗教,从自然现象去寻找真理,对一切科学问题不仅回答"怎么样?"还要回答"为什么这样?"他对数学的最大贡献是开始了命题的证明,为建立几何的演绎体系迈出了可贵的第一步。

接着是毕达哥拉斯学派,用数来解释一切,将数学从具体的事物中抽象出来,建立自己的理论体系。他们发现了勾股定理,不可通约量,并知道五种正多面体的存在,这些后来都成为《原本》的重要内容。这个学派的另一特点是将算术和几何紧密联系起来,为《原本》中算术几何化提供了线索。

希波战争(古代希腊同波斯的战争)以后,雅典成为人文荟萃的中心。雅典的巧辩学派提出几何作图的三大问题:①三等分角;②倍立方体——求作一立方体,使其体积等于已知立方体体积的两倍;③化圆为方——求作一正方形,使其面积等于一已知圆。问题的难处是作图只许用直尺(没有刻度,只能画直线的尺)和圆规。希腊人的兴趣并不在于图形的实际作出,而是在尺规的限制下从理论上去解决这些问题。这是几何学从实际应用向演绎体系靠拢的又一步。作图只能用尺规的限制最先是伊诺皮迪斯提出的,后来《原本》用公设的形式规定下来,于是成为希腊几何的金科玉律。

巧辩学派的安提丰为了解决化圆为方问题,提出颇有价值的"穷竭法",孕育着近代极限论的思想。后来经过欧多克斯的改进,使其严格化,成为《原本》中的重要证明方法。埃利亚学派的芝诺提出四个著名的悖论,迫使哲学家和数学家深入思考无穷的问题。无穷历来是争论的焦点,在《原本》中,欧几里得实际上回避了这一矛盾。例如第 9 卷 20 命题说:"素数的个数比任意给定的素数都多。"而不用我们现在更简单的说法:素数无穷多。只说直线是可任意延长而不是无限长。

原子论学派的德谟克利特用原子法得到的结论:锥体体积是同底等高柱体的$\frac{1}{3}$,后来也是《原本》中的重要命题。

柏拉图学派的思想对欧几里得无疑产生过深刻的影响,欧几里得早年大概就是这个学派的成员。柏拉图非常重视数学,特别强调数学在训练智力方面的作用,而忽视其实用价值。他主动通过几何的学习培养逻辑思维能力,因为几何能给人以强烈的直观印象,将抽象

---

① "原本"的希腊文原意是指一学科中具有广泛应用的最重要的定理。1606 年,中国学者徐光启与意大利传教士利玛窦合作完成了欧几里得的《原本》前 6 卷的中文翻译,并于翌年正式刊刻出版,定名《几何原本》,中文数学名词"几何"由此而来。清代李善兰与传教士伟烈亚力合译余下的部分成中文,于 1856 年完成。

的逻辑规律体现在具体的图形之中。这个学派的重要人物欧多克斯创立了比例论，用公理法建立理论，使得比例也适用于不可通约量。《原本》第5卷比例论大部分采自欧多克斯的工作。

柏拉图的门徒亚里士多德是形式逻辑的奠基者，他的逻辑思想为日后将几何整理在严密的体系之中创造了必要的条件。

到公元前4世纪，希腊几何学已经积累了大量的知识，逻辑理论也渐臻成熟，由来已久的公理化思想更是大势所趋。这时，形成一个严密的几何结构已是"山雨欲来风满楼"了。

建筑师没有创造木石砖瓦，但利用现有的材料来建成大厦也是一项不平凡的创造。公理的选择，定义的给出，内容的编排，方法的运用以及命题的严格证明，都需要有超凡的智慧并要付出巨大的劳动。从事这一宏伟工程的并不是个别的学者，在欧几里得之前已有好几个数学家做过这种综合整理工作，如希波克拉底、勒俄、修迪奥斯等。但经得起历史风霜考验的，只有欧几里得的《原本》。在漫长的历史岁月里，它历经沧桑而没有被淘汰，表明它有顽强的生命力。

1.2 《原本》的结构与内容

欧几里得(活动于约公元前300年)，古希腊数学家。以其所著的《原本》闻名于世。关于他的生平，现在知道的很少。早年大概就学于雅典，深知柏拉图的学说。公元前300年左右，在托勒密王(公元前364—前283年)的邀请下，来到亚历山大，长期在那里工作。他是一位温良敦厚的教育家，对有志数学之士，总是循循善诱。但反对不肯刻苦钻研、投机取巧的作风，也反对狭隘实用观点。

据普罗克洛斯记载，托勒密王曾经问欧几里得，除了他的《原本》之外，还有没有其他学习几何的捷径。欧几里得回答说："在几何里，没有专为国王铺设的大道。"这句话后来成为传诵千古的学习箴言。斯托贝乌斯记载了另一则故事，说一个学生才开始学第一个命题，就问欧几里得学了几何学之后将得到些什么。欧几里得说：给他三个钱币，因为他想在学习中获得实利。

欧几里得将公元前7世纪以来希腊几何积累起来的丰富成果整理在严密的逻辑系统之中，使几何学成为一门独立的、演绎的科学。除了《原本》之外，他还有不少著作，可惜大都失传。《已知数》是除《原本》之外唯一保存下来的他的希腊文纯粹几何著作，体例和《原本》前6卷相近，包括94个命题，指出若图形中某些元素已知，则另外一些元素也可以确定。《图形的分割》现存拉丁文本和阿拉伯文本，论述用直线将已知图形分为相等的部分或成比例的部分。《光学》是早期几何光学著作之一，研究透视问题，叙述光的入射角等于反射角，认为视觉是眼睛发出光线到达物体的结果。还有一些著作未能确定是否属于欧几里得，而且已经散失。

为了纪念欧几里得这位为人类的数学事业做出巨大贡献的学者，许多数学名词都以欧几里得的名字命名，如欧几里得几何、欧几里得空间、欧几里得公理、欧几里得距离、欧几里得复形、欧几里得联络、欧几里得算法、欧几里得型、欧几里得多面体、欧几里得单纯复形等。

希腊文化以柏拉图学派的时代为顶峰，以后逐渐衰落，而埃及的亚历山大学派则渐渐繁荣起来，它长时间成了文化的中心。古希腊数学家欧几里得把至希腊时代为止所得到的数学知识集其大成，编成13卷的《原本》，这就是直到今天仍广泛地作为几何学的教学参考书使用下来的欧几里得几何学(简称欧氏几何)。

欧几里得

图　1-2

图　1-3

《原本》是一部划时代的著作,是最早用公理法建立起演绎数学体系的典范。古希腊数学的基本精神,是从少数的几个原始假定(定义、公设[①]、公理)出发,通过逻辑推理,得到一系列命题。这种精神,充分体现在欧几里得的《原本》中。公元前7世纪以来,希腊几何学已积累了相当丰富的知识,在欧几里得以前,已有希波克拉底(公元前5世纪下半叶)、修迪奥斯(公元前4世纪)等学者做过综合整理工作,想将这些零散的材料组织在严密的逻辑系统之中,但都没有成功。当欧几里得集前人之大成的《原本》出现的时候,这些工作都湮没无闻了。

在印刷本出现之前,《原本》各种文字的手抄本已流传了1700多年,以后又以印刷本的形式出了1000多版。从来没有一本科学书籍像《原本》那样长期成为广大学子传诵的读物。古希腊的海伦、帕普斯、辛普利休斯等人都做过注释。亚历山大的赛翁提出一个修订本,对正文作了校勘和补充。这个本子成为后来所有流行的希腊文本和译本的蓝本,一直到19世纪初,才在梵蒂冈发现早于赛翁的希腊文手抄本。

《原本》全书共分13卷[②],包括有5条公理、5条公设、119个定义和465条命题。以下简要介绍《原本》的内容。第1卷首先给出23个定义。如“点是没有部分的”,“线有长无宽”,等等。还有平面、直角、垂直、锐角、钝角、圆、直径、等腰三角形、等边三角形、菱形、平行线等定义。接着是5个公设,前4个很简单:

公设1　任两点可连一线;

公设2　直线可任意延长;

公设3　以任何中心、任何半径可作一圆;

公设4　凡直角都相等。

第五个就是著名的欧几里得第五公设:“如果一直线和两直线相交,所构成的同旁内角

① 欧几里得在这里采用了亚里士多德对公理和公设的区分。亚里士多德深入研究了作为数学推理的出发点的基本原理,并将它们区分为公理和公设。他认为公理是一切科学公有的真理;而公设则是为某一门科学所接受的第一性原理。

② 欧几里得的原著只有13卷,而14,15卷是后人添加上去的。一般认为第14卷出自普西克勒斯之手,15卷是6世纪时达马斯基乌斯所著。

和小于两直角，那么，把这两直线延长，它们一定在那两内角和小于两直角的一侧相交。”这个公设比其他四个复杂得多，而且并不那么显而易见，因此引起长达2000多年的争论，最后导致非欧几里得几何学的产生。

公设之后是5个公理：

公理1 等于同量的量彼此相等；

公理2 等量加等量，和相等；

公理3 等量减等量，差相等；

公理4 彼此重合的图形是全等的；

公理5 整体大于部分。

近代数学不区分公设与公理，凡是基本假定都叫公理。《原本》后面各卷不再列出其他公理。这一卷在公理之后给出48个命题，包括三角形的角与边、垂线、平行线、平行四边形等命题。下面给出其中的几个命题。

命题1 在给定线段上作一等边三角形。

证明是简单的(如图1-4所示)。以 A 为中心以 AB 为半径作圆。以 B 为中心以 AB 为半径作圆。设 C 是一个交点，ABC 便是所求的三角形。

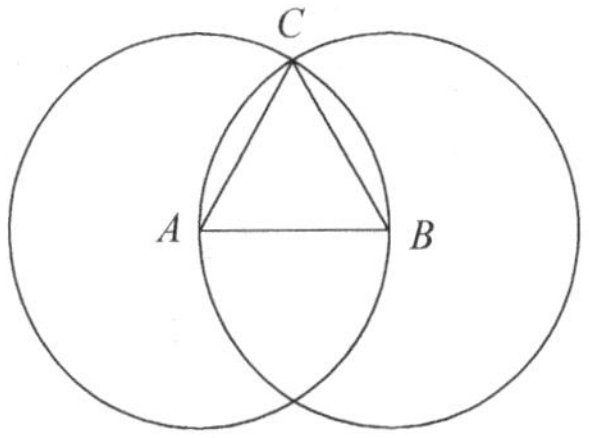

图 1-4

命题2 过一已知点(作为一个端点)作一直线段使之等于一已给直线段。

命题4 若两个三角形的两边和夹角对应相等，它们就全等。

证法是把一个三角形放到另一个三角形上，指明它们必须重合。

命题5 等腰三角形两底角相等。

书中证法比目前许多中学课本中的好(如图1-5所示)，因后者在这一阶段就假定了角 A 存在角平分线。把 AB 延长到 F，把 AC 延长到 G，使 $BF=CG$。于是 $\triangle AFC\cong\triangle AGB$。因而 $FC=GB$，$\angle ACF=\angle ABG$，$\angle F=\angle G$。现有 $\triangle CBF\cong\triangle BCG$，由此推得 $\angle CBG=\angle BCF$，所以 $\angle ABC=\angle ACB$。

第47命题就是有名的勾股定理：“在直角三角形斜边上的正方形(以斜边为边的正方形)的面积等于直角边上的两个正方形的面积之和”。它的证明是用面积来做的，如图1-6所示，首先证明 $\triangle ABD\cong\triangle FBC$，推得矩形 BL 的面积＝正方形 GB 的面积。同理推得矩形 CL 的面积＝正方形 AK 的面积。

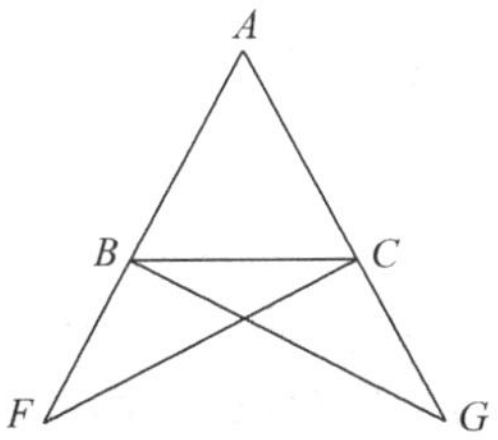

图 1-5

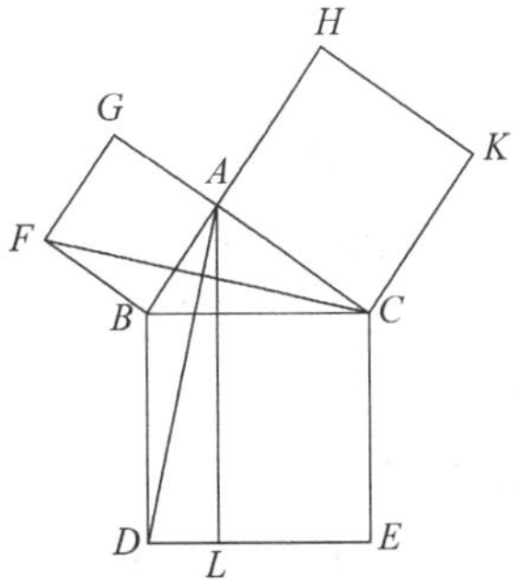

图 1-6

第 2 卷包括 14 个命题，用几何的语言叙述代数的恒等式。

第 3 卷有 37 个命题，讨论圆、弦、切线、圆周角、内接四边形及与圆有关的图形。

第 4 卷有 16 个命题，包括圆内接与外切三角形、正方形的研究，圆内接正多边形（5 边、6 边、15 边）的作图。

第 5 卷是比例论，是以欧多克斯的工作为基础的。后世的评论家认为这是《原本》的最高成就，因为它在当时的认识水平上消除了由不可公度量引起的数学危机。同《原本》任何其他部分相比，它的内容被人讨论得最多，它的意义被人争论得最激烈。毕达哥拉斯学派也有关于比例（两个比相等的关系）的理论，即关于可公度量（其比可用整数比表示的那种量）的比例理论。在欧多克斯以前应用比例关系的数学家，一般在用不可公度量时没有可靠的理论依据。第 5 卷把比例关系的理论推广到不可公度量而避免了无理数。

《原本》第 5 卷中给出的比例定义相当于（原文是用文字叙述的）说：设 A,B,C,D 是任意四个量，其中 A 和 B 同类（即均为线段、角或面积等），C 和 D 同类。如果对于任何两个正整数 m 和 n，关系 $mA>nB$（$=,<$ 情况同理）是否成立，相应地取决于关系 $mC>nD$ 是否成立，则称 A 与 B 之比等于 C 与 D 之比，即 A,B,C,D 四量成比例。

这一定义并未限制涉及的量是可公度量的还是不可公度量的，因此可以运用它来证明许多早期毕达哥拉斯学派只对可公度量证明了的命题。举一个例子。

定理　如果两个三角形的高相同，则它们的面积之比等于两底之比。

毕达哥拉斯学派的证明：如图 1-7(a) 所示，考虑 $\triangle ABC$ 和 $\triangle ADE$，它们的底（BC 和 DE）处于同一直线 MN 上。设 BC 和 DE 分别是一个公度单位的 p 倍和 q 倍，在 BC 和 DE 上画出这些分点，并与顶点 A 连接。$\triangle ABC$ 和 $\triangle ADE$ 分别被划分成 p 和 q 个小三角形，它们等底等高，因此根据已知结果，它们的面积相等。由此得 $S_{\triangle ABC}:S_{\triangle ADE}=p:q=BC:DE$，但由于不可公度量的出现，上述证明以及许多其他定理的证明都不再适用。

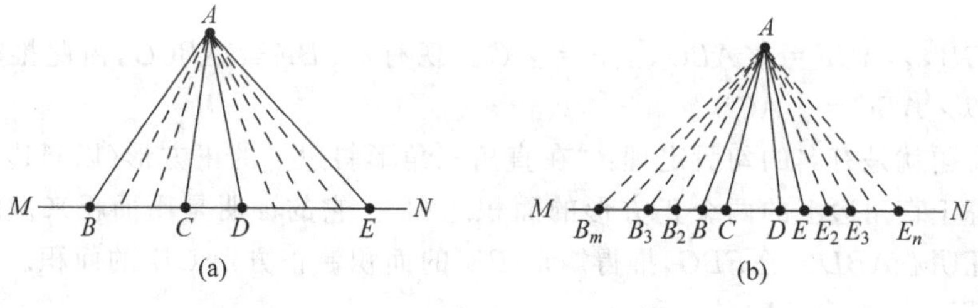

图　1-7

欧几里得《原本》中的证明（欧多克斯）：如图 1-7(b) 所示，在 CB 延长线上从点 B 起相继截取 $m-1$ 个与 CB 相等的线段，分别将分点 $B_2,B_3,\cdots,B_m$ 与顶点 A 连接。同样从 DE 延长线上从 E 点起相继截取 $n-1$ 个与 DE 相等的线段，把分点 $E_2,E_3,\cdots,E_n$ 与顶点 A 连接。这时有

$$B_mC=m(BC),S_{\triangle AB_mC}=m(S_{\triangle ABC});\quad DE_n=n(DE),S_{\triangle ADE_n}=n(S_{\triangle ADE})。$$

根据已证明的结果，可知 $S_{\triangle AB_mC}>(=,<)S_{\triangle AE_nD}$ 取决于 $B_mC>(=,<)E_nD$，也就是说 $m(S_{\triangle ABC})>(=,<)n(S_{\triangle ADE})$ 取决于 $m(BC)>(=,<)n(DE)$。因此，根据欧多克斯比例定义，有 $S_{\triangle ABC}:S_{\triangle ADE}=BC:DE$。

由此看到,《原本》第 5 卷将比例理论由可公度量推广到不可公度量,使它能适用于更广泛的几何命题证明,从而巧妙地回避了无理量引起的麻烦。同《原本》的其他部分相比,第 5 卷的内容颇引人争议。

第 6 卷把第 5 卷已建立的理论用到平面图形上去,共 33 个命题。

第 7,8,9 三卷是数论。

第 10 卷是篇幅最大的一卷,包含 16 个定义和 115 个命题,主要讨论无理量(与给定的量不可通约的量),但只涉及相当于$\sqrt{\sqrt{a}\pm\sqrt{b}}$之类的无理量。

第 10 卷的第一个命题对《原本》其后几卷的讲解是重要的。命题 1:对于两个不相等的量,若从较大量减去一个比它的一半还要大的量,并继续重复执行这一步骤,就能使所余的一个量小于原来较小的量。欧几里得在证明的结尾说,若定理中所减去的是一半的量,这也能证明。他的证明里有一步用了一个没有被他自觉意识到的公理:在两个不等的量中,较小者可自己相加有限倍而使其和超过较大者;欧几里得把有问题的这一步建立在两个量之比的定义上。但此定义并不足以证明这一步是对的。这个定义说当两个量之中的任一量自身相加足够多次后便能超过另一量,则此两量有一个比;因此欧几里得应该证明这一点对他所说的量是可以做到的。但他却假定他的量可以相比,并利用了较小量自身相加足够多次后可以超过较大量的事实。据阿基米德所说,欧几里得是用过这个公理的(严格地说是其等价说法),他是把它作为一个引理建立起来的。

第 11 卷讨论空间的直线与平面的各种关系(相交、垂直、平行等)以及平行六面体的体积等问题。

第 12 卷利用穷竭法证明"圆面积的比等于直径平方的比","球体积的比等于直径立方的比"以及"锥体体积的比等于同底等高的柱体的$\frac{1}{3}$"等。

第 13 卷着重研究 5 种正多面体。

1.3 《原本》的优缺点

欧几里得《原本》被称为数学家的圣经,在数学史,乃至人类科学史上具有无与伦比的崇高地位。它的主要贡献在于:

(1) 成功地将零散的数学理论编为一个从基本假定到最复杂结论的整体结构。

(2) 对命题作了公理化演绎。从定义、公理、公设出发建立了几何学的逻辑体系,成为其后所有数学的范本。

(3) 几个世纪以来,《原本》已成为训练逻辑推理的最有力的教育手段。

因为《原本》是最早一本内容丰富的数学书,而且为所有后代人所使用,所以它对数学发展的影响超过任何别的书。读了《原本》之后,可以对数学本身的看法,对证明的想法,对定理按逻辑次序的排法,都学到一些东西,而且它的内容也决定了其后的思想发展。

欧几里得对公理的选择是很出色的。他能用一小批公理证出几百个定理,其中好多是深奥的。他的选择是费了心机的。他对平行公理的处理显得特别聪明。任何这样的公理都不免或明或暗的要提到在无限远空间所必须成立的事项的任何说法，它的具体意义总是含混不清的，因为人的经验是有限的。他也认识到这样的公理不能省掉。于是就采取了这样一种说法，提出二直线能交于有限远处的条件。更有甚者，他在求助于这一公理以前先证明了所有无需它来证的定理。

欧几里得《原本》可以说是数学史上的第一座理论丰碑。它最大的功绩在于数学中演绎范式的确立，这种范式要求一门学科中的每个命题必须是在它之前已建立的一些命题的逻辑结论，而所有这样的推理链的共同出发点，是一些基本定义和被认为是不证自明的基本原理——公设或公理。这就是后来所谓的公理化思想。

《原本》是古希腊数学的代表作，出现在两千多年前，这是难能可贵的。但用现代的眼光看，也还有不少缺点：

首先使用了重合法来证明图形的全等。这个方法有两点值得怀疑：第一，它用了运动的概念，而这是没有逻辑依据的；第二，重合法默认图形从一处移动到另一处时所有性质保持不变。要假定移动图形而不致改变它的性质，那就要对物理空间假定很多的条件。

其次是公理系统不完备，例如没有运动、连续性、顺序等公理，因此许多证明不得不借助于直观，利用今天的认识可以发现欧几里得用了数十个他所从未提出而且无疑并未发觉的假定，包括关于直线和圆的连续性的假定。在第 1 卷命题 1 的证明中假定了两圆有一个公共点。每个圆是一个点集，很可能两圆彼此相交而在假定的点或所谓交点(一个或两个)处没有两圆的公共点。按照《原本》里的逻辑基础来说，两直线可能相交而没有一个公共点。

也有的公理可以从别的公理推出(如直角必相等)。又点、线、面等定义本身是含混不清的，而且后面从来没有用过，完全可以删去。

在一些实际给出的证明里也有缺点。有些是欧几里得搞错的地方可以纠正，但少数地方需要给出新的证明。另一类缺点在《原本》中通篇都有，那就是只用特例或所给数据(图形)的特定位置证明一般性的定理。

同时，全书 13 卷并未一气呵成，而在某种程度上是前人著作的堆砌。例如，第 7,8,9 卷对整数重复证明了先前对量所给出的许多结果。第 13 卷的第一部分重复了第 2 卷和第 4 卷中的结果。第 10,13 卷可能在欧几里得以前是单独的一本著作。

尽管如此，《原本》开创了数学公理化的正确道路，对整个数学发展的影响，超过了历史上任何其他著作。

1.4 《原本》对我国数学的影响

中国传统数学最明显的特点是以算法为中心。虽然也有逻辑证明，但却没有形成一个严密的公理化演绎体系，这也许是最大的弱点。明末《原本》传入，正好弥补我们的不足。可是实际情况并不理想。

徐光启本人对《原本》十分推崇，也有深刻的理解。他认为学习此书可使人“心思细密”。在译本卷首的《几何原本杂议》中说：“人具上资而意理疏莽，即上资无用；人具中材而心思缜密，即中材有用；能通几何之学，缜密甚矣，故率天下之人而归于实用者，是或其所由之道也。”在他的大力倡导下，确实也发挥一定的作用，可惜言者谆谆，听者藐藐，要在群众中推广，仍然有很大困难。他在《几何原本杂议》中继续写道：“而习者盖寡，窃意百年之后，必人人习之。”他只好把希望寄托于未来。

明末我国正处在数学发展的低潮，《原本》虽已译出，学术界是否看到它的优点，大有疑问。事实上，明清两代几乎没有人对《原本》的公理化方法及逻辑演绎体系作过专门的研究。康熙之后，清统治者实行闭关锁国、盲目排外的政策。知识分子丧失了思想、言论自由，为了逃避现实，转向古籍的整理和研究，以后形成了以考据为中心的乾嘉学派。徐光启之后，数学界的代表人物是梅文鼎，他汇通中西数学，对发扬中国传统数学及传播西方数学均有贡献，然而却没有认识到公理化方法的重要性。他认为西方的几何学，无非就是中国的勾股数学，没有什么新鲜的东西。他在《几何通解》中写道：“几何不言勾股，然其理并勾股也。故其最难通者，以勾股释之则明。”类似的说法还有多处。他见到的只是几何的一些命题，至于真正的精髓——公理体系及逻辑结构，竟熟视无睹。

2 解析几何的诞生

2.1 笛卡儿和费马在创立解析几何中的贡献

近代数学本质上可以说是变量数学。文艺复兴以来资本主义生产力的发展，对科学技术提出了全新的要求。到了16世纪，对运动与变化的研究已变成自然科学的中心问题。这就迫切地需要一种新的数学工具，从而导致了变量数学亦即近代数学的诞生。

变量几何的第一个里程碑是解析几何的发明。解析几何的基本思想是在平面上引进所谓“坐标”的概念，并借助这种坐标在平面上的点和有序实数对(x,y)之间建立起一一对应的关系。每一对实数(x,y)都对应于平面上的一个点；反之，每一个点都对应于它的坐标(x,y)。以这种方式可以将一个代数方程$f(x,y)=0$与平面上一条曲线对应起来，于是几何问题便可归结为代数问题，并反过来通过代数问题的研究发现新的几何结果。

借助坐标来确定点的位置的思想古代曾经出现过，古希腊的阿波罗尼奥斯关于圆锥曲线性质的推导，阿拉伯人通过圆锥曲线交点求解三次方程的研究，都蕴含着这种思想。解析几何最重要的前驱是法国数学家奥雷斯姆，他在著作《论形态幅度》中提出的形态幅度原理，甚至已接触到函数的图像表示，奥雷斯姆借用了“经度”“纬度”这两个地理学术语来描述他的图线，相当于横坐标与纵坐标。不过他的图线概念是模糊的，至多是一个图表，还未形成清晰的坐标与函数图像的概念。

解析几何的真正发明还要归功于法国另外两个数学家笛卡儿与费马。他们工作的出发点不同，但却殊途同归。

2.1.1 笛卡儿的主要工作

笛卡儿1637年发表了著名的哲学著作《方法论》，该书有三个附录：《几何学》《屈光学》和《气象学》，解析几何的发明包含在附录《几何学》中。笛卡儿的出发点是一个著名的希腊数学问题——帕波斯问题：

设在平面上给定3条直线l_1,l_2,l_3，过平面上的点C作三条直线分别与l_1,l_2,l_3交于点P,R,Q，交角分别等于已知角$\alpha_1,\alpha_2,\alpha_3$，求使$CP\cdot CR=kCQ^2$的点$C$的轨迹；如果给定 4 条直线，则求使$\dfrac{CP \cdot CR}{CQ \cdot CS}=k$（$k$ 为常数）的点 C 的轨迹。如图 1-8 所示。

问题还可以类似地推广到 n 条直线的情形。帕波斯曾宣称，当给定的直线是 3 条或 4 条（即所谓三线或四线问题）时，所得的轨迹是一条圆锥曲线。笛卡儿在《几何学》第 2 卷中证明了四线问题的帕波斯结论：记 $AP=x$，$PC=y$，经简单的几何分析，用已知量表示出 CR，CQ，CS 的值，代入 $CP \cdot CR=CS \cdot CQ$（设 $k=1$），就得到一个关于 x，y 的二次方程：

$$y^2=Ay+Bxy+Cx+Dx^2, \quad (1\text{-}1)$$

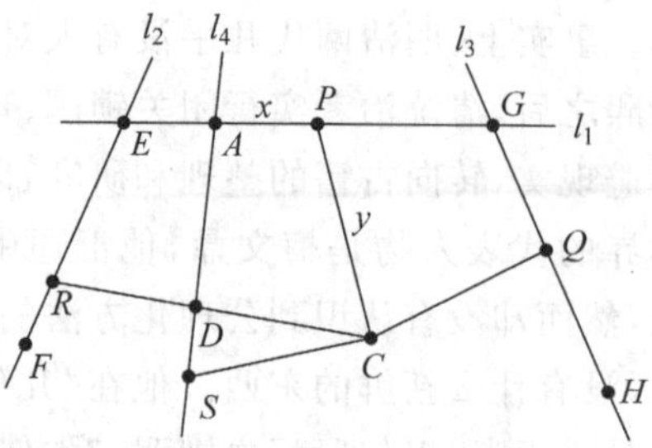

图 1-8

其中 A，B，C，D 是由已知量组成的简单代数式。于是他指出，任给 x 一个值，就得到关于 y 的二次方程，从这个方程可以解出 y，并根据他在《几何学》第 1 卷中所给的方法，用圆规、直尺将 y 画出。如果取无穷多个 x 的值，就得到无穷多个 y 值，从而得到无穷多个点 C，所以这些点 C 的轨迹就是方程(1-1)代表的曲线。在这个具体问题中，笛卡儿选定一条直线（AG）作为基线（相当于一根坐标轴），以点 A 为原点，x 值是基线的长度，从 A 点量起；y 值是另一条线段的长度，该线段从基线出发，与基线交成定角。正是如此，笛卡儿建立了历史上第一个倾斜坐标系。在《几何学》第 3 卷中，还可以看到笛卡儿也给出了直角坐标系的例子。

有了坐标系和曲线方程的思想，笛卡儿又提出了一系列新颖的想法，如：曲线的次数与坐标轴选择无关；坐标轴选取应使曲线方程尽量简单；利用曲线的方程表示来求两条不同曲线的交点；曲线的分类；等等。

《几何学》作为笛卡儿哲学著作《方法论》的附录，意味着他的几何学发现乃至其他方面的发现都是在其方法论原理指导下获得的。笛卡儿方法论原理的本旨是寻求发现真理的一般方法，他在另一部较早的哲学著作《指导思维的法则》中称自己设想的一般方法为“通用数学”，并概述了这种通用数学的思路。提出了一种大胆的计划，即：任何问题→数学问题→代数问题→方程求解。为了实施这一计划，笛卡儿首先通过“广延”的比较，将一切度量问题化为代数方程问题，为此需要确定比较的基础，即定义“广延”单位，以及建立“广延”符号系统及其算术运算，特别是要给出算术运算与几何图形之间的对应。这就是笛卡儿几何学的方法论背景。

然而，笛卡儿的方法论著作并没有告诉人们，在将一切问题划归为代数方程问题后将如何继续，这正是《几何学》需要完成的任务。《几何学》开宗明义，在任意选取单位长度的基础上定义了线段的加、减、乘、除、乘方、开方等运算。他以特殊的字母符号来表示线段，由于可用线段表示积、幂，这样就突破了“齐次性”的束缚，而在几何中自由运用算术或代数术语。运用这些算术术语又可以将一切几何问题化为关于一个未知线段的代数方程

$$z=b,$$
$$z^2=-az+b,$$
$$z^3=-az^2+bz+c,$$
$$z^4=-az^3+bz^2+cz+d,$$
$$\vdots$$

《几何学》的主要目标就是讨论如何给出这些方程的标准解法。他在《几何学》第 1 卷中从最简单的一、二次方程出发，这相应于只用尺规作图的所谓“普通几何”问题。讨论了三种

形式的二次方程：$z^2=az+b^2$，$z^2=-az+b^2$，$z^2=az-b^2$，并分别给出作图，本质上它是利用了圆与直线的交点。为了接着讨论三次以及三次以上方程的作图，就需要研究曲线的性质与分类，这就引出了作为《几何学》第 2 卷与第 3 卷前半部分的一个很长的过渡，其中包括了使他成为近代数学先驱的坐标几何。笛卡儿在《几何学》第 3 卷的后半部分，又回到他的主题——高次方程的标准作图，利用刚得到的坐标几何工具，解决了三、四次方程的作图和五、六次方程的作图，并指出，可以依次类推地解决更高次方程的作图问题。

2.1.2 费马的主要工作

与笛卡儿不同，费马工作的出发点是竭力恢复失传的阿波罗尼奥斯的著作《论平面轨迹》，他为此而写了一本题为《论平面和立体的轨迹引论》(1629)的书。书中清晰地阐述了费马的解析几何原理，指出："只要在最后的方程中出现两个未知量，我们就有一条轨迹，这两个量之一的末端描绘出一条直线或曲线。直线只有一种，曲线的种类则是无限的，有圆、抛物线、椭圆等"。费马在书中还提出并使用了坐标的概念，不仅使用了斜坐标系，也使用了直角坐标系，他所称的未知量 A，E 实际就是"变量"，也就是今天所称的横坐标与纵坐标。

他考虑任意曲线和它上面的一般点 J。J 的位置用 A，E 两字母定出：A 是从点 O 沿底线到点 Z 的距离，E 是从 Z 到 J 的距离。他所用的坐标就是我们所说的倾斜坐标，但是 y 轴没有出现，而且不用负数。他的 A，E 就是我们的 x，y(如图 1-9 所示)。

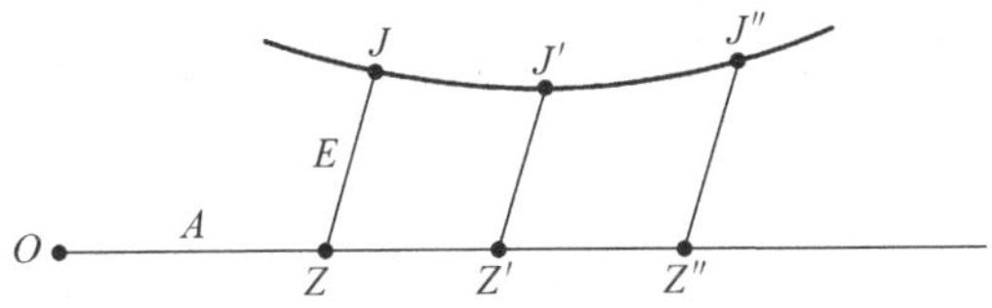

图 1-9

费马让一个字母代表一类的数，然后写出联系 A 和 E 的各种方程，并指明它们所描绘的曲线。例如，他写出 $Dx=Dy$ 并指明这代表一条直线。他又给出 $d(a-x)=by$，并肯定它也代表一条直线。

书中费马解析地定义了以下的曲线：

直线 $d(a-x)=by$；

圆 $b^2-x^2=y^2$；

椭圆 $b^2-x^2=ky^2$；

抛物线 $x^2=dy$，$y^2=dx$；

双曲线 $xy=k^2$，$x^2+b^2=ky^2$。

费马后来还定义了新曲线

$$x^m y^n=a,\quad y^n=ax^m,\quad r^n=av。$$

因为费马不用负坐标，他的方程不能像他所说代表整个曲线，但他确实领会到坐标轴可以平移或旋转，因为他给出一些较复杂的二次方程，并给出它们可以简化到的简单形式，他肯定：一个联系着 A 和 E 的方程，如果是一次的，就代表直线轨迹，如果是二次的，就代表圆锥曲线。

费马没有说明他的解析几何思想是如何形成的。他与笛卡儿的创造都是文艺复兴以来欧洲代数学振兴所带来的必然结果。能够看到，笛卡儿和费马研究解析几何的方法大不相同。笛卡儿批评了希腊的传统，而且主张同这一传统决裂；费马则着眼于继承希腊人的思想，认为他自己的工作只是重新表述了阿波罗尼奥斯的工作。真正的发现——代数方法的威力——是属于笛卡儿的，他知道他是在改换古代方法。虽然用方程表示曲线的思想在费马的工作中比在笛卡儿的工作中更为明显，但费马的工作主要是这样一个技术的成就：他完成了阿波罗尼奥斯的工作，并且利用了韦达用字母代表数类的思想。笛卡儿的方法是可以普遍使用的，而且就潜力而论也适用于超越曲线。

尽管笛卡儿和费马研究解析几何的方式和目的有显著不同，他们却卷入谁先发明的争论。费马的著作直到1679年才出版，但他在1629年已发现了解析几何的基本原理，这比笛卡儿发表《几何学》的年代1637年还早。笛卡儿当时已完全知道费马的许多发现，但否认他的思想是从费马来的。

当《几何学》出版的时候，费马批评说，书中删去了极大值和极小值、曲线的切线以及立体轨迹的作图法。他认为这些是值得所有几何学家注意的。笛卡儿回答说，费马几乎没有做什么，至多做出一些不费气力不需要预备知识就能得到的东西，而他自己却在《几何学》的第3卷中，用了关于方程性质的全部知识。他讽刺地称呼费马为我们的极大和极小大臣，并且说费马欠了他的债。后来这两人的态度趋于缓和。在1660年的一篇文章里，费马虽然指出《几何学》中的一个错误，但他宣称他是如此佩服笛卡儿的天才，即使笛卡儿有错误，他的工作甚至比别人没有错误的工作更有价值。笛卡儿却不像费马那样宽厚。

后代人对待《几何学》不像笛卡儿那样重视。虽然对数学的前途来说，方程和曲线的结合是一个显著的思想，但对笛卡儿来说，这个思想只是为了达到目的——解决作图问题——的一个手段。

费马强调轨迹的方程，从近代观点来看，是更为恰当的。笛卡儿在《几何学》第1卷和第3卷中所注重的几何作图问题，已逐渐失去重要性，这主要是因为现代人不再像古希腊人那样，用作图来证明存在了。

《几何学》第3卷中也有一部分是在数学里占永久地位的。笛卡儿解决作图问题时，首先把问题用代数表出，接着就解出所得到的代数方程，最后按解的要求来作图。在这个过程中，笛卡儿收集了自己的和别人的有助于求解的方程论工作。因为代数方程不断地出现在数以百计的、与作图问题无关的不同场合中，所以这个方程论已经成为初等代数的基础部分。

阅读材料

笛卡儿简介

勒奈·笛卡儿(1596年3月31日—1650年2月11日)，物理学家、数学家。笛卡儿是欧洲近代资产阶级哲学的奠基人之一，黑格尔称他为“现代哲学之父”。他自成体系，熔唯物主义与唯心主义于一炉，在哲学史上产生了深远的影响。同时，他又是一位勇于探索的科学家，他所建立的解析几何在数学史上具有划时代的意义。

笛卡儿1596年3月31日生于法国小镇拉埃的一个贵族家庭。因从小多病，学校允许他在床上早读，养成终生沉思的习惯和孤僻的性格。1606年他在欧洲最有名的贵族学校——耶稣会的拉弗莱什学校上学,1616 年在普依托大学学习法律与医学,对各种知识特别是数学深感兴趣。在军队服役和周游欧洲时他继续注意"收集各种知识","随处对遇见的种种事物注意思考",1629—1649 年在荷兰写成《方法论》(1637)及其附录《几何学》《屈光学》《气象学》(1644)。1650 年 2 月 11 日卒于斯德哥尔摩,死后还出版有《论光》(1664)等。

他的哲学与数学思想对历史的影响是深远的。人们在他的墓碑上刻下了这样一句话:"笛卡儿,欧洲文艺复兴以来,第一个为人类争取并保证理性权利的人。"

笛卡儿最杰出的成就是在数学发展上创立了解析几何学。在笛卡儿时代,代数还是一个比较新的学科,几何学的思维还在数学家的头脑中占有统治地位。笛卡儿致力于将代数和几何联系起来进行研究,在创立了坐标系后,于 1637 年成功地创立了解析几何学。他的这一成就为微积分的创立奠定了基础。解析几何直到现在仍是重要的数学方法之一。笛卡儿不仅提出了解析几何学的主要思想方法,还指明了其发展方向。他在《几何学》中,将逻辑、几何、代数方法结合起来,通过讨论作图问题,勾勒出解析几何的新方法,从此,数和形就走到了一起,数轴是数和形的第一次接触。解析几何的创立是数学史上一次划时代的转折。而平面直角坐标系的建立正是解析几何得以创立的基础。直角坐标系的创建,在代数和几何之间架起了一座桥梁,它使几何概念可以用代数形式来表示,几何图形也可以用代数形式来表示,于是代数和几何就这样合为一家人了。

正如恩格斯所说:"数学中的转折点是笛卡儿的变数。有了变数,运动进入了数学,有了变数,辩证法进入了数学,有了变数,微分和积分也就立刻成为必要了。"笛卡儿堪称 17 世纪及其后的欧洲哲学界和科学界最有影响的巨匠之一,被誉为"近代科学的始祖"。

2.2 解析几何的发展

费马的《论平面和立体的轨迹引论》虽然在他的朋友中得到传播,但迟至 1629 年才出版。笛卡儿对于几何作图问题的强调,遮蔽了方程和曲线的主要思想。事实上,许多和他同时代的人认为解析几何主要是解决作图问题的工具,甚至莱布尼茨也说笛卡儿的工作是退回到古代。笛卡儿本人确实知道他的贡献远远不限于提供一个解决作图问题的新方法。他在《几何学》的引言中说:"此外,我在第 2 卷中所做的关于曲线性质的讨论,以及考查这些性质的方法,据我看,远远超出了普通几何的论述。"例如,他利用曲线方程,解决了帕波斯问题,找出卵形线的性质等,大大地被他的作图问题所遮盖。解析几何传播速度缓慢的另一原因,是笛卡儿坚持要把他的书写得使人难懂。

还有一个原因,就是许多数学家反对把代数和几何混淆起来,或者把算术和几何混淆起来。早在 16 世纪当代数正在兴起的时候,已经有过这种反对的意见了。塔塔利亚坚持要区别数的运算和希腊人对于几何物体的运算。他谴责《原本》的译者不加区别地使用 multiplicare(乘)和 ducere(倍)两字。他说,前一字是属于数的,后一字是属于几何量的。韦达也认为数的科学和几何量的科学是平行的,但是有区别。甚至牛顿也如此,他虽然对解析几何有贡献,而且在微积分里使用了它,但反对把代数和几何混淆起来。

使解析几何迟迟才被接受的又一原因,是代数被认为缺乏严密性。巴罗不愿承认:无理数除了作为表示连续几何量的一个符号外,还有别的意义。算术和代数从几何得到逻辑的核实,因而代数不能替代几何,或与几何并列。

上述种种，虽然阻碍了对笛卡儿和费马贡献的了解，但也有很多人逐渐采用并且扩展了解析几何。第一个任务是解释笛卡儿的思想。法兰斯·舒滕(Frans Van Schooten)将《几何学》译成拉丁文，于 1649 年出版，并再版了若干次，这本书不但在文字上便于所有的学者，而且添了一篇评论，对笛卡儿的精致陈述加以阐述。沃利斯(John Wallis)在《论圆锥曲线》中，第一次得到圆锥曲线的方程。他是为了阐明阿波罗尼奥斯的几何条件翻译成代数条件，从而得到这些方程的。他于是把圆锥曲线定义为对应于含 x 和 y 的二次方程的曲线，并证明这些曲线确实就是几何里的圆锥曲线。他很可能是第一个用方程来推导圆锥曲线性质的人。他的书非常有助于传播解析几何的思想。17 甚至 18 世纪的人，一般只用一根坐标轴(x 轴)，其 y 值是沿着与 x 轴成直角或斜角的方向画出的。牛顿所引进的坐标系之一，是用一个固定点和通过此点的一条直线作标准，略如我们现在的极坐标系。由于牛顿的这个工作直到 1736 年才为世人所知，而雅各·伯努利(James Bernoulli)于 1691 年在《教师学报》上发表了一篇基本上是关于极坐标的文章，所以通常认为他引入了极坐标。后来又出现了许多新的曲线和它们的方程。

把解析几何推广到三维空间，是在 17 世纪中叶开始的。在《几何学》的第 2 卷中，笛卡儿指出，容易将他的想法应用到所有这样的曲线，即可以看做使一个点在三维空间中作规则运动时所产生的曲线。要把这种曲线用代数表示出来，笛卡儿的计划是：从曲线的每个点处作线段垂直于两个互相垂直的平面。这些线段的端点将分别在这两个平面上绘出两条曲线，而这两条平面曲线就可用已知的方法处理。在第 2 卷的前一部分里，笛卡儿指出，一个含有三个未知数——这三个数定出轨迹上的一点 C——的方程所代表的 C 的轨迹是一个平面、一个球面或一个更复杂的曲面。他显然体会到他的方法可能推广到三维空间中的曲线和曲面，可是他没有进一步去考虑这种推广。

费马在 1643 年的一封信里，简短地描述了他的关于三维解析几何的思想。他谈到柱面、椭圆抛物面、双叶双曲面和椭球面。然后他说，作为平面曲线论的顶峰，应该研究曲面上的曲线。“这个理论，有可能用一个普遍的方法来处理，我有空闲时将说明这个方法。”

2.3 解析几何的重要性

解析几何的创立，引入了一系列新的数学概念，特别是将变量引入数学，使数学进入了一个新的发展时期，这就是变量数学的时期。解析几何在数学发展中起了推动作用。

解析几何出现以前，代数已经有了相当大的进展，因此解析几何不是一个巨大的技术成就，但在方法论上却是一个了不起的创见。

(1) 笛卡儿希望通过解析几何给几何引进一个新的方法，他的成就远远超过他的希望，在代数的帮助下，不但能迅速地证明关于曲线的某些事实，而且这个探索问题的方式，几乎成为自动的了。这套研究方法甚至是更为有力的，当用字母表示正数、负数，甚至以后代表复数时，就可以把综合几何中必须分别处理的情形用代数统一处理了。例如，综合几何中证明三角形的高交于一点时，必须分别考虑交点在三角形内和三角形外，而用解析几何证明时，则不加区别。

解析几何提供了一种解决一般问题的方法。古希腊几何中的许多问题都是个别地解决的，而引入解析几何后就可以用解析方法(代数方法)作一般性的处理。例如几何作图问题就是在有限次使用没有刻度的直尺和圆规的条件下作出所要求的图形的问题，即所谓“尺规作图”。如果能够按条件作出所求图形，则称这个问题为作图可能问题，这时图形叫做可作的；如果作不出所求图形，那么可分为两种情况：一是所求的图形实际不存在，这时，就可说这个问题是不成立的；二是所求的图形是存在的，但只用尺规无法作出，这时，就可说这个问题是作图不可能的。

(2) 解析几何把代数和几何结合起来，把数学造成一个双面工具。一方面，几何概念可以用代数表示，几何的目的通过代数达到；另一方面，给代数概念以几何解释，可以直观地掌握这些概念的意义，又可以得到启发去提出新的结论，拉格朗日曾把这些优点写进他的《数学概要》中：“只要代数和几何分道扬镳，它们的进展就缓慢，它们的应用就狭窄，但是当这两门科学结成伴侣时，它们就互相吸取新鲜的活力，从那以后，就以快速的步伐走向完善。”的确，17 世纪以来数学的巨大发展，在很大程度上应归功于解析几何，可以说如果没有解析几何的预先发展，微分学和积分学是难以想象的。

(3) 解析几何的显著优点在于它是数量的工具。这个数量的工具是科学的发展迫切需要的，17 世纪一直公开要求的。例如当开普勒发现行星沿椭圆轨道绕着太阳运动，伽利略发现抛出去的石子沿着抛物线轨道飞出去时，就必须计算飞驶时所画的抛物线了，这些都要求提供数量的工具。研究物理世界，似乎首先需求几何，物体基本上的几何形象，运动物体的路线是曲线，研究它们时都需要数量知识，而解析几何能使人们把形象和路线表示为代数形式，从而导出数量知识。

(4) 为数学思想的发展开拓了新的天地。

欧几里得《原本》建立了第一个数学理论体系，在数学思想发展中占有重要的地位。解析几何的建立则把数学理论推向一个新的高度，为新数学思想的发展开辟了新天地。

首先是数学概念得到进一步概括。例如“曲线”概念，古希腊人只限于能用一些简单工具(直尺、圆规及少数其他机械)作出来的图形。而解析几何则把“曲线”概括为任意的几何图形，只要它们对应的代数方程是由变量的有限次代数运算所构成的。这样，开辟了用代数方法研究几何问题的新思路。

其次，再一次突破直观的限制，打开了数学发展的新思路。笛卡儿和费马首先建立起来的是二维平面上的点和有序实数对(x,y)之间的对应，按同样的思想，不难得出通过三个坐标轴得出三维空间的点和实数的有序三数组(x,y,z)之间的对应关系。现实的空间仅限于三维，由于解析几何中采用了代数方法，平面上的点对应于有序实数对，空间的点对应着三元有序实数组，那么代数中的四元有序实数组当然可以与此类比，构成一个四维空间，由此类推，提出了高维空间的理论。这是现代数学极重要的思想，开拓了数学的新领域。

(5) 揭示了数学的内在统一性

虽然在欧几里得那里几何和算术(代数)是不加区分的，但他主要是应用后来才称之为几何学的方法来处理各种数学问题。16 世纪代数学有了较大的发展，但人们把代数和几何严格地区分开来，例如塔塔利亚坚持要区别数的运算和几何图形的运算。韦达也认为数的科学和几何量的科学是平行的，但是有区别的，连牛顿也反对把几何和代数混淆起来。这种情况反映了数学的分化和各学科深入发展的需要。

解析几何把几何和代数结合起来，几何概念可用代数方式表示，几何的目标，可通过代数达到；反过来，给代数语言以几何的解释，使代数语言变得直观，易于理解。解析几何是近代统一数学的第一次尝试，它符合数学发展的规律，所以它有力地促进了数学理论的发展和数学在科学及实践中的应用。

3 从透视学到射影几何

3.1 射影几何的由来

在古希腊数学家的工作中，已略见射影几何的端倪。阿波罗尼奥斯已经知道完全四边形的调和性。巴布什的著作中已有了对合概念，著名的巴布什定理就是他的研究成果。梅涅劳斯定理无论在初等几何、解析几何还是射影几何中都是著名的定理。

16 世纪欧洲数学家中很多人关心阿波罗尼奥斯的《圆锥曲线论》第 8 卷的恢复与整理，圆锥曲线在天文学上的应用，促使人们需要重新审视希腊人的圆锥曲线，以及其他不同曲线。光学本是希腊人的兴趣之一，也是由于天文观测的需要，它又日益成为文艺复兴时期的一个重要课题。不过文艺复兴时期给人印象最深的几何创造其动力却来自于艺术。

中世纪宗教绘画具有象征性和超现实性。而文艺复兴时期，描绘现实世界成为绘画的重要目标，这就使画家们在将三维现实世界绘制到二维的画布上时，面临这样一些问题：

(1) 一个物体的同一投影的两个截影有什么共同的性质？

(2) 从两个光源分别对两个物体投影得同一物影，那么这两个物体有何共同的几何性质？

画家们所使用的聚焦透视法体系，它的基本思想是投影和截面取景原理。人眼被当作一个点，由此出发来观察实景。从实景上各点出发，通往人眼的光线形成一个投射锥。根据这一体系，画面本身必含有投射锥中的一个截景，从数学上讲，这个截景就是一个平面与投射锥相截的一部分截面。

如图 1-10 所示，现设人眼在 O 处观察水平面上的一个矩形 $ABCD$。从 O 到矩形四边上各点的连线便形成一个投射棱锥，其中 OA，OB，OC 及 OD 是四根典型直线。若人眼和矩形间插入一个平面，则投射锥上诸直线将穿过那个平面，并在其上勾画出四边形 $A'B'C'D'$。由于截面（截景）$A'B'C'D'$ 对人眼产生的视觉印象和原矩形一样，所以人们自然要问：截景和原矩形有什么公共的几何性质？从直观上看，原形和截景既不重合又非相似，它们也不会有相同的面积。事实上，截景未必是个矩形。

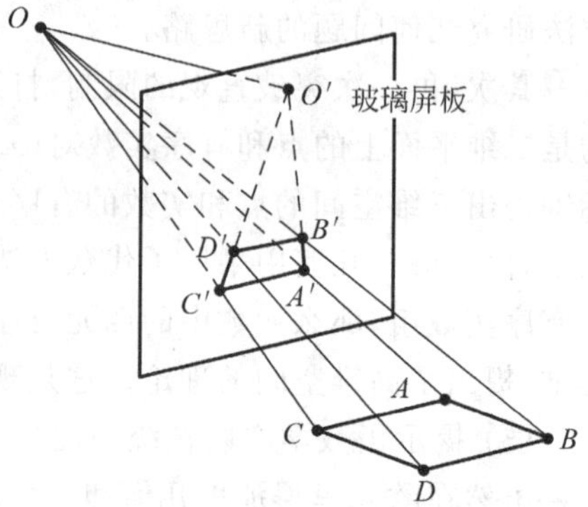

图 1-10

这个问题的一个推广是：设有两个不同的平面以任意角度与同一个投射锥相截得到两个不同的截景，它们有什么共同的性质？

这个问题还可以进一步推广。设矩形 $ABCD$ 是从两个不同的点 O' 及 O'' 来观察。于是就有两个投射锥，一个由 O' 及矩形确定，第二个由 O'' 及矩形确定。若在每个投射锥里各取一截景,则由于每一截景应与矩形有某些共同的几何性质,则此两截景也应有某些共同的几何性质。

17 世纪的一些几何学者就开始找这些问题的答案。他们把所获得的方法和结果看成是欧几里得几何的一部分。然而,这些方法和结果大大丰富了欧几里得几何的内容,但其本身却是几何一个新分支的开端,这个分支到了 19 世纪就被人称为射影几何。

对于透视法所产生的问题从数学上直接给予解答的第一个人是德沙格①。他第一次将圆锥曲线看成圆的透视图形。他用透视方法研究几何学,涉及无穷远元素,奠定了射影空间的基础,并且使射影变换成为可能。他还研究了直线上点列的对合,并证明了关于通过四个不动中心的圆锥曲线束与直线相交得到对合的及一般的定理。他关于透视三角形的德沙格定理更是众所周知的。他的工作为综合射影几何打下了基础。他希望证明阿波罗尼奥斯圆锥曲线定理而着手研究投影法。1636 年,他发表了第一篇关于透视法的论文,但他的主要著作则是 1639 年发表的《试论锥面截一平面所得结果的初稿》,书中引入 70 多个射影几何术语,其中一些相当古怪,如投影线叫"棕",标有点的直线叫"干",其上有三点成对合关系的直线叫"树"等。这使得他的书晦涩难懂,因而影响很小。但这部著作确实充满了创造性的思想,其中之一就是他从焦点透视的投影与截影原理出发,对平行线引入无穷远点的概念,继而获得无穷远线的概念。

德沙格等人把这种投影分析方法和所获得的结果,视为欧几里得几何的一部分,从而在 17 世纪人们对二者不加区分。但应当认识到,当时由于这一发现而诱发了一些新的思想和观点:

(1) 一个数学对象从一个形状连续变化到另一形状;

(2) 变换与变换不变性;

(3) 几何新方法——仅关心几何图形的相交与结构关系,不涉及度量。

另一位著名法国几何学家帕斯卡于 16 岁时写出了《圆锥曲线研究的实验》,给出了圆锥曲线的内接六角形的著名的帕斯卡定理。他把这个定理称为"神秘的六角形",并得到 400 个推论。

不过 17 世纪数学家们的时尚是理解自然和控制自然,用代数方法处理数学问题一般更为有效,也特别容易获得实践所需的定量结果。而射影几何学家的方法是综合的,而且得出的结果也是定性的,不那么有用。因此,射影几何产生后不久,很快就让位于代数、解析几何和微积分,终由这些学科进一步发展出在近代数学中占中心地位的其他学科。德沙格、帕斯卡等人的工作与结果也渐被人们所遗忘,迟至 19 世纪才又被人们重新发现。

3.2 射影几何的发展

非欧几里得几何揭示了空间的弯曲性质,将平直空间的欧氏几何变成了某种特例。实际上,如果将欧几里得几何限制于其原先的含义——三维、平直、刚性空间的几何学,那么 19 世纪的几何学就可以理解为一场广义的"非欧"运动:从三维到高维;从平直到弯曲;……

---

① 德沙格(G. Desargues,1591 年 2 月 21 日—1661 年 11 月)。原是法国陆军军官,后来成为工程师和建筑师,靠自学成名。

而射影几何学①的发展，又从另一个方向使“神圣”的欧氏几何再度“降格”为其他几何的特例。

在19世纪以前，射影几何一直是在欧氏几何的框架下研究的，其早期开拓者德沙格、帕斯卡等主要是以欧氏几何的方法处理问题，并且他们的工作由于18世纪解析几何与微积分发展的洪流而被人遗忘。到18世纪末与19世纪初，蒙日的《画法几何学》以及蒙日学生卡诺等人的工作，重新激发了人们对综合射影几何的兴趣。不过，将射影几何真正变革为具有自己独立的目标与方法的学科的数学家，是曾受教于蒙日的庞斯莱②。庞斯莱1822年出版了《论图形的射影性质》，这部著作立即掀起了19世纪射影几何发展的巨大波澜，带来了这门学科历史上的黄金时期。与德沙格和帕斯卡等不同，庞斯莱并不限于考虑特殊问题。他探讨的是一般问题：图形在投射和截影下保持不变的性质，这也成为他以后射影几何研究的主题。由于距离和交角在投射和截影下会改变，庞斯莱选择并发展了对合与调和点列的理论而不是以交比的概念为基础。与他的老师蒙日不同，庞斯莱采用中心投影而不是平行投影，并将其提高为研究问题的一种方法。在实现射影几何目标的一般研究中，有两个基本定理扮演了重要角色。

首先是连续性定理，它涉及通过投影或其他方法把某一图形变换成另一图形的过程中的几何不变性。作为这个原理的一个例子，庞斯莱举了圆内交弦的截段之积相等的定理，当交点位于圆的外部时，它就变成了割线的截段之积的相等关系。而如果其中的一条割线变成圆的切线，那么这个定理仍然成立，只不过要把这条割线的截段之积换成切线的平方(如图1-11)。

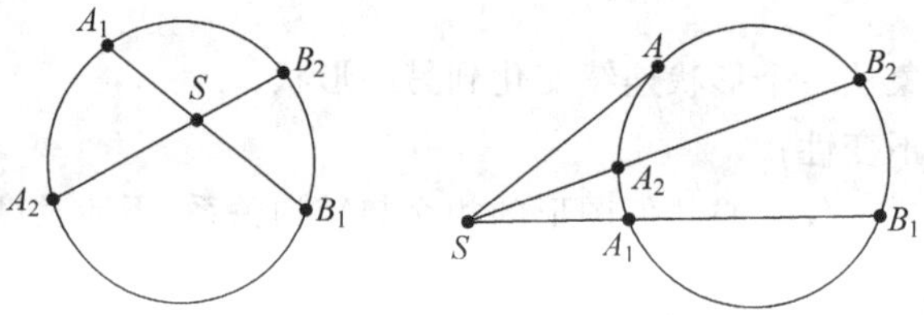

图 1-11

这个原理卡诺也曾用过，但庞斯莱将它发展到包括无穷远点的情形。因此，我们总可以说两条直线是相交的，交点或者是一个普通的点，或者是一个无穷远处的点(平行线的情形)。除了无穷远元素，庞斯莱还利用连续性原理来引入虚元素。例如两个相交的圆，其公共弦当两圆逐渐分离并变得不再相交时，就成为虚的。无穷远元素与虚元素在庞斯莱为达到射影几何的一般性工作中发挥了重要作用。

庞斯莱强调的另一个原理是对偶原理。射影几何的研究者们曾注意到，平面图形的“点”和“线”之间存在着异乎寻常的对称性，如果在它所涉及的定理中，将“点”换成“线”，同时将“线”换成“点”，那么就可以得到一个新的定理。

例如考虑著名的帕斯卡定理：*如果将一圆锥曲线的6个点看成是一个六边形的顶点，那么相对的边的交点共线。*

---

① 射影几何学，研究图形的射影性质，即它们经过射影变换不变的性质。一度也叫做投影几何学。在经典几何学中，射影几何处于一种特殊地位，通过它可以把其他一些几何联系起来。

② 庞斯莱(J. V. Poncelet，1788年7月1日—1867年12月21日)。曾任拿破仑远征军的工兵中尉，1812年莫斯科战役法军溃败后被俘，度过了两年铁窗生活。

它的对偶形式则是：

如果将一圆锥曲线的6条切线看成是一个六边形的边，那么相对的顶点的连线共点。

庞斯莱射影几何工作中很重要的一部分，就是为建立对偶原理而发展了配极的一般理论。他深入研究了圆锥曲线的极点与极线的概念，给出了从极点到极线和从极线到极点的变换的一般表述。

与庞斯莱用综合的方法为射影几何奠基的同时，德国数学家默比乌斯和普吕克开创了射影几何研究的解析（或代数）途径。

到了1850年前后，数学家们对于射影几何与欧氏几何在一般概念与方法上已做出了区别，但对这两种几何的逻辑关系仍不甚了了。即使是综合派的著作中也依然在使用长度的概念，例如作为射影几何中心概念之一的交比，就一直是用长度来定义的，但长度在射影变换下会发生改变，因而不是射影概念。数学家施陶特指出：射影几何的概念在逻辑上要先于欧氏几何概念，因而射影几何比欧氏几何更基本。施陶特的工作鼓舞了英国数学家凯莱和普吕克的学生克莱因进一步在射影几何的概念基础上建立欧氏几何乃至非欧几何的度量性质，明确了欧氏几何与非欧几何都是射影几何的特例，从而为以射影几何为基础来统一各种几何学铺平了道路。

此外，射影几何进入中国，归功于数学教育家、几何学家姜立夫教授。早在1916年，他就在当时的《科学》杂志上发表《形学歧义》，率先将射影几何介绍给国人。他亲自从事射影几何等数学课程的教学，他还将大几何学家嘉当阐述正交标架法和外微分法的名著《黎曼几何学》介绍到中国，为我国几何学发展做出了重要贡献。

我国著名数学家苏步青教授在学生时代就发表了《关于Fekete定理的注记》的出色论文。从1928年起，他陆续发表了《仿射空间曲面论》《射影曲线概论》《射影曲面概论》《射影共轭网概论》等专著和大量论文。在我国他首先用分析工具研究仿射和射影几何，并在这个领域做出了杰出贡献。他亲自参加高等几何的教学工作，写出了《高等几何讲义》和《射影几何五讲》等教科书，直到80岁高龄还为中学数学教师讲授射影几何知识。苏步青教授是我国几何领域的代表人物，他的奋斗史是我国几何发展史的重要组成部分。

20世纪中叶，国际数学界刮起了一股轻视几何的风，这股风也蔓延到中国。因此，50年代末期，师范院校的几何课被大大削弱。在一些大学，射影几何被取消，再加上“文化大革命”十年浩劫，射影几何的研究和教学濒临夭折。20世纪60年代，随着拓扑学和微分流形理论的发展，基础数学呈现出综合的倾向，一些好的新成果综合了分析、代数和几何的最新成就，人们再次认识到几何学不能被削弱。1982年9月在沈阳召开的中国数学理事会上，做出了加强几何分支教学的决定，要求高师开设好高等几何课（主要内容为射影几何），综合性大学要在解析几何课中加进射影几何的内容。1983年以后，陆续出版了一批这方面的教材。

近三四十年来，仿射微分几何取得了辉煌的成就，主要表现在非常深入、复杂的完备仿射球分类的完成。著名华裔数学家邱成桐、郑绍远教授在这方面做出了杰出贡献。

3.3 平面射影几何公理体系

第一组 接合公理

I_1 通过两点有一条且仅有一条直线；

Ⅰ$_2$ 两条直线通过一点且仅一点；

Ⅰ$_3$ 存在四点，其中无三点共线；

Ⅰ$_4$ （德沙格定理）若$\triangle ABC$与$\triangle A'B'C'$中对应顶点的连线AA'，BB'，CC'共点，则对应边的交点$P=BC\cap B'C'$，$Q=CA\cap C'A'$，$R=AB\cap A'B'$共线。

欧氏几何的顺序公理所用的基本概念是“介于”或“在……之间”。可是，射影直线是闭合的，如像一个圆，其上任意一点总是介于其他两点之间的。因此射影直线上的顺序公理不得不换一个新的基本概念。人们用“分隔”①这个名词。射影直线上一对点A，B如果被另一对点C，D分隔，就写作$A,B\div C,D$，如果不被分隔就写作$A,B\dot{-}C,D$。

第二组 顺序公理

Ⅱ$_1$ 若$A,B\div C,D$，则A，B，C，D共线而互异。

Ⅱ$_2$ 若三点A，B，C共线u，则u上必有一点D使有$A,B\div C,D$。

Ⅱ$_3$ 若$A,B\div C,D$，则$B,A\div C,D$且$C,D\div A,B$（即两对边的分隔是相互的，地位是均等的，每一对的两个点的地位也是均等的）。

Ⅱ$_4$ 若A，B，C，D为共线而互异的四点，则有唯一方法将它们分成相互分隔的两对。

Ⅱ$_5$ 若A，B，C，D，E为u上五点，且$\begin{cases}A,B\div C,D\\A,B\div C,E\end{cases}$，则$A,B\dot{-}D,E$。

Ⅱ$_6$ 设A，B，C，D、E共线，若$\begin{cases}A,B\dot{-}C,D\\A,B\dot{-}C,E\end{cases}$，则$A,B\dot{-}D,E$。

Ⅱ$_7$ 中心射影将分隔的两对点变为分隔的两对点，将不分隔的两对点变为不分隔的两对点。

第三组 连续公理

从接合公理和顺序公理推出直线上有无穷多个点，它们构成的集合跟有理数集合成一一对应。由这些点不能构成连续直线。为此，引进连续公理：

设直线上两点A，B将直线分为两线段，取定其中一个。将这一线段上的所有点分作两类，A属第一类，B属第二类。以X表示第一类中A以外的任一点，以Y表示第二类中B以外的任一点。若对于任意一对点X与Y总有$A,Y\div X,B$，则所取线段上必有一点C（或属第一类，或属第二类）存在，使得对于C以外的任一对点X和Y，总有

$$A,C\div X,Y;\quad C,B\div X,Y。$$

4 非欧几何的产生与非欧几何公理体系

4.1 非欧几何的产生背景

非欧几何的起源可以追溯到人们对欧几里得平行公设的怀疑。从古希腊时代到公元

---

① 射影直线上互异的四点A，B，C，D，若有$(AB,CD)=\dfrac{AC\cdot BD}{AD\cdot BC}<0$，则称$A$，$B$这一对点分隔$C$，$D$这一对点。若$(AB,CD)>0$，则称$A$，$B$这一对点不分隔$C$，$D$这一对点。

1800 年间，数学家们虽然一直坚信欧氏几何的完美与正确，但是欧氏几何的所有公设中，唯独平行公设显得比较特殊。它的叙述不像其他公设那样简洁、明了，当时就有人怀疑它不像一个公设而更像是一个定理，于是许多数学家都尝试根据欧几里得的其他公理去证明欧几里得平行公理，结果都归失败。

就连欧几里得本人对这条公设似乎也心存犹豫，并竭力推迟它的使用，在《原本》中，一直到第 1 卷命题 29 才不得不利用它。历史上第一个证明第五公设的重大尝试是古希腊天文学家托勒玫做出的，后来普洛克鲁斯指出托勒玫的"证明"无意中假定了过直线外一点只能作一条直线平行于该直线，这个与第五公设等价的命题。

阿拉伯数学家在评注《原本》的过程中，对第五公设产生了兴趣。不少人试图证明这条公设，如焦赫里、塔比・伊本・库拉、伊本・海塞姆、奥马・海亚姆以及纳西尔・丁等人。奥马・海亚姆在其《辨明欧几里得公设中的难点》(1077 年)中，试图证明平行公设。其做法是，作 DA 和 CB 同时垂直于 AB，且令 $DA=CB$，构造一个四边形 $ABCD$。首先证明 $\angle ADC=\angle BCD$。它们的大小存在三种情况：直角；钝角；锐角。他用反证法说明了后两种情形所出现的矛盾，等价于证明了第五公设。在证明过程中，他实际上引用了与第五公设等价的假设：两条直线如果越来越近，那么它们必定在这个方向上相交。

奥马・海亚姆的证明被纳西尔・丁所继承，纳西尔・丁在他的两种《原本》译注中都讨论了平行公理，其《令人满意的论著》一书是关于平行公设研究的专著。对于奥马・海亚姆的四边形，他也通过证明 $\angle ADC=\angle BCD=90°$，以推出第五公设。为此，纳西尔・丁也用反证法考虑：若 $\angle BCD$ 为钝角，则可作 $CE\perp DC$，有 $\angle CEA>\angle CBA=90°$，为钝角，故又可作 $EF\perp AB$，同理 $\angle EFD$ 为钝角，显然 $BC<CE$(直角三角形的直角边与斜边)。如此一直作下去，有 $BC<CE<EF<FG<GH<HI<\cdots$，这些折线向左越来越大，最后必然大于 DA，于是出现矛盾。从而证明了 $\angle ADC=\angle BCD=90°$。实际上，纳西尔・丁的证明没有考虑到折线向左延展过程中，越来越密，以至永远不能超过 AB 的中点，更不用说到达 DA 的边。

文艺复兴时期对希腊学术兴趣的恢复使欧洲数学家重新关注起第五公设。在 17 世纪研究过第五公设的数学家有沃利斯等。但每一种"证明"要么隐含了另一个与第五公设等价的假设，要么存在着其他形式的推理错误。而且，这类工作中的大多数对数学思想的进展没有多大的现实意义。因此，在 18 世纪中叶，达朗贝尔曾把平行公设的证明问题称为"几何原理中的家丑"。但就在这一时期，对第五公设的研究开始出现有意义的进展。在这方面的代表人物是意大利数学家萨凯里、德国数学家克吕格尔和瑞士数学家兰伯特。

萨凯里首先使用归谬法来证明平行公设。他在一本名叫《欧几里得无懈可击》的书中，从著名的"萨凯里四边形"出发来证明平行公设。萨凯里四边形是一个等腰双直角四边形，如图 1-12 所示，其中 $AC=BD$，$\angle A=\angle B$ 且为直角。

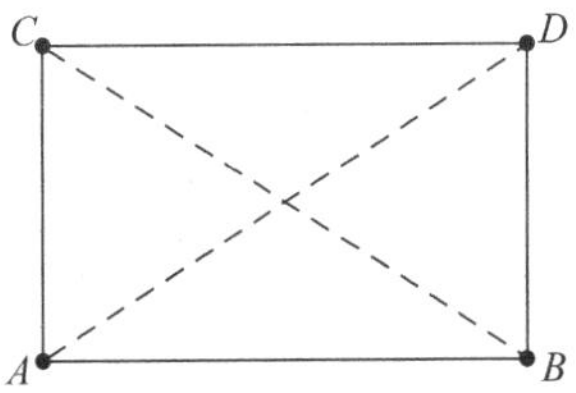

图 1-12

不用平行公设容易证明 $\angle C=\angle D$。萨凯里指出，顶角具有三种可能性并分别将它们命名为

直角假设：$\angle C$ 和 $\angle D$ 是直角；

钝角假设：$\angle C$ 和 $\angle D$ 是钝角；

锐角假设：$\angle C$ 和 $\angle D$ 是锐角。

可以证明，直角假设与第五公设等价。萨凯里的计划是证明后两个假设可以导致矛盾，根据归谬法就只剩第一个假设成立,这样就证明了第五公设。萨凯里在假定直线为无线长的情况下,首先由钝角假设推出了矛盾,然后考虑锐角假设,在这一过程中他获得了一系列新奇有趣的结果,如三角形三内角之和小于两个直角;过给定直线外一给定点,有无穷多条直线不与该给定直线相交,等等。虽然这些结果实际上并不包含任何矛盾,但萨凯里认为它们太不合情理,便以为自己道出了矛盾而判定锐角假设是不真实的。

萨凯里的工作激发了数学家们进一步的思考。1763 年,克吕格尔在其博士论文中首先指出萨凯里的工作实际上并未导出矛盾,只是得到了似乎与经验不符的结论。克吕格尔是第一个对平行公设能够由其他公理加以证明表示怀疑的数学家。他的见解启发兰伯特对这一问题进行更加深入的探讨。1766 年,兰伯特写出了《平行线理论》一书。在书中,他也像萨凯里那样考虑了一个四边形,不过他是从一个三直角四边形出发,按照第四个角是直角、钝角还是锐角做出了三个假设。由于钝角假设导致矛盾,所以他很快就放弃了。与萨凯里不同的是,兰伯特并不认为锐角假设导出的结论是矛盾的,而且他认识到一组假设如果不引起矛盾的话,就提供了一种可能的几何。因此,兰伯特最先指出了通过替换平行公设而展开新的无矛盾的几何学的道路。萨凯里、克吕格尔和兰伯特等,都可以看成是非欧几何的先行者。然而,他们走到了非欧几何的门槛前,却由于各自不同的原因或者却步后退,或者徘徊不前。突破具有两千年根基的欧氏几何传统的束缚,需要更高大的巨人。

直到 18 世纪末,几何领域仍然是欧几里得一统天下。解析几何改变了几何研究的方法,但没有从实质上改变欧氏几何本身的内容。解析方法的运用,虽然在相当长的时间内冲淡了人们对综合几何的兴趣,但欧几里得几何作为数学严格性的典范始终保持着神圣的地位。许多数学家都相信欧几里得几何是绝对真理。例如巴罗就曾列举 8 点理由来肯定欧氏几何,说它概念清晰;定义明确;公理直观可靠而且普遍成立;公设清楚可信且易于想象;公理数目少;引出量的方式易于接受;证明顺序自然;避免未知事物。他因而竭力主张将数学包括微积分都建立在几何基础之上。17、18 世纪的哲学家从霍布斯、洛克到康德,也都从不同的出发点认为欧氏几何是明白的和必然的。

19 世纪,德国数学家高斯、俄国数学家罗巴切夫斯基和匈牙利数学家波尔约等人各自独立地认识到这种证明是不可能的,也就是说平行公理是独立于其他公理的,并且可以用不同的“平行公理”替代欧几里得平行公理而建立非欧几何学。高斯关于非欧几何的信件和笔记在他生前一直没有公开发表,只是在 1855 年他去世后出版时才引起人们的注意。罗巴切夫斯基和波尔约分别在 1830 年前后发表了他们的关于非欧几何的理论。在这种新的非欧几何中,替代欧几里得平行公理的是罗巴切夫斯基平行公理:在一平面上,过已知直线外一点至少有两条直线与该直线共面而不相交。由此可以演绎出一系列全新的无矛盾的结论。在这种几何里,三角形内角和小于两直角。当时罗巴切夫斯基称这种几何学为虚几何学,后人又称为罗巴切夫斯基几何学,简称罗氏几何,也称双曲几何。

4.2 非欧几何的形成

非欧几何的形成,离不开几位伟大数学家的突出贡献。

在非欧几何正式建立之前,它的技术性内容已经被大量地推导出来。但最先认识到非欧几何是一种逻辑上相容并且可以描述物质空间、像欧氏几何一样正确的新几何学的是高斯。

高斯关于非欧几何学的思想最早可以追溯到 1792 年，即高斯 15 岁那年。那时他已经意识到除欧氏几何外还存在着一个无逻辑矛盾的几何，其中欧氏几何的平行公设不成立。1799 年他开始重视开发新几何的内容，并在 1813 年左右形成较完整的思想。他起先称之为"反欧几里得几何"，最后改称为"非欧几里得几何"。但他除了在给朋友的一些信件中对其非欧几何的思想有所透露外，生前并没有发表过任何关于非欧几何的论著。这主要是因为他感到自己的发现与当时流行的康德空间哲学相抵触，担心世俗的攻击。他曾在给贝塞尔的一封信中说：如果他公布了自己的这些发现，"黄蜂就会围着耳朵飞"，并会"引起波哀提亚人的叫嚣"。高斯深信非欧几何在逻辑上相容并确认其具有可应用性。虽然高斯生前没有发表这一成果，但是他的遗稿表明，他是非欧几何的创立者之一。

匈牙利数学家波尔约，1802 年 12 月 15 日生于科洛斯堡。1860 年 1 月 27 日病逝于毛罗什瓦萨尔海伊。他的父亲、数学家 F. 波尔约是高斯的好友。在父亲的指导下，他少年时就学习了微积分和分析力学等高深课程，喜好数学和音乐。1818 年入维也纳皇家工程学院接受军事教育，1822 年毕业后在军队服役 10 年，其间坚持数学研究，创立了非欧几里得几何。波尔约受父亲的影响，曾试图用欧几里得的《原本》中的其他公理证明平行公理。1820 年左右转而潜心研究新几何学的构造。1823 年在给父亲的信中称：他不用平行公理而构造了一种几何，"从无到有，我创造出另一个全新的世界"。1825 年，他给父亲看了他关于绝对空间理论的手稿，其中定义的绝对空间具有如下结构：在空间的平面上，过直线外一点有一束直线不与原直线相交。当这束直线减少为一条时，该空间就是欧几里得空间。1831 年，F. 波尔约将手稿寄给高斯，高斯称道波尔约的工作，但表示不能公开赞扬，因为他自己早已得到相同的结果(未发表)，波尔约深憾失去了优先权。1832 年，他的论文作为他父亲的一本讨论数学基础的初等著作的附录发表，题为《解释绝对真实的空间科学的附录》。这是他生前唯一发表的著作，但未引起其他数学家的关注。之后，他继续研究绝对空间中的三角形和球面三角形的关系、绝对空间中四面体的体积等问题。

波尔约

罗巴切夫斯基

图 1-13

俄国数学家罗巴切夫斯基，1792 年 12 月 1 日生于俄国高尔基城，1856 年 12 月 24 日卒于喀山。1816 年罗巴切夫斯基像前人一样尝试证明第五公设，但不久发现，所有的这种证明都无法逃脱循环论证的错误。于是，他做出这样的假定：在平面上，过直线外一点可以有多条直线不与原直线相交。这是一个与第五公设对立的命题，如果它被否定，那无异于证明了第五公设。但是，他发现不仅无法证明这个命题，而且将它与绝对几何即与平行公设无关的几何学中的定理一起展开推论,可以得到一系列前后一贯的命题,它们构成了一个逻辑合理,且与欧氏几何彼此独立的命题系统,他称之为"虚几何学"。这是一个非同寻常的发现,它告诉人们数学允许同时成立两个对立的公理体系,而且这种对立体系具有同样的真理性。

1826年2月23日罗巴切夫斯基以《几何学原理的扼要阐述,暨平行线定理的一个严格证明》为题,宣读了他的关于非欧几何的论文,但这篇革命性的论文没有被理解而未予通过。1829年他将这一卓越发现写进了《论几何学基础》,并在《喀山通报》上发表。以后又用法文发表了《虚几何学》(1837)。用德文写了《平行线理论的几何研究》(1840)。最后一本用俄、法两种文字写的《泛几何学》,在他逝世前一年发表。

罗氏几何的创立没有及时引起重视,直到他去世后12年意大利数学家贝尔特拉米证明了在欧氏空间的伪球面上有着片断的罗巴切夫斯基平面几何学,这样罗氏几何在欧氏空间的曲面上得到解释,并在数学上得到确认。

罗巴切夫斯基在数学分析和代数学方面也有一定成就,如区分了函数的可微性与连续性的概念等。

罗巴切夫斯基非欧几何的基本思想与高斯、波尔约是一致的,即用与欧几里得第五公设相反的断言:通过直线外一点,可以引不止一条而至少是两条直线平行于已知直线,作为替代公设,由此出发进行逻辑推导而得出一连串新几何学的定理。罗巴切夫斯基明确指出,这些定理并不包含矛盾,因而它的总体就形成了一个逻辑上可能的、无矛盾的理论,这个理论就是一种新的几何学——非欧几里得几何学。

非欧几何的诞生,是自希腊时代以来数学领域中一个重大的革新步骤。高斯确实看到了非欧几何的最富于变革性的含义。非欧几何诞生的第一步就在于认识到:平行公理不能在其他九条公理的基础上证明。它是独立的命题,所以可以采取一个与之矛盾的公理并发展成为全新的几何,这是高斯和其他人做的。但是高斯已经认识到欧几里得几何并非必然是物质空间的几何,亦即并非必然的公理性,把几何和力学相提并论,并断言真理性的品质必须限于算术(及其在分析中的发展)。信任算术本身是奇怪的。算术此时根本尚无逻辑基础。确信算术代数与分析对物质世界提供真理性,那完全是根源于对经验的信赖。

非欧几何的历史以惊人的形式说明数学家受其时代精神影响的程度是多么厉害。高斯、罗巴切夫斯基和波尔约满怀信心地接受了新几何,他们相信他们的几何在逻辑上是相容的,并且相信这个几何和欧几里得几何一样正确。但他们没有证明新几何的逻辑相容性。虽然他们证明过许多定理,而且并未得出明显的矛盾,但是或许能导出矛盾的可能性还是存在的。如果这一情况发生,他们的平行公理的假设便会不正确,于是欧几里得的平行公理将是其他公理的推论。

波尔约和罗巴切夫斯基确实考虑到了相容性问题并且部分相信它,因为他们的三角学和虚半径球面上的三角学相同,而球面是欧几里得几何的一部分。但波尔约并不满足于这个论据,因为三角学本身并不是完整的数学系统。于是尽管缺少相容性的任何证明,或者是缺少新几何的可能应用性,高斯、波尔约和罗巴切夫斯基接受了前人认为荒谬的东西。这种接受是一个信仰行动,非欧几何相容性的问题在其后40年仍然悬而未决。

高斯简介

高斯，德国人。1777 年 4 月 30 日出生于德国布伦斯维克的一个贫穷的自来水工人家庭。他的舅舅是一个很有才能的人，经常教给他一些知识，对幼年的高斯影响很大。1787 年高斯读小学四年级时，有一次算术教师要全班做一道题，1＋2＋3＋…＋100＝？事先并没有讲过这类问题。教师刚解释完题目，年仅 10 岁的班上年纪最小的学生高斯就把写有答案 5050 的石板交了上去。1791 年，经校长推荐，高斯得到一位公爵的赏识，提供赞助，让他到布鲁林学院学习。该院的一位教师巴特尔斯发现了他的天才之后，就与其共同研读牛顿、拉格朗日、欧拉等的著作。后来公爵又资助高斯于 1795 年进入哥廷根大学学习。1798 年又转到赫尔姆什塔特大学，被帕夫所注意，他成了高斯的老师和朋友。1799 年高斯由于证明了代数学的基本定理而获得博士学位。后来回到布伦斯维克，撰写了一些出色的论文，因而 1807 年起成为哥廷根大学的常任教授和天文台台长。一直在这里工作至 1855 年。同年 2 月 23 日去世，终年 78 岁。

高斯几乎对数学的所有领域都做出了重大贡献，是许多数学学科的开创者和奠基人。

在代数学方面。他第一个证明了任何一个复系数的单变量的代数方程都至少有一个复数根。这一定理被称为代数基本定理。他还严谨地证明了任何复系数单变量 n 次方程有 n 个复数根。这两个定理的证明，奠定了代数方程论的理论基础。

在数论方面。高斯在 18 世纪末完成了他的传世之作《算术研究》，1801 年正式出版。这部著作给数论的研究揭开了一个新纪元，是现代数论的基石。以后的 100 年间，几乎所有数论方面的发现都能追溯到他的研究里去。

在曲面论方面。1828 年他发表了巨著《关于曲面的一般研究》，书中提出了全新的概念，即一张曲面本身就是一个空间的观点。本书是近代微分几何的开端，奠定了关于欧氏空间中曲面的内蕴几何学的基础。

在单复变函数论方面。高斯提出用 $a+bi$ 表示复数；建立了直角坐标平面上点与复数的一一对应；建立了复数的几何加法和乘法。

高斯还有大量成果在生前没有发表，其中最著名的有椭圆函数和非欧几何。早在 1800 年他已经发现了椭圆函数，得到了许多关键性的结果。1816 年他已独立建立了非欧几何的基本原理。

高斯对应用数学也做出了重要贡献。1801 年他创立了行星椭圆轨道法，成功地解决了由有限个观测数据来确定新行星的轨道的问题。此外，高斯在大地测量、理论磁学与实验磁学方面也有重要成果。

高斯一生勤奋努力，刻苦钻研，治学严谨，成果丰硕，对人类的科学事业做出了巨大贡献。他一生共发表论著 155 篇(部)，被后人誉为“数学王子”。他是最后一位卓越的古典数学家，又是一位杰出的现代数学家。他不仅预见了 19 世纪的数学，还为 19 世纪数学的发展奠定了基础。

4.3 非欧几何的发展与确认

非欧几何从发现到获得普遍接受,经历了曲折的道路。要达到这一目标,需要确实地建立非欧几何自身的无矛盾性和现实意义。对于非欧几何的承认是在其创造者死后才获得的。德国数学家黎曼在1854年发展了罗巴切夫斯基等人的思想而建立了一种更广泛的几何,即现在所称的黎曼几何。罗巴切夫斯基几何以及欧氏几何都不过是这种几何的特例。他将第五公设改为"过直线外一点不能作一条直线与已知直线平行"再加上欧氏几何与罗氏几何共有的4组9条公理,又可导出一整套几何学,这套几何学被称作黎曼几何。非欧几何在通常意义下指的是罗氏几何及黎曼几何。黎曼的研究是以高斯关于曲面的内蕴微分几何①为基础的。黎曼1854年发表的题为《关于几何基础的假设》的演讲中,黎曼将高斯关于欧氏空间中曲面的内蕴几何推广为任意空间的内蕴几何。他把 n 维空间称作一个流形,n 维流形中的一个点,可以用 n 个参数 $x_1,x_2,\cdots,x_n$ 的一组特定值来表示,这些参数就叫做流形的坐标。

19世纪70年代以后,意大利数学家贝尔特拉米、德国数学家克莱因和法国数学家庞加莱等人先后在欧几里得空间中给出了非欧几何的直观模型,从而揭示了非欧几何的现实意义。至此,非欧几何才真正获得了广泛的理解。

意大利数学家贝尔特拉米在1866年的论著《非欧几何解释的尝试》一文中,证明了非欧平面几何(局部)实现在普通欧氏空间里,作为伪球面,即负常数高斯曲率的曲面上的内在几何,这样,非欧几何的相容性问题与欧氏几何相容性的事实就一样清晰明了。贝尔特拉米的模型是从内蕴几何观点提出的,曲面"伪球面"由平面曳物线绕其渐近线旋转一周而得。贝尔特拉米证明,罗巴切夫斯基平面片上的所有几何关系与适当的"伪球面"片上的几何关系相符合;也就是说,对应于罗巴切夫斯基几何的每一段而言,就有一个"伪球面"上的内蕴几何事实。这使罗氏几何立刻就有了现实意义。但需指出的是,贝尔特拉米实现的并非整个罗巴切夫斯基几何,而是其片段上的几何。因而,还没有解决全部罗氏几何的无矛盾性问题。这个问题不久就被克莱因解决了。

德国数学家克莱因在1871年首次认识到可以从射影几何中可推导出度量几何,并建立了非欧平面几何(整体)的模型。克莱因的模型比贝尔特拉米的简单明了。在普通欧氏平面上取一个圆,并且只考虑整个圆的内部。他约定把圆的内部叫"平面",圆的弦叫"直线"(根据约定将弦的端点除外)。可以证明,这种圆内部的普通几何事实就变成罗巴切夫斯基几何的定理,而且反过来,罗巴切夫斯基几何中的每个定理都可以解释成圆内部的普通几何事实。这样,非欧几何相容性问题就归结为欧氏几何的相容性问题,这些结果最终使非欧几何获得了普遍的承认。

在克莱因之后,庞加莱也对罗巴切夫斯基几何给出了一个欧氏模型。这样一来,就使非欧几何具有了至少与欧氏几何同等的真实性。可以设想,如果罗氏几何中存在任何矛盾的

---

① 内蕴微分几何也是19世纪几何学的重大发展之一。在蒙日等人开创的微分几何中,曲面是在欧氏空间内考察的,但高斯1828年发表的著作《关于曲面的一般研究》则提出了一种全新的观点,即一张曲面本身就构成一个空间。它的许多性质并不依赖于背景空间,这种以研究曲面内在性质为主的微分几何称为"内蕴微分几何"。

话，那么这种矛盾也必然会在欧氏几何中表现出来，也就是说，只要欧氏几何没有矛盾，那么罗巴切夫斯基几何也不会有矛盾。至此，非欧几何作为一种几何的合法地位充分建立起来了。

非欧几何的创建打破了欧氏几何的一统天下，从根本上革新和拓广了人们对几何学观念的认识。1872 年，克莱因从变换群的观点对各种几何学进行了分类，提出了著名的埃尔朗根纲领，这个纲领对于几何学的进一步发展曾经产生重大影响。

德国数学家希尔伯特于 1899 年发表了著名的《几何基础》一书，严密地建立了欧几里得几何的公理体系，它由五组公理组成，即结合公理、顺序公理、合同公理、平行公理及连续公理。由结合公理、顺序公理、合同公理、连续公理四组公理所建立的体系称为绝对几何公理体系。绝对几何公理体系加上罗氏平行公理，就构成了罗巴切夫斯基几何的公理系统。绝对几何是欧氏几何与罗氏几何的公共部分，也就是说，绝对几何的全部公理和定理在两种几何里都成立。

非欧几何的创建导致人们对几何学基础的深入研究。希尔伯特于 1899 年建立了欧氏几何的公理体系。继几何学之后，数学家们又建立并研究了如算术、数理逻辑、概率论等一些数学学科的公理系统。这样形成的公理化方法已成为现代数学的重要方法之一。

非欧几何学的创建不仅推广了几何学观念，而且对于物理学在 20 世纪初期所发生的关于空间和时间的物理观念的改革也起了重大作用。非欧几何学首先提出了弯曲的空间，它为更广泛的黎曼几何的产生创造了前提，而黎曼几何后来成了爱因斯坦广义相对论的数学工具。爱因斯坦和他后继者在广义相对论的基础上研究了宇宙的结构。按照相对论的观点，宇宙结构的几何学不是欧几里得几何学而是接近于非欧几何学。许多人采用了非欧几何学作为宇宙的几何模型。

5 几何学的统一与公理化思想

5.1 几何学的统一

在数学史上，罗巴切夫斯基被称为"几何学上的哥白尼"。这是因为非欧几何的创立不只是解决了两千年来一直悬而未决的平行公设问题，更重要的是它引起了关于几何观念和空间观念的最深刻的革命。

首先，非欧几何对于人们的空间观念产生了极其深远的影响。在 19 世纪，占统治地位的是欧几里得的绝对空间观念。非欧几何的创始人无一例外地都对这种传统观念提出了挑战。高斯早在 1817 年就在给朋友的一封信中写道："我越来越深信我们不能证明我们的欧几里得几何具有物理的必然性，至少不能用人类的理智——给出这种证明。或许在另一个世界中我们可以洞悉空间的性质，而现在这是不可能达到的。"高斯曾一度把他的非欧几何称为"星空几何"，而从罗巴切夫斯基到黎曼，他们也都相信天文测量将能判断他们的新几何的真实性，认为欧氏公理可能只是物理空间的近似写照。他们的预言，在 20 世纪被爱因斯坦的相对论所证实。正是黎曼几何为爱因斯坦的广义相对论提供了最恰当的数学描述，而根据广义相对论所进行的一系列天文观测、实验，也证实了宇宙流形的非欧几里得性。

其次，非欧几何的出现打破了长期以来只有一种几何学即欧几里得几何学的局面。19 世纪中叶以后，通过否定欧氏几何中这样或那样的公设、公理，产生了各种新的几何学，除了上述几种非欧几何外，还有如非阿基米德几何、非德沙格几何、非黎曼几何、有限几何等等，加上与非欧几何并行发展的高维几何、射影几何、微分几何以及较晚出现的拓扑学等，19 世纪的几何学展现了无限广阔的发展前景。在这样的形势下，寻找不同几何学之间的内在联系，用统一的观点来解释它们，便成为数学家们追求的一个目标。

统一几何学的第一个大胆计划是由德国数学家克莱因提出的。1872 年，克莱因被聘为埃尔朗根大学的数学教授，按惯例，他要向大学评议会和哲学院作就职演讲，克莱因的演讲以《埃尔朗根纲领》著称，正是在这个演讲中，克莱因基于自己早些时候的工作以及挪威数学家李在群论方面的工作，阐述了几何学统一的思想：所谓几何学，就是研究几何图形对于某类变换群保持不变的性质的学问，或者说任何一种几何学只是研究与特定的变换群有关的不变量。论述了变换群在几何中的主导作用，把在当时所发现的所有几何统一在变换群论观点之下，明确地给出了几何的一个新定义，把几何定义为一个变换群之下的不变性质。埃尔朗根纲领的提出，正意味着对几何认识的深化。它把所有几何化为统一的形式，使人们明确了古典几何所研究的对象；同时显示出如何建立抽象空间所对应几何的方法，对以后几何的发展起了指导性的作用，故有深远的意义。这样一来，不仅 19 世纪涌现的几种重要的、表面上互不相干的几何学被联系到一起，而且变换群的任何一种分类也对应于几何学的一种分类。

例如(就平面的情况)，欧几里得几何研究的是长度、角度、面积等这些在平面中的平移和旋转下保持不变的性质。平面中的平移和旋转构成一个变换群。刚性平面变换可以用代数式表示为

$$\begin{cases} x' = a_{11}x + a_{12}y + a_{13}, \\ y' = a_{21}x + a_{22}y + a_{23}, \end{cases}$$

其中 $a_{11}a_{22} - a_{12}a_{21} = 1$。

这些式子构成了一个群的元素，而将这种元素结合在一起的"运算"就是依次进行这种类型的变换。容易看出，如果在进行上述变换之后紧接着进行第二个变换

$$\begin{cases} x'' = b_{11}x' + b_{12}y' + b_{13}, \\ y'' = b_{21}x' + b_{22}y' + b_{23}, \end{cases}$$

其中 $b_{11}b_{22} - b_{12}b_{21} = 1$，那么相继进行这两个变换的结果，就等价于某个单一的这一类型的变换将点(x,y)变成点(x'',y'')。

如果在上述变换中，将限制 $a_{11}a_{22} - a_{12}a_{21} = 1$ 用更一般的要求 $a_{11}a_{22} - a_{12}a_{21} \neq 0$ 来替代，那么这种新变换也构成一个群。然而，在这样的变换下，长度和面积不再保持不变，不过一个已知种类的圆锥曲线(椭圆，抛物线或双曲线)经过变换后仍是同一种类的圆锥曲线。这样的变换称为仿射变换，它们所刻画的几何称为仿射几何。因此，按照克莱因的观点，欧几里得几何只是仿射几何的一个特例。

仿射几何则是更一般的几何——射影几何的一个特例。一个射影变换可以写成如下形式：

$$\begin{cases} x' = \dfrac{a_{11}x + a_{12}y + a_{13}}{a_{31}x + a_{32}y + a_{33}}, \\ y' = \dfrac{a_{21}x + a_{22}y + a_{23}}{a_{31}x + a_{32}y + a_{33}}, \end{cases}$$

其中 a_{ij} 的行列式必须非零。射影变换下的不变量有线性、共线性、交比、调和点组以及保持圆锥曲线不变等。显然，如果 $a_{31}=a_{32}=0$ 并且 $a_{33}=1$，射影变换就成了仿射变换。

下表反映了以射影几何为基础的克莱因几何分类中一些主要几何间的关系：

- 射影几何
  - 仿射几何
    - 抛物几何（欧几里得几何）
    - 其他仿射几何
  - 单重椭圆几何
  - 双重椭圆几何（黎曼几何）
  - 双曲几何（罗巴切夫斯基几何）

在克莱因的分类中，还包括了当时的代数几何和拓扑学。克莱因对拓扑学的定义是“研究由无限小边形组成的变换的不变性”。这里“无限小边形”就是一一对应的双方连续变换。拓扑学在 20 世纪才获得独立的发展成为现代数学的核心学科之一。克莱因在 1872 年就提出了把拓扑学作为一门重要的几何学科，确实是有远见的看法。

并非所有的几何都能纳入克莱因的方案，例如今天的代数几何和微分几何，然而克莱因的纲领的确能给大部分的几何提供一个系统的分类方法，对几何思想的发展产生了持久的影响。

克莱因发表埃尔朗根纲领时年仅 23 岁。1886 年，他受聘哥廷根大学担任教授。他的到来，使哥廷根这座具有高斯、黎曼传统的德国大学更富科学魅力，在被引向哥廷根的许多年轻数学家中，最重要的一位是希尔伯特。希尔伯特在来到哥廷根三年以后，提出了另一条对现代数学影响深远的统一几何学的途径——公理化方法（此方法将在后面介绍）。

5.2　几种几何学的比较

(1) 射影几何学

根据克莱因的观点，从属于射影平面上的射影群的射影平面的几何学就是射影几何学。即射影几何学就是研究在射影群下的不变性质的理论。换言之，经过射影变换（即直射变换）不变的性质，即为射影性质，研究射影性质的学科就是射影几何。

(2) 仿射几何学

根据克莱因的观点，从属于拓广平面上的仿射变换群的拓广平面（仿射平面）的几何学就是仿射几何学，即仿射几何学就是研究在仿射变换群下的不变性质的理论。换言之，经过仿射变换不变的性质，即为仿射性质，研究仿射性质的学科就是仿射几何。

仿射几何学是射影几何学的子几何学。所以射影性质都是仿射变换下的不变性质，即仿射性质。

(3) 欧氏几何学

根据克莱因的观点，从属于欧氏平面上的全等变换群（正交变换群）的欧氏平面的几何学就是欧氏几何学，即欧氏几何学就是研究在全等变换群下的不变性质的理论。换言之，经过全等变换不变的性质，即为度量性质，研究度量性质的学科就是欧氏几何。

欧氏几何学是仿射几何学的子几何学，也是射影几何学的子几何学。所以，射影性质、仿射性质都是全等变换下的不变性质。

总而言之，就变换群的大小而言，射影群⊃仿射群⊃全等变换群，但就它们所对应几何学的内容而言，它们的关系正好相反，这就是说，欧氏几何学的内容最丰富，射影几何学的内容最少，在射影几何学中不能讨论图形的仿射性质和度量性质，而在欧氏几何里则可以讨论仿射几何学的对象与射影几何的对象。

此外，椭圆几何和双曲几何，这两种非欧几何都是射影几何的子几何，它们分别对应椭圆群和双曲群。椭圆群是由把虚二次曲线 $x_1^2+x_2^2+x_3^2=0$ 变换成自身的全体射影变换构成的，而双曲群是由把实二次曲线 $-x_1^2+x_2^2+x_3^2=0$ 变换成自身的全体射影变换构成的。

欧氏几何、罗氏几何、黎曼几何是三种各有区别的几何(如表 1-1)。这三种几何各自所有的真命题都构成了一个严密的公理体系，各公理之间满足和谐性、完备性和独立性。因此这三种几何都是正确的。在我们这个不大不小、不远不近的空间里，也就是在我们的日常生活中，欧氏几何是适用的；在宇宙空间中或原子核世界，罗氏几何更符合客观实际；在地球表面研究航海、航空等实际问题中，黎曼几何更准确一些。

表 1-1 欧氏几何、罗氏几何、黎曼几何的比较

项 目	欧氏几何	罗氏几何	黎曼几何
两条不重合直线的相交情况	至多一个点	至多一个点	一个(单点) 两个(双点)
给定一直线 l，过 l 外一点与 l 的平行线	唯一一条	至少有两条	没有
两条平行线	等距	不等距	不存在
如果一条直线与两条平行线中之一相交，则与另一条	必相交	不一定	—
垂直于同一条直线的不同直线的关系	彼此平行	平行	相交
三角形的三内角和	等于 180°	小于 180°	大于 180°
三角形的面积与三角形内角的关系	无关	反比	正比
对应角相等的两个三角形的关系	相似	全等	全等

5.3 公理化思想方法

在《辞海》中可以看到这样的解释：

公理是“在一个系统中已为反复的实践所证实而被认为不需要证明的真理，可以作为证明中的论据”。

公理化方法是“从某些基本概念和基本命题出发，依据特定的演绎规则，推导一系列的定理，从而构成一个演绎系统的方法”。

公理化方法有以下几个方面需要讨论。

第一，关于公理的自明性。

一般地说，公理之所以被人们普遍接受，是因为其陈述的事实是自然的、明白无误的，因而无须证明，毋庸置疑。正因为如此，公理成为人们展开科学体系的出发点，作为论证其他命题的依据。但是，后来发现，有些公理并非十分显然，例如欧氏几何中的平行公理，就不那么显然,以至人们企图去证明它。至于非欧几何中的关于平行线的公理,则完全和直观认识相悖,完全不是自明的。因此,现代人们选取某些命题作为公理,只是作为一种演绎推理的出发点,并非一定要自明,只要大家都能自然地接受就行。

第二,关于公理体系所依赖的"演绎推理"的规则。

公理化方法的目标是从公理系出发,通过演绎推理得到命题。因此,推理的规则十分重要。通常使用的规则是逻辑方法。古希腊时代的推理,就是依据亚里士多德创立的形式逻辑规则进行演绎。后来欧多克斯还采用穷竭法处理具有无限性的推理过程,把比值为有理数的结论都推广到无理数。近代则采取更加严密的数理逻辑方法。因此,演绎推理的规则在不断发展,与时俱进。

第三,关于"公理化方法的目标是形成一个演绎的科学体系"。

公理化方式是为表述一个科学体系服务的。科学体系已经存在了,不能随便拿一些命题作为公理。问题在于判断哪些命题是最基本的,可以作为推理论证的出发点。也就是说,选择哪些命题是最基本的,可以作为推理论证的出发点。选择哪些命题当作公理,是一个值得思考的问题。近代的公理化方法,要求公理的选取必须符合以下的三条要求:

Ⅰ 相容性(或称为协调性,无矛盾性)

一个公理系统的公理以及由此推出的所有命题,不会发生任何矛盾。这就是公理系统的相容性,也称为协调性或无矛盾性。任何公理系统必须被证明是相容的,否则,就不成为公理系统。

Ⅱ 独立性

独立性要求公理系统中的每一条公理都是独立的,即每一条公理都不是其他公理的推论。独立性使公理系统的公理个数最少。严格地说,每个公理系统应当只包含最少的公理。但是,为使系统更加简单明确,有的系统放弃了这个要求。因此,通常并不将独立性作为公理系统的必要条件。

Ⅲ 完备性

一个公理系统允许不同的模型,如果所有模型都是同构的,则说这个公理系统是一个完备的系统。所谓同构就是两个模型的所有元素之间有一一对应关系,基本关系之间也有一一对应关系,而且元素间的关系也构成对应。

公理化方法具有重要的意义和作用①。

(1) 这种方法具有分析、总结数学知识的作用。凡取得了公理化结构形式的数学,由于定理与命题均已按逻辑演绎关系串联起来,故使用起来也较方便。

(2) 公理化方法把一门数学的基础分析得清清楚楚,这就有利于比较各门数学的实质性异同,并能促使和推动新理论的创立。

(3) 数学公理化方法在科学方法学上有示范作用。这种方法对现代理论力学及各门自然科学理论的表述方法都起到了积极的借鉴作用。

(4) 公理化方法所显示的形式的简洁性、条理性和结构的和谐性确实符合美学的要求,因而为数学活动中贯彻审美原则提供了范例。

概括地说,几何学的公理化方法是从少数原始概念和公理出发,遵循逻辑原则建立几何

---

① 徐利治.论数学方法学[M].济南:山东教育出版社,2002:95

学演绎体系的方法。用以导出其他几何原理的不再加以证明的基本原理称为公理，用以解释其他概念而本身不再加以定义的概念称为基本概念(原始概念)。它们的性质只由公理来制约，除了这些公理和不加定义的基本概念以外，其他的定理和概念都必须由这些公理和基本概念逻辑地推导出来，这就是所谓的公理化方法。

公理化方法的结构由下列 4 个部分构成：

(1) 原始概念的列举；

(2) 定义的叙述；

(3) 公理的叙述；

(4) 定理的叙述和证明。

公理化方法的 4 个部分是有机地结合在一起地，缺一不可，其中公理的列举是核心。公理是作为几何论证基础而不加以证明的命题，是几何学作为出发点来建立一种几何体系的少数规定，它规定了最基本的几何元素之间的一些基本性质，成为证明其他几何性质的依据。公理不是主观臆造的，是有客观基础的，公理来源于实践，是客观世界空间形式和几何关系的客观反映，又在实践中进行检验和验证，从而不断地丰富起来。作为几何学基础的全部公理成为该几何学的公理系统，它决定了几何学的性质，用不同的公理系统可以建立不同的几何学。

现代公理化方法给几何学带来了新的观点。由于公理化方法中的原始概念是不加定义的，因此就不必考虑研究对象的直观形象。凡符合公理体系的元素都可以作为这个几何体系的直观解释，或称几何学的模型。因此，几何学的研究对象更广泛，其含义也更抽象。

公理化方法的发展，经历了以下 4 个时期：

- 直观性公理化时期，以欧几里得的《原本》为代表；
- 思辨性公理化时期，以非欧几何的发现为代表；
- 形式主义公理化时期，以希尔伯特的《几何基础》为代表；
- 结构主义公理化时期，以布尔巴基的《数学原本》为代表。

公理化方法始于欧几里得，然而当 19 世纪数学家们重新审视《原本》中的公理体系时，却发现它有许多隐蔽的假设，模糊的定义及逻辑的缺陷，这就迫使他们着手重建欧氏几何以及其他包含同样弱点的几何的基础。这项探索从一开始就是在对几何学作统一处理的观点下进行的。在所有这些努力中，希尔伯特在《几何基础》中使用的公理化方法最为成功。《原本》是一部不朽的经典著作。欧几里得之前他人的工作为其《原本》做了大量的准备，在内容、理论和方法上提供了素材。《原本》集前人工作之大成，为几何学公理化方法奠定了初步的基础。欧几里得之后的工作可以分成两条主线，主要是围绕《原本》进行的，直到希尔伯特所著的《几何基础》出现为止。

希尔伯特是 20 世纪最伟大的数学家之一，他的数学贡献是巨大的和多方面的。他典型的研究方式是直攻数学中的重大问题，开拓新的研究领域，并从中寻找带普遍性的方法。希尔伯特于 1899 年发表了著名的《几何基础》一书，第一次完备地给出了欧几里得公理体系。全体公理按性质分为五组(即关联公理、次序公理、合同公理、平行公理和连续公理)，他对它们之间的逻辑关系作了深刻的考察，精确地提出了公理系统的相容性、独立性与完备性要求。为解决独立性问题，他的典型方法是制作一个模型，不满足所论的公理，但却满足其他所有公理。采用这种途径可赋予非欧几何以严密的逻辑解释，同时开拓了建立其他新几何的可能性。对于相容性问题，他的重大贡献是借助于解析几何将欧氏几何的相容性归结于初等算术的相容性。上述工作的意义远超出了几何基础的范围，使他成为现代公理化方法的奠基人。

1900 年，希尔伯特在巴黎举行的国际数学家大会上发表演说，提出了新世纪数学面临的 23 个数学问题。对这些问题的研究有力地推动了 20 世纪数学发展的进程。

希尔伯特在其著作《几何基础》一书中，成功地建立了欧几里得的公理体系，这就是所谓的希尔伯特公理体系，希尔伯特首先抽象地把几何基本对象叫做点、直线、平面。作为不定义元素，分别用 $A,B,C,\cdots,a,b,c,\cdots,\alpha,\beta,\gamma,\cdots$ 表示，然后用 5 组公理：关联公理、次序公理、合同公理、平行公理、连续公理来确定基本几何对象的性质，用这 5 组公理作为推理的基础，可以逻辑地推出欧几里得几何的所有定理，因而使欧几里得几何成为一个逻辑结构非常完善而严谨的几何体系。希尔伯特公理体系的完成，不仅使欧几里得《原本》的完善工作告一段落，且使数学公理化方法基本形成，促使 20 世纪整个数学有了较大的发展，甚至这种影响也扩大到其他科学领域，如物理、力学等。用以上 5 组公理可以推出欧几里得几何的全部内容，但平行公理并不能用关联公理、次序公理、合同公理、连续公理推出。如果在这 4 组公理之外，加上一个罗巴切夫斯基公理，就可以推出非欧几何的全部内容，关联公理、次序公理、合同公理、连续公理是这两种几何的共同部分，只涉及这 4 组公理的内容叫做绝对几何。只有涉及欧几里得平行公理，或罗巴切夫斯基平行公理的一些命题，才是欧氏几何和非欧几何的不同内容。这样的做法，不仅给出了已有几门非欧几何的统一处理，而且还可以引出新的几何学。最有趣的例子便是“非阿基米德几何”，即通过忽略连续公理（亦称阿基米德公理）而建造的几何学。这是希尔伯特本人的创造，《几何基础》中用了整整 5 章的篇幅来展开这种新的几何学。

阅读材料

希尔伯特简介

希尔伯特，德国人。1862 年 1 月 23 日生于哥尼斯堡。1880 年进入哥尼斯堡大学读书。1884 年 12 月 11 日通过博士的口试，1885 年获得博士学位。1886 年 6 月起任哥尼斯堡大学的义务讲师，1892 年起任副教授，1893 年起任教授。1895 年受聘哥廷根大学教授，在该校一直工作到 1930 年退休。1900 年在巴黎召开的第二届国际数学家大会上，希尔伯特作了著名的《数学问题》的讲演。1943 年 2 月 14 日希尔伯特在哥廷根去世，终年 81 岁。

希尔伯特在数学上的几乎所有的领域都做出了重大的贡献。

第一，关于不变式理论。他发现了代数最基本的定理之一：多项式环的每个子集都具有有限个理想基。这个定理是引导到近世代数的有力工具，是代数簇一般理论的基石。

第二，关于数论。希尔伯特于 1897 年 4 月 10 日撰写了一个《数论报告》，这是一篇非常优秀的论著，被数学家们称为是学习代数数论的经典。在数论方面希尔伯特还有一个突出的贡献：1909 年他证明了持续 100 多年未解决的华林猜想。

第三,关于公理化理论。希尔伯特是第一个建立了完备的欧几里得几何公理体系的人。他把欧几里得几何分成关联公理、关于点和线的次序公理、合同公理、平行公理、连续公理这5类公理,并运用这些公理把欧几里得几何的主要定理推演出来。他系统地研究了公理体系的相容性、独立性和完备性。1899年他的名著《几何基础》出版了,到1962年已发行第9版,现在仍然是研究几何基础的人必读的经典著作。

第四,关于积分方程。希尔伯特在1904年至1910年间发表了一系列有关这方面的论文。

第五,关于理论物理。从1909年起希尔伯特把研究的兴趣转向了理论物理。他比较系统地研究了气体分子运动、辐射论公理、相对论,并发表了一些论文,但总的说成就不如数学方面。

第六,关于数学基础。希尔伯特继几何基础之后,按照自己的形式主义观点,企图证明数学本身是无矛盾的,并企图使数学成为一种有限的博弈。后来,哥德尔证明了按他的这种形式主义方法构造数学大厦是不可能成功的。但是,他在研究这一问题时创立了一门新的数学分支学科——元数学,其意义是十分巨大的。

值得特别提出的是,希尔伯特于1900年巴黎讲演提出的23个数学问题对20世纪的数学发展产生了巨大的影响。

同时,希尔伯特还是一位伟大的数学教育家,他一生共培养出69位数学博士,其中有不少成为著名的数学家,如韦尔、柯朗、诺特等。

6 几何学的近现代发展简介

6.1 微分几何

微积分的创始人已经利用微积分研究曲线的曲率、拐点、渐伸线、渐屈线等而获得了属于微分几何范畴的部分结果。但微分几何成为独立的数学分支主要是在18世纪。

1731年18岁的法国青年数学家克莱洛发表《关于双重曲率曲线的研究》,开创了空间曲线理论,是建立微分几何的重要一步。克莱洛通过在两个垂直平面上的投影来研究空间曲线,首先提出空间曲线有两个曲率的想法。他认识到一条空间曲线在一个垂直于切线的平面上可以有无穷多条法线,同时给出了空间曲线的弧长公式与某些曲面的面积求法。

欧拉是微分几何的重要奠基人。他早在1736年就引进了平面曲线的内在坐标概念,即以曲线弧长作为曲线上点的坐标。在《无限小分析引论》第2卷中则引进了曲线的参数表示:$x=x(s)$;$y=y(s)$;$z=z(s)$。欧拉将曲率定义为曲线的切线方向与一固定方向的交角相对于弧长的变化率,并推导了空间曲线任一点曲率半径的解析表达式

$$\rho=\frac{\mathrm{d}s^2}{\sqrt{(\mathrm{d}^2x)^2+(\mathrm{d}^2y)^2+(\mathrm{d}^2z)^2}}。$$

欧拉的曲率定义是对克莱洛引进的空间曲线的两个曲率之一的标准化(另一个曲率,现在叫"挠率",其解析表示到19世纪初才得到)。欧拉关于曲面论的经典工作《关于曲面上曲线的研究》被公认为微分几何史上的一个里程碑。欧拉在其中将曲面表示为$z=f(x,y)$,

并引进了相当于 $p=\frac{\partial z}{\partial x},q=\frac{\partial z}{\partial y},r=\frac{\partial^2 z}{\partial x^2},s=\frac{\partial^2 z}{\partial x\partial y},t=\frac{\partial^2 z}{\partial y^2}$ 的标准符号。欧拉正确地建立了曲面的曲率概念。他引进了法曲率(法截线的曲率),主曲率(所有法截线的最大和最小曲率),并得到了法曲率的欧拉公式 $\kappa=\kappa_1\cos^2\theta+\kappa_2\sin^2\theta$(其中 κ_1,κ_2 是主曲率,θ 是一法截面与主曲率所在法截面的交角)。1771 年以后,欧拉还率先研究了他所谓"可展平在一张平面上"的曲面即可展曲面,导出了可展性的充分必要条件。

18 世纪微分几何的发展由于蒙日的工作而臻于高峰。蒙日 1795 年发表的《关于分析的几何应用的活页论文》是第一部系统的微分几何著述。蒙日极大地推进了克莱洛、欧拉的空间曲线与曲面理论,其特点是与微分方程的紧密结合。曲线与曲面的各种性质用微分方程来表示,有共同几何性质或用同一种方法生成的一簇曲面应满足一个偏微分方程。蒙日借着这些偏微分方程对曲面簇、可展曲面及直纹面进行研究而获得了大量深刻的结果。例如,他给出了可展曲面的一般表示,并说明除了垂直于 xOy 平面的柱面外,这种曲面总满足偏微分方程 $z_{xx}z_{yy}-z_{xy}^2=0$。他还给出了直纹面满足的三阶偏微分方程,利用这些方程的积分,蒙日证明了欧拉未能证明的事实:可展曲面是特殊的直纹面,并知道逆命题是不成立的。

与 18 世纪大多数数学家不同的是,蒙日不仅是将分析应用于几何,同时也反过来用几何去解释微分方程从而推动后者的发展,他开创了偏微分方程的特征理论,引进了探讨偏微分方程的几何工具——特征曲线与特征锥(现称"蒙日锥")等,它们至今仍是现代偏微分方程论中的重要概念。

1827 年高斯发表了《关于曲面的一般理论》,书中全面阐述了欧氏空间中曲面的微分几何,提出了内蕴曲面理论,为微分几何的研究注入了新的思想,即将参数表示的曲面本身视为一个空间,它的特性不依赖于它的包容空间,开创了微分几何的现代研究。换句话说,高斯曲率 K 是只由曲面的第一基本形式决定的量,也是等距变换下的不变量。这说明曲面的度量性质本身蕴涵着一定弯曲性质。对于只给定第一基本形式的曲面,讨论只与第一基本形式有关的性质,从而抛开包容于它的欧氏空间,更不必顾及它在包容它的欧氏空间中的形象,这就形成了曲面的内蕴几何。内蕴几何的核心是讨论曲面上的测地线、曲面上的向量场和曲面域上高斯曲率 K 的积分等问题。特别是关于高斯曲率曲面的研究。

6.2 拓扑学

拓扑学思想的萌芽可以追溯到欧拉的哥尼斯堡七桥问题(1736,要求设计一条散步路线,使河上每桥走过一次且只过一次,参见图 1-14)、地图四色问题等问题的研究。拓扑所研究的是几何图形的那样一些性质,它们在图形被弯曲、拉大、缩小或任意的变形下保持不变,只要在变形过程中既不使原来不同的点合并为同一个点,又不使新点产生。换句话说,这种变换的条件是:在原来图形的点与变化了的图形的点之间存在一个一一对应,并且邻近的点变成邻近的点。后一性质叫做连续性;因而要求的条件便是,这种变换和它的逆两者都是连续的。这样的一个变换叫做一个同胚或拓

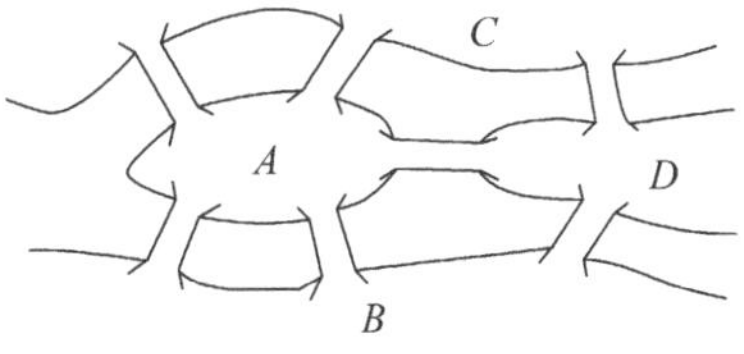

图 1-14

扑变换。拓扑有一个通行的形象的外号——橡皮几何学，因为如果图形都是用橡皮做成的，就能把许多图形变形成同胚的图形。例如，一个橡皮圈能变形成一个圆周或一个方圈，它们同胚；但是一个橡皮圈和阿拉伯数字 8 这个图形不同胚，因为不把圈上的两个点合并成一个点，圈就不会变成 8。

高斯也研究过一些与拓扑学有关的问题，他们均称这类问题为“位置几何”。“拓扑学”这一术语则是高斯的学生李斯廷首先引用的。但拓扑学本质上是属于 20 世纪的抽象学科。庞加莱 1895—1905 年间在同一主题《位置分析》下发表的一组论文，开创了现代拓扑学研究。庞加莱将几何图形剖分成有限个相互连接的基本片，并用代数组合的方法研究其性质。用这样的观点加以研究的拓扑学叫做组合拓扑学。庞加莱定义了高维流形、同胚、同调，引进了一系列拓扑不变量，首次建立了庞加莱对偶定理，提出了庞加莱猜想，等等。总之，组合拓扑学由庞加莱奠定了基础。

1926 年，诺特首先洞察到群论在组合拓扑学研究中的重要意义。在她的影响下，霍普夫 1928 年定义了同调群，1940 年左右，科尔莫戈罗夫和亚历山大又定义了上同调群。由庞加莱首先提出的同调概念刻画了定向图形的边缘关系，同调群的引进就将拓扑问题转化为抽象代数问题。同调论提供了拓扑学中易于计算的、常用的不变量。从拓扑到代数过渡的另一条途径是同伦理论，是与流形之间的连续映射的连续变形有关的研究。同伦论的奠基人是波兰数学家胡勒维茨，他在 1935—1936 年间引进了 n 维同伦群概念。同调论与同伦论一起推动组合拓扑学逐步演变成主要利用抽象代数方法的代数拓扑学。1942 年，美国数学家莱夫谢茨《代数拓扑学》一书的出版，标志着代数拓扑学这一分支学科的正式形成。同调论和同伦论，始终是这一学科的两大支柱。

练　习　1

1. 高中的几何学习是否应以多年的欧几里得《原本》学习为基础？讨论欧几里得的方法与“现代”方法相比较的利弊。
2. 比较笛卡儿和费马的解析几何，将其中一个作者的思想撰写一份学习报告。
3. 为什么说非欧几何学的诞生促进了几何公理系统的建立？
4. 数学公理化方法的意义和作用是什么？

第2章

非欧几何的几种典型模型

1 锐角假设与罗氏几何

1.1 锐角假设与双曲几何

前面已经提到，萨凯里考虑一个四边形 $ABCD$，其中 $\angle A=\angle B$，它们都是直角，并且 $AC=BD$。容易证明 $\angle C=\angle D$。此二角的大小只有三种可能，即为钝角、直角与锐角，萨凯里称它们分别为钝角假设、直角假设与锐角假设。由于欧几里得平行公理等价于直角假设，因此萨凯里考察了另外两种可能的选择。在钝角假设的基础上，应用欧几里得的其他公理，萨凯里很容易地推导出矛盾。在锐角假设下，萨凯里证明了一系列有趣的结果，得到了现今非欧几里得几何学中许多经典定理。最后，在讨论已知直线与过这条直线外一点的直线族的位置关系时，萨凯里推导出两条渐近直线在无穷远必有一条公垂线。他虽然没有得到任何矛盾，但却断言这一结论与通常观念显然不合情理，于是判定锐角假设不真实。

后来，兰伯特于 1766 年完成了题为《平行线论》的研究报告，他沿用萨凯里的方法，从考察一个有三个角都是直角的四边形出发，讨论第四个角是锐角、直角或钝角的可能性，并且相应地做出三种假设。兰伯特否定了钝角假设，但是在锐角假设下得不出矛盾时，他对欧几里得平行公理的可证明性提出了怀疑。兰伯特认识到任何一组几何假设，如果不导致矛盾，则一定可以提供一种可能的几何学。兰伯特的思想是先进的，这是认识上的一个突破，没有这种认识上的突破，非欧几里得几何学就不可能被发现。

事实上，今天人们把以罗氏的锐角假设为基础推导出来的几何称为罗氏几何，又称为双曲几何学；继而由德国数学家黎曼在钝角假设下发现的非欧几何称为黎曼几何，又称椭圆几何。

1.2 双曲几何的代表——罗氏几何简介

两千多年来，许多人都试图证明欧氏第五公设，但是都没有成功，直到 19 世纪初问题才从相反的方向得到解决。俄国的罗巴切夫斯基、匈牙利的波尔约、德国的高斯等人几乎同时得出一种非欧几何,他们证明了:如果否定第五公设,则存在另一种几何,它与欧氏几何不同,而其中没有任何矛盾。也就是说,对平行公理的研究导致了新几何的发现,新几何满足欧几里得的前面四个公设,而不满足第五公设。一般称为双曲几何或者罗巴切夫斯基几何。

罗氏平行公理——它是欧氏平行公理(通过直线外一点有且只有一直线与已知直线共面不交)的否定命题,即:"通过直线外的每一点至少有两条直线与已知直线共面不交。"

罗氏几何的主要内容。罗氏几何里有许多不同于欧氏几何的定理,例如:

① 共面不交的两直线,被第三条直线所截同位角(或内错角)不一定相等。

② 同一直线的垂线和斜线不一定相交。

③ 三角形内角和小于二直角和。

④ 两三角形若有三内角对应相等,则两三角形必全等(即不存在相似而不全等的三角形)。

⑤ 通过不共线三点不一定能作一圆。

⑥ 三角形三条高线不一定相交于一点。

⑦ 通过直线 a 外一点 B 有无穷多直线与 a 共面不交,过 B 也有无穷多直线于 a 相交。

⑧ 在罗氏平面上两直线或相交或沿某方向平行,或既不相交又不沿任何方向平行,在后者情况下,称为分散线或超平行线。任何两对平行线可以互相叠合。

⑨ 空间二直线的关系或是共面,或是异面。共面又有相交、平行、分散三种情况;异面即不在同一平面上。

此外,在罗氏几何中还可以研究球曲面上的内在(内蕴)几何。极限曲面上的几何是欧氏几何;等距面上的几何是罗氏几何。

双曲几何和欧氏几何一样,很多定理的证明可以不依赖于平行公理,这样的定理在双曲几何也成立。

1868 年,意大利数学家 Beltrami 在一篇文章中证明了双曲几何可以局部实现于普通的欧氏空间,作为下面曲面上的几何学,此曲面的方程为

$$\vec{r}(u,v)=\left\{\sin u\cos v,\sin u\sin v,-\ln\tan\frac{u}{2}-\cos u\right\}。$$

这一曲面是由 $O\text{-}xy$ 平面上的曳物线绕 z 轴旋转得到的,它是高斯曲率等于 -1 的曲面,叫伪球面。在这一局部模型上,双曲几何的直线段对应曲面上的测地线(曲面上的连接两点的最短曲线)。

1.3 真理性讨论

在欧氏几何中平行公理是:过平面上直线外的一点,有且只有一条直线与原直线平行;在双曲几何中平行公理是:过平面上直线外的一点有无穷多条直线,无论怎样延长也不与原直线相交。这两条公理看来是相悖的。

在我们通常的经验中,如果出现两个相互矛盾的论断,那么一定有一个是错误的。如何判断我们现在遇到的问题呢?是不是一种几何是正确的,而另一种几何是错误的呢?问题

没有这样简单。

那么,判断的标准是什么呢?也就是说,根据什么标准去判断一种几何是否正确呢?本质上是数学真理与客观真理的关系问题。这是两个在本质上不同的问题。首先要判断:这两种几何是不是数学真理,即在数学上它们是不是正确的;其次要判断:这两种几何是否刻画了我们所生活的物理世界。

第一个问题是逻辑问题,即它们是不是数学真理。这个问题在19世纪末已经解决:这两种几何都是数学真理。无论是欧氏几何还是双曲几何在逻辑上都没有错误,都是正确的。从不同的公理体系出发,自然得出不同的定理。

当数学家深思新几何出现的意义时,思想得到了一次真正的解放。原来人们可以通过构造不同的公理体系来建立不同的几何学。所以罗巴切夫斯基几何的出现为大量新几何的出现打开了大门。

第二个问题是,我们所居住的物理空间是欧氏的还是非欧的?

这个问题是数学真理与客观真理的关系问题。一切数学真理都存在这一问题。回答这个问题的办法不是靠思辨而是靠实践。但是目前的观测还不能判断我们所生活的空间是欧氏的还是非欧的。

如果观测的办法不能回答这一问题,那么借助物理学的研究成果来探索这一问题也将是一个重要途径。迄今为止,存在两种对物理空间的理解:一种是牛顿的,一种是爱因斯坦的。

对于牛顿,时间和空间形成一个绝对的框架,宇宙的物质活动按照稳定的秩序在其中运行。这个宇宙对每一个观测者都是一样的,不管他站在什么地方或以什么方式旅行。即使对这样的空间,也不能判断,它是欧氏的还是非欧的。

1905年,著名物理学家爱因斯坦发表了狭义相对论。按照这种理论,时间与空间是不可分割的。1915年,他又发展了广义相对论。在广义相对论中他放弃了对时空均匀性的假定,而认为时空是由不均匀的物质分布和运动所构成。爱因斯坦使光联上时间,时间又联上空间;使能量联上物质,物质联上空间,空间又联上引力。爱因斯坦的物理空间是十分复杂的。所以,从整体上看,这个空间的几何学不会是欧氏的,也不会是罗巴切夫斯基的。但是在局部上,欧氏几何与非欧几何都是物理空间的很好的近似。

阅读材料

罗巴切夫斯基简介

罗巴切夫斯基,俄国人。1792年12月1日生于诺伏哥德一个官吏家庭。1807—1811年在喀山大学读书,1811年获硕士学位并留校任教。1814年起任教授助理,1816年起任非常任教授,1822年起任常任教授。1820—1821年及1823—1825年兼任物理数学系主任。1827—1846年任校长。1846—1856年任喀山区的副督学。1856年2月24日在喀山逝世。

罗巴切夫斯基在数学上的划时代的贡献是首创了一种非欧几里得几何学,即罗巴切夫斯基几何学。他深入地研究了平行线理论。1840年的论文《平行线理论的几何研究》中指出了平行线理论的严重缺陷。1826年2月11日罗巴切夫斯基在喀山大学数学系的会议上宣读了论文《几何学原理的扼要阐释及平行线定理的一个严格证明》。这一天被认为是非欧几何学诞生的日子。在论文中，他作了一个极大胆的假设：过平面 ABC 上的直线 AB 外一点 C，可作多于一条直线与 AB 不相交。从这个假设出发展开几何命题的推论，使他获得了严密而完整的命题体系，即新的几何体系，并命名为“拟想的几何学”。这篇论文由于听讲者不理解而被搁置一边，原稿竟被丢失。但在1829—1830年的喀山大学机关刊物《喀山通报》上刊登了他的研究报告《几何学原理》，这是从1826年的论文中摘录出来的。这篇论文阐述了非欧几何学的基本原理，给出了直角三角形的边角关系。由这些等式，就可以在他建立的系统中发展这种新几何学的解析几何学和微分几何学。罗巴切夫斯基几何学是他去世12年后才得到承认和广泛流传的。

罗巴切夫斯基还有一系列的几何学著作，如1835年的《虚几何学》、1836年的《虚几何学在一些积分上的应用》、1835—1838年的《几何学新原理及完整的平行线理论》、1855年的《泛几何学》。这些说明，罗巴切夫斯基是一位始终如一地在为建立非欧几何学作不懈努力的学者。

罗巴切夫斯基在数学的其他领域也做出了贡献，并有一系列的论著。其中主要有：1834年的《代数学有限运算》《关于三角级数的消失》，1841年的《关于无穷级数的收敛》，1852年的《关于一些定积分的值》，等等。他在数学分析领域内发现了一些关于三角级数以及一般级数的定理。他还首先确定了函数连续性与可微性的区别，给出了“函数”的较准确的定义。

非欧几何学的创立打破了两千多年唯心主义形而上学的空间观念，把几何学从传统的哲学束缚下解放出来，因而有着非常重要的认识论上的意义。罗巴切夫斯基不仅在数学上为人类做出了重大的贡献，而且在哲学思想宝库中也留下了珍贵的财富。他在当时的历史条件下，不怕孤立、不怕打击、坚持真理的大无畏精神和用于解放思想的精神，同样为后人树立了光辉的榜样。

2 钝角假设与球面几何

2.1 钝角假设与椭圆几何

继罗氏几何后，德国数学家黎曼在1854年又提出了既不是欧氏几何又不是罗氏几何的新的非欧几何学。这种几何采用公理“同一平面上的任何两直线一定相交”代替欧几里得平行公理，并对欧氏几何中其余公理的一部分做了改动，在这种几何里，三角形内角和大于二直角。这种非欧几何学又称椭圆几何，它和球面几何学没有太大的差别，如果把球面的对顶点看成同一点，就得到这种几何学。

2.2 椭圆几何的代表——球面几何简介

我们所居住的地球，其局部地貌虽然丘陵起伏，山川纵横，但是其全局的形状却十分接近于一个球面，这也是我们把它称为“地球”的缘故。球面也是几何学研究的对象，称为**球面**

几何。显然,球面几何是研究球面上图形性质的几何学,它以球面上的三角形(即球面上三条大圆弧所围成的图形)为基本研究对象,进而研究其他球面图形的性质。1595 年,法国数学家波蒂斯楚克在《三角学:解三角形的简明处理》一书中首先使用这一术语,三角学是以研究平面三角形和球面三角形的边和角的关系为基础,达到测量上的应用为目的的一门学科。早期三角学是天文学的一部分,后来研究范围逐渐扩大,成为以三角函数为主要对象的学科,它是数理分析的基础和应用科学的工具。在球面上,应用三角函数研究球面图形,称为**球面三角学**,它在天文学、测地法、航海术中被广泛应用。

2.2.1 球面上的基本图形

(1) 大圆和小圆

球面上的**大圆**是指一个过球心的平面在球面上的截线。球面上不是大圆的圆叫做**小圆**。大圆在球面几何中扮演"直线"的角色,过球面上任两点 A 和 B 可以作一大圆,点 A 和 B 把大圆分成两段大圆弧,长的叫优弧,短的叫劣弧。如果不加声明,大圆弧指的是劣弧,记成"弧"AB。它扮演平面上"线段"的角色。

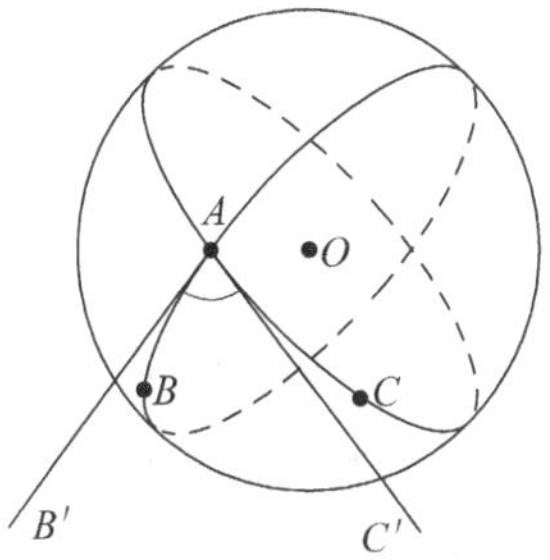

图 2-1

(2) 球面角

球面上一点及过该点的任意两个大圆弧构成的图形称为**球面角**,这两条大圆弧的切线间的夹角即为该球面角的大小。如图 2-1 所示,两大圆弧 AB 和 AC 的交点 A 上相应的两条大圆切线 AB',AC' 间的夹角称为这两大圆弧的夹角,记为角 A,也可以称两平面 OAB 和 OAC 所构成的二面角为这两大圆弧的夹角。

(3) 球面二角形

把一个球面角的两边延伸,它们相交于角顶点的对径点,这样得到的图形称为**球面二角形或月形**。也就是说,任意两个不同的大圆弧把球面分成四部分,其中的任一部分称为一个**月形**,也称为**梭形**。

(4) 球面多边形

球面上由大圆弧所构成的封闭图形称为**球面多边形**,这些大圆弧称为它的边。球面多边形根据它的边数的多少分别称为**球面三角形,球四边形,球五边形**等。

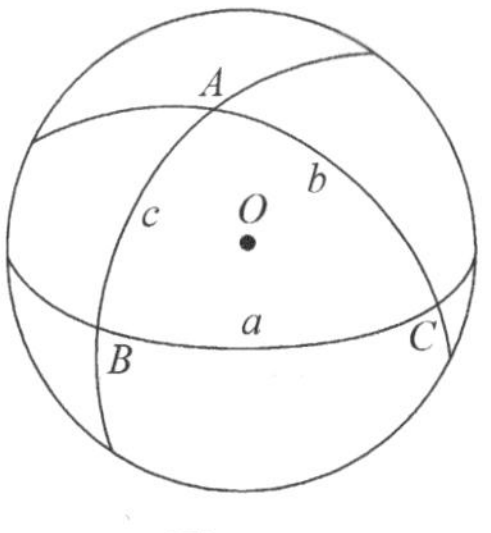

图 2-2

球面多边形的边,必须是大圆(即以球心为圆心的圆)的圆弧。任意两个不同大圆的两个交点是球面上的一对**对径点**,即球的同一条直径的两个端点称为一对对径点。其中,球面三角形(如图 2-2)是球面上最常用的基本图形,构成球面三角形的大圆弧称为**三角形的边**(如图 2-2 中的 a,b,c),三条边的交点称为**三角形的顶点**(如图 2-2 中的 A,B,C),过球面三角形顶点分别作大圆弧的切线,两条切线所成的角称为**球面三角形的角**(如图 2-2 中的 A,B,C)。

注 上面所说的球面二角形不适合于球面多边形的定义,因为球面二角形的一边等于半大圆,而球面多边形的一边小于半大圆,因此最简单的球面多边形是球面三角形。

(5) 极三角形

过球心垂直大圆所在平面的直径交球面于两点，称为大圆的**极点**。设球面三角形 ABC，各边为 a,b,c，如果 A_0 是边 BC 所在大圆的极，并且与 A 在这大圆的同侧；同时 B_0，C_0 分别与边 CA，AB 也具有同样的关系，则球面三角形叫做球面三角形 ABC 的**极三角形**，如图 2-3(a)，若把它们从球面上截下来，则可用图 2-3(b)表示。球面三角形的角(或边)与其极三角形的边(或角)互补(读者自证)。

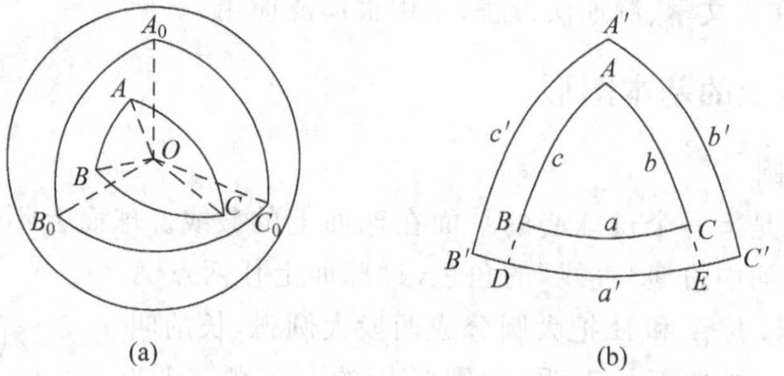

图 2-3

(6) 对称三角形

假设从球面三角形 ABC 的顶点向球心作半径并延长，使之与球面交于 A_0，B_0，C_0，则用大圆弧把这些点两两连接起来便得到一球面三角形，它和原三角形对应，称为原三角形的**对称三角形**(如图 2-4)。三角形 $A_0B_0C_0$ 中所有的边和角都分别等于三角形 ABC 中相当的部分，但虽然如此，它们并不重合。原因在于第一个三角形中各边的排列次序和第二个三角形并不相同。

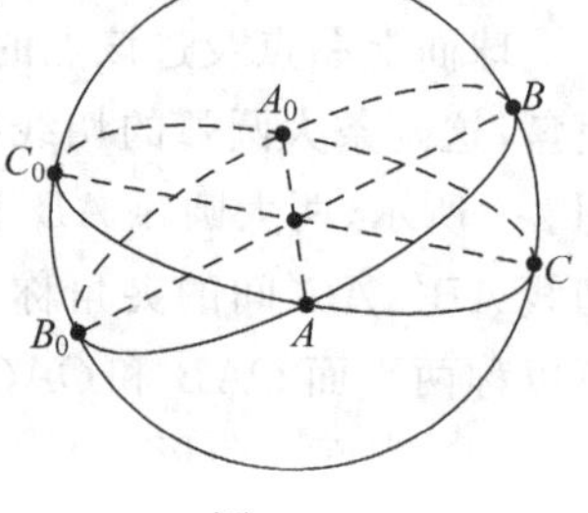

图 2-4

2.2.2 球面三角形

(1) 球面三角形边角之间的关系

定理 2.1 球面三角形中，两边之和大于第三边，两边之差小于第三边。

定理 2.2 球面三角形中，等边对等角，等角对等边。

定理 2.3 球面三角形中，大角对大边，大边对大角。

定理 2.4 球面三角形的周长小于大圆周长。

读者自行证明。

(2) 球面三角形的面积公式

在半径为 R 的球面上，任意球面$\triangle ABC$ 的面积$=(A+B+C-\pi)R^2$。特别地，在单位球面上，球面$\triangle ABC$ 的面积$=A+B+C-\pi$。

上述结论说明，球面三角形的内角和大于 π。

证明 如图 2-5 所示，将 AB，AC 这两个大圆圆弧延长，它们相交于 A 的对径点 A_0；这两条半圆圆弧之间的区域为球面二角形，由于球面二角形可视为大圆围绕直径旋转某一角度$\angle A$ 所成的旋转面，因此，球面二角形的面积与这样的旋转角成比例，所以它的面积是

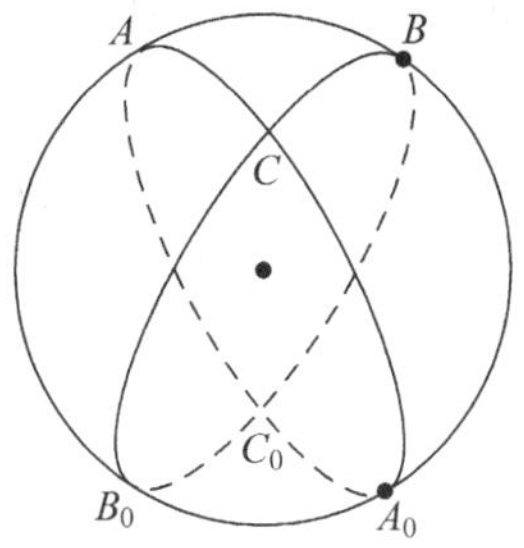

图 2-5

全球面面积的$\frac{\angle A}{2\pi}$倍，即$\frac{\angle A}{2\pi}4\pi R^2=2R^2\angle A$，其中$\angle A$表示$\angle A$的弧度数。记$A_0$，$B_0$，$C_0$分别为$A$，$B$，$C$的对径点，则有

$$S_{\triangle ABC}+S_{\triangle A_0BC}=2R^2\angle A, \tag{2-1}$$

$$S_{\triangle ABC}+S_{\triangle AB_0C}=2R^2\angle B, \tag{2-2}$$

$$S_{\triangle ABC}+S_{\triangle ABC_0}=2R^2\angle C, \tag{2-3}$$

$$S_{\triangle ABC_0}=S_{\triangle A_0B_0C}。$$

又由于

$$S_{\triangle ABC}+S_{\triangle A_0BC}+S_{\triangle AB_0C}+S_{\triangle A_0B_0C}=S_{半球}=2\pi R^2, \tag{2-4}$$

式(2-1)+式(2-2)+式(2-3)得

$$3S_{\triangle ABC}+S_{\triangle A_0BC}+S_{\triangle AB_0C}+S_{\triangle ABC_0}=2R^2(\angle A+\angle B+\angle C)。 \tag{2-5}$$

式(2-5)－式(2-4)得

$$2S_{\triangle ABC}+2\pi R^2=2R^2(\angle A+\angle B+\angle C),$$

即

$$\angle A+\angle B+\angle C=\pi+\frac{S}{R^2}。$$

当$R=1$时，单位球面三角形的面积公式$S'=A+B+C-\pi$。

(3) 球面三角形的边角关系

球面上的正弦定理 设单位球面上球面$\triangle ABC$的三内角分别为$\angle A$，$\angle B$，$\angle C$，三边长分别为a，b，c，则$\frac{\sin A}{\sin a}=\frac{\sin B}{\sin b}=\frac{\sin C}{\sin c}$。

球面上的余弦定理 设单位球面上球面$\triangle ABC$的三内角分别为$\angle A$，$\angle B$，$\angle C$，三边长分别为a，b，c，则

$$\begin{cases}\cos a=\cos b\cos c+\sin b\sin c\cos A,\\ \cos b=\cos c\cos a+\sin c\sin a\cos B,\\ \cos c=\cos a\cos b+\sin a\sin b\cos C。\end{cases}$$

球面上的“勾股”定理 设单位球面上球面$\triangle ABC$的三内角分别为$\angle A$，$\angle B$，$\angle C$，其中一个内角$\angle C=\frac{\pi}{2}$，三边长分别为a，b，c，则$\cos c=\cos a\cos b$。

(4) 球面三角形的全等

定义 2.1 两个球面三角形，如果三对边对应相等，三对角也对应相等，则这两个球面三角形称为**相等的**；如果方向也相同，则称为是**全等的**；如果方向相反，则称为是**对称的**。

定理 2.5 如果两个球面三角形有两对边对应相等，并且它们的夹角也相等，则这两个球面三角形相等，即全等或对称。

推论 如果两个球面三角形有两对角对应相等而且它们的夹边也对应相等，则这两个球面三角形相等，即全等或对称。

定理 2.6 如果两个球面三角形的三对边对应相等，则这两个球面三角形相等，即全等或对称。(读者自证)

推论 如果两个球面三角形的三对角对应相等,则这两个球面三角形相等,即全等或对称。

证明 设$\triangle ABC$和$\triangle A_1B_1C_1$中,$A=A_1$,$B=B_1$,$C=C_1$,a,b,c,和a_1,b_1,c_1分别是这两个三角形的相应的边,分别作出它们的极三角形$\triangle A'B'C'$和$\triangle A'_1B'_1C'_1$,其对应各边的长分别为a',b',c'和a'_1,b'_1,c'_1,则

$$A+a'=180°=A_1+a'_1,\quad B+b'=180°=B_1+b'_1,\quad C+c'=180°=C_1+c'_1,$$

$$A=A_1,\quad B=B_1,\quad C=C_1,$$

所以 $a'=a'_1$,$b'=b'_1$,$c'=c'_1$,从而得$\triangle A'B'C'\cong\triangle A'_1B'_1C'_1$,故

$$A'=A'_1,\quad B'=B'_1,\quad C'=C'_1。$$

又因为 $A'+a=A'_1+a_1$,$B'+b=B'_1+b_1$,$C'+c=C'_1+c_1$,

$$A'=A'_1,\quad B'=B'_1,\quad C'=C'_1,$$

所以 $a=a_1$,$b=b_1$,$c=c_1$,从而得$\triangle ABC\cong\triangle A_1B_1C_1$。得证。

注 最后一个推论对于欧氏几何不成立。因为平面几何告诉我们:两个三角形的三对角相等,三角形相似,不一定全等。

阅读材料

黎曼简介

黎曼,德国人。1826年9月17日生于汉诺威。14岁时,他进入大学预科学习。在校长的鼓励下,他以惊人的速度和理解力阅读了勒让德、欧拉等著名数学家的著作。19岁时,遵照父亲的意愿进入哥廷根大学学习神学。但是在高斯、韦伯、斯特恩等数学家的影响下,他对数学更感兴趣。征得父亲同意后,他放弃了神学而改修数学,并成为高斯晚年的门生。在高斯的指导下,于1851年11月完成了博士论文《复变函数的基础》,并获得了博士学位。1859年,狄利克雷逝世,作为他的继承人,黎曼被任命为哥廷根大学教授。同年,他被选为伦敦皇家学会会员和巴黎科学院院士。由于长期生活艰难,工作劳累,黎曼身体很不好。1866年7月20日不幸病逝于意大利,年仅39岁。

黎曼在他短短的一生中,发表的论文并不多,但是他的每一篇论文不仅在当时,即使在当代也是具有重要意义的,他在数学的许多领域做出了划时代的贡献。

在复变函数论方面。他在其博士论文中,引入了解析函数的概念,完全摆脱了显式表示的约束,而注重一般性原理。在积分学方面。他在其1854年的任职论文中,推广了狄利克雷、柯西所创建的只适用于连续函数的积分概念,建立了适用于有界函数的积分概念,即黎曼积分。在三角级数理论方面。他在其1854年的任职论文中,试图找出使区间$[-\pi,\pi]$中的一点x处$f(x)$的傅里叶级数收敛于$f(x)$时,$f(x)$必须满足的充分必要条件。

在几何基础方面。他在1854年的就职演讲中,彻底革新了几何观念,创立了黎曼几何。他提出的空间的几何并不只是高斯微分几何的推广。他重新开辟了微分几何发展的新途径,并在物理学中得到了应用。他认为欧几里得的几何公理与其说是自明的,不如说是经验

的。于是，他把对三维空间的研究推广到 n 维空间，并将这样的空间称之为一个流形。他还引入了流形元素之间距离的微分概念，以及流形的曲率的概念。从而发展了空间理论和关于曲率的原理。

在数论方面。他于1859年发表的论文《在给定大小之下的素数的个数》轰动了数学界。他把素数分布的问题归结为函数 $\zeta(z)=\sum_{n=1}^{+\infty}\frac{1}{n^z}$，$z=x+\mathrm{i}y\,(x>1)$ 的问题，这就是著名的黎曼 ζ 函数。

此外，他对微分方程理论也做出了贡献，有以他的名字命名的恒等式与方程。

3 非欧几何的实现模型

罗巴切夫斯基几何诞生后长期不为人们所接受，一个重要原因是，它所得到的结论是奇特的，与人们所熟悉的事实大相径庭，尽管在逻辑推理上它是严密的，无懈可击的。但是除去逻辑推理外，人们看不到任何东西。因而在现实空间中找到一个模型来实现它，就变得十分重要了。

第一个这样的模型是1868年意大利数学家贝尔特拉米给出的。他在罗巴切夫斯基平面的一部分与伪球面的一部分之间建立了点之间的对应，然后用伪球面的内蕴几何来解释罗巴切夫斯基几何。这种解释给予人们很大的启发，使人们对非欧几何有了进一步的认识。这种解释的缺点是，它不是整体的，只是局部的。

第一个整体的罗巴切夫斯基几何的模型是德国数学家克莱因给出的。他在1871年的一篇论文中概略地叙述了他的思想。他是第一个认识到无需用曲面来获得非欧几何模型的人。克莱因把单位圆作为罗氏几何的平面，把圆中的弦作为罗氏几何的直线。在适当地定义了距离概念之后，使得罗氏几何的模型得以实现。克莱因的这一模型使人们对罗氏几何有了真实感。

克莱因之后，法国数学家庞加莱给出了另一个罗氏几何的模型。他把克莱因模型中的弦改为垂直于单位圆周的圆弧，并把非欧几何与分式线性变换联系起来。庞加莱的模型为罗氏几何的应用开辟了广阔的道路。目前这一模型在复分析、黎曼曲面、自守函数、克莱因群等许多数学分支中得到广泛应用。

3.1 克莱因模型

如果把投影平面上某一条直线作为无穷远直线，可得到仿射平面。进一步在仿射平面上适当地定义两点之间的距离与直线的夹角就得到欧氏平面。下面取定射影平面上一条实的非退化的二次曲线 K，K 把射影平面上的点分成三部分：K 上的点；K 内部的点(无切线点)；K 外部的点(二切线点)。适当选择射影坐标，K 的方程可写成 $x_1^2+x_2^2-x_3^2=0$，采用点的非齐次坐标 $x=\frac{x_1}{x_3}$，$y=\frac{x_2}{x_3}$，则 K：$x^2+y^2=1$ 也可以看成欧氏平面 E^2 上的单位圆。

定义 3.1 K 内部的点所成集合 $H^2=\{(x,y)\in E^2\,|\,x^2+y^2<1\}$ 叫做**双曲平面**，其上的点是双曲平面上的点，二次曲线 K 上点成为理想点或无穷远点，K 叫做双曲平面的绝

对形。

定义 3.2 绝对形 K 的每一条弦(即射影平面上直线在 K 内部分)是双曲平面上的直线,点与直线的结合关系是通常的结合关系。

定义 3.3 如果双曲平面上两直线在 H^2 上不相交,称它们平行;如果它们相交于绝对形,则称它们是一对极限平行线。

$P(x_1,x_2,x_3)$是双曲平面上点的充要条件是 $x_1^2+x_2^2-x_3^2<0$。根据定义,双曲平面上任一直线与绝对形有两个交点,因此,任一双曲直线上有两个无穷远点。双曲直线上任意两点决定一双曲线段。由定义,平行关系是相互的,即如果直线 ξ 与 η 平行,则 η 与 ξ 也是平行的。

这样定义的双曲平面是双曲几何的一个模型,叫做**克莱因模型**。

阅读材料

克莱因简介

克莱因,德国人。1849 年 4 月 25 日生于莱茵河畔。1871 年 1 月被聘为哥廷根大学教授。1872 年起任埃尔朗根大学教授。1874 年起任慕尼黑工业高等学校教授。1875 年当选伦敦皇家学会会员。1886 年起任哥廷根大学教授。1908 年任国际数学教育委员会中央委员。1925 年 6 月 22 日去世。

克莱因在数学上的贡献是多方面的。

在几何学方面。1871 年 8 月他发表了《关于非欧几何的统一的研究》,把凯莱关于以一般射影关系来决定度量的思想和空间概念拓展为一般化,把欧氏几何、罗氏几何、黎氏几何在椭圆、双曲和抛物线的几何学的名目下统一起来了。1872 年,在著名的就职演说中,用变换群的概念,把各种几何学统一起来,论证了各种几何都有相应的群对应。所谓几何学,就是探究群进行变换时不变的图形性质,即变成了群的不变式论。这个演说被称为埃尔朗根纲领,它支配了几何学的 50 年的研究方法。

此外,克莱因于 1895 年总结了前人的研究成果,给出几何三大问题不可能用圆规直尺作图的简单而明晰的证法,彻底解决了延续两千多年的悬案。

在函数论方面。从 1874 年起,克莱因着重把群论应用于线性微分方程、椭圆模函数、阿贝尔函数及自守函数的研究。在应用数学方面。从 1892 年起,哥廷根大学在克莱因的指导下,纯粹数学和应用数学并重,尤其重视数学在物理学上的应用。

特别要指出,克莱因在数学教育方面花费了很大精力。1908 年在罗马召开的第 4 届国际数学家大会上设立了国际数学教育委员会,克莱因被选为中央委员;在第 5 届同一委员会上,他担任主席。克莱因强调要用近代数学的观点改造传统的中学数学内容。1908 年他编了一套《用高等观点研究初等数学》,极力主张加强函数和微积分的教学,认为要充实代数内容;主张把解析几何纳入中学数学的教学内容;还要求用变换观点改造传统几何内容。他的这些主张都陆续地实现了。

克莱因对数学史有特别的研究。在第一次世界大战期间他写了一本《19 世纪数学史讲义》，阐明了数学发展的历史意义，着重对数学作了历史的考察，把数学放在整个文化中研究。

1912 年克莱因获伦敦皇家学会的科普利奖。

3.2 庞加莱模型

用 Δ 表示复平面 C 上的单位圆，即 $\Delta=\{z: |z|<1\}$，它的边界用 $\partial\Delta$ 表示，取 Δ 的内部为**非欧平面**，任一点 $z\in\Delta$，都是非欧平面内的点，称为**非欧点**。在 Δ 内与 $\partial\Delta$ 内垂直的圆弧或者直线段，称为非欧平面的**非欧直线**(如图 2-6 所示)。由此，所有过原点的直线都是非欧直线。两条非欧直线间的夹角定义为在交点处它们切线的夹角，若非欧直线是直线段，则切线就是它本身。

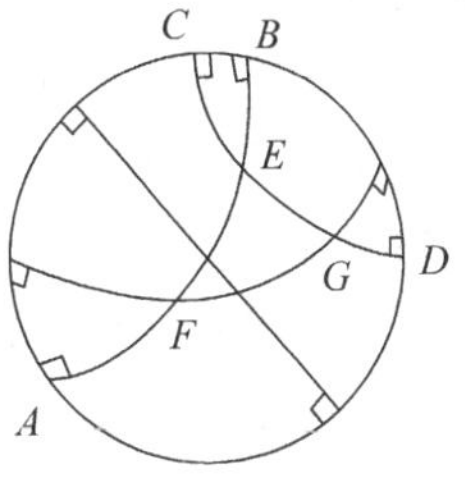

图 2-6

此外，还需定义**两点间的非欧距离**。任取两个非欧点 $z_1, z_2\in\Delta$，z_1, z_2 间的非欧距离定义为

$$d(z_1,z_2)=\ln\frac{1+\left|\dfrac{z_2-z_1}{1-\overline{z_1}z_2}\right|}{1-\left|\dfrac{z_2-z_1}{1-\overline{z_1}z_2}\right|}。$$

欲证 $d(z_1,z_2)$ 是距离函数，需要验证它满足通常关于距离的三条性质：

(1) $d(z_1,z_2)\geqslant 0$，等号仅在 $z_1=z_2$ 时成立；

(2) $d(z_1,z_2)=d(z_2,z_1)$；

(3) $d(z_1,z_2)\leqslant d(z_1,z_3)+d(z_3,z_2)$。

验证如下。

(1) 当 $z_1=z_2$ 时，$\left|\dfrac{z_2-z_1}{1-\overline{z_1}z_2}\right|=0$，从而 $d(z_1,z_2)=\ln 1=0$；当 $z_1\neq z_2$ 时，$\left|\dfrac{z_2-z_1}{1-\overline{z_1}z_2}\right|>0$，从而 $d(z_1,z_2)>0$。

(2) 只需注意 $|z_1-z_2|=|z_2-z_1|$ 和 $|1-\overline{z_1}z_2|=|1-\overline{z_2}z_1|$ 即可，而这是明显的。

(3) 由读者自行验证。

给定 Δ 内一点 z_0 和一个实数 $r>0$，以 z_0 为中心，以 r 为半径的**非欧圆**定义为集合

$$\Delta=\{z\in\Delta: d(z_0,z)<r\},$$

到 z_0 的非欧距离等于 r 的一切点的集合

$$\Delta=\{z\in\Delta: d(z_0,z)=r\}$$

叫做以 z_0 为中心以 r 为半径的**非欧圆周**。

若 $\omega=f(z)$ 是 Δ 到 Δ 的一个变换，在这个变换下两点的非欧距离保持不变，即 $d(z_1,z_2)=d(\omega_1,\omega_2)$，其中 $\omega_1=f(z_1)$，$\omega_2=f(z_2)$，则成 f 是一个**非欧刚体运动**。

在非欧几何中，非欧刚体运动保持非欧距离不变。

阅读材料

庞加莱简介

庞加莱，法国人。1854 年 4 月 29 日生于南锡市。他对数学深感兴趣，于 1876 年写出了论文《关于微分方程所定义的函数的性质》，于 1878 年发表在《高等工艺学校学报》上。同年，他写出了博士论文《自变量为任意个数的偏微分方程的积分》，获得了巴黎大学数学博士学位。1879 年起庞加莱任卡恩大学教授。1881 年起执教于巴黎大学。1908 年被选为法国科学院院士。1912 年 7 月 17 日在巴黎逝世。

庞加莱是 19 世纪末 20 世纪初国家数学界的领袖人物，是一位对数学及其应用做出了广泛的独创性、奠基性工作的大师。

首先，他创立了自守函数理论和微分方程定性理论。自守函数就是在某些变换群作用下不变的函数，它是圆函数、双曲函数、椭圆函数的推广。庞加莱深入研究了常微分方程所定义的积分曲线的形状和奇点的性质。他创立了研究微分方程的新方法，即不求解方程，而从方程本身出发，直接研究积分曲线的性质，就是解的性质。这个方法被称为微分方程的定性理论。

其次，庞加莱是组合拓扑学的奠基人。他研究了代数函数 $f(x,y,z)=0$ 当 x,y,z 都是复数时的四维曲面的结构。值得一提的是，1912 年他在逝世前不久得到了一个有重要价值的不动点理论：如果平切环的一个自身到自身的拓扑变换把它的一边(是圆周)沿着一个方向转动，而把另一边沿着相反的方向转动，同时保持面积不变，则在平切环里至少存在两个不动点。

第三，庞加莱在非欧几何、代数几何、偏微分方程、积分方程等领域里也做了许多贡献。如独立地得到了平面双曲几何的庞加莱模型；在代数几何中得到了一个普遍的单值化定理，并于 1907 年完成了这个定理的证明；1894 年证明了偏微分方程 $\Delta\mu+\lambda u=f$(这里 λ 是复数，在区域边界上 $u=0$)在一个有界三维区域内的所有特征值的存在性及基本性质；等等。

庞加莱也是一位物理学家。

庞加莱同时还是一位自然科学哲学家，他主张数学的对象及真理不能脱离数学的真理或直觉而独立存在，它们应当能够通过理性的活动或直觉的活动而独立存在。发表了一系列的自然哲学名著。

庞加莱由于在数学上不断做出卓越贡献，得到了许多奖励：1881 年由于论文《单变量线性微分方程理论的重点改善》而得到法国科学院的数学科学大奖；1889 年获瑞典国王奥斯卡二世设立的国际数学奖；1905 年获匈牙利科学院颁发的奖金为 10 000 金克朗的鲍耶奖。

庞加莱一生写过近 500 篇科学论文和几十部科学著作。被公认是 19 世纪后四分之一和 20 世纪初的领袖数学家，是对于数学和它的应用具有全面知识的最后一个人。

练 习 2

1. 简述罗氏几何公理体系与传统欧氏几何公理体系的异同。

2. 仔细研读黎曼的讲演“几何基础的假说”。试描述黎曼的主要新思想,这些思想在20世纪又如何得到发扬光大?常常有这样一种说法:黎曼的工作是爱因斯坦广义相对论的先驱,你对此有何想法?

3. 简述非欧几何的实现模型对非欧几何的发展和应用的意义。

第二部分

欧氏几何与微分几何

第3章

欧氏几何、二次曲线的度量性质与分类

在以前的几何学习中，我们曾经研究过了长度、角度、面积等涉及大小的图形性质，还研究了圆、三角形、多边形、全等、相似、平行等涉及形状及位置关系的图形性质。在那里，研究问题的基本观点是静止的、固定的，我们把以前的几何叫做**初等几何**。但现实世界的客观事物却是在不断运动和发展变化的，为了更加深入地、客观地认识图形的性质，需要另一种几何，我们把它叫做**高等几何**。在高等几何中，将用运动和变换的观点去考察图形的性质。

1　直角坐标系、欧氏平面、变换群与等距变换

本节将介绍直角坐标系、欧氏平面、运动与变换以及变换群等相关概念。

1.1　直角坐标系与欧氏平面

在解析几何中，我们知道在平面上建立一个标架，就唯一确定一个坐标系，有了坐标系，平面上的点或者向量就有了确定的坐标，并且点的坐标与向量的坐标之间也有了一种一一对应关系，从而几何上的很多问题就可以借助代数的知识来进行讨论和研究。

定义 1.1　若二维平面上标架$\{O;\ \boldsymbol{e}_1,\boldsymbol{e}_2\}$的基向量$\boldsymbol{e}_1,\boldsymbol{e}_2$是标准正交基，则把此标架对应的坐标系叫做**二维直角坐标系**，在此坐标系下点的坐标叫做**笛卡儿直角坐标**，简称**直角坐标**。

直观上，我们把建立了直角坐标系的平面叫做**欧氏平面**。

1.2　变换群

1.2.1　映射与变换的定义

定义 1.2　设有集合S和S'，若对于S中的每一个元素a，按照确定的对应法则T，在

S'中总存在唯一元素 a'与之对应，则把此法则 T 叫做从集合 S 到集合 S'的**映射**，记为

$$T: S \to S'。 \tag{3-1}$$

若在 T 之下，元素 $a(\in S)$的对应元素是 $a'(\in S')$，则称 T 将 a 映成 a'，记为

$$a \mapsto a' = T(a),$$

并称 a'为 a 在 T 之下的**像**，a 为 a'在 T 之下的**原像**。

对于映射(3-1)，我们用 $T(S)$表示集合 S 的全体元素在 T 之下的像的集合。一般地，$T(S)$是 S'的子集，即 $T(S)\subseteq S'$。若 $T(S)=S'$，即 S'中的每一元素在 T 之下都有原像，则把此映射叫做**满射**；若 S 中不同元素的像也不同，则把此映射叫做**单射**，既是单射又是满射的映射，叫做**双射**(即一一映射)，双射在映射理论研究中是最重要的。

在本书中，将两个集合之间的双射叫做**对应**；将集合到自身的双射叫做**变换**。

1.2.2 二维平面上的点变换及其代数表达式

定义 1.3 设集合 π 和 π'是两个平面，若对于平面 π 上的每一个点 M，按照确定的对应法则 T，在平面 π'上总存在唯一点 M'与之对应，则把此法则 T 叫做从平面 π 到平面 π'的**映射**，记为

$$T: \pi \to \pi'。$$

若在 T 之下，点 $M(\in\pi)$的对应点是 $M'(\in\pi')$，则称 T 将点 M 映成点 M'，记为

$$M \mapsto M' = T(M),$$

并称点 M'是点 M 在 T 之下的**像点**，点 M 是点 M'在 T 之下的**原像点**。

特别地，当 π 和 π'是同一个平面，且映射是双射时，此映射叫做平面上的一个**点变换**。

从代数学我们知道，可以证明，平面上点变换的代数表示式是一个非退化的线性变换，即设平面上原像点 M 的坐标是(x,y)，像点 M'的坐标是(x',y')，则将点 M 变成点 M'的点变换的代数表达式为

$$\begin{cases} x' = a_{11}x + a_{12}y + a, \\ y' = a_{21}x + a_{22}y + b, \end{cases} \quad 其中 \quad \begin{vmatrix} a_{11} & a_{12} \\ a_{21} & a_{22} \end{vmatrix} \neq 0。 \tag{3-2}$$

此点变换的特征是：点变动，而坐标系不动。另外有一种变换——**坐标变换**，它的特征是：坐标系变动，而点不动。由以前的相关知识知道，点变换和坐标变换的代数表达式可能形式上都是一样，比如都为式(3-2)，但对其中(x',y')和(x,y)的理解是不同的，即当它是点变换时，其中的(x',y')和(x,y)表示像点和原像点在同一坐标系下的坐标；而当它是坐标变换时，其中的(x',y')和(x,y)却表示同一点在新旧两个坐标系下的坐标。

作为例子，下面介绍几种常见的特殊点变换。

例 1(恒等变换) 若 T 是把平面 π 上的点都变到自身的变换，即任给 M 属于 π，都有

$$M \mapsto T(M) = M' \equiv M,$$

则把变换 T 叫做**恒等变换**(或**单位变换**)，常记为 I，恒等变换的代数表达式为

$$I: \begin{cases} x' = x, \\ y' = y。 \end{cases}$$

例 2(平移变换) 将平面上的点 M 按定向量 $\boldsymbol{a}$ 的方向移动到点 M'，使得 $\overrightarrow{MM'} = \boldsymbol{a}$ 的变换叫做**平移变换**，简称**平移**。以 $\boldsymbol{a}$ 为平移向量的平移变换常记为 $T_{\boldsymbol{a}}$。为了给出平移变换

的代数表达式，在平面上选取由标架$\{O;\boldsymbol{i},\boldsymbol{j}\}$决定的直角坐标系 $O\text{-}xy$，如图 3-1 所示。设 $M(x,y)$，$M'(x',y')$，$\boldsymbol{a}=(x_0,y_0)$，利用 $\overrightarrow{MM'}=\boldsymbol{a}$，易得在平移变换 $T_{\boldsymbol{a}}$ 的作用下，像点坐标与原像点坐标之间的关系，即平移变换 $T_{\boldsymbol{a}}$ 的代数表达式为

$$T_{\boldsymbol{a}}:\begin{cases}x'=x+x_0,\\ y'=y+y_0。\end{cases}\tag{3-3}$$

在代数上，式(3-3)与平面解析几何中平移坐标轴的坐标变换公式是一致的。但要注意，两者在几何意义上是不同的：前者表示点变动，坐标系不动；而后者表示坐标系变动，点不动。

例 3(旋转变换)　对平面上的固定点 O 和有向角 θ，使得原像点 M 与像点 M'满足关系：$|\overrightarrow{OM'}|=|\overrightarrow{OM}|$，$\angle MOM'=\theta$ 的点变换叫做以 O 为中心的**旋转变换**，简称**旋转**，以坐标原点 O 为中心，旋转角为 θ 的旋转变换常记为 R_θ。

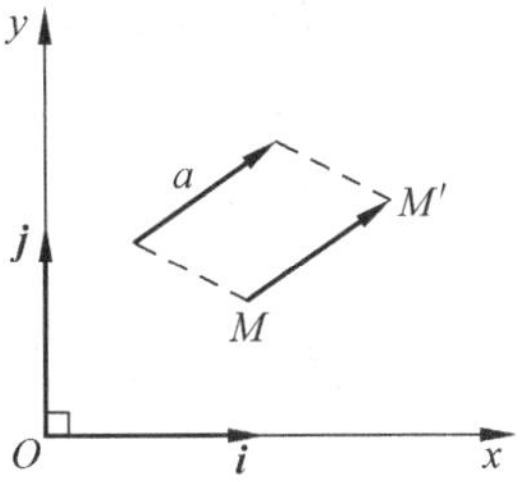

图 3-1

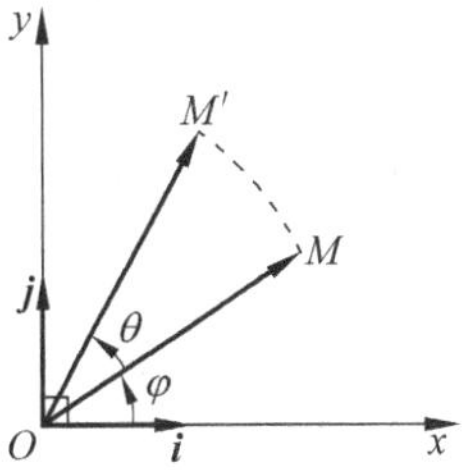

图 3-2

如图 3-2 所示，以直角坐标系 $O\text{-}xy$ 的原点O 为中心，在此坐标系下，由于原像点 M 的坐标(x,y)可以写成

$$(x,y)=(|\overrightarrow{OM}|\cos\varphi,|\overrightarrow{OM}|\sin\varphi),$$

故像点 $M'(x',y')$的坐标为

$$\begin{aligned}x'&=|\overrightarrow{OM'}|\cos(\varphi+\theta)\\&=|\overrightarrow{OM}|(\cos\varphi\cos\theta-\sin\varphi\sin\theta)=x\cos\theta-y\sin\theta,\\ y'&=|\overrightarrow{OM'}|\sin(\varphi+\theta)=x\sin\theta+y\cos\theta。\end{aligned}$$

于是，在给定的直角坐标系下，R_θ 的代数表达式为

$$R_\theta:\begin{cases}x'=x\cos\theta-y\sin\theta,\\ y'=x\sin\theta+y\cos\theta。\end{cases}\tag{3-4}$$

显然，在代数上，式(3-4)与平面解析几何中旋转坐标轴的坐标变换公式是一致的。但要注意，两者在几何意义上也是不同的：前者表示点变动，坐标系不动；而后者表示坐标系变动，点不动。

例 4(镜射变换)　对平面上的定直线 l，使得原像点 M 与像点 M'之间的线段 MM'被 l 垂直平分的点变换叫做以 l 为轴的**镜射变换**，简称**镜射**(也称**反射**)，轴为 l 的镜射常记为 M_l。

如图 3-3 所示，在以 l 为横轴的直角坐标系 $O\text{-}xy$ 下，镜射的代数表达式为

$$M_{ox}:\begin{cases}x'=x,\\ y'=-y。\end{cases}$$

请读者给出以纵轴为轴的镜射的代数表达式。

以上各例均为平面到自身的变换，下面给出两个平面之间的对应。

例 5(平行射影) 如图 3-4 所示，设平面 π 与平面 π' 交于直线 ξ，$\boldsymbol{\tau}$ 是既不平行于 π，又不平行于 π' 的向量。对于 π 上任意点 M，过点 M 作平行于 $\boldsymbol{\tau}$ 的直线，交 π' 于点 M'，则将点 M 映成点 M' 的点对应叫做平面 π 到平面 π' 的**平行射影**，向量 $\boldsymbol{\tau}$ 叫做**投影方向**。

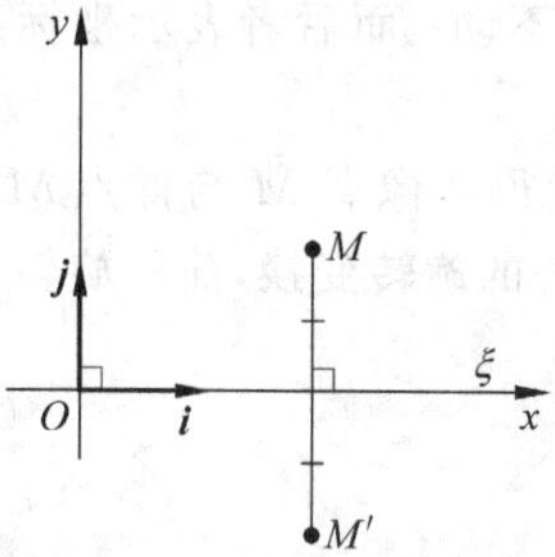

图 3-3

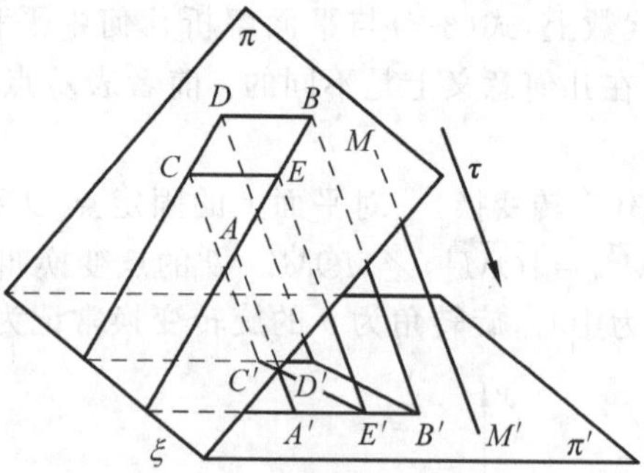

图 3-4

我们今后主要讨论在二维平面上点到点，点到直线以及直线到直线之间的变换。

1.2.3 映射的乘积与逆

若将平面上的点 M 先施行 R_θ 得 M'，再施行 T_a 得 M''，则由式(3-4)和式(3-3)易得 $M(x,y)$ 到 $M''(x'',y'')$ 的关系式为

$$\begin{cases} x''=x\cos\theta-y\sin\theta+x_0, \\ y''=x\sin\theta+y\cos\theta+y_0。\end{cases}$$

我们把这种从点 M 到点 M'' 的变换叫做变换 R_θ 与变换 T_a 的乘积，记为 $T_a \circ R_\theta$(或 T_aR_θ)，即 $M''=T_a \circ R_\theta(M)$。

映射是可以连续施行的，一般地，设有映射 T_1：$S\to S'$ 和 T_2：$S'\to S''$，则乘积 $T_2\circ T_1$：$S\to S''$ 定义为：对于任意 $M\in S$，有

$$T_2\circ T_1(M)=T_2[T_1(M)]。$$

由映射乘积的定义可知，映射的乘积满足结合律。事实上，对于任意 $M\in S$，总有

$$[T_3(T_2T_1)](M)=T_3[T_2T_1(M)]=T_3\{T_2[T_1(M)]\},$$
$$[(T_3T_2)T_1](M)=(T_3T_2)[T_1(M)]=T_3\{T_2[T_1(M)]\},$$

于是 $(T_3T_2)T_1=T_3(T_2T_1)$。

要注意的是，一般映射的乘积不满足交换律，即一般 $T_2T_1\neq T_1T_2$。请读者自己举例说明。

我们知道，双射 T：$S\to S'$ 有逆映射 T^{-1}：$S'\to S$，即若 $T(M)=M'$，则 $T^{-1}(M')=M$。而且，对于变换 T：$S\to S$，显然有

$$TT^{-1}=T^{-1}T=I。$$

直观上，容易看到 $T_a^{-1}=T_{-a}$，$R_\theta^{-1}=R_{(-\theta)}$，即

$$T_a^{-1}:\begin{cases} x'=x-x_0, \\ y'=y-y_0;\end{cases}$$

$$R_\theta^{-1}:\begin{cases}x'=x\cos(-\theta)-y\sin(-\theta)=x\cos\theta+y\sin\theta,\\ y'=x\sin(-\theta)+y\cos(-\theta)=-x\sin\theta+y\cos\theta。\end{cases}$$

1.2.4 变换的不动元素与不动子集

定义 1.4 对于变换 $T: S\to S$，若存在元素 $M\in S$，使得 $T(M)=M$，则把 M 叫做此变换的**不动元素**；若存在 S 的子集 F，使得 $T(F)=F$，则把 F 叫做此变换的**不动子集**。

显然，由不动元素构成的子集是不动子集；反之，不动子集的元素却不一定是不动元素。

由定义可知，对于恒等变换 I，每一元素都是不动元素，每一子集都是不动子集；平移变换 $T_{\boldsymbol{a}}(\boldsymbol{a}\neq\boldsymbol{0})$无不动元素，平行于平移向量 $\boldsymbol{a}$ 的直线都是不动直线；旋转变换 $R_\theta(\theta\neq 0)$除原点外无不动元素，以原点为圆心的圆都是它的不动子集。

若 F 是变换 $T: S\to S$ 的不动子集，即 $T(F)=F$，则有 $F=T^{-1}(F)$，即 F 也是 $T^{-1}: S\to S$ 的不动子集；反之亦然，即**集合 S 上的变换与其逆变换有相同的不动子集**。

例 6 求镜射变换 $M_{Ox}:\begin{cases}x'=x,\\ y'=-y\end{cases}$ 的不动直线。

解 设直线 l 经此镜射变换作用后的像为

$$l': Ax'+By'+C=0,$$

将变换式$\begin{cases}x'=x,\\ y'=-y\end{cases}$代入上式得

$$Ax-By+C=0。$$

直线 l 是不动直线(即 l 与 l' 重合)的充分必要条件为

$$\frac{A}{A}=\frac{B}{-B}=\frac{C}{C},$$

此式等价于

$$\begin{cases}2AB=0,\\ 2BC=0,\end{cases}$$

即

$$A=0,\quad B\neq 0,\quad C=0\quad 或\quad A\neq 0,\quad B=0,\quad C\neq 0,$$

于是不动直线的方程为

$$y=0\quad 和\quad Ax+C=0(A\neq 0),$$

即 x 轴与垂直于 x 轴的直线都是不动直线。

1.2.5 变换群的概念

对于给定的集合 S，我们已经考察了 S 上的单个变换，现在将研究 S 上的若干个变换构成的集合。

定义 1.5 设 S 是一个集合，G 是 S 上某些变换构成的集合。若集合 G 满足下列两个条件：

(1) G 中任意两个变换的乘积仍然属于G，

(2) G 中每一变换的逆变换也属于G，

则集合 G 叫做集合 S 上的一个**变换群**。

按此定义，任给 T 属于G，则有 $T^{-1}T=TT^{-1}=I$ 也属于G，即**任何变换群一定包含恒等变换**。

作为例子，我们考察绕坐标原点 O 的全体旋转变换的集合G。首先，任给 $R_\theta\in G$，则 $R_\theta^{-1}=R_{(-\theta)}\in G$；又对于任给的 $R_{\theta_i}\in G(i=1,2)$，直观上有 $R_{\theta_2}R_{\theta_1}=R_{\theta_2+\theta_1}\in G$。这样我们直观地证明了平面上绕原点 O 的旋转变换的集合G 是一个变换群，把它叫做**旋转群**。由于旋转群仅依赖于独立参数 θ，故常记为 G_1。又如只包含恒等变换 I 的集合$\{I\}$也是一个变换群，它是最小的变换群。

若一变换群 $\bar{G}$ 的所有变换都属于变换群G，则把变换群 $\bar{G}$ 叫做变换群G 的**子变换群**。例如每一变换群 G 都是自己的子群，$\{I\}$是任何变换群 G 的子群，这两个子群叫做群 G 的**平凡子群**；变换群 G 除它的两个平凡子群外的子群叫做变换群G 的**非平凡子群**，也叫变换群 G 的**真子群**。容易证明

$$\bar{G}=\{R_0=I,R_{\frac{\pi}{2}},R_\pi,R_{\frac{3\pi}{2}}\}$$

是旋转群 G_1 的一个非平凡子群。

在欧氏平面上，可以计算两点之间的距离、两直线间的夹角等几何量。在几何中，距离是一个尤为重要的量，但点变换可能会改变距离，下面介绍一个与距离有关的特殊点变换。

1.3　等距变换

1.3.1　等距变换的定义和代数表达式

定义 1.6　在欧氏平面上，保持任意两点之间距离不变的点变换叫做**等距变换**。

关于等距变换的代数表达式，我们有下面的结论。

定理 1.1　在欧氏平面上，变换

$$\begin{cases}x'=a_{11}x+a_{12}y+a_{13},\\ y'=a_{21}x+a_{22}y+a_{23},\end{cases}\quad 其中\quad \begin{vmatrix}a_{11} & a_{12}\\ a_{21} & a_{22}\end{vmatrix}\neq 0$$

是等距变换的充要条件为矩阵 $\mathbf{A}=(a_{ij})=\begin{pmatrix}a_{11} & a_{12}\\ a_{21} & a_{22}\end{pmatrix}$是正交矩阵。

证明　设欧氏平面上任意两点 M_1,M_2 在变换

$$\begin{cases}x'=a_{11}x+a_{12}y+a_{13},\\ y'=a_{21}x+a_{22}y+a_{23},\end{cases}\quad \begin{vmatrix}a_{11} & a_{12}\\ a_{21} & a_{22}\end{vmatrix}\neq 0$$

的作用下像点分别为点 M'_1,M'_2，点 M_1,M_2 所确定的向量是$\boldsymbol{\alpha}=(a_1,a_2)$，点 M'_1,M'_2 所确定的向量是$\boldsymbol{\alpha}'=(a'_1,a'_2)$，则有$(a'_1,a'_2)=(a_1,a_2)\mathbf{A}^{\mathrm{T}}$，故

$$(\boldsymbol{\alpha}')^2=(a'_1,a'_2)\begin{pmatrix}a'_1\\ a'_2\end{pmatrix}=(a_1,a_2)\mathbf{A}^{\mathrm{T}}\mathbf{A}\begin{pmatrix}a_1\\ a_2\end{pmatrix}。$$

从而对于任意的向量$\boldsymbol{\alpha}$,$\boldsymbol{\alpha}'^2=\boldsymbol{\alpha}^2$(即保持任意两点之间的距离不变)的充分必要条件为$\boldsymbol{A}^{\mathrm{T}}\boldsymbol{A}=\boldsymbol{E}$,即$\boldsymbol{A}^{-1}=\boldsymbol{A}^{\mathrm{T}}$,亦即矩阵$\boldsymbol{A}$是正交矩阵。

注 正交条件$\boldsymbol{A}^{-1}=\boldsymbol{A}^{\mathrm{T}}$用矩阵的元素表示为

$$a_{11}^2+a_{21}^2=a_{12}^2+a_{22}^2=1,\quad a_{11}a_{12}+a_{21}a_{22}=0。$$

定理 1.2 在欧氏平面上,等距变换的代数表达式总可以写成

$$\begin{pmatrix}x'\\y'\end{pmatrix}=\begin{pmatrix}\cos\theta & \mp\sin\theta\\ \sin\theta & \pm\cos\theta\end{pmatrix}\begin{pmatrix}x\\y\end{pmatrix}+\begin{pmatrix}a_{13}\\a_{23}\end{pmatrix},\tag{3-5}$$

其中θ是属于$(-\pi,\pi]$的定角。

证明 设

$$\begin{cases}x'=a_{11}x+a_{12}y+a_{13},\\ y'=a_{21}x+a_{22}y+a_{23},\end{cases}\quad \begin{vmatrix}a_{11} & a_{12}\\ a_{21} & a_{22}\end{vmatrix}\neq 0$$

是等距变换,即有$a_{11}^2+a_{21}^2=1$,故可设$a_{11}=\cos\theta,a_{21}=\sin\theta$。又由于$a_{12}^2+a_{22}^2=1$,再设$a_{12}=\cos\varphi,a_{22}=\sin\varphi$。由条件$a_{11}a_{12}+a_{21}a_{22}=0$,可得$\cos(\varphi-\theta)=0$,从而$\varphi=\frac{\pi}{2}+\theta$或$\varphi=-\frac{\pi}{2}+\theta$。

当$\varphi=\frac{\pi}{2}+\theta$时,$a_{12}=-\sin\theta,a_{22}=\cos\theta$;

当$\varphi=-\frac{\pi}{2}+\theta$时,$a_{12}=\sin\theta,a_{22}=-\cos\theta$。

将上面这些结论代入

$$\begin{cases}x'=a_{11}x+a_{12}y+a_{13},\\ y'=a_{21}x+a_{22}y+a_{23},\end{cases}\quad \begin{vmatrix}a_{11} & a_{12}\\ a_{21} & a_{22}\end{vmatrix}\neq 0$$

中,再写成矩阵形式就可得到式(3-5)。

由于$\sin(2k\pi+\theta)=\sin\theta,\cos(2k\pi+\theta)=\cos\theta$,故为确定起见,我们总可以假定$\theta\in(-\pi,\pi]$。

1.3.2 等距变换的实现

由等距变换的定义知道,平移、旋转和镜射都是等距变换。下面我们证明任何等距变换都可以通过平移、旋转和镜射这三种变换来实现。

定理 1.3 行列式为+1的非恒等的等距变换是旋转和平移的乘积。

证明 显然

$$T:\begin{pmatrix}x'\\y'\end{pmatrix}=\begin{pmatrix}\cos\theta & -\sin\theta\\ \sin\theta & \cos\theta\end{pmatrix}\begin{pmatrix}x\\y\end{pmatrix}+\begin{pmatrix}a_{13}\\a_{23}\end{pmatrix}$$

可以分解成先作旋转

$$R_\theta:\begin{pmatrix}x''\\y''\end{pmatrix}=\begin{pmatrix}\cos\theta & -\sin\theta\\ \sin\theta & \cos\theta\end{pmatrix}\begin{pmatrix}x\\y\end{pmatrix}$$

再作平移

$$T_{\boldsymbol{a}}:\begin{pmatrix}x'\\y'\end{pmatrix}=\begin{pmatrix}x''\\y''\end{pmatrix}+\begin{pmatrix}a_{13}\\a_{23}\end{pmatrix}$$

即$T=T_{\boldsymbol{a}}\circ R_\theta$。

定理 1.4 行列式为−1的非恒等的等距变换是旋转、镜射和平移的乘积。

证明 显然

$$T:\begin{pmatrix}x'\\y'\end{pmatrix}=\begin{pmatrix}\cos\theta & \sin\theta\\ \sin\theta & -\cos\theta\end{pmatrix}\begin{pmatrix}x\\y\end{pmatrix}+\begin{pmatrix}a_{13}\\a_{23}\end{pmatrix}$$

可以分解成先作旋转

$$R_{-\theta}:\begin{pmatrix}x''\\y''\end{pmatrix}=\begin{pmatrix}\cos(-\theta) & -\sin(-\theta)\\ \sin(-\theta) & \cos(-\theta)\end{pmatrix}\begin{pmatrix}x\\y\end{pmatrix},$$

再作镜射

$$M_{Ox}:\begin{pmatrix}x'''\\y'''\end{pmatrix}=\begin{pmatrix}1 & 0\\ 0 & -1\end{pmatrix}\begin{pmatrix}x''\\y''\end{pmatrix},$$

最后作平移

$$T_a:\begin{pmatrix}x'\\y'\end{pmatrix}=\begin{pmatrix}x'''\\y'''\end{pmatrix}+\begin{pmatrix}a_{13}\\a_{23}\end{pmatrix}$$

即 $T=T_a\circ M_{Ox}\circ R_{-\theta}$。

由于旋转和平移都是平面上的刚体运动，而镜射不能通过平面上的正常运动来实现，但可以通过离开平面的反常运动来实现。因此，我们把行列式为+1的等距变换叫做**正运动**；把行列式为−1的等距变换叫做**反运动**，从而一切等距变换都可以看成“运动”。

1.3.3 等距变换的性质

由前面的讨论可知，等距变换从代数上讲，它是一个正交线性变换，所以等距变换也具有正交线性变换所具有的相关性质。

定理 1.5 等距变换保持向量的内积不变。

定理 1.6 等距变换保持向量的夹角不变。

推论 等距变换保持面积不变。

定理 1.7 一对一点变换为等距变换的充要条件是它将直角坐标系变成直角坐标系。

证明 设直角标架$\{O;\ \boldsymbol{e}_1,\boldsymbol{e}_2\}$在变换

$$\begin{cases}x'=a_{11}x+a_{12}y+a_{13},\\ y'=a_{21}x+a_{22}y+a_{23},\end{cases}\quad\begin{vmatrix}a_{11} & a_{12}\\ a_{21} & a_{22}\end{vmatrix}\neq 0$$

下的像直角标架是$\{O';\ \boldsymbol{e}'_1,\boldsymbol{e}'_2\}$。

若变换

$$\begin{cases}x'=a_{11}x+a_{12}y+a_{13},\\ y'=a_{21}x+a_{22}y+a_{23},\end{cases}\quad\begin{vmatrix}a_{11} & a_{12}\\ a_{21} & a_{22}\end{vmatrix}\neq 0$$

为等距变换，则它保持长度和夹角不变，所以 $\boldsymbol{e}_1,\boldsymbol{e}_2,\boldsymbol{e}'_1,\boldsymbol{e}'_2$ 都是单位向量，且互相垂直，故$\{O';\ \boldsymbol{e}'_1,\boldsymbol{e}'_2\}$是直角标架。

反之，若变换

$$\begin{cases}x'=a_{11}x+a_{12}y+a_{13},\\ y'=a_{21}x+a_{22}y+a_{23},\end{cases}\quad\begin{vmatrix}a_{11} & a_{12}\\ a_{21} & a_{22}\end{vmatrix}\neq 0$$

将直角标架$\{O; \boldsymbol{e}_1, \boldsymbol{e}_2\}$变成像直角标架$\{O'; \boldsymbol{e}'_1, \boldsymbol{e}'_2\}$，则$(\boldsymbol{e}'_1)^2=(\boldsymbol{e}'_2)^2=1, \boldsymbol{e}'_1\cdot\boldsymbol{e}'_2=0$。

既然，$\boldsymbol{e}'_1=(a_{11}, a_{21}), \boldsymbol{e}'_2=(a_{12}, a_{22})$，故$a_{11}^2+a_{21}^2=a_{12}^2+a_{22}^2=1, a_{11}a_{12}+a_{21}a_{22}=0$，从而$\boldsymbol{A}=(a_{ij})$是正交矩阵，即该变换是等距变换。

定理 1.8 平面上全体等距变换的集合构成一个变换群，叫做**欧氏群**，也叫做**运动群**。

证明 因为两个正交矩阵的乘积仍为正交矩阵，正交矩阵的逆矩阵也是正交矩阵，故等距变换的集合构成群。

欧氏群依赖于 3 个(即式(3-5)中的θ, a_{13} 和 a_{23})独立的参数，故常记为G_3。

进一步可以证明，全体正运动的集合构成群，叫做**正运动群**，显然，正运动群是欧氏群的子群。

2 二次曲线的度量性质

在这一节里，我们将讨论二次曲线的度量性质，在讨论中，将从研究二次曲线与直线的相交问题入手，来认识二次曲线的某些度量性质。

2.1 欧氏平面上二次曲线的定义及基本概念

定义 2.1 在欧氏平面上，笛卡儿坐标(x, y)满足二元二次方程①

$$a_{11}x^2+2a_{12}xy+a_{22}y^2+2a_{13}x+2a_{23}y+a_{33}=0 \tag{3-6}$$

的全体点的集合叫做**欧氏平面上的二次曲线**。在式(3-6)中，系数a_{ij}为实数，且二次项系数a_{11}, a_{12}, a_{22}至少有一个不为零，方程(3-6)叫做**欧氏平面上的二次曲线的方程**。

为了方便起见，我们引进下面的一些记号：

$$F(x,y)\equiv a_{11}x^2+2a_{12}xy+a_{22}y^2+2a_{13}x+2a_{23}y+a_{33};$$

$$F_1(x,y)\equiv a_{11}x+a_{12}y+a_{13}\text{②};$$

$$F_2(x,y)\equiv a_{12}x+a_{22}y+a_{23};$$

$$F_3(x,y)\equiv a_{13}x+a_{23}y+a_{33};$$

$$\Phi(x,y)\equiv a_{11}x^2+2a_{12}xy+a_{22}y^2。$$

这样我们容易验证下面的恒等式成立

$$F(x,y)\equiv xF_1(x,y)+yF_2(x,y)+F_3(x,y)。$$

式(3-6)也就可以写成

$$F(x,y)\equiv xF_1(x,y)+yF_2(x,y)+F_3(x,y)=0。$$

我们把$F(x,y)$的系数所排成的矩阵

$$\boldsymbol{A}=\begin{pmatrix} a_{11} & a_{12} & a_{13} \\ a_{12} & a_{22} & a_{23} \\ a_{13} & a_{23} & a_{33} \end{pmatrix}$$

① 在一般二次曲线的方程中，xy, x, y 项的系数都带上 2 是为了以后演算的方便。

② 为了便于记忆，可以借助偏导数的记号：$F_1(x,y)\equiv\frac{1}{2}F'_x(x,y), F_2(x,y)\equiv\frac{1}{2}F'_y(x,y)$。

叫做二次曲线(3-6)的矩阵(或称 $F(x,y)$ 的矩阵),而把 $\Phi(x,y)$ 的系数所排成的矩阵 $\boldsymbol{B}=\begin{pmatrix}a_{11} & a_{12}\\ a_{12} & a_{22}\end{pmatrix}$ 叫做 $\Phi(x,y)$ 的矩阵。显然,二次曲线(3-6)的矩阵 $\boldsymbol{A}$ 的第一,第二与第三行(或列)的元素分别是 $F_1(x,y)$,$F_2(x,y)$,$F_3(x,y)$ 的系数。

今后我们还常常要用到下面的两个符号:

$$I_1=a_{11}+a_{22},\quad I_2=\begin{vmatrix}a_{11} & a_{12}\\ a_{12} & a_{22}\end{vmatrix}。$$

2.2 二次曲线与直线的相关位置

现在我们来讨论二次曲线(3-6)与过点 (x_0,y_0) 且具有方向 $X:Y$ 的直线

$$\begin{cases}x=x_0+Xt,\\ y=y_0+Yt\end{cases}\tag{3-7}$$

的交点。方向 $X:Y$ 的记法中,X,Y 为直线的方向向量的坐标或与它们成比例的一组数,X,Y 也称为它们所表示直线的方向数。把直线(3-7)代入方程(3-6),经过整理得关于 t 的方程

$$(a_{11}X^2+2a_{12}XY+a_{22}Y^2)t^2+2[(a_{11}x_0+a_{12}y_0+a_{13})X+(a_{12}x_0+a_{22}y_0+a_{33})Y]t+$$
$$(a_{11}x_0^2+2a_{12}x_0y_0+a_{22}y_0^2+2a_{13}x_0+2a_{23}y_0+a_{33})=0。\tag{3-8}$$

利用前面的记号,式(3-8)可写成

$$\Phi(X,Y)t^2+2[F_1(x_0,y_0)X+F_2(x_0,y_0)Y]t+F(x_0,y_0)=0。\tag{3-9}$$

方程(3-8)或(3-9)可分以下几种情况来讨论:

(1) $\Phi(X,Y)\neq 0$,这时方程(3-9)是关于 t 的二次方程,它的判别式的四分之一仍记为

$$\Delta=[F_1(x_0,y_0)X+F_2(x_0,y_0)Y]^2-\Phi(X,Y)F(x_0,y_0)。$$

这又可分 3 种情况:

① 当 $\Delta>0$ 时,方程(3-9)有两个不相等的实根 t_1 与 t_2,代入方程(3-7)便得直线(3-7)与二次曲线(3-6)的两个不同的实交点;

② 当 $\Delta=0$ 时,方程(3-9)有两个相等的实根 t_1 与 t_2,这时直线(3-7)与二次曲线(3-6)有两个相互重合的实交点;

③ 当 $\Delta<0$ 时,方程(3-9)有两个共轭的虚根,这时直线(3-7)与二次曲线(3-6)交于两个共轭的虚点。

(2) $\Phi(X,Y)=0$,这时又可分 3 种情况:

① 当 $F_1(x_0,y_0)X+F_2(x_0,y_0)Y\neq 0$ 时,方程(3-9)是关于 t 的一次方程,它有唯一的一个实根,所以直线(3-7)与二次曲线(3-6)有唯一的实交点;

② 当 $F_1(x_0,y_0)X+F_2(x_0,y_0)Y=0$,而 $F(x_0,y_0)\neq 0$ 时,方程(3-9)为矛盾方程,从而方程(3-9)无解,所以直线(3-7)与二次曲线(3-6)没有交点;

③ 当 $F_1(x_0,y_0)X+F_2(x_0,y_0)Y=0$,且 $F(x_0,y_0)=0$ 时,方程(3-9)是一个恒等式,它能被任何值的 t 所满足,所以直线(3-7)上的一切点都是二次曲线(3-6)与直线(3-7)的公

共点，也就是说直线(3-7)全部在二次曲线上。

2.3 二次曲线的渐近方向、中心及渐近线

2.3.1 二次曲线的渐近方向

我们在前面看到二次曲线(3-6)与过点(x_0,y_0)且具有方向$X:Y$的直线(3-7)当满足条件

$$\Phi(X,Y)=a_{11}X^2+2a_{12}XY+a_{22}Y^2=0 \tag{3-10}$$

时，或者只有一个实交点，或者没有交点，或者直线(3-7)全部在二次曲线(3-6)上成为二次曲线的组成部分。

定义 2.2 满足条件$\Phi(X,Y)=0$的方向$X:Y$叫做二次曲线(3-6)的**渐近方向**，否则叫做**非渐近方向**。

因为二次曲线(3-6)的二次项系数不能全为零，所以渐近方向$X:Y$所满足的方程(3-10)总有确定的解。

如果$a_{11}\neq 0$，那么可把方程(3-10)改写为

$$a_{11}\left(\frac{X}{Y}\right)^2+2a_{12}\frac{X}{Y}+a_{22}=0。$$

于是可得

$$\frac{X}{Y}=\frac{-a_{12}\pm\sqrt{a_{12}^2-a_{11}a_{22}}}{a_{11}}=\frac{-a_{12}\pm\sqrt{-I_2}}{a_{11}}。$$

如果$a_{22}\neq 0$，那么可把方程(3-10)改写为

$$a_{22}\left(\frac{Y}{X}\right)^2+2a_{12}\frac{Y}{X}+a_{11}=0。$$

由此可得

$$\frac{Y}{X}=\frac{-a_{12}\pm\sqrt{a_{12}^2-a_{11}a_{22}}}{a_{22}}=\frac{-a_{12}\pm\sqrt{-I_2}}{a_{22}}。$$

如果$a_{11}=a_{22}=0$，那么一定有$a_{12}\neq 0$，这时方程(3-10)变为

$$2a_{12}XY=0,$$

所以$X:Y=1:0$或$0:1$，这时

$$I_2=\begin{vmatrix}0 & a_{12}\\ a_{12} & 0\end{vmatrix}=-a_{12}^2<0。$$

从以上讨论可以看到，当且仅当$I_2>0$时，二次曲线(3-6)的渐近方向是一对共轭的虚方向；当$I_2=0$时，二次曲线(3-6)有一个实渐近方向$\left(\dfrac{X}{Y}=-\dfrac{a_{12}}{a_{11}}=-\dfrac{a_{22}}{a_{12}}\right)$；当$I_2<0$时，二次曲线(3-6)有两个实渐近方向。因此二次曲线的渐近方向最多有两个，显然二次曲线的非渐近方向有无数多个。

定义 2.3 没有实渐近方向的二次曲线叫做**椭圆型二次曲线**，有一个实渐近方向的二次曲线叫做**抛物型二次曲线**，有两个实渐近方向的二次曲线叫做**双曲型二次曲线**。

因此二次曲线(3-6)按其渐近方向可以分为三种类型，即

(1) 椭圆型二次曲线：$I_2>0$；

(2) 抛物型二次曲线：$I_2=0$；

(3) 双曲型二次曲线：$I_2<0$。

2.3.2 二次曲线的中心与渐近线

由前面讨论知，当直线(3-7)的方向 $X:Y$ 是二次曲线(3-6)的非渐近方向，即当

$$\Phi(X,Y)=a_{11}X^2+2a_{12}XY+a_{22}Y^2\neq 0$$

时，直线(3-7)与二次曲线(3-6)总交于两个点(两不同实点，两重合实点或一对共轭虚点)，我们把由这两点决定的线段叫做二次曲线的**弦**。

定义 2.4 如果点 C 是二次曲线通过该点的所有弦的中点，那么点 C 叫做二次曲线的**中心**。

注 由于二次曲线的中心是所有弦的中点，故二次曲线的中心即是二次曲线的对称中心。

根据这个定义，当点 $C(x_0,y_0)$ 为二次曲线(3-6)的中心时，那么过点 $C(x_0,y_0)$ 且以二次曲线(3-6)的任意非渐近方向 $X:Y$ 为方向的直线(3-7)与二次曲线(3-6)交于两点 M_1，M_2，点 $C(x_0,y_0)$ 就是弦 M_1M_2 的中点。因此将直线(3-7)代入二次曲线(3-6)得

$$\Phi(X,Y)t^2+2[F_1(x_0,y_0)X+F_2(x_0,y_0)Y]t+F(x_0,y_0)=0,$$

从而有 $t_1+t_2=0$，即

$$F_1(x_0,y_0)X+F_2(x_0,y_0)Y=0。\tag{3-11}$$

因为 $X:Y$ 是任意非渐近方向，所以式(3-11)是关于 X,Y 的恒等式，从而有

$$F_1(x_0,y_0)=0,\quad F_2(x_0,y_0)=0。$$

反过来，适合上面两式的点 $C(x_0,y_0)$，显然是二次曲线的中心。

这样我们就得到了下面的定理。

定理 2.1 点 $C(x_0,y_0)$ 是二次曲线(3-6)中心的充要条件为

$$\begin{cases}F_1(x_0,y_0)\equiv a_{11}x_0+a_{12}y_0+a_{13}=0,\\ F_2(x_0,y_0)\equiv a_{12}x_0+a_{22}y_0+a_{23}=0。\end{cases}$$

由此定理得，二次曲线(3-6)的中心的坐标由线性方程组

$$\begin{cases}F_1(x,y)\equiv a_{11}x+a_{12}y+a_{13}=0,\\ F_2(x,y)\equiv a_{12}x+a_{22}y+a_{23}=0\end{cases}\tag{3-12}$$

决定。从而可得如下推论。

推论 坐标原点是二次曲线中心的充要条件为二次曲线方程里不含 x 与 y 的一次项。

如果 $I_2=\begin{vmatrix}a_{11} & a_{12}\\ a_{12} & a_{22}\end{vmatrix}\neq 0$，那么线性方程组(3-12)有唯一解，这时二次曲线(3-6)将有唯一中心，且中心的坐标就是线性方程组(3-12)的解。

如果 $I_2=\begin{vmatrix}a_{11} & a_{12}\\ a_{12} & a_{22}\end{vmatrix}=0$，即 $\dfrac{a_{11}}{a_{12}}=\dfrac{a_{12}}{a_{22}}$，那么当 $\dfrac{a_{11}}{a_{12}}=\dfrac{a_{12}}{a_{22}}\neq\dfrac{a_{13}}{a_{23}}$ 时，线性方程组(3-12)无

解，故二次曲线(3-6)没有中心；而当$\frac{a_{11}}{a_{12}}=\frac{a_{12}}{a_{22}}=\frac{a_{13}}{a_{23}}$时，线性方程组(3-12)有无数多解，这时直线$a_{11}x+a_{12}y+a_{13}=0$(或$a_{12}x+a_{22}y+a_{23}=0$)上的所有点都是二次曲线(3-6)的中心，这条直线叫做**中心直线**。

定义 2.5 有唯一中心的二次曲线叫做**中心二次曲线**，没有中心的二次曲线叫做**无心二次曲线**，有一条中心直线的二次曲线叫做**线心二次曲线**，无心二次曲线与线心二次曲线统称为**非中心二次曲线**。

根据这个定义与线性方程组(3-12)，我们可得二次曲线(3-6)按其中心的分类为

(1) 中心二次曲线：$I_2=\begin{vmatrix} a_{11} & a_{12} \\ a_{12} & a_{22} \end{vmatrix}\neq 0$。

(2) 非中心二次曲线：$I_2=\begin{vmatrix} a_{11} & a_{12} \\ a_{12} & a_{22} \end{vmatrix}=0$，即$\frac{a_{11}}{a_{12}}=\frac{a_{12}}{a_{22}}$。

① 无心二次曲线：$\frac{a_{11}}{a_{12}}=\frac{a_{12}}{a_{22}}\neq\frac{a_{13}}{a_{23}}$；

② 线心二次曲线：$\frac{a_{11}}{a_{12}}=\frac{a_{12}}{a_{22}}=\frac{a_{13}}{a_{23}}$。

从二次曲线按渐近方向与按中心的两种初步分类中，容易看出，椭圆型二次曲线与双曲型二次曲线都是中心二次曲线，而抛物型二次曲线是非中心二次曲线，它包括无心二次曲线与线心二次曲线。

定义 2.6 通过二次曲线的中心，而且以渐近方向为方向的直线叫做该二次曲线的**渐近线**。

显然，椭圆型二次曲线只有两条虚渐近线而无实渐近线，双曲型二次曲线有两条实渐近线，而抛物型二次曲线中的无心二次曲线无渐近线，至于线心二次曲线它有一条实渐近线，就是它的中心直线。

定理 2.2 二次曲线的渐近线与该二次曲线或者没有交点，或者整条直线在该二次曲线上，成为二次曲线的组成部分。

证明 设直线(3-7)是二次曲线(3-6)的渐近线，这里点(x_0,y_0)为二次曲线的中心，$X:Y$为二次曲线的渐近方向，则有

$$F_1(x_0,y_0)=0,\quad F_2(x_0,y_0)=0,\quad \Phi(X,Y)=0.$$

因此根据直线与二次曲线相交情况的讨论，我们有：当点(x_0,y_0)不在二次曲线(3-6)上，即$F(x_0,y_0)\neq 0$时，渐近线(3-7)与二次曲线(3-6)没有交点；当点(x_0,y_0)在二次曲线(3-6)上，即$F(x_0,y_0)=0$时，渐近线(3-7)全部在二次曲线(3-6)上，成为二次曲线的组成部分。

2.4 二次曲线的切线

定义 2.7 如果直线与二次曲线相交于相互重合的两个点，那么这条直线就叫做该二次曲线的**切线**，这个重合的交点叫做**切点**。如果直线全部在二次曲线上，我们也把它叫做该二次曲线的切线，直线上的每一个点都可以看做切点。

现在我们来求经过二次曲线(3-6)上点(x_0,y_0)处的切线方程。

因为通过点(x_0,y_0)的直线方程总可写成(3-7)，那么根据前面的讨论，容易知道直线(3-7)成为二次曲线(3-6)的切线的条件如下。

当$\Phi(X,Y)\neq 0$时，

$$\Delta=[F_1(x_0,y_0)X+F_2(x_0,y_0)Y]^2-\Phi(X,Y)F(x_0,y_0)=0。\tag{3-13}$$

因为点(x_0,y_0)在二次曲线(3-6)上，所以$F(x_0,y_0)=0$，因而式(3-13)可以化为

$$F_1(x_0,y_0)X+F_2(x_0,y_0)Y=0。\tag{3-14}$$

当$\Phi(X,Y)=0$时，直线(3-7)成为二次曲线(3-6)切线的条件除了$F(x_0,y_0)=0$外，唯一的条件仍然是式(3-14)。

对于条件(3-14)，如果$F_1(x_0,y_0)$与$F_2(x_0,y_0)$不全为零，那么由(3-14)可得

$$X:Y=F_2(x_0,y_0):(-F_1(x_0,y_0)),$$

因此过点(x_0,y_0)处的切线方程为

$$\begin{cases}x=x_0+F_2(x_0,y_0)t,\\ y=y_0-F_1(x_0,y_0)t,\end{cases}$$

或写成

$$\frac{x-x_0}{F_2(x_0,y_0)}=\frac{y-y_0}{-F_1(x_0,y_0)},$$

或

$$(x-x_0)F_1(x_0,y_0)+(y-y_0)F_2(x_0,y_0)=0。\tag{3-15}$$

如果$F_1(x_0,y_0)=F_2(x_0,y_0)=0$，那么(3-14)变为恒等式，切线的方向$X:Y$不能唯一地确定，从而切线不确定，这时通过点$(x_0,y_0)$的任何直线都和二次曲线(3-6)相交于相互重合的两点，我们把这样的直线也看成是二次曲线(3-6)的切线。

定义 2.8 二次曲线(3-6)上满足条件$F_1(x_0,y_0)=F_2(x_0,y_0)=0$的点$(x_0,y_0)$叫做该二次曲线的**奇异点**，简称**奇点**；二次曲线的非奇异点叫做二次曲线的**正常点**。这样我们就得到了下面的定理。

定理 2.3 如果点(x_0,y_0)是二次曲线(3-6)的正常点，那么通过点(x_0,y_0)的切线方程是(3-15)，点(x_0,y_0)是它的切点。如果点(x_0,y_0)是二次曲线(3-6)的奇异点，那么通过点(x_0,y_0)的切线不确定，或者说通过点(x_0,y_0)的每一条直线都是二次曲线(3-6)的切线。

推论 如果点(x_0,y_0)是二次曲线(3-6)的正常点，那么通过点(x_0,y_0)的切线方程是

$$a_{11}x_0x+a_{12}(x_0y+xy_0)+a_{22}y_0y+a_{13}(x+x_0)+a_{23}(y+y_0)+a_{33}=0。\tag{3-16}$$

证明 把(3-15)改写为

$$xF_1(x_0,y_0)+yF_2(x_0,y_0)-[x_0F_1(x_0,y_0)+y_0F_2(x_0,y_0)]=0。$$

再根据本节开始时介绍的恒等式，上式又可写为

$$xF_1(x_0,y_0)+yF_2(x_0,y_0)+F_3(x_0,y_0)=0,$$

即

$$x(a_{11}x_0+a_{12}y_0+a_{13})+y(a_{12}x_0+a_{22}y_0+a_{23})+(a_{13}x_0+a_{23}y_0+a_{33})=0,$$

从而得到式(3-16)。

为了使式(3-16)便于记忆，记忆的方法是在原方程(3-6)中，

把	x^2	$2xy$	y^2	$2x$	$2y$
写成	xx	$xy+xy$	yy	$x+x$	$y+y$

然后每一项中一个 x 或 y 用 x_0 或 y_0 代换，即

把	x^2	$2xy$	y^2	$2x$	$2y$
写成	x_0x	x_0y+xy_0	y_0y	$x+x_0$	$y+y_0$

就得出式(3-16)。

例 1　求二次曲线 $x^2-xy+y^2+2x-4y-3=0$ 通过点(2,1)的切线方程。

解法 1　因为 $F(2,1)=2^2-2\times1+1^2+2\times2-4\times1-3=0$，且

$$F_1(x,y)\Big|_{(2,1)}=\left[x-\frac{y}{2}+1\right]\Big|_{(2,1)}=\frac{5}{2}\neq0,$$

$$F_2(x,y)\Big|_{(2,1)}=\left[-\frac{x}{2}+y-2\right]\Big|_{(2,1)}=-2\neq0,$$

所以点(2,1)是二次曲线上的正常点，因此由式(3-15)得通过点(2,1)的切线方程为

$$\frac{5}{2}(x-2)-2(y-1)=0,$$

即

$$5x-4y-6=0。$$

解法 2　因为点(2,1)是曲线上的正常点，所以直接利用式(3-16)得切线方程为

$$2x-\frac{1}{2}(x+2y)+y+(x+2)-2(y+1)-3=0,$$

即

$$5x-4y-6=0。$$

例 2　求二次曲线 $x^2-xy+y^2-1=0$ 通过点(0,2)的切线方程。

解法 1　因为 $F(0,2)=3\neq0$，所以点(0,2)不在该二次曲线上，故不能直接应用式(3-15)或式(3-16)来求切线的方程。

因为过点(0,2)的直线可以写成

$$\begin{cases}x=Xt,\\ y=2+Yt,\end{cases}$$

其中 t 为参数，X,Y 为直线的方向数。又因为

$$F_1(0,2)=-1,\quad F_2(0,2)=2,$$

所以根据直线与二次曲线相切的条件(3-13)得

$$(-X+2Y)^2-3(X^2-XY+Y^2)=0,$$

化简得

$$2X^2+XY-Y^2=0。$$

从而有

$$(2X-Y)(X+Y)=0。$$

再由过点(0,2)的直线方程得

$$X:Y=x:(y-2),$$

代入上式得

$$(2x-y+2)(x+y-2)=0,$$

所以

$$2x-y+2=0, \quad 或 \quad x+y-2=0。$$

这两条直线的方向分别为 $1:2$ 与 $1:-1$，显然它们都不是已知二次曲线的渐近方向，所以这两条直线都是所求的通过点(0,2)的切线。

解法 2 设过点(0,2)的切线与已知二次曲线相切于点(x_0,y_0)，那么切线方程为

$$x_0x-\frac{1}{2}(x_0y+xy_0)+y_0y-1=0,$$

即

$$\left(x_0-\frac{1}{2}y_0\right)x-\left(\frac{1}{2}x_0-y_0\right)y-1=0, \quad ①$$

因为它通过点(0,2)，所以(0,2)满足方程①，将(0,2)代入方程①化简得

$$x_0-2y_0+1=0。 \quad ②$$

另一方面点(x_0,y_0)在该二次曲线上，所以有

$$x_0^2-x_0y_0+y_0^2-1=0, \quad ③$$

联立方程②，③解得切点坐标为

$$\begin{cases}x_0=-1,\\ y_0=0;\end{cases} \quad 或 \quad \begin{cases}x_0=1,\\ y_0=1。\end{cases}$$

将切点坐标代入方程①得所求切线方程为

$$2x-y+2=0, \quad 或 \quad x+y-2=0。$$

2.5 二次曲线的直径

2.5.1 二次曲线的直径

由已经讨论的直线与二次曲线相交的各种情况知，当直线平行于二次曲线的某一非渐近方向时，这条直线与二次曲线总交于两点(两不同实点，两重合实点或一对共轭虚点)，这两个点决定了二次曲线的一条弦。现在我们来研究二次曲线上一族平行弦的中点轨迹。

定理 2.4 二次曲线的一族平行弦的中点轨迹是一条直线。

证明 设 $X:Y$ 是二次曲线的一个非渐近方向，即 $\Phi(X,Y)\neq 0$，而点(x_0,y_0)是平行于方向 $X:Y$ 的弦的中点，那么过点(x_0,y_0)的弦所在直线方程为

$$\begin{cases}x=x_0+Xt,\\ y=y_0+Yt。\end{cases}$$

它与二次曲线(3-6)的两交点(即弦的两端点)由二次方程(3-9)，即

$$\Phi(X,Y)t^2+2[XF_1(x_0,y_0)+YF_2(x_0,y_0)]t+F(x_0,y_0)=0$$

的两根 t_1 与 t_2 所决定，因为点(x_0,y_0)为弦的中点，所以有

$$t_1+t_2=0,$$

从而得

$$XF_1(x_0,y_0)+YF_2(x_0,y_0)=0。$$

这就是说平行于方向 $X:Y$ 的弦的中点(x_0,y_0)的坐标满足方程

$$XF_1(x,y)+YF_2(x,y)=0, \tag{3-17}$$

即

$$X(a_{11}x+a_{12}y+a_{13})+Y(a_{12}x+a_{22}y+a_{23})=0, \tag{3-18}$$

也即

$$(a_{11}X+a_{12}Y)x+(a_{12}X+a_{22}Y)y+a_{13}X+a_{23}Y=0。 \tag{3-19}$$

反过来，如果点(x_0,y_0)满足方程(3-17)(或方程(3-18)或方程(3-19))，那么方程(3-9)将有绝对值相等而符号相反的两个根，点(x_0,y_0)就是具有方向 $X:Y$ 的弦的中点，因此方程(3-17)(或方程(3-18)，方程(3-19))为一族平行于某一非渐近方向 $X:Y$ 的弦的中点轨迹方程。

方程(3-19)的一次项系数不能全为零，这是因为当

$$a_{11}X+a_{12}Y=a_{12}X+a_{22}Y=0$$

时，将有

$$\Phi(X,Y)=a_{11}X^2+2a_{12}XY+a_{22}Y^2=(a_{11}X+a_{12}Y)X+(a_{12}X+a_{22}Y)Y=0,$$

这与 $X:Y$ 是非渐近方向的假设矛盾，所以方程(3-17)(或方程(3-18)，方程(3-19))是一个一次方程，它是一条直线，于是定理得到了证明。

定义 2.9 二次曲线的平行弦中点的轨迹叫做该二次曲线的**直径**，它所对应的平行弦叫做共轭于这条直径的**共轭弦**，而直径也叫做共轭于平行弦方向的直径。

推论 如果二次曲线的一族平行弦的斜率为 k，那么共轭于这族平行弦的直径方程是

$$F_1(x,y)+kF_2(x,y)=0。 \tag{3-20}$$

我们从方程(3-17)或方程(3-20)容易看出，如果

$$F_1(x,y)=a_{11}x+a_{12}y+a_{13}=0, \tag{3-21}$$

$$F_2(x,y)=a_{12}x+a_{22}y+a_{23}=0 \tag{3-22}$$

表示两条不同直线时，方程(3-17)或方程(3-20)将构成一直线束，当$\frac{a_{11}}{a_{12}}\neq\frac{a_{12}}{a_{22}}$时为中心直线束；当$\frac{a_{11}}{a_{12}}=\frac{a_{12}}{a_{22}}\neq\frac{a_{13}}{a_{23}}$时为平行直线束。

如果方程(3-21)与方程(3-22)表示同一条直线，这时$\frac{a_{11}}{a_{12}}=\frac{a_{12}}{a_{22}}=\frac{a_{13}}{a_{23}}$，那么方程(3-17)或方程(3-20)只表示一条直线。

如果方程(3-21)与方程(3-22)中有一个是矛盾方程，比如方程(3-21)中 $a_{11}=a_{12}=0,a_{13}\neq 0$，这时$\frac{a_{11}}{a_{12}}=\frac{a_{12}}{a_{22}}\neq\frac{a_{13}}{a_{23}}$成立且方程(3-17)或方程(3-20)仍表示一平行直线束。

如果方程(3-21)与方程(3-22)中有一为恒等式，比如方程(3-21)中 $a_{11}=a_{12}=a_{13}=0$，这时$\frac{a_{11}}{a_{12}}=\frac{a_{12}}{a_{22}}=\frac{a_{13}}{a_{23}}$成立且方程(3-17)或方程(3-20)只表示一条直线。

因此当$\frac{a_{11}}{a_{12}}\neq\frac{a_{12}}{a_{22}}$，即二次曲线为中心二次曲线时，它的全部直径属于一个中心直线束，

这个直线束的中心就是二次曲线的中心；当$\frac{a_{11}}{a_{12}}=\frac{a_{12}}{a_{22}}\neq\frac{a_{13}}{a_{23}}$，即二次曲线为无心二次曲线时，它的全部直径属于一个平行直线束，它的方向为二次曲线的渐近方向 $X:Y=-a_{12}:a_{11}=-a_{22}:a_{12}$；当$\frac{a_{11}}{a_{12}}=\frac{a_{12}}{a_{22}}=\frac{a_{13}}{a_{23}}$，即二次曲线为线心二次曲线时，这时二次曲线只有一条直径，它的方程是

$$a_{11}x+a_{12}y+a_{13}=0(\text{或}\ a_{12}x+a_{22}y+a_{23}=0),$$

即线心二次曲线的中心直线。由上讨论我们有下面的定理。

定理 2.5 中心二次曲线的直径通过该二次曲线的中心，无心二次曲线的直径平行于该二次曲线的渐近方向，线心二次曲线的直径只有一条，就是该二次曲线的中心直线。

例 3 求椭圆$\frac{x^2}{a^2}+\frac{y^2}{b^2}=1$直径的方程。

解 记 $F(x,y)\equiv\frac{x^2}{a^2}+\frac{y^2}{b^2}-1=0$，则有 $F_1(x,y)=\frac{x}{a^2}$，$F_2(x,y)=\frac{y}{b^2}$。根据方程(3-17)，共轭于非渐近方向 $X:Y$ 的直径方程是

$$\frac{X}{a^2}x+\frac{Y}{b^2}y=0。$$

显然，直径通过曲线的中心(0,0)。

请读者写出双曲线$\frac{x^2}{a^2}-\frac{y^2}{b^2}=1$直径的方程。

例 4 求抛物线 $y^2=2px$ 的直径。

解 记 $F(x,y)\equiv y^2-2px=0$，则有 $F_1(x,y)=-p$，$F_2(x,y)=y$。所以共轭于非渐近方向 $X:Y$ 的直径方程为

$$X\cdot(-p)+Y\cdot y=0,$$

即

$$y=\frac{X}{Y}p,$$

所以抛物线 $y^2=2px$ 的直径平行于它的渐近方向 1:0。

例 5 求二次曲线 $F(x,y)\equiv x^2-2xy+y^2+2x-2y-3=0$ 的共轭于非渐近方向 $X:Y$ 的直径。

解 因为 $F_1(x,y)=x-y+1$，$F_2(x,y)=-x+y-1$，所以直径方程为

$$X(x-y+1)+Y(-x+y-1)=0,$$

即

$$(X-Y)(x-y+1)=0。$$

因为已知二次曲线 $F(x,y)=0$ 的渐近方向为 $X':Y'=1:1$，所以对于非渐近方向 $X:Y$ 一定有 $X\neq Y$，因此该二次曲线的共轭于非渐近方向 $X:Y$ 的直径方程为

$$x-y+1=0,$$

它只有一条直径。

2.5.2 共轭方向与共轭直径

我们把二次曲线的与非渐近方向 $X:Y$ 共轭的直径方向

$$X' : Y' = -(a_{12}X + a_{22}Y) : (a_{11}X + a_{12}Y) \tag{3-23}$$

叫做非渐近方向 $X:Y$ 的共轭方向,所以有

$$\begin{aligned}\Phi(X',Y') &= a_{11}(a_{12}X + a_{22}Y)^2 - 2a_{12}(a_{12}X + a_{22}Y)\cdot(a_{11}X + a_{12}Y) + a_{22}(a_{11}X + a_{12}Y)^2 \\ &= (a_{11}a_{22} - a_{12}^2)(a_{11}X^2 + 2a_{12}XY + a_{22}Y^2) \\ &= I_2\Phi(X,Y)。\end{aligned}$$

因为 $X:Y$ 为非渐近方向,所以 $\Phi(X,Y)\neq 0$,因此,当 $I_2\neq 0$,即二次曲线为中心二次曲线时,$\Phi(X',Y')\neq 0$。当 $I_2=0$,即二次曲线为非中心二次曲线时,$\Phi(X',Y')=0$。这就是说,中心二次曲线的非渐近方向的共轭方向仍然是非渐近方向,而在非中心二次曲线的情形是渐近方向。

由式(3-23)得二次曲线的非渐近方向 $X:Y$ 与它的共轭方向 $X':Y'$ 之间的关系

$$a_{11}XX' + a_{12}(XY' + X'Y) + a_{22}YY' = 0。\tag{3-24}$$

从式(3-24)看出,方向 $X:Y$ 与方向 $X':Y'$ 是对称的,因此对中心二次曲线来说,非渐近方向 $X:Y$ 的共轭方向为非渐近方向 $X':Y'$,而 $X':Y'$ 的共轭方向就是 $X:Y$。

定义 2.10　中心二次曲线的一对具有相互共轭方向的直径叫做一对**共轭直径**。

设 $\dfrac{Y}{X}=k$,$\dfrac{Y'}{X'}=k'$,代入式(3-24)得

$$a_{22}kk' + a_{12}(k + k') + a_{11} = 0,$$

这就是一对共轭直径的斜率满足的关系式。

例如椭圆 $\dfrac{x^2}{a^2}+\dfrac{y^2}{b^2}=1$ 的一对共轭直径的斜率 k 与 k' 的关系为:$\dfrac{1}{b^2}kk'+\dfrac{1}{a^2}=0$,即

$$kk' = -\frac{b^2}{a^2}。$$

而双曲线 $\dfrac{x^2}{a^2}-\dfrac{y^2}{b^2}=1$ 的一对共轭直径的斜率 k 与 k' 的关系为:$\dfrac{1}{b^2}kk'-\dfrac{1}{a^2}=0$,即

$$kk' = \frac{b^2}{a^2}。$$

在式(3-24)中,如果设 $X:Y=X':Y'$,那么有

$$a_{11}X^2 + 2a_{12}XY + a_{22}Y^2 = 0,$$

显然此时 $X:Y$ 为二次曲线的渐近方向。因此如果对二次曲线的共轭方向从式(3-24)作代数的推广,那么渐近方向可以看成与自己共轭方向,从而渐近线也就可以看成与自己共轭的直径,故中心二次曲线渐近线的方程可以写成

$$XF_1(x,y) + YF_2(x,y) = 0,$$

其中 $X:Y$ 为二次曲线的渐近方向。

2.6　二次曲线的主直径与主方向

定义 2.11　二次曲线的垂直于其共轭弦的直径叫做该二次曲线的**主直径**,主直径的方向与垂直于主直径的方向都叫做该二次曲线的**主方向**。

显然,主直径是二次曲线的对称轴,因此主直径也叫做二次曲线的**轴**,轴与二次曲线的

交点叫做该二次曲线的**顶点**。

现在我们在直角坐标系下来求二次曲线(3-6)的主方向与主直径。

如果二次曲线(3-6)是中心二次曲线，那么与二次曲线(3-6)的非渐近方向 $X:Y$ 共轭的直径为方程(3-17)或方程(3-19)。设直径的方向为 $X':Y'$，那么

$$X':Y'=-(a_{12}X+a_{22}Y):(a_{11}X+a_{12}Y)。\tag{3-25}$$

根据主方向的定义，$X:Y$ 成为主方向的条件是它垂直于它的共轭方向，在直角坐标系下，由两方向垂直条件，得

$$XX'+YY'=0 \quad 或 \quad X':Y'=-Y:X,\tag{3-26}$$

把方程(3-26)代入方程(3-25)得

$$X:Y=(a_{11}X+a_{12}Y):(a_{12}X+a_{22}Y),$$

因此 $X:Y$ 成为中心二次曲线(3-6)的主方向的条件是

$$\begin{cases}a_{11}X+a_{12}Y=\lambda X,\\ a_{12}X+a_{22}Y=\lambda Y\end{cases}\tag{3-27}$$

成立，其中 $\lambda\neq 0$，或把它改写成

$$\begin{cases}(a_{11}-\lambda)X+a_{12}Y=0,\\ a_{12}X+(a_{22}-\lambda)Y=0。\end{cases}\tag{3-27$'$}$$

这是一个关于 X,Y 的齐次线性方程组，而 X,Y 不能全为零，所以

$$\begin{vmatrix}a_{11}-\lambda & a_{12}\\ a_{12} & a_{22}-\lambda\end{vmatrix}=0,\tag{3-28}$$

即

$$\lambda^2-I_1\lambda+I_2=0。\tag{3-29}$$

因此对于中心二次曲线来说，只要由方程(3-29)解出 λ，再代入方程(3-27)就能得到它的主方向。

如果二次曲线(3-6)是非中心二次曲线，那么它的任何直径的方向总是它的唯一的渐近方向

$$X_1:Y_1=-a_{12}:a_{11}=a_{22}:(-a_{12}),$$

而垂直于它的方向显然为

$$X_2:Y_2=a_{11}:a_{12}=a_{12}:a_{22},$$

所以非中心二次曲线(3-6)的主方向如下：

渐近主方向

$$X_1:Y_1=-a_{12}:a_{11}=a_{22}:(-a_{12});$$

非渐近主方向

$$X_2:Y_2=a_{11}:a_{12}=a_{12}:a_{22}。$$

如果我们把式(3-28)或式(3-29)推广到非中心二次曲线，即式(3-29)中的 I_2 可取等于零，这样当 $I_2=0$ 时，方程(3-29)的两根为

$$\lambda_1=0,\quad \lambda_2=I_1=a_{11}+a_{22}。$$

把它代入方程(3-27)或方程(3-27$'$)所得的主方向，正是非中心二次曲线的渐近主方向与非渐近主方向。

因此，一个方向 $X:Y$ 成为二次曲线(3-6)的主方向的条件是式(3-27)成立，这里的 λ

是方程(3-28)或方程(3-29)的根。

定义 2.12 方程(3-28)或方程(3-29)叫做二次曲线(3-6)的**特征方程**,特征方程的根叫做二次曲线(3-6)的**特征根**。

从二次曲线(3-6)的特征方程(3-29)求出特征根 λ,把它代入式(3-27)或式(3-27′),就得到相应的主方向,如果主方向是非渐近方向,那么根据式(3-17)就能得到共轭于它的主直径。

定理 2.6 二次曲线的特征根都是实数。

证明 因为特征方程的判别式

$$\Delta=I_1^2-4I_2=(a_{11}-a_{22})^2+4a_{12}^2\geqslant 0,$$

所以二次曲线的特征根都是实数。

定理 2.7 二次曲线的特征根不能全为零。

证明 如果二次曲线的特征根全为零,那么由方程(3-29)得

$$I_1=I_2=0,$$

即

$$a_{11}+a_{22}=0 \quad 与 \quad a_{11}a_{22}-a_{12}^2=0,$$

从而得

$$a_{11}=a_{12}=a_{22}=0。$$

这与二次曲线的定义矛盾,所以二次曲线的特征根不能全为零。

定理 2.8 由二次曲线(3-6)的特征根 λ 确定的主方向 $X:Y$,当 $\lambda\neq 0$ 时,为二次曲线的非渐近主方向;当 $\lambda=0$ 时,为二次曲线的渐近主方向。

证明 因为

$$\Phi(X,Y)=a_{11}X^2+2a_{12}XY+a_{22}Y^2=(a_{11}X+a_{12}Y)X+(a_{12}X+a_{22}Y)Y。$$

所以由方程(3-27)得

$$\Phi(X,Y)=\lambda X^2+\lambda Y^2=\lambda(X^2+Y^2)。$$

又因为 X,Y 不全为零,所以当 $\lambda\neq 0$ 时,有 $\Phi(X,Y)\neq 0$,所以 $X:Y$ 为二次曲线(3-6)的非渐近主方向;当 $\lambda=0$ 时,有 $\Phi(X,Y)=0$,所以 $X:Y$ 为二次曲线(3-6)的渐近主方向。

定理 2.9 中心二次曲线至少有两条主直径,非中心二次曲线只有一条主直径。

证明 由二次曲线(3-6)的特征方程(3-29)解得两特征根为

$$\lambda_{1,2}=\frac{I_1\pm\sqrt{I_1^2-4I_2}}{2}。$$

(1) 当二次曲线(3-6)是中心二次曲线,即 $I_2\neq 0$ 时。如果特征方程的判别式 $\Delta=I_1^2-4I_2=(a_{11}-a_{22})^2+4a_{12}^2=0$,那么 $a_{11}=a_{22}$,$a_{12}=0$,这时的中心二次曲线为圆(包括点圆和虚圆),它的特征根为一对二重根

$$\lambda_1=\lambda_2=a_{11}=a_{22}(\neq 0)。$$

把它代入方程(3-27)或方程(3-27′),则得到两个恒等式,它被任何方向 $X:Y$ 所满足,所以任何实方向都是圆的非渐近主方向,从而通过圆心的任何直线不仅都是直径,而且都是圆的主直径。如果特征方程的判别式 $\Delta=I_1^2-4I_2=(a_{11}-a_{22})^2+4a_{12}^2>0$,那么特征根为两不等的非零实根 λ_1,λ_2。将它们分别代入方程(3-27′)得相应的两非渐近主方向

$$X_1:Y_1=a_{12}:(\lambda_1-a_{11})=(\lambda_1-a_{22}):a_{12},$$

$$X_2:Y_2=a_{12}:(\lambda_2-a_{11})=(\lambda_2-a_{22}):a_{12}。$$

这两个主方向相互垂直，从而它们又互相共轭，因此非圆的中心二次曲线有且只有一对互相垂直从而又互相共轭的主直径。

(2) 当二次曲线(3-6)是非中心二次曲线，即 $I_2=0$ 时，这时两特征根为

$$\lambda_1=a_{11}+a_{22},\ \lambda_2=0。$$

所以它只有一个非渐近的主方向，即与 $\lambda_1=a_{11}+a_{22}$ 相应的主方向，从而非中心二次曲线只有一条主直径。

例 6 求二次曲线 $F(x,y)\equiv x^2-xy+y^2-1=0$ 的主方向与主直径。

解 因为 $I_1=1+1=2, I_2=\begin{vmatrix} 1 & -\frac{1}{2} \\ -\frac{1}{2} & 1 \end{vmatrix}=\frac{3}{4}\neq 0$，所以该二次曲线是中心二次曲线，它的特征方程为

$$\lambda^2-2\lambda+\frac{3}{4}=0,$$

解这个方程得到两个特征根分别为

$$\lambda_1=\frac{1}{2},\quad \lambda_2=\frac{3}{2}。$$

由特征根 $\lambda_1=\frac{1}{2}$ 确定的主方向为

$$X_1:Y_1=-\frac{1}{2}:\left(\frac{1}{2}-1\right)=-\frac{1}{2}:\left(-\frac{1}{2}\right)=1:1;$$

由特征根 $\lambda_2=\frac{3}{2}$ 确定的主方向为

$$X_2:Y_2=-\frac{1}{2}:\left(\frac{3}{2}-1\right)=-\frac{1}{2}:\frac{1}{2}=-1:1。$$

又因为

$$F_1(x,y)=x-\frac{1}{2}y,\quad F_2(x,y)=-\frac{1}{2}x+y,$$

所以该曲线的主直径为

$$\left(x-\frac{1}{2}y\right)+\left(-\frac{1}{2}x+y\right)=0$$

与

$$-\left(x-\frac{1}{2}y\right)+\left(-\frac{1}{2}x+y\right)=0,$$

即

$$x+y=0 \quad 与 \quad x-y=0。$$

3 利用平面直角坐标变换化简二次曲线的方程与分类

这一节，我们将在直角坐标系下，利用直角坐标变换对二次曲线的方程进行化简，使其方程在新坐标系下具有最简形式，然后在此基础上进行二次曲线的分类。

3.1　平面直角坐标变换

我们知道,如果平面上一点的旧坐标与新坐标分别为(x,y)与(x',y'),那么移轴公式为

$$\begin{cases} x = x' + x_0, \\ y = y' + y_0, \end{cases} \tag{3-30}$$

或

$$\begin{cases} x' = x - x_0, \\ y' = y - y_0, \end{cases}$$

其中(x_0,y_0)是新坐标系原点在旧坐标系下的坐标。转轴公式为

$$\begin{cases} x = x'\cos\alpha - y'\sin\alpha, \\ y = x'\sin\alpha + y'\cos\alpha, \end{cases} \tag{3-31}$$

或

$$\begin{cases} x' = x\cos\alpha + y\sin\alpha, \\ y' = -x\sin\alpha + y\cos\alpha, \end{cases}$$

其中α为坐标轴的旋转角。

在一般情形,由旧坐标系$O\text{-}xy$变成新坐标系$O'\text{-}x'y'$,总可以分两步来完成,先移轴使坐标系的原点O与新坐标系的原点O'重合,变成辅助坐标系$O'\text{-}x''y''$,然后由坐标系$O'\text{-}x''y''$再转轴而成新坐标系$O'\text{-}x'y'$,如图3-5所示。设平面上任意点P的旧坐标与新坐标分别为(x,y)与(x',y'),而在辅助坐标系$O'\text{-}x''y''$中的坐标为(x'',y''),那么由方程(3-30)与方程(3-31)分别得

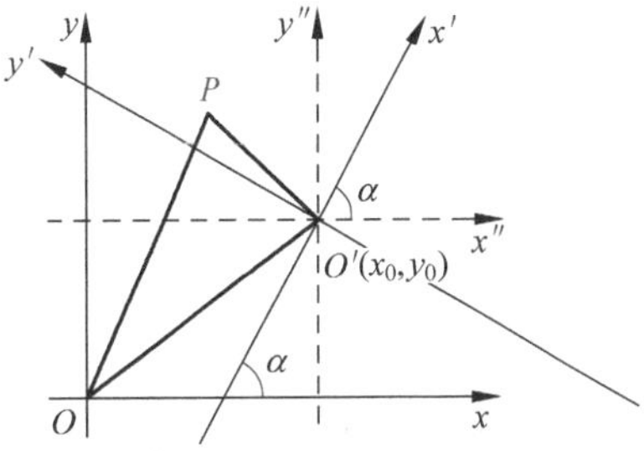

图　3-5

$$\begin{cases} x = x'' + x_0, \\ y = y'' + y_0, \end{cases}$$

与

$$\begin{cases} x'' = x'\cos\alpha - y'\sin\alpha, \\ y'' = x'\sin\alpha + y'\cos\alpha. \end{cases}$$

由上两式得一般坐标变换公式为

$$\begin{cases} x = x'\cos\alpha - y'\sin\alpha + x_0, \\ y = x'\sin\alpha + y'\cos\alpha + y_0. \end{cases} \tag{3-32}$$

由式(3-32)解出(x',y')便得到逆变换公式为

$$\begin{cases} x' = x\cos\alpha + y\sin\alpha - (x_0\cos\alpha + y_0\sin\alpha), \\ y' = -x\sin\alpha + y\cos\alpha - (-x_0\sin\alpha + y_0\cos\alpha). \end{cases} \tag{3-33}$$

平面直角坐标变换公式(3-33)是由新坐标系原点的坐标(x_0,y_0)与坐标轴的旋转角α决定的。

在坐标变换下，平面上曲线的方程将改变，但是如果曲线方程 $F(x,y)=0$ 的左端 $F(x,y)$ 是一个多项式，其次数为 n，那么通过坐标变换(3-32)，它的新方程 $F'(x',y')=0$ 的左端 $F'(x',y')$ 将仍然是一个多项式，而且它的次数 n' 不变，即 $n=n'$。这是因为坐标变换公式(3-32)的右端是一个一次式，把它代入 $F(x,y)$ 得到的 $F'(x',y')$ 将仍然是一个多项式，而且它的次数 $n'\leqslant n$；反过来，通过逆变换(3-33)，$F'(x',y')$ 将变回到 $F(x,y)$，而逆变换(3-33)的右端也是一个一次式，从而 $F(x,y)$ 的次数 $n\leqslant n'$。于是 $n'=n$，即 $F'(x',y')$ 的次数与 $F(x,y)$ 的次数相等。

我们把多项式 $F(x,y)$ 构成的方程 $F(x,y)=0$ 叫做**代数方程**，而由它表示的曲线叫做**代数曲线**，方程的次数叫做**曲线的次数**。上面指出的这个曲线的性质，是曲线的固有性质，它与坐标系的选择无关。

3.2　利用平面直角坐标变换化简二次曲线的方程与分类

在平面上，对于坐标变换而言，它是只改变坐标系的位置而图形的形状和大小皆不变；而对于点变换而言，它是坐标系不变而只改变图形的位置(形状大小皆不变)。事实上，这二者的结果是完全一致的。如图 3-6((a)是坐标变换，(b)是点变换)，二次曲线 Γ 对坐标系 O'-$x'y'$ 的方程与 Γ' 对 O-xy 的方程是一致的。

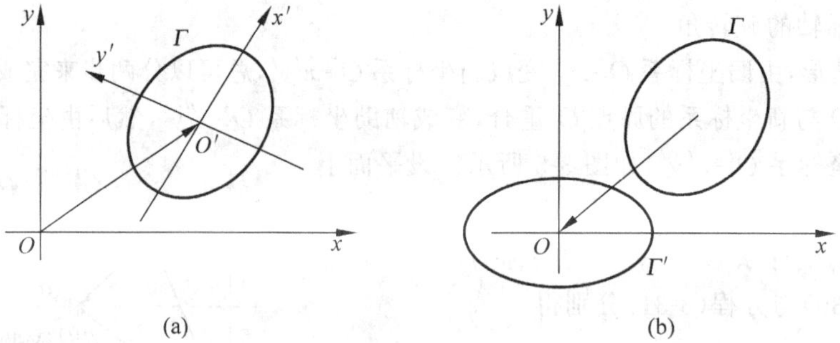

图　3-6

从变换公式来看，在坐标变换中，将坐标原点移至 $O'(x_0,y_0)$，再将坐标轴旋转 α 角的坐标变换公式为

$$\begin{cases} x=x'\cos\alpha-y'\sin\alpha+x_0, \\ y=x'\sin\alpha+y'\cos\alpha+y_0, \end{cases} \tag{3-34}$$

其中 (x,y) 是一点在旧坐标系下的坐标，(x',y') 是同一点在新坐标系下的坐标。

而坐标轴不动，将图形沿方向 $(-x_0,-y_0)$ 作平移变换公式为

$$T_1:\begin{cases} \bar{x}=x-x_0, \\ \bar{y}=y-y_0, \end{cases}$$

其中 (x,y) 和 $(\bar{x},\bar{y})$ 是作点变换后对应点对同一坐标系 O-xy 的坐标。

再将平移后的图形绕坐标系原点作旋转变换，旋转角为 $-\alpha$，变换公式为

$$T_2:\begin{cases}x'=\bar{x}\cos(-\alpha)-\bar{y}\sin(-\alpha),\\ y'=\bar{x}\sin(-\alpha)+\bar{y}\cos(-\alpha),\end{cases}$$

其中$(\bar{x},\bar{y})$和(x',y')是作旋转变换后的对应点对同一坐标系 $O\text{-}xy$ 的坐标。

作这两个变换的乘积，得

$$T_2\cdot T_1:\begin{cases}x'=(x-x_0)\cos(-\alpha)-(y-y_0)\sin(-\alpha),\\ y'=(x-x_0)\sin(-\alpha)+(y-y_0)\cos(-\alpha),\end{cases}$$

即

$$T_2\cdot T_1:\begin{cases}x'=(x-x_0)\cos\alpha+(y-y_0)\sin\alpha,\\ y'=-(x-x_0)\sin\alpha+(y-y_0)\cos\alpha。\end{cases}\tag{3-35}$$

我们可以看出式(3-35)即由式(3-34)解出 x'，y'的结果，实际上式(3-34)与式(3-35)是同一公式，因此在图 3-6 中，图(a)中的图形 Γ 关于坐标系$O'\text{-}x'y'$的方程与图(b)中的图形Γ'关于坐标系$O\text{-}xy$ 的方程是完全一样的。

根据以上讨论，我们可以将坐标变换公式，理解为方向相反的点变换公式，因此利用坐标变换给一般二次曲线所作的分类，完全可以理解为利用点变换所做的分类。

下面讨论利用平面直角坐标变换化简二次曲线的方程。

设二次曲线的方程如方程(3-6)，即

$$F(x,y)\equiv a_{11}x^2+2a_{12}xy+a_{22}y^2+2a_{13}x+2a_{23}y+a_{33}=0。$$

现在我们要选取一个适当的坐标系，也就是要确定一个坐标变换，使得二次曲线(3-6)在新坐标系下的方程最为简单，这就是二次曲线方程的化简。为此，我们必须了解在坐标变换下二次曲线方程的系数是怎样变化的。因为一般坐标变换是由移轴与转轴组成，所以我们分别考察在移轴与转轴下，二次曲线方程(3-6)的系数的变化规律。

如果把移轴公式(3-30)，即

$$\begin{cases}x=x'+x_0,\\ y=y'+y_0\end{cases}$$

代入二次曲线(3-6)中，得到在移轴公式下二次曲线(3-6)的新方程为

$$\begin{aligned}F(x'+x_0,y'+y_0)\equiv{}&a_{11}(x'+x_0)^2+2a_{12}(x'+x_0)(y'+y_0)+a_{22}(y'+y_0)^2+\\&2a_{13}(x'+x_0)+2a_{23}(y'+y_0)+a_{33}=0,\end{aligned}$$

化简整理得

$$a'_{11}x'^2+2a'_{12}x'y'+a'_{22}y'^2+2a'_{13}x'+2a'_{23}y'+a'_{33}=0,$$

其中

$$\begin{cases}a'_{11}=a_{11},a'_{12}=a_{12},a'_{22}=a_{22},\\ a'_{13}=a_{11}x_0+a_{12}y_0+a_{13}=F_1(x_0,y_0),\\ a'_{23}=a_{12}x_0+a_{22}y_0+a_{23}=F_2(x_0,y_0),\\ a'_{33}=a_{11}x_0^2+2a_{12}x_0y_0+a_{22}y_0^2+2a_{13}x_0+2a_{23}y_0+a_{33}=F(x_0,y_0)。\end{cases}$$

因此在移轴公式(3-30)下，二次曲线(3-6)方程的系数的变化规律如下：

(1) 二次项系数不变；

(2) 一次项系数变为 $2F_1(x_0,y_0)$与 $2F_2(x_0,y_0)$；

(3) 常数项变为 $F(x_0,y_0)$。

因为当点 (x_0,y_0) 是二次曲线(3-6)的中心时，有 $F_1(x_0,y_0)=0, F_2(x_0,y_0)=0$，所以当二次曲线是有心二次曲线时，作移轴，可以使原点与二次曲线的中心重合，则在新坐标系下二次曲线的新方程中的一次项消失。

如果把转轴公式(3-31)，即

$$\begin{cases} x = x'\cos\alpha - y'\sin\alpha, \\ y = x'\sin\alpha + y'\cos\alpha \end{cases}$$

代入二次曲线(3-6)，得到在上转轴公式下二次曲线(3-6)的新方程为

$$a'_{11}x'^2 + 2a'_{12}x'y' + a'_{22}y'^2 + 2a'_{13}x' + 2a'_{23}y' + a'_{33}=0,$$

其中

$$\begin{cases} a'_{11}=a_{11}\cos^2\alpha + 2a_{12}\sin\alpha\cos\alpha + a_{22}\sin^2\alpha, \\ a'_{12}=(a_{22}-a_{11})\sin\alpha\cos\alpha + a_{12}(\cos^2\alpha - \sin^2\alpha), \\ a'_{22}=a_{11}\sin^2\alpha - 2a_{12}\sin\alpha\cos\alpha + a_{22}\cos^2\alpha, \\ a'_{13}=a_{13}\cos\alpha + a_{23}\sin\alpha, \\ a'_{23}=-a_{13}\sin\alpha + a_{23}\cos\alpha, \\ a'_{33}=a_{33}。 \end{cases} \tag{3-36}$$

因此在转轴下，二次曲线方程(3-6)的系数的变化规律如下：

(1) 二次项系数一般要变。新方程的二次项系数仅与原方程的二次项系数及旋转角 α 有关，而与一次项系数及常数项无关。

(2) 一次项系数一般要变。新方程的一次项系数仅与原方程的一次项系数及旋转角 α 有关，而与二次项系数及常数项无关，如果我们从式(3-36)中的

$$\begin{cases} a'_{13}=a_{13}\cos\alpha + a_{23}\sin\alpha, \\ a'_{23}=-a_{13}\sin\alpha + a_{23}\cos\alpha \end{cases}$$

解出 a_{13}, a_{23} 得

$$\begin{cases} a_{13} = a'_{13}\cos\alpha - a'_{23}\sin\alpha, \\ a_{23} = a'_{13}\sin\alpha + a'_{23}\cos\alpha。 \end{cases}$$

那么可以进一步看到，在转轴下，二次曲线方程(3-6)的一次项系数 a_{13}, a_{23} 的变化规律是与点的坐标 x, y 的变化规律完全一样，当原方程有一次项时，通过转轴不能完全消去一次项，当原方程无一次项时，通过转轴也不会产生一次项。

(3) 常数项不变。

在二次曲线方程(3-6)里，如果 $a_{12}\neq 0$，我们往往使用转轴使新方程中的 $a'_{12}=0$。为此，我们只要取旋转角 α，使得

$$a'_{12}=(a_{22}-a_{11})\sin\alpha\cos\alpha + a_{12}(\cos^2\alpha - \sin^2\alpha)=0,$$

即

$$(a_{22}-a_{11})\sin2\alpha + 2a_{12}\cos2\alpha = 0^{①},$$

① 这里的 $\sin2\alpha\neq 0$，否则将有 $a_{12}=0$，这与假设矛盾。

所以

$$\cot 2\alpha = \frac{a_{11} - a_{22}}{2a_{12}}。 \tag{3-37}$$

因为余切的值可以是任意的实数，所以总有 α 满足式(3-37)，也就是说总可以经过适当的转轴消去二次曲线方程(3-6)的 xy 项。

例 1 化简二次曲线方程 $x^2+4xy+4y^2+12x-y+1=0$，并画出它的图形。

解 因为二次曲线方程含有 xy 项，因此我们总可以先通过转轴消去 xy 项。设旋转角为 α，那么由式(3-37)得

$$\cot 2\alpha = -\frac{3}{4},$$

即

$$\frac{1-\tan^2\alpha}{2\tan\alpha} = -\frac{3}{4},$$

所以

$$2\tan^2\alpha - 3\tan\alpha - 2 = 0,$$

从而得

$$\tan\alpha = -\frac{1}{2} \quad 或 \quad \tan\alpha = 2。$$

取 $\tan\alpha = 2$[①]，那么 $\sin\alpha = \frac{2}{\sqrt{5}}$，$\cos\alpha = \frac{1}{\sqrt{5}}$，所以转轴公式为

$$\begin{cases} x = \frac{1}{\sqrt{5}}(x' - 2y'), \\ y = \frac{1}{\sqrt{5}}(2x' + y')。 \end{cases}$$

将上转轴公式代入原方程化简整理得转轴后的新方程为

$$5x'^2 + 2\sqrt{5}x' - 5\sqrt{5}y' + 1 = 0。$$

利用配方可把上式化为

$$\left(x' + \frac{\sqrt{5}}{5}\right)^2 - \sqrt{5}y' = 0,$$

再作移轴

$$\begin{cases} x'' = x' + \frac{\sqrt{5}}{5}, \\ y'' = y' \end{cases}$$

曲线方程便化为最简形式

$$x''^2 - \sqrt{5}y'' = 0。$$

或写成标准方程为

---

① 如果取 $\tan\alpha = -\frac{1}{2}$，同样能消去 xy 项。

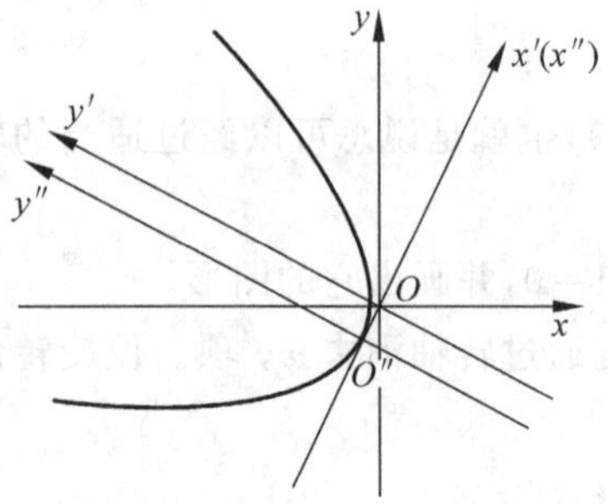

图 3-7

$$x''^2=\sqrt{5}y''。$$

这是一条抛物线，它的顶点是新坐标系 $O''\text{-}x''y''$ 的原点。原方程的图形可以根据它在坐标系 $O''\text{-}x''y''$ 中的标准方程作出，它的图形如图 3-7 所示。

例 2 化简二次曲线方程 $x^2-xy+y^2+2x-4y=0$，并画出它的图形。

解 因为 $I_2=\begin{vmatrix}1 & -\frac{1}{2}\\ -\frac{1}{2} & 1\end{vmatrix}=\frac{3}{4}\neq 0$，所以该曲线为中心二次曲线，解方程组

$$\begin{cases}F_1(x,y)=x-\dfrac{1}{2}y+1=0,\\ F_2(x,y)=-\dfrac{1}{2}x+y-2=0\end{cases}$$

得到中心坐标是 $x=0,y=2$。取点 $(0,2)$ 作为新坐标系的原点，作移轴

$$\begin{cases}x=x',\\ y=y'+2\end{cases}$$

变换后，原方程可变为

$$x'^2-x'y'+y'^2-4=0。$$

再作转轴变换消去 $x'y'$，由式(3-37)得

$$\cot 2\alpha=0,$$

从而取 $\alpha=\dfrac{\pi}{4}$，故转轴公式为

$$\begin{cases}x'=\dfrac{1}{\sqrt{2}}(x''-y''),\\ y'=\dfrac{1}{\sqrt{2}}(x''+y'')。\end{cases}$$

经转轴变换后，曲线的方程化为最简形式

$$\frac{1}{2}x''^2+\frac{3}{2}y''^2-4=0,$$

或写成标准形式

$$\frac{x''^2}{8}+\frac{y''^2}{\frac{8}{3}}=1。$$

这是一个椭圆方程，它的图形如图 3-8 所示。

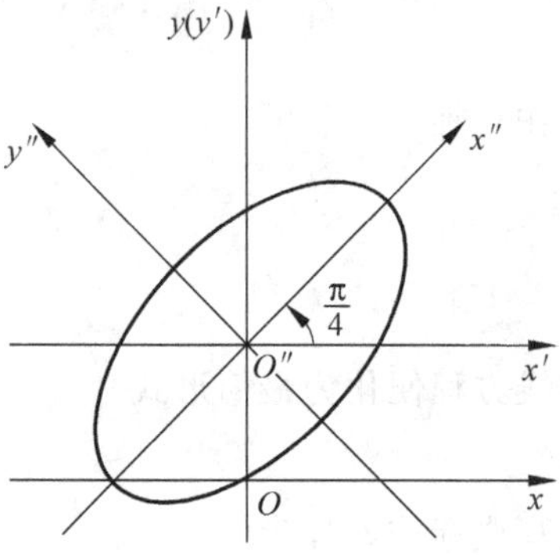

图 3-8

利用转轴来消去二次曲线方程的 xy 项，它的一个几何意义，就是把坐标轴旋转到与二次曲线的主方向平行的位置；而利用移轴，它的一个几何意义，就是把坐标

系的原点移到二次曲线的中心位置。

因此，上面介绍的通过转轴与移轴来化简二次曲线方程的方法，实际上是把坐标轴变到与二次曲线的主直径（即对称轴）重合的位置。如果是中心二次曲线，坐标原点与该二次曲线的中心重合；如果是无心二次曲线，坐标原点与该二次曲线的顶点重合；如果是线心二次曲线，坐标原点可以与该二次曲线的任何一个中心重合。

一般地，我们有下面的定理。

定理 3.1 适当选取坐标系，二次曲线的方程总可以化成下列三个简化方程中的一个：

(1) $a_{11}x^2+a_{22}y^2+a_{33}=0, a_{11}a_{22}\neq 0$；

(2) $a_{22}y^2+2a_{13}x=0, a_{22}a_{13}\neq 0$；

(3) $a_{22}y^2+a_{33}=0, a_{22}\neq 0$。

证明 我们根据二次曲线是中心二次曲线、无心二次曲线与线心二次曲线 3 种情况来讨论。

(1) 当已知二次曲线是中心二次曲线时，取它的一对既共轭又互相垂直的主直径作为坐标轴建立直角坐标系。设二次曲线在这样的坐标系下的方程为

$$a_{11}x^2+2a_{12}xy+a_{22}y^2+2a_{13}x+2a_{23}y+a_{33}=0^{①},$$

因为这时原点就是二次曲线的中心。所以由本章定理 2.1 的推论可知

$$a_{13}=a_{23}=0。$$

其次，二次曲线的两条主直径（即坐标轴）的方向为 1 ∶ 0 与 0 ∶ 1，它们互相共轭，因此根据式(3-24)有

$$a_{12}=0,$$

所以二次曲线的方程为

$$a_{11}x^2+a_{22}y^2+a_{33}=0,\quad a_{11}a_{22}\neq 0。$$

(2) 当已知二次曲线是无心二次曲线时，取它的唯一主直径作为 x 轴，而过顶点（即主直径与曲线的交点）且以非渐近主方向为方向的直线（即过顶点垂直于主直径的直线）为 y 轴，建立直角坐标系。设这时二次曲线的方程为

$$a_{11}x^2+2a_{12}xy+a_{22}y^2+2a_{13}x+2a_{23}y+a_{33}=0,$$

因为这时主直径的共轭方向为 $X:Y=0:1$，所以主直径的方程为

$$a_{12}x+a_{22}y+a_{23}=0。$$

它就是 x 轴，即与直线 $y=0$ 重合，所以

$$a_{12}=a_{23}=0,\quad a_{22}\neq 0。$$

又因为顶点与坐标原点重合，所以(0,0)满足曲线方程，从而

$$a_{33}=0。$$

其次，由于二次曲线是无心二次曲线，所以

$$\frac{a_{11}}{a_{12}}=\frac{a_{12}}{a_{22}}\neq\frac{a_{13}}{a_{23}},$$

而 $a_{12}=0, a_{22}\neq 0$，所以有

$$a_{11}=0,\quad a_{13}\neq 0。$$

① 二次曲线方程在坐标变换之下的次数不变。

所以该二次曲线的方程为

$$a_{22}y^2+2a_{13}x=0,\quad a_{22}a_{13}\neq 0。$$

(3) 当已知二次曲线是线心二次曲线时,取它的中心直线(即该二次曲线的唯一直径也是主直径)作为 x 轴,任意垂直于它的直线作为 y 轴,建立直角坐标系。设这时二次曲线的方程为

$$a_{11}x^2+2a_{12}xy+a_{22}y^2+2a_{13}x+2a_{23}y+a_{33}=0,$$

因为二次曲线是线心二次曲线,所以它的中心直线的方程是

$$a_{11}x+a_{12}y+a_{13}=0 \quad 与 \quad a_{12}x+a_{22}y+a_{23}=0$$

中的任何一个,第二个方程表示 x 轴的条件为

$$a_{12}=a_{23}=0,\quad a_{22}\neq 0。$$

而第一个方程在 $a_{12}=0$ 的条件下,不可能再表示 x 轴,所以它必须是恒等式,因而有

$$a_{11}=a_{13}=0,$$

所以曲线的方程为

$$a_{22}y^2+a_{33}=0,\quad a_{22}\neq 0。$$

现在我们可以根据二次曲线 3 种简化方程系数的各种不同情况,写出二次曲线的各种标准方程,从而得出二次曲线的分类。

(1) 曲线是中心二次曲线时,即曲线方程为

$$a_{11}x^2+a_{22}y^2+a_{33}=0,\quad a_{11}a_{22}\neq 0。$$

当 $a_{33}\neq 0$ 时,那么方程可化为

$$Ax^2+By^2=1,$$

其中 $A=-\dfrac{a_{11}}{a_{33}},B=-\dfrac{a_{22}}{a_{33}}$。

① 如果 $A>0,B>0$,那么设 $A=\dfrac{1}{a^2},B=\dfrac{1}{b^2}$,于是得方程

$$\frac{x^2}{a^2}+\frac{y^2}{b^2}=1;$$ ……………………………………椭圆

② 如果 $A<0,B<0$,那么设 $A=-\dfrac{1}{a^2},B=-\dfrac{1}{b^2}$,于是得方程

$$\frac{x^2}{a^2}+\frac{y^2}{b^2}=-1;$$ ……………………………………虚椭圆

③ 如果 A 与 B 异号,那么不失一般性,假设 $A>0,B<0$(在相反情况下,只要把 x 轴与 y 轴对调),设 $A=\dfrac{1}{a^2},B=-\dfrac{1}{b^2}$,于是得方程

$$\frac{x^2}{a^2}-\frac{y^2}{b^2}=1;$$ ……………………………………双曲线

当 $a_{33}=0$ 时,则方程即为 $a_{11}x^2+a_{22}y^2=0$。

④ 如果 a_{11} 与 a_{22} 同号,可以假设 $a_{11}>0,a_{22}>0$(在相反情况下,只要在方程两边同时变号),再设 $a_{11}=\dfrac{1}{a^2},a_{22}=\dfrac{1}{b^2}$,于是得方程

$$\frac{x^2}{a^2}+\frac{y^2}{b^2}=0;$$ ……点或称两相交于实点的共轭虚直线

⑤ 如果 a_{11} 与 a_{22} 异号，类似的可以得到方程

$$\frac{x^2}{a^2}-\frac{y^2}{b^2}=0;$$ ……两相交直线

(2) 曲线是无心二次曲线时，即曲线方程为

$$a_{22}y^2+2a_{13}x=0,\quad a_{22}a_{13}\neq 0。$$

⑥ 设 $-\frac{a_{13}}{a_{22}}=p$，于是得到方程

$$y^2=2px;$$ ……抛物线

(3) 曲线是线心二次曲线时，即曲线方程为

$$a_{22}y^2+a_{33}=0,\quad a_{22}\neq 0。$$

方程可以改写成为

$$y^2=-\frac{a_{33}}{a_{22}}。$$

⑦ 如果 a_{33} 与 a_{22} 异号，设 $-\frac{a_{33}}{a_{22}}=a^2$，于是得到方程

$$y^2=a^2;$$ ……两平行直线

⑧ 如果 a_{33} 与 a_{22} 同号，设 $\frac{a_{33}}{a_{22}}=a^2$，于是得到方程

$$y^2=-a^2;$$ ……两平行共轭虚直线

⑨ 如果 $a_{33}=0$ 时，得到方程

$$y^2=0。$$ ……两重合直线

于是，我们就得到下面的定理。

定理 3.2 通过适当地选取坐标系，二次曲线的方程总可以写成下面九种标准方程中的一种形式：

① $\frac{x^2}{a^2}+\frac{y^2}{b^2}=1$；……椭圆

② $\frac{x^2}{a^2}+\frac{y^2}{b^2}=-1$；……虚椭圆

③ $\frac{x^2}{a^2}-\frac{y^2}{b^2}=1$；……双曲线

④ $\frac{x^2}{a^2}+\frac{y^2}{b^2}=0$；……点或称两相交于实点的共轭虚直线

⑤ $\frac{x^2}{a^2}-\frac{y^2}{b^2}=0$；……两相交直线

⑥ $y^2=2px$；……抛物线

⑦ $y^2=a^2$；……两平行直线

⑧ $y^2=-a^2$；……两平行共轭虚直线

⑨ $y^2=0$。……两重合直线

所以，在欧氏平面上，二次曲线的度量分类为如上 9 类。

练　习　3

1. 求证：在平面上的两个平移的乘积一定可交换，绕原点的两个旋转的乘积也一定可交换。

2. 求证：非恒等的平移和旋转的乘积不可交换。

3. 求变换 T：$\begin{cases} x'=2x+3y-7, \\ y'=3x+5y-9 \end{cases}$ 的逆变换。

4. 求变换 T_1：$\begin{cases} x'=2x+3y+5, \\ y'=3x-y-7 \end{cases}$ 与 T_2：$\begin{cases} x'=2x-3y+4, \\ y'=-x+2y-5 \end{cases}$ 的乘积 T_2T_1 与 T_1T_2 的表达式。

5. 在平面上取定以点 O 为圆心，R 为半径的圆，若除圆心 O 外的平面上任意点 M 和它的对应点 M'，满足两个条件：

(1) 三点 O,M,M' 共线，且 M 与 M' 在 O 的同侧；

(2) $OM\cdot OM'=R^2$。

则把这种点变换叫做关于圆 O 的反演变换，请建立直角坐标系，并求出反演变换的代数表达式。

6. 求下列变换的不动点：

(1) $\begin{cases} x'=4x+5y-11, \\ y'=2x+4y-7; \end{cases}$　　(2) $\begin{cases} x'=4x-y-5, \\ y'=2x+3y+2。 \end{cases}$

7. 求证下列 4 个变换构成变换群：

(1) T_1：$\begin{cases} x'=x, \\ y'=y; \end{cases}$　　(2) T_2：$\begin{cases} x'=-y, \\ y'=x; \end{cases}$

(3) T_3：$\begin{cases} x'=-x, \\ y'=-y; \end{cases}$　　(4) T_4：$\begin{cases} x'=y, \\ y'=-x。 \end{cases}$

8. 试证平面上非退化线性变换

$$\begin{cases} x'=mx+a, \\ y'=my+b, \end{cases} \quad \text{其中 } m,a,b \text{ 都是参数}, m\neq 0$$

的集合构成变换群。这个变换群是交换群吗？若限制 $m>0$，则新集合还构成群吗？可否交换？

9. 求证平面上所有变换 $\begin{cases} x'=\alpha x, \\ y'=\beta y, \end{cases}$ $\alpha\neq 0,\beta\neq 0$ 构成一个群。

10. 求证平面上所有变换 $\begin{cases} x'=a_{11}x+a_{12}y+a, \\ y'=a_{21}x+a_{22}y+b, \end{cases}$ $\begin{vmatrix} a_{11} & a_{12} \\ a_{21} & a_{22} \end{vmatrix}\neq 0$ 构成一个群。

11. 将点(0,1)，(2,0)分别变成点(−1,0)，(0,2)的等距变换是否存在？如果存在，写出其变换式。

12. 将点(0,−1)变成点(0,0),直线 $y-2\sqrt{5}+1=0$ 变成直线 $2x+y-10=0$ 的等距变换是否存在？如果存在,写出其变换式。

13. 写出下列二次曲线的矩阵 $\boldsymbol{A}$ 以及 $F_1(x,x)$,$F_2(x,x)$,$F_3(x,x)$：

(1) $\frac{x^2}{a^2}+\frac{y^2}{b^2}=1$；　　(2) $y^2=2px$；

(3) $x^2-3y^2+5x+2=0$；　　(4) $2x^2-xy+y^2-6x+7y-4=0$。

14. 求二次曲线 $x^2-2xy-3y^2-4x-6y+3=0$ 与下列直线的交点：

(1) $5x-y-5=0$；　　(2) $x+2y+2=0$。

15. 试决定 k 的值,使得直线 $x-y+5=0$ 与二次曲线 $2x^2-3x+y+k=0$ 交于两个不同的实点。

16. 求下列二次曲线的渐近方向,并指出该二次曲线是属于何种类型：

(1) $x^2+2xy+y^2+3x+y=0$；　　(2) $3x^2+4xy+2y^2-6x-2y+5=0$。

17. 判断下列二次曲线是中心二次曲线,无心二次曲线还是线心二次曲线：

(1) $x^2-2xy+2y^2-4x-6y+3=0$；　　(2) $2x^2+8x+12y-3=0$。

18. 当 a,b 满足什么条件时,二次曲线 $x^2+6xy+ay^2+3x+by-4=0$

(1) 有唯一的中心；　　(2) 没有中心；

(3) 有一条中心直线。

19. 求下列二次曲线的渐近线：

(1) $6x^2-xy-y^2+3x+y-1=0$；　　(2) $x^2+2xy+y^2+2x+2y-4=0$。

20. 求下列二次曲线的方程：

(1) 以点(0,1)为中心,且通过点(2,3),(4,2)与(−1,−3)；

(2) 通过点(1,1),(2,1),(−1,−2)且以直线 $x+y-1=0$ 为渐近线。

21. 求下列二次曲线在所给点或经过所给点的切线方程：

(1) 曲线 $3x^2+4xy+5y^2-7x-8y-3=0$ 在点(2,1)；

(2) 曲线 $5x^2+7xy+y^2-x+2y=0$ 在原点；

(3) 曲线 $x^2+xy+y^2+x+4y+3=0$ 经过点(2,−1)；

(4) 曲线 $5x^2+6xy+5y^2-8=0$ 经过点$(0,2\sqrt{2})$；

(5) 曲线 $2x^2-xy-y^2-x-2y-1=0$ 经过点(0,2)。

22. 求下列二次曲线的切线方程,并求出切点的坐标：

(1) 曲线 $x^2+4xy+3y^2-5x-6y+3=0$ 的切线平行于直线 $x+4y=0$；

(2) 曲线 $x^2+xy+y^2-3=0$ 平行于两坐标轴的切线。

23. 求下列二次曲线的奇异点：

(1) $3x^2-2y^2+6x+4y+1=0$；　　(2) $2xy+y^2-2x-1=0$。

24. 试求经过原点且切直线 $4x+3y+2=0$ 于点(1,−2)及切直线 $x-y-1=0$ 于点(0,−1)的二次曲线方程。

25. 已知二次曲线 $3x^2+7xy+5y^2+4x+5y+1=0$,求它的

(1) 与 x 轴平行的弦的中点轨迹；

(2) 与直线 $x+y+1=0$ 平行的弦的中点轨迹。

26. 求二次曲线 $x^2+2y^2-4x-2y-6=0$ 通过点(8,0)的直径方程,并求其共轭直径。

27. 已知二次曲线 $7xy-y^2-2x+3y-1=0$ 的直径与 y 轴平行，求它的方程，并求出该直径的共轭直径。

28. 已知抛物线 $y^2=-8x$，通过点$(-1,1)$引一弦，使它在这点被平分，求该弦所在直线的方程。

29. 求双曲线$\frac{x^2}{6}-\frac{y^2}{4}=1$ 的一对共轭直径方程，已知两共轭直径间的角是 45°。

30. 试证：通过中心二次曲线中心的直线，一定是中心二次曲线的直径。平行于无心二次曲线渐近方向的直线，一定是无心二次曲线的直径。

31. 求下列两条二次曲线的公共直径：

(1) $3x^2-2xy+3y^2+4x+4y-4=0$ 与 $2x^2-3xy-y^2+3x+2y=0$；

(2) $x^2-xy-y^2-x-y=0$ 与 $x^2+2y+y^2-x+y=0$。

32. 已知二次曲线通过原点，并且以下列两对直线$\begin{cases}x-3y-2=0,\\5x-5y-4=0\end{cases}$与$\begin{cases}5y+3=0,\\2x-y-1=0\end{cases}$为它的两对共轭直径，求该二次曲线的方程。

33. 分别求椭圆$\frac{x^2}{a^2}+\frac{y^2}{b^2}=1$，双曲线$\frac{x^2}{a^2}-\frac{y^2}{b^2}=1$，抛物线 $y^2=2px$ 的主方向与主直径。

34. 求下列二次曲线的主方向与主直径：

(1) $5x^2+8xy+5y^2-18x-18y+9=0$；

(2) $2xy-2x+2y-1=0$；

(3) $9x^2-24xy+16y^2-18x-101y+19=0$；

(4) $x^2+y^2+4x-2y+1=0$。

35. 直线 $x+y+1=0$ 是二次曲线的主直径(即对称轴)，点$(0,0)$，$(1,-1)$，$(2,1)$在曲线上，求该二次曲线的方程。

36. 试证明二次曲线两个不同特征根确定的主方向互相垂直。

37. 试证中心二次曲线 $ax^2+2hxy+ay^2=d$ 的两条主直径为 $x^2-y^2=0$，该二次曲线的两半径轴的长分别是$\sqrt{\left|\frac{d}{a+h}\right|}$及$\sqrt{\left|\frac{d}{a-h}\right|}$。

38. 利用移轴与转轴变换，化简下列二次曲线的方程，并画出它们的图形。

(1) $5x^2+4xy+2y^2-24x-12y+18=0$；

(2) $x^2+2xy+y^2-4x+y-1=0$；

(3) $5x^2+12xy-22x-12y-19=0$；

(4) $x^2+2xy+y^2+2x+2y=0$。

第4章

古典微分几何初步

在本章中，我们将简单介绍古典微分几何的主要内容——曲线论与曲面论。

1　向量函数

对于曲线与曲面的研究，都要广泛地应用到向量分析的相关知识，因此先对向量分析的基本内容作简单扼要的介绍。

1.1　向量函数的定义及其相关概念

1.1.1　向量函数的定义

定义 1.1　给定一点集 G，若对于 G 中每一个点 x，都有唯一一个确定的向量 $\boldsymbol{r}$ 与之对应，则我们说 $\boldsymbol{r}$ 是 x 的**向量函数**，或说在 G 上定义了一个向量函数，并把它记作

$$\boldsymbol{r}=\boldsymbol{r}(x),\quad x\in G。$$

注　(1) 若 G 是实数轴上一个区间(如 $G=[t_0,t_1]$)，则向量函数是一元向量函数

$$\boldsymbol{r}=\boldsymbol{r}(t),\quad t_0\leqslant t\leqslant t_1(t\in G)。$$

(2) 若 G 是二维欧氏平面上一个域(如 $(u,v)\in G$)，则向量函数是二元向量函数

$$\boldsymbol{r}=\boldsymbol{r}(u,v),\quad (u,v)\in G。$$

(3) 若 G 是三维欧氏空间中一个域(如 $(x,y,z)\in G$)，则向量函数是三元向量函数

$$\boldsymbol{r}=\boldsymbol{r}(x,y,z),\quad (x,y,z)\in G。$$

对于向量函数的讨论，也像数学分析中对实函数内容的讨论那样，也有向量函数的极限、连续、微商和积分等概念。下面依次给出向量函数极限、连续、微商和积分等的定义及其相关性质。

1.1.2　向量函数的极限、连续、微商与积分

定义 1.2　设 $\boldsymbol{r}(t)$ 是给定的一元向量函数，$\boldsymbol{a}$ 是常向量(即长度与方向都固定的向量)，

若对于任意给定的 $\varepsilon>0$,都存在 $\delta>0$,使得当 $0<|t-t_0|<\delta$ 时,都有

$$|\boldsymbol{r}(t)-\boldsymbol{a}|<\varepsilon$$

成立,则称向量函数 $\boldsymbol{r}(t)$ 当 $t\to t_0$ 时的**极限**是 $\boldsymbol{a}$,记作 $\lim\limits_{t\to t_0}\boldsymbol{r}(t)=\boldsymbol{a}$。

关于实函数极限的性质,都可以推广到向量函数的情况,从而给出如下类似的结论。

定理 1.1 若 $\boldsymbol{r}_1(t)$ 与 $\boldsymbol{r}_2(t)$ 是两个一元向量函数,$\lambda(t)$ 是一个实函数,且 $\lim\limits_{t\to t_0}\boldsymbol{r}_1(t)=\boldsymbol{r}_1$,$\lim\limits_{t\to t_0}\boldsymbol{r}_2(t)=\boldsymbol{r}_2$,$\lim\limits_{t\to t_0}\lambda(t)=\lambda$,则有:

(1) 两个向量函数代数和的极限等于极限的代数和,即 $\lim\limits_{t\to t_0}[\boldsymbol{r}_1(t)\pm\boldsymbol{r}_2(t)]=\boldsymbol{r}_1\pm\boldsymbol{r}_2$;

(2) 实函数乘向量函数的极限等于极限的乘积,即 $\lim\limits_{t\to t_0}\lambda(t)\boldsymbol{r}_1(t)=\lambda\boldsymbol{r}_1$;

(3) 向量函数数量积的极限等于极限的数量积,即 $\lim\limits_{t\to t_0}[\boldsymbol{r}_1(t)\cdot\boldsymbol{r}_2(t)]=\boldsymbol{r}_1\cdot\boldsymbol{r}_2$;

(4) 向量函数向量积的极限等于极限的向量积,即 $\lim\limits_{t\to t_0}[\boldsymbol{r}_1(t)\times\boldsymbol{r}_2(t)]=\boldsymbol{r}_1\times\boldsymbol{r}_2$。

注 这些结论的证明原则上和数学分析中关于实函数对应性质的证明没有什么区别。故在此处不证明。该定理的详细证明可参见参考文献[8]。

定义 1.3 设 $\boldsymbol{r}(t)$ 是定义在区间 $[a,b]$ 上的向量函数,且 $t_0\in[a,b]$,若 $\lim\limits_{t\to t_0}\boldsymbol{r}(t)=\boldsymbol{r}(t_0)$,则称向量函数 $\boldsymbol{r}(t)$ 在 t_0 点处是**连续的**。

如果向量函数 $\boldsymbol{r}(t)$ 在开区间 (t_1,t_2) 内的每一点处都连续,则称 $\boldsymbol{r}(t)$ 在开区间 (t_1,t_2) 内连续,或称向量函数 $\boldsymbol{r}(t)$ 在开区间 (t_1,t_2) 内是**连续向量函数**。类似地,也有向量函数在闭区间、半开半闭区间的连续描述,只是当带有闭的区间时,在端点处指的是左连续或右连续。

利用定理 1.1 的结果,可以得到如下的定理。

定理 1.2 若 $\boldsymbol{r}_1(t)$ 与 $\boldsymbol{r}_2(t)$ 都是在 t_0 点处连续的向量函数,而 $\lambda(t)$ 是在 t_0 点处连续的实函数,则有向量函数 $\boldsymbol{r}_1(t)\pm\boldsymbol{r}_2(t)$,$\lambda(t)\boldsymbol{r}_1(t)$,$\boldsymbol{r}_1(t)\times\boldsymbol{r}_2(t)$ 与实函数 $\boldsymbol{r}_1(t)\cdot\boldsymbol{r}_2(t)$ 也都在 t_0 点处连续。

注 把该定理中的 t_0 点改成区间时,命题也同样成立。

定义 1.4 设 $\boldsymbol{r}(t)$ 是定义在区间 $[t_1,t_2]$ 上的向量函数,$t_0\in(t_1,t_2)$,且 $t_0+\Delta t\in(t_1,t_2)$,若极限

$$\lim_{\Delta t\to 0}\frac{\boldsymbol{r}(t_0+\Delta t)-\boldsymbol{r}(t_0)}{\Delta t}$$

存在,则称向量函数 $\boldsymbol{r}(t)$ 在 t_0 点处是**可微**(或**可导**)**的**,这个极限叫做向量函数 $\boldsymbol{r}(t)$ 在 t_0 点处的**微商**(或**导矢**),记作 $\left(\dfrac{\mathrm{d}\boldsymbol{r}}{\mathrm{d}t}\right)\Bigg|_{t=t_0}$ 或 $\boldsymbol{r}'(t_0)$,即

$$\left(\frac{\mathrm{d}\boldsymbol{r}}{\mathrm{d}t}\right)\Bigg|_{t=t_0}=\boldsymbol{r}'(t_0)=\lim_{\Delta t\to 0}\frac{\boldsymbol{r}(t_0+\Delta t)-\boldsymbol{r}(t_0)}{\Delta t}。$$

若向量函数 $\boldsymbol{r}(t)$ 在开区间 (t_1,t_2) 内的每一点处的微商都存在,则称 $\boldsymbol{r}(t)$ 在区间 (t_1,t_2) 内是可微的,或称向量函数 $\boldsymbol{r}(t)$ 在开区间 (t_1,t_2) 内是**可微向量函数**。类似地,也有向量函数在闭区间、半开半闭区间的可微描述,只是当带有闭的区间时,在端点处指的是左可微的或右可微的。

关于实函数微商的性质,都可以推广到向量函数的情况,对于向量函数的微商有如下结论。

定理 1.3 若$\boldsymbol{r}_1(t),\boldsymbol{r}_2(t),\boldsymbol{r}_3(t)$都是可微向量函数,$\lambda(t)$是可微实函数,则有$\lambda(t)\boldsymbol{r}_1(t)$,$\boldsymbol{r}_1(t)\pm\boldsymbol{r}_2(t)$,$\boldsymbol{r}_1(t)\cdot\boldsymbol{r}_2(t)$,$\boldsymbol{r}_1(t)\times\boldsymbol{r}_2(t)$,$(\boldsymbol{r}_1(t),\boldsymbol{r}_2(t),\boldsymbol{r}_3(t))$都是可微的,且

(1) $[\lambda(t)\boldsymbol{r}_1(t)]'=\lambda'(t)\boldsymbol{r}_1(t)+\lambda(t)\boldsymbol{r}_1'(t)$;

(2) $[\boldsymbol{r}_1(t)\pm\boldsymbol{r}_2(t)]'=\boldsymbol{r}_1'(t)\pm\boldsymbol{r}_2'(t)$;

(3) $[\boldsymbol{r}_1(t)\cdot\boldsymbol{r}_2(t)]'=\boldsymbol{r}_1'(t)\cdot\boldsymbol{r}_2(t)+\boldsymbol{r}_1(t)\cdot\boldsymbol{r}_2'(t)$;

(4) $[\boldsymbol{r}_1(t)\times\boldsymbol{r}_2(t)]'=\boldsymbol{r}_1'(t)\times\boldsymbol{r}_2(t)+\boldsymbol{r}_1(t)\times\boldsymbol{r}_2'(t)$;

(5) $(\boldsymbol{r}_1(t),\boldsymbol{r}_2(t),\boldsymbol{r}_3(t))'=(\boldsymbol{r}_1'(t),\boldsymbol{r}_2(t),\boldsymbol{r}_3(t))+(\boldsymbol{r}_1(t),\boldsymbol{r}_2'(t),\boldsymbol{r}_3(t))+(\boldsymbol{r}_1(t),\boldsymbol{r}_2(t),\boldsymbol{r}_3'(t))$。

这些公式的证明原则上和数学分析中关于实函数对应性质的公式的证明相似,但需要注意的是向量的向量积和混合积都与向量的次序是有关的,不能随意交换次序。在此处不加证明。该定理的详细证明可参见参考文献[8]。

注 (1) 可微向量函数$\boldsymbol{r}(t)$的微商$\boldsymbol{r}'(t)$仍为t的一个向量函数,若函数$\boldsymbol{r}'(t)$也是连续的和可微的,则$\boldsymbol{r}'(t)$的微商叫做$\boldsymbol{r}(t)$的**二阶微商**,记为$\boldsymbol{r}''(t)$。类似地可以定义三阶、四阶以及更高阶的微商,通常把$\boldsymbol{r}(t)$的n阶微商记为$\boldsymbol{r}^{(n)}(t)$。在闭区间$[t_1,t_2]$上有直到k阶连续微商的函数叫做这个区间上的k **阶可微函数**或C^k **类函数**,连续函数也称 $\boldsymbol{C^0}$ **类函数**,无限阶可微的函数记为C^∞ **类函数**,解析函数记为C^ω **类函数**。

(2) 若设$\boldsymbol{i},\boldsymbol{j},\boldsymbol{k}$是三维欧氏空间中笛卡儿直角坐标系的三个基向量,则向量函数$\boldsymbol{r}(t)$可以表示为

$$\boldsymbol{r}(t)=x(t)\boldsymbol{i}+y(t)\boldsymbol{j}+z(t)\boldsymbol{k},$$

所以每一个向量函数$\boldsymbol{r}(t)$与三个有序实函数组$(x(t),y(t),z(t))$一一对应。简言之,在三维欧氏空间中一个向量函数与三个实函数一一对应。且若$\boldsymbol{r}(t)=(x(t),y(t),z(t))$是可微向量函数,则$\boldsymbol{r}'(t)=(x'(t),y'(t),z'(t))$。

(3) 向量函数的**泰勒公式**:设向量函数$\boldsymbol{r}(t)$在$[t_0,t_0+\Delta t]$上是C^{n+1}类可微函数,则有泰勒展开式

$$\boldsymbol{r}(t_0+\Delta t)=\boldsymbol{r}(t_0)+\boldsymbol{r}'(t_0)\Delta t+\frac{\boldsymbol{r}''(t_0)}{2!}(\Delta t)^2+\cdots+\frac{\boldsymbol{r}^{(n)}(t_0)}{n!}(\Delta t)^n+\frac{\boldsymbol{r}^{(n+1)}(t_0)+\boldsymbol{\varepsilon}(t_0,\Delta t)}{(n+1)!}(\Delta t)^{n+1},$$

其中$\lim\limits_{\Delta t\to 0}\boldsymbol{\varepsilon}(t_0,\Delta t)=\boldsymbol{0}$。

向量函数的积分也包括不定积分与定积分。

定义 1.5 设向量函数$\boldsymbol{r}(t)$在区间I内有定义,若存在可微的向量函数$\boldsymbol{R}(t)$,使得对于区间I内的每一点,都有$\boldsymbol{R}'(t)=\boldsymbol{r}(t)$,则称$\boldsymbol{R}(t)$是$\boldsymbol{r}(t)$在区间$I$内的一个**原向量函数**,简称**原函数**。

容易知道,若$\boldsymbol{R}(t)$是$\boldsymbol{r}(t)$在区间I内的一个原函数,则$\boldsymbol{R}(t)$的每个分量函数也是$\boldsymbol{r}(t)$对应的分量函数在区间I内的一个原函数。例如,如果$\boldsymbol{R}(t)=(F(t),G(t),H(t))$是$\boldsymbol{r}(t)=(f(t),g(t),h(t))$在区间$I$内的一个原函数,那么$F(t),G(t),H(t)$分别是$f(t),g(t),h(t)$在区间$I$内对应的一个原函数。

根据这一认识,以及实函数原函数的性质,我们得到:

(1) 若$\boldsymbol{r}(t)$有一个原函数,则$\boldsymbol{r}(t)$有无穷多个原函数,且任意两个原函数之间只相差

一个常向量 $\boldsymbol{C}$。

(2) 若 $\boldsymbol{r}(t)$在区间 I 内连续，则 $\boldsymbol{r}(t)$在区间 I 内一定存在原函数。

定义 1.6 若 $\boldsymbol{r}(t)$在区间 I 内连续，则称 $\boldsymbol{r}(t)$在区间 I 内的全体原函数叫做它的**不定积分**，记作 $\int \boldsymbol{r}(t)\mathrm{d}t$。

若 $\boldsymbol{R}(t)$是 $\boldsymbol{r}(t)$在区间 I 内一个原函数，且 $\boldsymbol{C}$ 是任意常向量，则

$$\int \boldsymbol{r}(t)\mathrm{d}t = \boldsymbol{R}(t) + \boldsymbol{C}。$$

向量函数的不定积分可以通过计算其分量函数的不定积分得到，即若向量函数 $\boldsymbol{r}(t)=(x(t),y(t),z(t))$有原函数，则 $\int \boldsymbol{r}(t)\mathrm{d}t = \left(\int x(t)\mathrm{d}t, \int y(t)\mathrm{d}t, \int z(t)\mathrm{d}t\right)$。

与实函数不定积分的运算法则类似，向量函数不定积分具有如下的运算法则：

(1) $\int [\boldsymbol{r}_1(t) \pm \boldsymbol{r}_2(t)]\mathrm{d}t = \int \boldsymbol{r}_1(t)\mathrm{d}t \pm \int \boldsymbol{r}_2(t)\mathrm{d}t$；

(2) $\int \lambda \boldsymbol{r}_1(t)\mathrm{d}t = \lambda \int \boldsymbol{r}_1(t)\mathrm{d}t$；

(3) $\int \boldsymbol{a} \cdot \boldsymbol{r}_1(t)\mathrm{d}t = \boldsymbol{a} \cdot \int \boldsymbol{r}_1(t)\mathrm{d}t$；

(4) $\int \boldsymbol{a} \times \boldsymbol{r}_1(t)\mathrm{d}t = \boldsymbol{a} \times \int \boldsymbol{r}_1(t)\mathrm{d}t$。

其中 λ 是常数，$\boldsymbol{a}$ 是常向量，$\boldsymbol{r}_1(t)$，$\boldsymbol{r}_2(t)$是有原函数的向量函数。以上运算法则读者可以自行证明。

有了向量函数不定积分的相关概念，我们可以参照实函数的定积分的定义给出向量函数的定积分的定义。但为了简便，我们直接利用分量函数的定积分来定义向量函数的定积分。以三维欧氏空间中向量函数为例。

设向量函数 $\boldsymbol{r}(t)=(x(t),y(t),z(t))$在闭区间$[a,b]$上连续，定义该向量函数在闭区间$[a,b]$上的**定积分**为

$$\int_a^b \boldsymbol{r}(t)\mathrm{d}t = \left(\int_a^b x(t)\mathrm{d}t, \int_a^b y(t)\mathrm{d}t, \int_a^b z(t)\mathrm{d}t\right)。$$

由此可得到如下关于向量函数定积分的一些结论。

定理 1.4 若向量函数 $\boldsymbol{r}(t)$是闭区间$[a,b]$上的连续函数，则有定积分 $\int_a^b \boldsymbol{r}(t)\mathrm{d}t$ 存在，并且：

(1) 当 $a<c<b$ 时，有 $\int_a^b \boldsymbol{r}(t)\mathrm{d}t = \int_a^c \boldsymbol{r}(t)\mathrm{d}t + \int_c^b \boldsymbol{r}(t)\mathrm{d}t$；

(2) 当 k 是常数时，有 $\int_a^b k\boldsymbol{r}(t)\mathrm{d}t = k\int_a^b \boldsymbol{r}(t)\mathrm{d}t$；

(3) 当 $\boldsymbol{m}$ 是常向量时，有 $\int_a^b \boldsymbol{m} \cdot \boldsymbol{r}(t)\mathrm{d}t = \boldsymbol{m} \cdot \int_a^b \boldsymbol{r}(t)\mathrm{d}t$，$\int_a^b \boldsymbol{m} \times \boldsymbol{r}(t)\mathrm{d}t = \boldsymbol{m} \times \int_a^b \boldsymbol{r}(t)\mathrm{d}t$；

(4) $\frac{\mathrm{d}}{\mathrm{d}t}\left[\int_a^x \boldsymbol{r}(t)\mathrm{d}t\right] = \boldsymbol{r}(x)$。

向量函数的定积分也有类似于实函数定积分的**牛顿-莱布尼茨公式**。

设向量函数 $\boldsymbol{r}(t)$是闭区间$[a,b]$上的连续函数，$\boldsymbol{R}(t)$是它在区间$[a,b]$上的一个原函

数,则

$$\int_a^b \boldsymbol{r}(t)\mathrm{d}t = \boldsymbol{R}(t)\Big|_a^b = \boldsymbol{R}(b) - \boldsymbol{R}(a)。$$

1.2 两个特殊向量函数与旋转速度

下面介绍两种特殊的向量函数(或特殊的空间曲线)。一方面为后面的内容作必要的准备,另一方面也给读者指出一种方法,也就是利用向量函数及其导向量函数所满足的代数关系式,来判别、研究向量函数所具有的几何性质。

1.2.1 定长向量函数

定义 1.7 若向量函数的模是常数,则称该向量函数为**定长向量函数**。

定理 1.5 函数 $\boldsymbol{r}(t)$是定长向量函数的充要条件是对于 t 的每一个值,都有 $\boldsymbol{r}'(t)$与 $\boldsymbol{r}(t)$垂直。

证明 (必要性)因为$|\boldsymbol{r}(t)|=a$(a 是常数),则有$\boldsymbol{r}^2(t)=|\boldsymbol{r}(t)|^2=a^2$。

上式两边同时对 t 求微分得

$$\boldsymbol{r}(t)\cdot\boldsymbol{r}'(t)=0,$$

故 $\boldsymbol{r}(t)\perp\boldsymbol{r}'(t)$。

(充分性)因为 $\boldsymbol{r}(t)\perp\boldsymbol{r}'(t)$,即 $\boldsymbol{r}(t)\cdot\boldsymbol{r}'(t)=0$,所以两边积分可以得到

$$\boldsymbol{r}^2(t)=|\boldsymbol{r}(t)|^2=b(b\text{ 是常数}),$$

从而有$|\boldsymbol{r}(t)|=\sqrt{b}$,故 $\boldsymbol{r}(t)$是定长向量函数。

定长向量函数所代表的图形在二维欧氏平面上是一个以原点为圆心、定长为半径的圆,而在三维欧氏空间中定长向量函数所代表的图形是以原点为中心、定长为半径的球面上的一条曲线。上面的证明表明,曲线是该圆或曲线在该球面上的充要条件是,它在每一点处的切向量(导向量)与该点的向径垂直。

1.2.2 定向向量函数

定义 1.8 与一固定方向平行的非零向量函数 $\boldsymbol{r}(t)$叫做**定向向量函数**,即 $\boldsymbol{r}(t)=\lambda(t)\boldsymbol{e}$,其中 $\boldsymbol{e}$ 是一固定方向的单位向量,$\lambda(t)\neq 0$ 是一个实函数,显然$|\boldsymbol{r}(t)|=|\lambda(t)|$。

定理 1.6 函数 $\boldsymbol{r}(t)$是定向向量函数的充要条件是对于 t 的每一个值,都有 $\boldsymbol{r}'(t)$与 $\boldsymbol{r}(t)$平行。

证明 (必要性)因为 $\boldsymbol{r}(t)$具有固定方向,不妨设 $\boldsymbol{r}(t)=\lambda(t)\boldsymbol{e}$(其中 $\boldsymbol{e}$ 是常单位向量),则有 $\boldsymbol{r}'(t)=\lambda'(t)\boldsymbol{e}$,所以 $\boldsymbol{r}(t)\times\boldsymbol{r}'(t)=\boldsymbol{0}$,故 $\boldsymbol{r}'(t)$与 $\boldsymbol{r}(t)$平行。

(充分性)设 $\boldsymbol{r}(t)=\lambda(t)\boldsymbol{e}(t)$(其中 $\boldsymbol{e}(t)$是单位向量函数),则

$$\boldsymbol{r}'(t)=\lambda'(t)\boldsymbol{e}(t)+\lambda(t)\boldsymbol{e}'(t),$$

因为 $\boldsymbol{r}'(t)$与 $\boldsymbol{r}(t)$平行,所以 $\boldsymbol{r}(t)\times\boldsymbol{r}'(t)=\lambda^2(t)[\boldsymbol{e}(t)\times\boldsymbol{e}'(t)]=\boldsymbol{0}$。又 $\boldsymbol{r}(t)\neq\boldsymbol{0}$,于是 $\lambda(t)\neq 0$,故 $\boldsymbol{e}(t)\times\boldsymbol{e}'(t)=\boldsymbol{0}$,即 $\boldsymbol{e}(t)//\boldsymbol{e}'(t)$。又因为 $\boldsymbol{e}(t)\perp\boldsymbol{e}'(t)$(这是因为$|\boldsymbol{e}(t)|=1$),因此 $\boldsymbol{e}'(t)=\boldsymbol{0}$,即为 $\boldsymbol{e}(t)$常单位向量,不妨记为 $\boldsymbol{e}$,所以 $\boldsymbol{r}(t)=\lambda(t)\boldsymbol{e}$ 具有固定方向。

1.2.3 旋转速度

当我们给变量 t 以增量 Δt，用 $\Delta\varphi$ 表示向量 $\boldsymbol{r}(t)$ 与 $\boldsymbol{r}(t+\Delta t)$ 所组成的角，如图 4-1 所示，可以得到比值 $\dfrac{\Delta\varphi}{\Delta t}$。

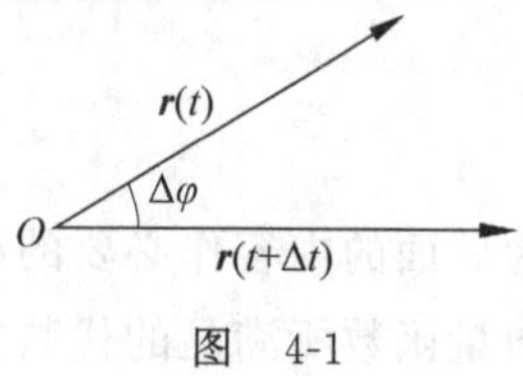

图 4-1

定义 1.9 若当 Δt 趋于零时，$\left|\dfrac{\Delta\varphi}{\Delta t}\right|$ 的极限存在，则该极限称为向量函数 $\boldsymbol{r}(t)$ 对于它的变量 t 的**旋转速度**。

定理 1.7 单位向量函数 $\boldsymbol{r}(t)$ 对于 t 的旋转速度等于其微商的模，即若向量函数 $\boldsymbol{r}(t)$ 满足 $|\boldsymbol{r}(t)|=1$，则 $\lim\limits_{\Delta t\to 0}\left|\dfrac{\Delta\varphi}{\Delta t}\right|=|\boldsymbol{r}'(t)|$。

请读者证明该定理。

2 曲 线 论

2.1 曲线的相关概念

曲线是古典微分几何所研究的主要对象之一。本节我们将讨论曲线的弧长、弯曲程度和挠动程度等主要内容。为此，下面首先来建立简单曲线的概念。

2.1.1 曲线的概念

定义 2.1 如果一条开的直线段到三维欧氏空间内建立的对应 f 是一一映射，且 f 和 f^{-1} 都是连续的(这种映射叫做同胚映射)，那么我们把三维欧氏空间中的这种映射的像叫做**简单曲线**。

例如开的直线段映射到开圆弧(即圆周的一部分)，这种映射是一一的，且映射与逆映射都是连续的，如图 4-2(a)所示，因此开圆弧是简单曲线。又例如在一张长方形的纸上画一条对角线，如图 4-2(b)所示，然后把这张纸卷成圆柱面，则直线便成为圆柱螺旋线。因而圆柱螺旋线是简单曲线。

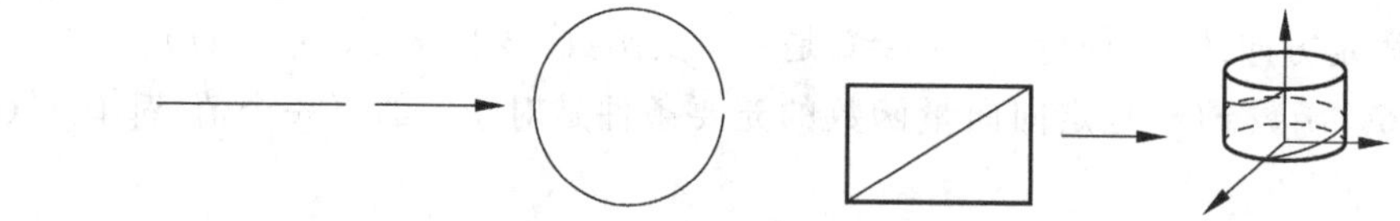

(a) (b)

图 4-2

对任意曲线的“小范围”的研究，总可以作为简单曲线段来研究。所以我们后面所讨论的曲线都假定是简单曲线。

根据上述曲线的概念，我们可以确立曲线的方程。在直线段上引入坐标 $t(a<t<b)$，在三维欧氏空间中引入笛卡儿直角坐标(x,y,z)，则上述映射的表达式是

$$\begin{cases} x = x(t), \\ y = y(t), \quad a < t < b。 \\ z = z(t), \end{cases} \tag{4-1}$$

上式叫做曲线的**坐标式参数方程**,其中 t 是参数。在三维欧氏空间中取定空间直角坐标系的三个基向量 $\boldsymbol{i},\boldsymbol{j},\boldsymbol{k}$,如图 4-3 所示,则曲线的**向量式参数方程**可写成

$$\boldsymbol{r}(t) = x(t)\boldsymbol{i} + y(t)\boldsymbol{j} + z(t)\boldsymbol{k} = (x(t), y(t), z(t)), \quad a < t < b, \tag{4-2}$$

其中 t 是参数。

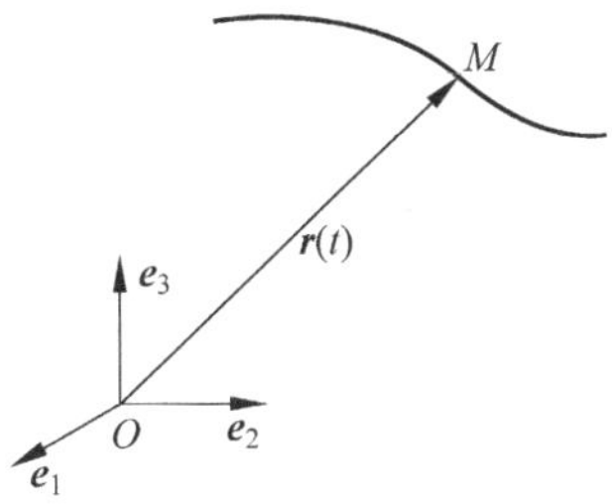

图 4-3

例如,在 xOy 平面上,取开直线段为 $(0, 2\pi R)$,则开圆弧的坐标式参数方程为

$$\begin{cases} x = R\cos t, \\ y = R\sin t, \end{cases} \quad 0 < t < 2\pi,$$

其中 R 为圆的半径;开圆弧的向量式参数方程为

$$\boldsymbol{r}(t) = (R\cos t, R\sin t), \quad 0 < t < 2\pi。$$

圆柱螺旋线的坐标式参数方程为

$$\begin{cases} x = a\cos t, \\ y = a\sin t, \quad -\infty < t < +\infty, \\ z = bt, \end{cases}$$

其中 $a>0$,b 都是常数;圆柱螺旋线的向量式参数方程为

$$\boldsymbol{r}(t) = (a\cos t, a\sin t, bt), \quad -\infty < t < +\infty。$$

如果曲线的方程(4-1)或方程(4-2)中的函数是 k 阶连续可微的函数,则把该曲线叫做 **C^k 类曲线**。当 $k=1$ 时,也就是 **C^1 类曲线**,我们通常把该曲线叫做**光滑曲线**。

若在给定光滑曲线 $\boldsymbol{r}=\boldsymbol{r}(t)$ 上一点 $t=t_0$ 处,满足 $\boldsymbol{r}'(t_0)\neq\boldsymbol{0}$,则称这一点为该曲线的**正则(常)点**,否则叫做**非正则(常)点**或**奇点**。若曲线上的所有点都是正则点,则该曲线叫做**正则曲线**。以后我们讨论的曲线都是正则曲线。

2.1.2 曲线的切线与法平面

给定三维欧氏空间中曲线上一点 P,点 Q 是 P 的邻近一点,把割线 PQ 绕点 P 旋转,使点 Q 沿曲线趋近于点 P,若割线 PQ 趋近于一固定的位置,如图 4-4 所示,则我们把割线 PQ 的极限位置叫做曲线在点 P 处的**切线**,而点 P 叫做**切点**。直观上,切线是通过该点的所有直线当中最贴近曲线的那一条直线。

设曲线的参数方程为

$$\boldsymbol{r} = \boldsymbol{r}(t),$$

切点 P 对应的参数为 t_0,点 Q 对应的参数为 $t_0+\Delta t$,如图 4-5 所示,则有

$$\overrightarrow{PQ} = \boldsymbol{r}(t_0 + \Delta t) - \boldsymbol{r}(t_0)。$$

在割线 PQ 上作向量 $\overrightarrow{PR}$,使得

$$\overrightarrow{PR}=\frac{\boldsymbol{r}(t_0+\Delta t)-\boldsymbol{r}(t_0)}{\Delta t}。$$

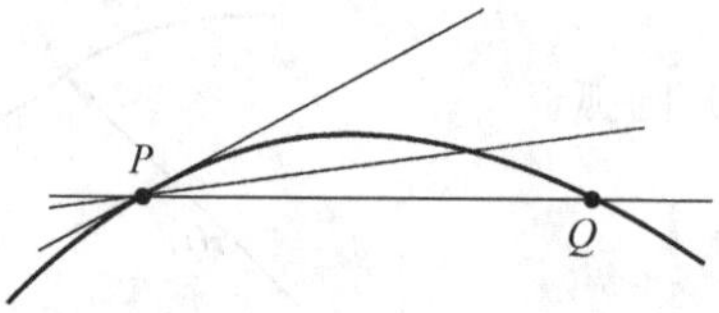

图 4-4

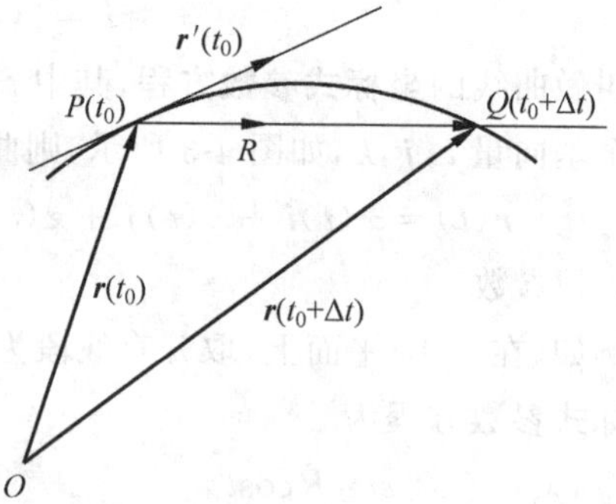

图 4-5

当 $Q\to P$(即 $\Delta t\to 0$)时,若 $\boldsymbol{r}(t)$ 在 t_0 点处可微,则由向量函数的微商可得向量 $\overrightarrow{PR}$ 的极限

$$\boldsymbol{r}'(t_0)=\lim_{\Delta t\to 0}\overrightarrow{PR}=\lim_{\Delta t\to 0}\frac{\boldsymbol{r}(t_0+\Delta t)-\boldsymbol{r}(t_0)}{\Delta t}。$$

根据曲线的切线的定义,得到 $\overrightarrow{PR}$ 的极限是切线上的一向量 $\boldsymbol{r}'(t_0)$,它叫做曲线 $\boldsymbol{r}(t)$ 上点 t_0 处的**切向量**。经过切点且垂直于过该点切线的平面叫做曲线在该点处的**法平面**,简称**法面**。

由于我们只研究正则曲线,即 $\boldsymbol{r}'(t)\neq\boldsymbol{0}$,所以曲线上每一点的切向量都是存在的。而这个切向量就是切线上的一个非零向量。由以上的推导过程可以看出,这个切向量的正向与曲线的参数 t 的增量方向是一致的。下面我们来推导曲线上一点处的切线方程与法平面方程。

设曲线 $\boldsymbol{r}(t)=(x(t),y(t),z(t))$ 上一点 P 所对应的参数为 t_0,P 点的向径为 $\boldsymbol{r}(t_0)$,$\boldsymbol{\rho}=(X,Y,Z)$ 是切线上任一点的向径,如图 4-6(a)所示。从而 $(\boldsymbol{\rho}-\boldsymbol{r}(t_0))/\!/\boldsymbol{r}'(t_0)$,所以 P 点处的切线的向量式参数方程为

$$\boldsymbol{\rho}-\boldsymbol{r}(t_0)=\lambda\boldsymbol{r}'(t_0),$$

其中 $\lambda(-\infty<\lambda<+\infty)$ 为切线上的参数;坐标式参数方程为

$$\begin{cases}X=x(t_0)+\lambda x'(t_0),\\ Y=y(t_0)+\lambda y'(t_0), & -\infty<\lambda<+\infty;\\ Z=z(t_0)+\lambda z'(t_0),\end{cases}$$

标准式方程为

$$\frac{X-x(t_0)}{x'(t_0)}=\frac{Y-y(t_0)}{y'(t_0)}=\frac{Z-z(t_0)}{z'(t_0)}。$$

下面推导法平面的方程。设 $\boldsymbol{\rho}=(X,Y,Z)$ 是法平面上任一点的向径,如图 4-6(b)所示,从而 $(\boldsymbol{\rho}-\boldsymbol{r}(t_0))\perp\boldsymbol{r}'(t_0)$,所以过 P 点处的法平面的点法式向量式方程为

$$(\boldsymbol{\rho}-\boldsymbol{r}(t_0))\cdot\boldsymbol{r}'(t_0)=0,$$

上式的坐标表示,即法平面的点法式坐标式方程为

$$x'(t_0)[X-x(t_0)]+y'(t_0)[Y-y(t_0)]+z'(t_0)[Z-z(t_0)]=0。$$

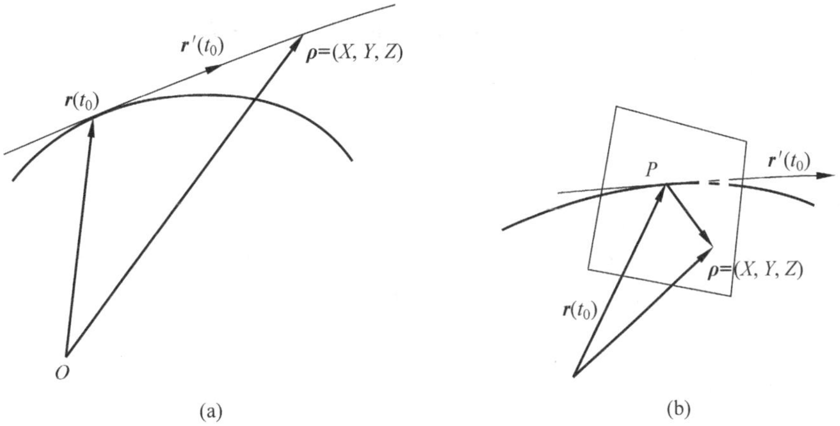

图 4-6

2.1.3 曲线的弧长与自然参数

在前面曲线方程中我们所取的参数一般没有具体的几何意义,在以后理论问题的讨论中,我们经常用与曲线本身有关的量——弧长作为曲线方程的参数。

设 C^1 类曲线 C 的方程为

$$\boldsymbol{r}=\boldsymbol{r}(t), \quad a \leqslant t \leqslant b。$$

曲线 C 上对应于 $\boldsymbol{r}(a)$ 和 $\boldsymbol{r}(b)$ 的点分别为点 P_0 和 P_n。在曲线 C 上,介于点 P_0 与点 P_n 之间,顺着 t 增加的次序,取 $n-1$ 个点 $P_1,P_2,\cdots,P_{n-1}$,它们把 C 分成 n 个小弧段,如图 4-7 所示。用直线段把相邻的点 $P_0,P_1,P_2,\cdots,P_{n-1},P_n$ 连接起来,得到一条折线,它的长度是 $\sigma_n=\sum\limits_{i=1}^{n}\overline{P_{i-1}P_i}$。可以证明,在所设条件下,当分点无限地增加,同时无限制地加"密"(即令 $\lambda_n=\max|P_i-P_{i-1}|$,并使得 $\lim\limits_{n\to\infty}\lambda_n=0$)时,$\sigma_n$ 趋于与分点的选择无关的一个确定的极限 s。这个极限 s 就定义为曲线段 $\overset{\frown}{P_0P_n}$ 的弧长,且有

$$s=\lim_{n\to\infty}\sigma_n=\int_a^b|\boldsymbol{r}'(t)|\,\mathrm{d}t。$$

上式叫做曲线 $\boldsymbol{r}(t)$ 参数 t 从 a 到 b 的弧长公式。

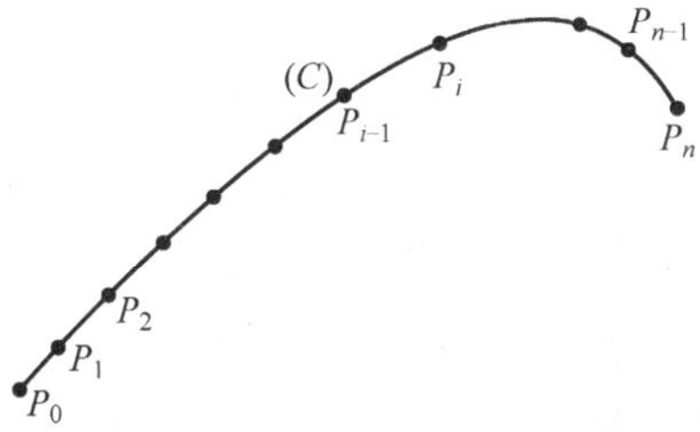

图 4-7

如果我们用$\sigma(t)$表示曲线$\boldsymbol{r}(t)$参数t从a到t的弧长,那么

$$\sigma(t)=\int_a^t |\boldsymbol{r}'(t)|\mathrm{d}t。$$

在此式中由于积分上限大于下限,所得到的曲线的弧长总是正值。

若定义一个新函数$s(t)$,使

$$s(t)=\begin{cases}\int_a^t |\boldsymbol{r}'(t)|\mathrm{d}t, & t\geqslant a,\\ -\int_t^a |\boldsymbol{r}'(t)|\mathrm{d}t, & t<a.\end{cases} \tag{4-3}$$

在此式中,t的取值可以大于a,也可以小于a,因此$s(t)$也可能是负值,并按上述规定,t增加的方向就是s增加的方向。总之,s表示的是积分上限t的函数

$$s=s(t)。$$

从式(4-3)可以推出

$$s'(t)=|\boldsymbol{r}'(t)|>0。$$

由此可见,函数$s(t)$是t的单调递增函数,所以函数$s(t)$的反函数存在,不妨设此反函数为$t=t(s)$。把它代入曲线的方程中得到曲线以曲线的弧长s为参数的向量式方程,即向量式参数方程为

$$\boldsymbol{r}=\boldsymbol{r}(s),$$

坐标式参数方程为

$$\begin{cases}x=x(s),\\ y=y(s),\\ z=z(s)。\end{cases}$$

我们把s叫做曲线的**自然(弧长)参数**,上面的式子就是曲线的自然参数表达式,称为**自然参数方程**。相对自然参数而言,不是自然参数方程的曲线方程叫做曲线的**一般参数方程**。

由式(4-3)可以得

$$\mathrm{d}s=|\boldsymbol{r}'(t)|\mathrm{d}t,$$

或

$$\mathrm{d}s^2=[\boldsymbol{r}'(t)]^2\mathrm{d}t^2=\mathrm{d}\boldsymbol{r}^2, \tag{4-4}$$

或

$$\mathrm{d}s^2=\mathrm{d}x^2+\mathrm{d}y^2+\mathrm{d}z^2。$$

由式(4-4)可以推出

$$|\boldsymbol{r}'(s)|=\left|\frac{\mathrm{d}\boldsymbol{r}}{\mathrm{d}s}\right|=1,$$

即向径关于自然参数的微商的模等于1。也就是说,当我们引进自然参数s后,切向量$\boldsymbol{r}'(s)$就是单位向量,这个导向量叫做**单位切向量**。

例1 求圆柱螺旋线$\boldsymbol{r}(t)=(a\cos t,a\sin t,bt)(a>0,b\neq 0)$参数$t$从0到$2\pi$的弧长。

解 因为$\boldsymbol{r}(t)=(a\cos t,a\sin t,bt)(a>0,b\neq 0)$,所以

$$\boldsymbol{r}'(t)=(-a\sin t,a\cos t,b),\quad |\boldsymbol{r}'(t)|=\sqrt{a^2+b^2}。$$

由弧长公式可得所求弧长是

$$s=\int_0^{2\pi}\sqrt{a^2+b^2}\,\mathrm{d}t=2\pi\sqrt{a^2+b^2}。$$

2.2 空间曲线的密切平面与基本三棱形

2.2.1 曲线的密切平面

由前面讨论知道，在 C^1 类曲线的正则点处总存在一条切线，它是最贴近曲线的直线。下面我们将指出，对于一条 C^2 类空间曲线而言，过曲线上一点有无数多个切平面，其中有一个最贴近曲线的切平面，它在讨论曲线的性质时起着很重要的作用。

过给定空间曲线 C 上 P 点处的切线和 P 点邻近一点 Q 作一平面 σ，当点 Q 沿着曲线趋近于点 P 时，平面 σ 的极限位置 π 叫做曲线在点 P 处的**密切平面**。

设空间 C^2 类曲线 C 的参数方程是

$$\boldsymbol{r}=\boldsymbol{r}(t),$$

设曲线 C 上点 P 对应的参数为 t_0，点 Q 对应的参数为 $t_0+\Delta t$，如图 4-8(a)所示，则有

$$\overrightarrow{PQ}=\boldsymbol{r}(t_0+\Delta t)-\boldsymbol{r}(t_0)=\boldsymbol{r}'(t_0)\Delta t+\frac{1}{2}[\boldsymbol{r}''(t_0)+\varepsilon(t_0,\Delta t)]\Delta t^2,$$

其中 $\lim\limits_{\Delta t\to 0}\varepsilon(t_0,\Delta t)=0$。

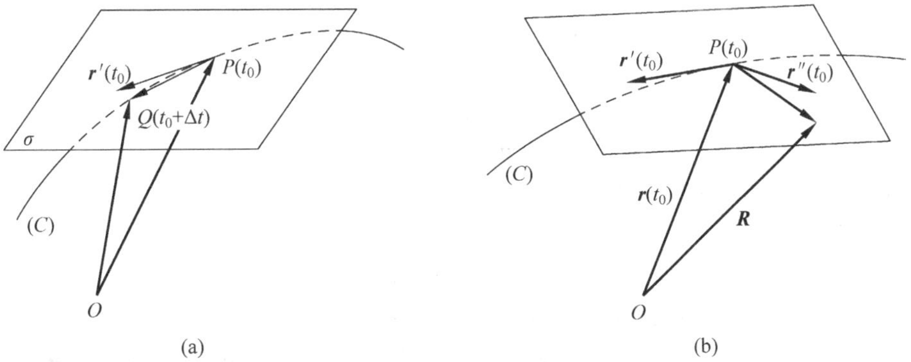

图 4-8

因为向量 $\boldsymbol{r}'(t_0)$ 和 $\overrightarrow{PQ}$ 都在平面 σ 上，所以它们的线性组合

$$\frac{2}{\Delta t^2}[\overrightarrow{PQ}-\boldsymbol{r}'(t_0)\Delta t]=\boldsymbol{r}''(t_0)+\varepsilon(t_0,\Delta t)$$

也在平面 σ 上。

当点 Q 沿着曲线趋近于点 P，即 $\Delta t\to 0$ 时，这时 $\boldsymbol{r}'(t_0)$ 不动，但 $\lim\limits_{\Delta t\to 0}\varepsilon(t_0,\Delta t)=0$。这个线性组合向量就趋于 $\boldsymbol{r}''(t_0)$，所以平面 σ 的极限位置是向量 $\boldsymbol{r}'(t_0)$ 和 $\boldsymbol{r}''(t_0)$ 所确定的平面。

也就是说，如果 $\boldsymbol{r}''(t_0)$ 和曲线在点 P 处的切向量 $\boldsymbol{r}'(t_0)$ 不平行，即 $\boldsymbol{r}'(t_0)\times\boldsymbol{r}''(t_0)\neq\boldsymbol{0}$[①]，这两个向量以及点 P 就完全确定了曲线在点 P 处的密切平面。

根据以上的讨论，如图 4-8(b)中曲线 C 在点 $P(t_0)$ 处的密切平面的向量式方程为

$$(\boldsymbol{R}-\boldsymbol{r}(t_0),\boldsymbol{r}'(t_0),\boldsymbol{r}''(t_0))=0,$$

其中 $\boldsymbol{R}=(X,Y,Z)$ 表示点 P 处的密切平面上任意一点的向径。上式也可以用行列式表示为

$$\begin{vmatrix} X-x(t_0) & Y-y(t_0) & Z-z(t_0) \\ x'(t_0) & y'(t_0) & z'(t_0) \\ x''(t_0) & y''(t_0) & z''(t_0) \end{vmatrix}=0。$$

注　若曲线是平面曲线，则它在每一点处的密切平面都是曲线所在的平面，反过来，若一条曲线的密切平面是同一个平面，则曲线是平面曲线。

2.2.2　空间曲线的基本三棱形

给出 C^2 类空间曲线 C 和其上一点 P，设该曲线的自然参数表示为

$$\boldsymbol{r}=\boldsymbol{r}(s),$$

其中 s 是自然参数，则有

$$\boldsymbol{\alpha}(s)=\boldsymbol{r}'(s)=\frac{\mathrm{d}\boldsymbol{r}(s)}{\mathrm{d}s}$$

是一个单位向量，$\boldsymbol{\alpha}(s)$ 叫做曲线 C 上点 P 处的**单位切向量**。

由于 $|\boldsymbol{\alpha}(s)|=1$，根据本章定理 1.5 可以得到

$$\boldsymbol{\alpha}'(s)\perp\boldsymbol{\alpha}(s),\quad 即\quad \boldsymbol{r}''(s)\perp\boldsymbol{r}'(s)。$$

在 $\boldsymbol{\alpha}'(s)$ 上取单位向量

$$\boldsymbol{\beta}(s)=\frac{\boldsymbol{\alpha}'(s)}{|\boldsymbol{\alpha}'(s)|}=\frac{\boldsymbol{r}''(s)}{|\boldsymbol{r}''(s)|},\tag{4-5}$$

$\boldsymbol{\beta}(s)$ 叫做曲线 C 上点 P 处的**单位主法向量**。

再作单位向量

$$\boldsymbol{\gamma}(s)=\boldsymbol{\alpha}(s)\times\boldsymbol{\beta}(s),$$

$\boldsymbol{\gamma}(s)$ 叫做曲线 C 上点 P 处的**单位副(从、次)法向量**。

显然 $\boldsymbol{\alpha}(s),\boldsymbol{\beta}(s),\boldsymbol{\gamma}(s)$ 是两两正交的单位向量，我们称三个单位向量 $\boldsymbol{\alpha}(s),\boldsymbol{\beta}(s),\boldsymbol{\gamma}(s)$ 为曲线 $\boldsymbol{r}=\boldsymbol{r}(s)$ 在点 s 处的三个**基本向量**，由 $\boldsymbol{\gamma}(s)=\boldsymbol{\alpha}(s)\times\boldsymbol{\beta}(s)$ 知，$\boldsymbol{\alpha}(s),\boldsymbol{\beta}(s),\boldsymbol{\gamma}(s)$ 是右手向量组，我们把标架 $\{\boldsymbol{r}(s);\boldsymbol{\alpha}(s),\boldsymbol{\beta}(s),\boldsymbol{\gamma}(s)\}$ 叫做曲线 C：$\boldsymbol{r}=\boldsymbol{r}(s)$ 上点 s 处的**弗雷内(Frenet)标架**，如图 4-9(a)所示，通常也可简记为标架 $\{\boldsymbol{r};\boldsymbol{\alpha},\boldsymbol{\beta},\boldsymbol{\gamma}\}$。过曲线 $\boldsymbol{r}=\boldsymbol{r}(s)$ 上点 P 且以三个基本向量 $\boldsymbol{\alpha}(s),\boldsymbol{\beta}(s),\boldsymbol{\gamma}(s)$ 作为方向向量的三条直线分别叫做曲线在该点处的**切线**、**主法线**和**副法线**。曲线的切线、主法线和副法线统称为曲线在该点处的**三线**。

因为 $\boldsymbol{\alpha}(s)=\boldsymbol{r}'(s)$，$\boldsymbol{\beta}(s)/\!/\boldsymbol{r}''(s)$，所以切向量和主法向量所确定的平面就是曲线 C 在点 P 处的密切平面。又因为 $\boldsymbol{\beta}(s)$ 和 $\boldsymbol{\gamma}(s)$ 都垂直于向量 $\boldsymbol{\alpha}(s)$，所以 $\boldsymbol{\beta}(s)$ 和 $\boldsymbol{\gamma}(s)$ 所确定的平

---

① 对于曲线上某一点 $(t=t_0)$，若有 $\boldsymbol{r}'(t_0)\times\boldsymbol{r}''(t_0)=\boldsymbol{0}$ 或 $\boldsymbol{r}'(t_0)/\!/\boldsymbol{r}''(t_0)$，则这个点叫做曲线上的**逗留点**。以后我们假定曲线上所讨论的点都是非逗留点。

面是曲线 C 在点 P 处的法平面。由 $\boldsymbol{\alpha}(s)$ 和 $\boldsymbol{\gamma}(s)$ 所确定的平面是曲线 C 在点 P 处的**从切平面**,如图 4-9(b)所示。换言之,以 $\boldsymbol{\alpha}(s)$ 为法向量的平面是曲线的法平面,以 $\boldsymbol{\beta}(s)$ 为法向量的平面是曲线的从切平面,以 $\boldsymbol{\gamma}(s)$ 为法向量的平面是曲线的密切平面。曲线在点 P 处的密切平面、法平面、从切平面统称为曲线在该点处的**三面**。由曲线点 P 处的三个基本向量和三个面所构成的图形叫做曲线在点 P 处的**基本三棱形**,如图 4-9(b)所示。当曲线上一点沿着曲线移动时,这个基本三棱形作刚体运动。

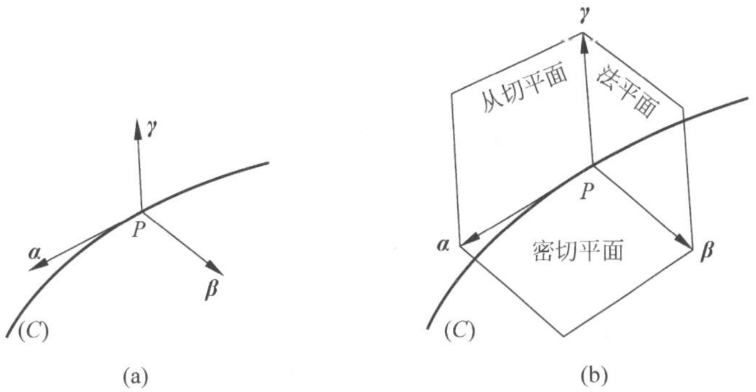

图 4-9

对一般参数的曲线方程 $\boldsymbol{r}=\boldsymbol{r}(t)$,可以推导出曲线的三个基本向量 $\boldsymbol{\alpha}(t),\boldsymbol{\beta}(t),\boldsymbol{\gamma}(t)$ 的计算公式如下:

单位切向量:$\boldsymbol{\alpha}(t)=\dfrac{\boldsymbol{r}'(t)}{|\boldsymbol{r}'(t)|}$;

单位副法向量:$\boldsymbol{\gamma}(t)=\dfrac{\boldsymbol{r}'(t)\times\boldsymbol{r}''(t)}{|\boldsymbol{r}'(t)\times\boldsymbol{r}''(t)|}$;

单位主法向量:$\boldsymbol{\beta}(t)=\boldsymbol{\gamma}(t)\times\boldsymbol{\alpha}(t)=\dfrac{(\boldsymbol{r}'(t)\cdot\boldsymbol{r}'(t))\boldsymbol{r}''(t)-(\boldsymbol{r}'(t)\cdot\boldsymbol{r}''(t))\boldsymbol{r}'(t)}{|\boldsymbol{r}'(t)|\,|\boldsymbol{r}'(t)\times\boldsymbol{r}''(t)|}$。

例 2 求圆柱螺旋线 $\boldsymbol{r}(t)=(\cos t,\sin t,t)$ 在点 $(1,0,0)$ 处的三个基本向量,三线与三面的方程。

解 因为 $\boldsymbol{r}(t)=(\cos t,\sin t,t)$,所以

$$\boldsymbol{r}'(t)=(-\sin t,\cos t,1),\quad \boldsymbol{r}''(t)=(-\cos t,-\sin t,0)。$$

由该螺旋线方程 $\boldsymbol{r}(t)=(\cos t,\sin t,t)$ 可知点 $(1,0,0)$ 处对应的参数 $t=0$,从而

$$\boldsymbol{r}(0)=(1,0,0),\quad \boldsymbol{r}'(0)=(0,1,1),\quad \boldsymbol{r}''(0)=(-1,0,0)。$$

所以

$$\boldsymbol{r}'(0)\times\boldsymbol{r}''(0)=\begin{vmatrix}\boldsymbol{i}&\boldsymbol{j}&\boldsymbol{k}\\0&1&1\\-1&0&0\end{vmatrix}=(0,-1,1),\quad |\boldsymbol{r}'(0)\times\boldsymbol{r}''(0)|=\sqrt{2}。$$

故曲线在点 $(1,0,0)$ 处的三个基本向量分别为:

单位切向量:$\boldsymbol{\alpha}(0)=\dfrac{\boldsymbol{r}'(0)}{|\boldsymbol{r}'(0)|}=\left(0,\dfrac{1}{\sqrt{2}},\dfrac{1}{\sqrt{2}}\right)$;

单位副法向量:$\boldsymbol{\gamma}(0)=\dfrac{\boldsymbol{r}'(0)\times\boldsymbol{r}''(0)}{|\boldsymbol{r}'(0)\times\boldsymbol{r}''(0)|}=\left(0,-\dfrac{1}{\sqrt{2}},\dfrac{1}{\sqrt{2}}\right)$;

单位主法向量：$\boldsymbol{\beta}(0)=\boldsymbol{\gamma}(0)\times\boldsymbol{\alpha}(0)=\begin{vmatrix}\boldsymbol{i} & \boldsymbol{j} & \boldsymbol{k}\\ 0 & -\frac{1}{\sqrt{2}} & \frac{1}{\sqrt{2}}\\ 0 & \frac{1}{\sqrt{2}} & \frac{1}{\sqrt{2}}\end{vmatrix}=(-1,0,0)$。

曲线在点(1,0,0)处的三线方程分别为：

切线方程：$\dfrac{X-1}{0}=\dfrac{Y}{\frac{1}{\sqrt{2}}}=\dfrac{Z}{\frac{1}{\sqrt{2}}}$，即$\dfrac{X-1}{0}=\dfrac{Y}{1}=\dfrac{Z}{1}$；

主法线方程：$\dfrac{X-1}{-1}=\dfrac{Y}{0}=\dfrac{Z}{0}$，即$\dfrac{X-1}{1}=\dfrac{Y}{0}=\dfrac{Z}{0}$；

副法线方程：$\dfrac{X-1}{0}=\dfrac{Y}{-\frac{1}{\sqrt{2}}}=\dfrac{Z}{\frac{1}{\sqrt{2}}}$，即$\dfrac{X-1}{0}=\dfrac{Y}{-1}=\dfrac{Z}{1}$。

曲线在点(1,0,0)处的三面方程分别为：

法平面方程：$\frac{1}{\sqrt{2}}Y+\frac{1}{\sqrt{2}}Z=0$，即 $Y+Z=0$；

从切平面方程：$-1(X-1)=0$，即 $X-1=0$；

密切平面方程：$-\frac{1}{\sqrt{2}}Y+\frac{1}{\sqrt{2}}Z=0$，即 $Y-Z=0$。

2.3 空间曲线的曲率、绕率和弗雷内公式

2.3.1 空间曲线的曲率

空间曲线除弧长以外，还有刻画空间曲线在某点邻近弯曲程度的量——曲率，以及离开密切平面程度的量——绕率。

我们首先研究空间曲线曲率的概念。在不同的曲线或者同一条曲线的不同点处，曲线的弯曲程度可能是不同的。例如半径较大的圆的弯曲程度较小，而半径较小的圆的弯曲程度较大，如图 4-10(a)所示；又如图 4-10(b)所示，当沿着曲线从左向右移动时，曲线弯曲的程度由小变大。为了准确地刻画曲线的弯曲程度，我们引进曲率的概念。

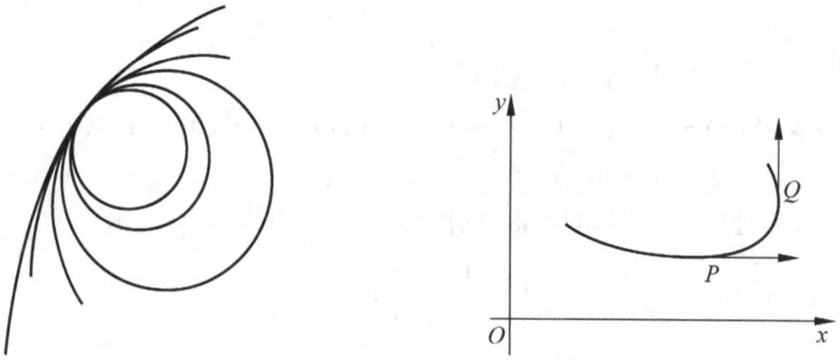

(a) (b)

图 4-10

要从直观的基础上引进曲率的确切定义，我们首先注意到，曲线弯曲的程度越大，则从点到点变动时，其切向量的方向改变得越快。所以作为曲线在一曲线段 PQ 的平均弯曲程度可取为曲线在 P,Q 间切向量关于弧长的平均旋转角。

设三维欧氏空间中 C^3 类曲线 C 的方程为

$$\boldsymbol{r}=\boldsymbol{r}(s),$$

曲线 C 上一点 P 对应的自然参数为 s，点 P 一邻近点 P_1 对应的自然参数为 $s+\Delta s$。在 P，P_1 两点处各自作曲线的单位切向量 $\boldsymbol{\alpha}(s)$ 和 $\boldsymbol{\alpha}(s+\Delta s)$，且两单位切向量间的夹角是 $\Delta\varphi$，也就是把点 P_1 处的切向量 $\boldsymbol{\alpha}(s+\Delta s)$ 平移到点 P 处后，$\boldsymbol{\alpha}(s)$ 和 $\boldsymbol{\alpha}(s+\Delta s)$ 两个向量的夹角为 $\Delta\varphi$，如图 4-11 所示。

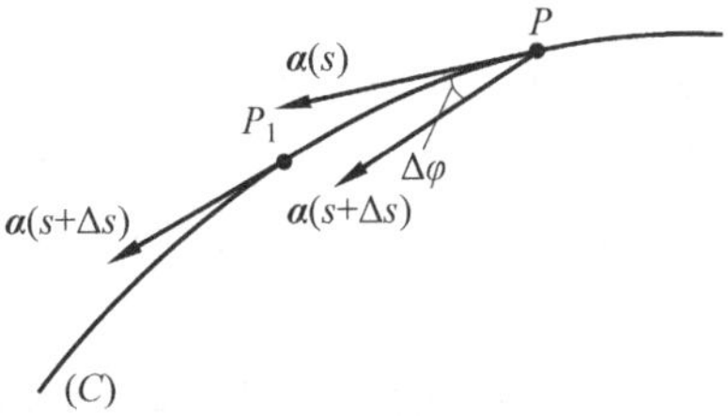

图 4-11

我们利用空间曲线在点 P 处的切向量对弧长的旋转速度来定义曲线在点 P 处的曲率。

定义 2.2 空间曲线在点 P 处的**曲率**为

$$\kappa(s)=\lim_{\Delta s\to 0}\left|\frac{\Delta\varphi}{\Delta s}\right|,$$

其中 Δs 为点 P 及其邻近点 P_1 间的弧长，$\Delta\varphi$ 为曲线在点 P 和 P_1 处的两单位切向量的夹角。

利用本章定理 1.7"单位向量函数 $\boldsymbol{r}(t)$ 对于 t 的旋转速度等于其微商的模，即若向量函数 $\boldsymbol{r}(t)$ 满足 $|\boldsymbol{r}(t)|=1$，则 $\lim\limits_{\Delta t\to 0}\left|\frac{\Delta\varphi}{\Delta t}\right|=|\boldsymbol{r}'(t)|$。"把这个结论应用到空间曲线的单位切向量 $\boldsymbol{\alpha}(s)$ 上去，则有

$$\kappa(s)=|\boldsymbol{\alpha}'(s)|,$$

由于 $\boldsymbol{\alpha}'(s)=\boldsymbol{r}''(s)$，所以曲线的曲率可以表示为

$$\kappa(s)=|\boldsymbol{r}''(s)|。$$

由上述空间曲线的曲率的定义可以看出，它的几何意义是曲线的切向量对于弧长的旋转速度。曲线在一点处的弯曲程度越大，切向量对于弧长的旋转速度就越大，因此，曲线的曲率刻画了曲线的弯曲程度。

2.3.2 空间曲线的绕率

对于空间曲线，曲线不仅弯曲而且还要扭转(离开密切平面)，所以研究空间曲线只有曲率的概念是不够的，还要有刻画曲线扭转程度的量——绕率。当曲线扭转时，副法向量(或密切平面)的位置随着改变，如图 4-12 所示。所以我们用副法向量(或密切平面)的转动速度来刻画曲线的扭转程度(在一点离开密切平面的程度)。

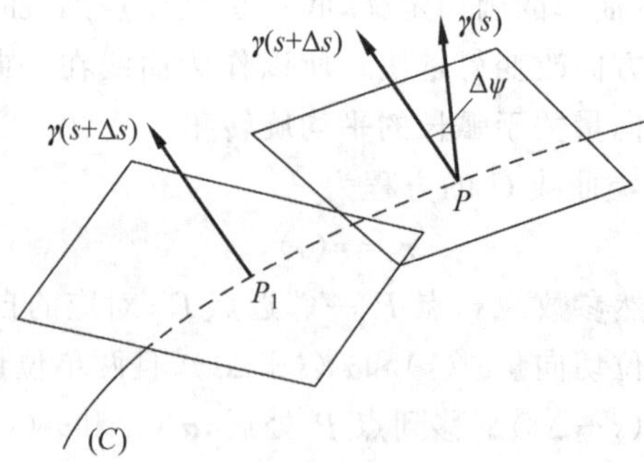

图 4-12

现在设曲线 C 上一点 P 处的自然参数为 s，点 P 一邻近点 P_1 处的自然参数为 $s+\Delta s$。在 P,P_1 两点各自作曲线的单位副法向量 $\boldsymbol{\gamma}(s)$ 和 $\boldsymbol{\gamma}(s+\Delta s)$，且两副法向量间的夹角是 $\Delta\psi$，也就是把点 P_1 处的副法向量 $\boldsymbol{\gamma}(s+\Delta s)$ 平移到点 P 处后，$\boldsymbol{\gamma}(s)$ 和 $\boldsymbol{\gamma}(s+\Delta s)$ 两个向量的夹角为 $\Delta\psi$，如图 4-12 所示。

我们把本章定理 1.7 应用到空间曲线的单位副法向量 $\boldsymbol{\gamma}(s)$ 上去，得到

$$|\boldsymbol{\gamma}'(s)|=\lim_{\Delta s\to 0}\left|\frac{\Delta\psi}{\Delta s}\right|。$$

此式的几何意义是它的数值为曲线的副法向量（或密切平面）对于弧长的旋转速度。曲线在一点的扭转程度越大（离开所讨论点的密切平面的程度越大），副法向量（或密切平面）对于弧长的旋转速度就越大，因此，曲线的绕率刻画了曲线的扭转程度。

根据式(4-5)和曲率的定义，有

$$\boldsymbol{\beta}(s)=\frac{\boldsymbol{\alpha}'(s)}{|\boldsymbol{\alpha}'(s)|}=\frac{\boldsymbol{\alpha}'(s)}{\kappa(s)},$$

即

$$\boldsymbol{\alpha}'(s)=\kappa(s)\boldsymbol{\beta}(s)。\tag{4-6}$$

对 $\boldsymbol{\gamma}(s)=\boldsymbol{\alpha}(s)\times\boldsymbol{\beta}(s)$ 求微商，得

$$\begin{aligned}\boldsymbol{\gamma}'(s)&=\boldsymbol{\alpha}'(s)\times\boldsymbol{\beta}(s)+\boldsymbol{\alpha}(s)\times\boldsymbol{\beta}'(s)\\&=\kappa(s)\boldsymbol{\beta}(s)\times\boldsymbol{\beta}(s)+\boldsymbol{\alpha}(s)\times\boldsymbol{\beta}'(s)\\&=\boldsymbol{\alpha}(s)\times\boldsymbol{\beta}'(s),\end{aligned}$$

因而

$$\boldsymbol{\gamma}'(s)\perp\boldsymbol{\alpha}(s)。$$

又因为 $\boldsymbol{\gamma}(s)$ 是单位向量，所以

$$\boldsymbol{\gamma}'(s)\perp\boldsymbol{\gamma}(s)。$$

由以上两个关系式以及 $\boldsymbol{\alpha}(s),\boldsymbol{\beta}(s),\boldsymbol{\gamma}(s)$ 是两两正交的右手单位向量组可以推出

$$\boldsymbol{\gamma}'(s)\,/\!/\,\boldsymbol{\beta}(s)。\tag{4-7}$$

下面我们给出绕率的定义。

定义 2.3 曲线在点 s 处的**绕率**为

$$\tau(s)=\begin{cases}+|\boldsymbol{\gamma}'(s)|, & 当\boldsymbol{\gamma}'(s)和\boldsymbol{\beta}(s)异向,\\-|\boldsymbol{\gamma}'(s)|, & 当\boldsymbol{\gamma}'(s)和\boldsymbol{\beta}(s)同向。\end{cases}$$

绕率的绝对值是曲线副法向量(或密切平面)对于弧长的旋转速度。

根据式(4-7)和绕率的定义,有

$$\boldsymbol{\gamma}'(s)=-\tau(s)\boldsymbol{\beta}(s)。\tag{4-8}$$

另外,对$\boldsymbol{\beta}(s)=\boldsymbol{\gamma}(s)\times\boldsymbol{\alpha}(s)$求微商,并利用式(4-8)和式(4-6),可以推导出

$$\begin{aligned}\boldsymbol{\beta}'(s)&=\boldsymbol{\gamma}'(s)\times\boldsymbol{\alpha}(s)+\boldsymbol{\gamma}(s)\times\boldsymbol{\alpha}'(s)\\&=-\tau(s)\boldsymbol{\beta}(s)\times\boldsymbol{\alpha}(s)+\boldsymbol{\gamma}(s)\times\boldsymbol{\kappa}(s)\boldsymbol{\beta}(s)\\&=-\boldsymbol{\kappa}(s)\boldsymbol{\alpha}(s)+\tau(s)\boldsymbol{\gamma}(s)。\end{aligned}\tag{4-9}$$

式(4-6)、式(4-8)、式(4-9)叫做空间曲线的**弗雷内公式**,即

$$\begin{cases}\boldsymbol{\alpha}'(s)=\kappa(s)\boldsymbol{\beta}(s),\\\boldsymbol{\beta}'(s)=-\kappa(s)\boldsymbol{\alpha}(s)+\tau(s)\boldsymbol{\gamma}(s),\\\boldsymbol{\gamma}'(s)=-\tau(s)\boldsymbol{\beta}(s)。\end{cases}$$

写成矩阵形式为

$$\begin{pmatrix}\boldsymbol{\alpha}'(s)\\\boldsymbol{\beta}'(s)\\\boldsymbol{\gamma}'(s)\end{pmatrix}=\begin{pmatrix}0&\kappa(s)&0\\-\kappa(s)&0&\tau(s)\\0&-\tau(s)&0\end{pmatrix}\begin{pmatrix}\boldsymbol{\alpha}(s)\\\boldsymbol{\beta}(s)\\\boldsymbol{\gamma}(s)\end{pmatrix},$$

这组公式是空间曲线论的**基本公式**。它的特点是三个基本向量$\boldsymbol{\alpha},\boldsymbol{\beta},\boldsymbol{\gamma}$关于弧长$s$的微商可以用$\boldsymbol{\alpha},\boldsymbol{\beta},\boldsymbol{\gamma}$的线性组合来表示,该表示的系数组成反对称矩阵

$$\begin{pmatrix}0&\kappa(s)&0\\-\kappa(s)&0&\tau(s)\\0&-\tau(s)&0\end{pmatrix},$$

且矩阵的非零元素是曲线的曲率、绕率及其相反数。

若给出C^3类空间曲线C的一般参数方程为

$$\boldsymbol{r}=\boldsymbol{r}(t),$$

可以推导出该曲线曲率的一般参数表示式

$$\kappa(t)=\frac{|\boldsymbol{r}'(t)\times\boldsymbol{r}''(t)|}{|\boldsymbol{r}'(t)|^3};$$

该曲线绕率的一般参数表示式

$$\tau(t)=\frac{(\boldsymbol{r}'(t),\boldsymbol{r}''(t),\boldsymbol{r}'''(t))}{|\boldsymbol{r}'(t)\times\boldsymbol{r}''(t)|^2}。$$

过曲线上一点的主法线的正侧取线段PC,使PC的长为$\frac{1}{\kappa}$,以C为圆心,以$\frac{1}{\kappa}$为半径在密切平面上确定一个圆,这个圆叫做曲线在点P处的**密切圆**(**曲率圆**),曲率圆的圆心叫做**曲率中心**,曲率圆的半径叫做**曲率半径**,如图4-13所示。

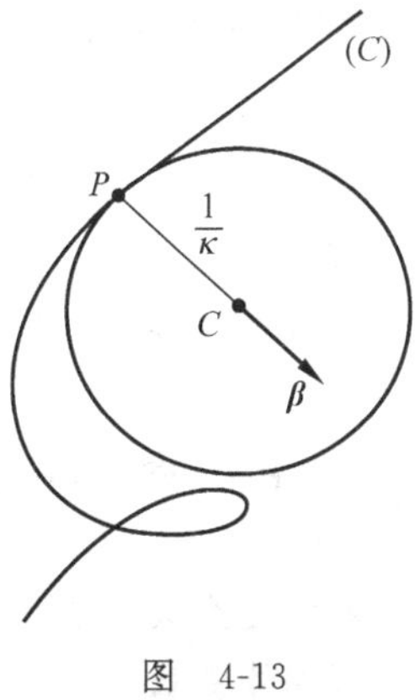

图 4-13

例3 求圆柱螺旋线$\boldsymbol{r}(\theta)=(a\cos\theta,a\sin\theta,b\theta)(a>0)$的曲率和绕率。

解 因为$\boldsymbol{r}(\theta)=(a\cos\theta,a\sin\theta,b\theta)(-\infty<\theta<+\infty)$,所以

$\boldsymbol{r}'(\theta)=(-a\sin\theta,a\cos\theta,b)$, $\boldsymbol{r}''(\theta)=(-a\cos\theta,-a\sin\theta,0)$,

$$\boldsymbol{r}'''(\theta)=(a\sin\theta,-a\cos\theta,0),$$

于是有

$$|\boldsymbol{r}'(\theta)|=\sqrt{a^2+b^2},$$

$$\boldsymbol{r}'(\theta)\times\boldsymbol{r}''(\theta)=\begin{vmatrix}\boldsymbol{i} & \boldsymbol{j} & \boldsymbol{k}\\ -a\sin\theta & a\cos\theta & b\\ -a\cos\theta & -a\sin\theta & 0\end{vmatrix}=(ab\sin\theta,-ab\cos\theta,a^2),$$

$$|\boldsymbol{r}'(\theta)\times\boldsymbol{r}''(\theta)|=a\sqrt{a^2+b^2},$$

$$(\boldsymbol{r}'(\theta),\boldsymbol{r}''(\theta),\boldsymbol{r}'''(\theta))=a^2b。$$

故所求曲率与绕率分别是

$$\kappa(\theta)=\frac{|\boldsymbol{r}'(\theta)\times\boldsymbol{r}''(\theta)|}{|\boldsymbol{r}'(\theta)|^3}=\frac{a\sqrt{a^2+b^2}}{(\sqrt{a^2+b^2})^3}=\frac{a}{a^2+b^2},$$

$$\tau(\theta)=\frac{(\boldsymbol{r}'(\theta),\boldsymbol{r}''(\theta),\boldsymbol{r}'''(\theta))}{|\boldsymbol{r}'(\theta)\times\boldsymbol{r}''(\theta)|^2}=\frac{a^2b}{(a\sqrt{a^2+b^2})^2}=\frac{b}{a^2+b^2}。$$

由该例题的结论可知,圆柱螺旋线的曲率和绕率都是常数。

曲线有两种尤为特殊情形,一是它特殊成一条直线;二是它在一个平面内,这种在一个平面内的曲线叫做**平面曲线**。

例 4 证明曲率恒等于零的曲线是直线。

证明 已知$\kappa(s)=|\boldsymbol{r}''(s)|\equiv 0$,因而$\boldsymbol{r}''(s)=\boldsymbol{0}$,由此得到

$$\boldsymbol{r}'(s)=\boldsymbol{a}(\boldsymbol{a}\text{ 是常向量})。$$

上式两边再积分得

$$\boldsymbol{r}(s)=\boldsymbol{a}s+\boldsymbol{b},$$

其中 $\boldsymbol{b}$ 也是常向量。这就是一条直线的向量式参数方程。

注 显然例 4 的逆命题也是成立的,即"直线的曲率恒为零"。

例 5 证明绕率恒等于零的曲线是平面曲线。

证明 已知$\tau(s)\equiv 0$,则$\boldsymbol{\gamma}(s)$是常向量。由于

$$\boldsymbol{\alpha}(s)\cdot\boldsymbol{\gamma}(s)=0,$$

从而有

$$\boldsymbol{r}'(s)\cdot\boldsymbol{\gamma}(s)=0。$$

由$\boldsymbol{\gamma}(s)$是常向量,有上式积分后得

$$\boldsymbol{r}(s)\cdot\boldsymbol{\gamma}(s)=a(a\text{ 是常数}),$$

所以曲线在一个平面上,即曲线是平面曲线。

注 可以证明例 5 的逆命题也是成立的,即"平面曲线的绕率恒等于零"。我们把绕率不恒为零的曲线叫做**空间绕曲线**。

2.4 空间曲线论基本定理

若给定空间一条正则曲线,则在该曲线的每一点处都有确定的曲率和绕率,如果曲线方程是以曲线弧长 s 为参数(即自然参数)的,那么它的曲率与绕率分别是 $\kappa=\kappa(s)$与 $\tau=$

$\tau(s)$。这两个关系式只与曲线本身有关，而与曲线的刚体运动、空间坐标系的选取及空间坐标变换都无关。我们把 $\kappa=\kappa(s)$，$\tau=\tau(s)$ 叫做空间曲线 $\boldsymbol{r}=\boldsymbol{r}(s)$ 的**自然方程**。

空间曲线的形状局部地大体上由曲线的曲率和绕率确定。下面我们将证明，曲线的自然方程局部上完全确定了曲线。

空间曲线论的基本定理：给出闭区间$[s_0,s_1]$上的两个连续函数 $\varphi(s)>0$，$\psi(s)$，则除了空间位置差别外，唯一地存在一条空间曲线，使得参数 s 是曲线的自然参数，并且 $\varphi(s)$ 和 $\psi(s)$ 分别为曲线的曲率和绕率，即曲线的自然方程为 $\kappa=\varphi(s)$，$\tau=\psi(s)$。

为了确定曲线的位置，设 $s=s_0$ 时，曲线对应空间点 P_0（即 $\boldsymbol{r}(s_0)=\boldsymbol{r}_0$），并且在该点处的三个基本向量为给定的两两正交的右手系的单位向量 $\boldsymbol{\alpha}_0$，$\boldsymbol{\beta}_0$，$\boldsymbol{\gamma}_0$。

证明 (1) 以 $\varphi(s)$ 和 $\psi(s)$ 为系数建立一个微分方程组

$$\begin{cases}\dfrac{\mathrm{d}\boldsymbol{r}}{\mathrm{d}s}=\boldsymbol{\alpha}\,,\\[2mm] \dfrac{\mathrm{d}\boldsymbol{\alpha}}{\mathrm{d}s}=\varphi(s)\boldsymbol{\beta}\,,\\[2mm] \dfrac{\mathrm{d}\boldsymbol{\beta}}{\mathrm{d}s}=-\varphi(s)\boldsymbol{\alpha}+\psi(s)\boldsymbol{\gamma}\,,\\[2mm] \dfrac{\mathrm{d}\boldsymbol{\gamma}}{\mathrm{d}s}=-\psi(s)\boldsymbol{\beta}\,。\end{cases}\tag{4-10}$$

根据微分方程组解的存在定理，此方程组对于初始条件 $s=s_0$ 时 $\boldsymbol{\alpha}=\boldsymbol{\alpha}_0$，$\boldsymbol{\beta}=\boldsymbol{\beta}_0$，$\boldsymbol{\gamma}=\boldsymbol{\gamma}_0$ 有唯一一组解

$$\boldsymbol{r}=\boldsymbol{r}(s),\quad \boldsymbol{\alpha}=\boldsymbol{\alpha}(s),\quad \boldsymbol{\beta}=\boldsymbol{\beta}(s),\quad \boldsymbol{\gamma}=\boldsymbol{\gamma}(s),$$

这是以 $\boldsymbol{r}_0$ 为端点的曲线。

(2) 再作微分方程组

$$\begin{cases}\dfrac{\mathrm{d}(\boldsymbol{\alpha}\cdot\boldsymbol{\alpha})}{\mathrm{d}s}=2\boldsymbol{\alpha}\cdot\dfrac{\mathrm{d}\boldsymbol{\alpha}}{\mathrm{d}s},\\[2mm] \dfrac{\mathrm{d}(\boldsymbol{\beta}\cdot\boldsymbol{\beta})}{\mathrm{d}s}=2\boldsymbol{\beta}\cdot\dfrac{\mathrm{d}\boldsymbol{\beta}}{\mathrm{d}s},\\[2mm] \dfrac{\mathrm{d}(\boldsymbol{\gamma}\cdot\boldsymbol{\gamma})}{\mathrm{d}s}=2\boldsymbol{\gamma}\cdot\dfrac{\mathrm{d}\boldsymbol{\gamma}}{\mathrm{d}s},\\[2mm] \dfrac{\mathrm{d}(\boldsymbol{\alpha}\cdot\boldsymbol{\beta})}{\mathrm{d}s}=\dfrac{\mathrm{d}\boldsymbol{\alpha}}{\mathrm{d}s}\cdot\boldsymbol{\beta}+\boldsymbol{\alpha}\cdot\dfrac{\mathrm{d}\boldsymbol{\beta}}{\mathrm{d}s},\\[2mm] \dfrac{\mathrm{d}(\boldsymbol{\beta}\cdot\boldsymbol{\gamma})}{\mathrm{d}s}=\dfrac{\mathrm{d}\boldsymbol{\beta}}{\mathrm{d}s}\cdot\boldsymbol{\gamma}+\boldsymbol{\beta}\cdot\dfrac{\mathrm{d}\boldsymbol{\gamma}}{\mathrm{d}s},\\[2mm] \dfrac{\mathrm{d}(\boldsymbol{\gamma}\cdot\boldsymbol{\alpha})}{\mathrm{d}s}=\dfrac{\mathrm{d}\boldsymbol{\gamma}}{\mathrm{d}s}\cdot\boldsymbol{\alpha}+\boldsymbol{\gamma}\cdot\dfrac{\mathrm{d}\boldsymbol{\alpha}}{\mathrm{d}s}。\end{cases}$$

利用式(4-10)，则上述微分方程组可成为

$$
\begin{cases}
\dfrac{\mathrm{d}(\boldsymbol{\alpha}\cdot\boldsymbol{\alpha})}{\mathrm{d}s}=2\varphi(s)\,\boldsymbol{\alpha}\cdot\boldsymbol{\beta},\\[2mm]
\dfrac{\mathrm{d}(\boldsymbol{\beta}\cdot\boldsymbol{\beta})}{\mathrm{d}s}=-2\varphi(s)\,\boldsymbol{\alpha}\cdot\boldsymbol{\beta}+2\psi(s)\,\boldsymbol{\beta}\cdot\boldsymbol{\gamma},\\[2mm]
\dfrac{\mathrm{d}(\boldsymbol{\gamma}\cdot\boldsymbol{\gamma})}{\mathrm{d}s}=-2\psi(s)\,\boldsymbol{\beta}\cdot\boldsymbol{\gamma},\\[2mm]
\dfrac{\mathrm{d}(\boldsymbol{\alpha}\cdot\boldsymbol{\beta})}{\mathrm{d}s}=\varphi(s)\,\boldsymbol{\beta}\cdot\boldsymbol{\beta}-\varphi(s)\,\boldsymbol{\alpha}\cdot\boldsymbol{\alpha}+\psi(s)\,\boldsymbol{\alpha}\cdot\boldsymbol{\gamma},\\[2mm]
\dfrac{\mathrm{d}(\boldsymbol{\beta}\cdot\boldsymbol{\gamma})}{\mathrm{d}s}=\psi(s)\,\boldsymbol{\gamma}\cdot\boldsymbol{\gamma}-\varphi(s)\,\boldsymbol{\alpha}\cdot\boldsymbol{\gamma}-\psi(s)\,\boldsymbol{\beta}\cdot\boldsymbol{\beta},\\[2mm]
\dfrac{\mathrm{d}(\boldsymbol{\gamma}\cdot\boldsymbol{\alpha})}{\mathrm{d}s}=\varphi(s)\,\boldsymbol{\beta}\cdot\boldsymbol{\gamma}-\psi(s)\,\boldsymbol{\beta}\cdot\boldsymbol{\alpha}。
\end{cases}
\tag{4-11}
$$

由已知条件 $\varphi(s),\psi(s)$ 在 $[s_0,s_1]$ 上连续，且当 $s=s_0$ 时 $\boldsymbol{\alpha}_0,\boldsymbol{\beta}_0,\boldsymbol{\gamma}_0$ 为两两正交的右手系的单位向量，即

$$
\begin{aligned}
&\boldsymbol{\alpha}_0\cdot\boldsymbol{\alpha}_0=1,\quad \boldsymbol{\beta}_0\cdot\boldsymbol{\beta}_0=1,\quad \boldsymbol{\gamma}_0\cdot\boldsymbol{\gamma}_0=1,\\
&\boldsymbol{\alpha}_0\cdot\boldsymbol{\beta}_0=0,\quad \boldsymbol{\beta}_0\cdot\boldsymbol{\gamma}_0=0,\quad \boldsymbol{\gamma}_0\cdot\boldsymbol{\alpha}_0=0,\\
&(\boldsymbol{\alpha}_0\times\boldsymbol{\beta}_0)\cdot\boldsymbol{\gamma}_0=1。
\end{aligned}
$$

根据微分方程组解的存在性定理知方程组(4-11)存在唯一的一组解。但是当

$$
\begin{aligned}
&\boldsymbol{\alpha}\cdot\boldsymbol{\alpha}=1,\quad \boldsymbol{\beta}\cdot\boldsymbol{\beta}=1,\quad \boldsymbol{\gamma}\cdot\boldsymbol{\gamma}=1,\\
&\boldsymbol{\alpha}\cdot\boldsymbol{\beta}=0,\quad \boldsymbol{\beta}\cdot\boldsymbol{\gamma}=0,\quad \boldsymbol{\gamma}\cdot\boldsymbol{\alpha}=0
\end{aligned}
\tag{4-12}
$$

时方程组(4-11)被满足，所以它们是方程组(4-11)的一组解。

由式(4-12)可知 $\boldsymbol{\alpha},\boldsymbol{\beta},\boldsymbol{\gamma}$ 是两两正交的单位向量，于是有

$$(\boldsymbol{\alpha},\boldsymbol{\beta},\boldsymbol{\gamma})=\pm1。$$

但是混合积 $(\boldsymbol{\alpha},\boldsymbol{\beta},\boldsymbol{\gamma})$ 是 s 的连续函数，由于当 $s=s_0$ 时它等于 $+1$，所以对于所有的 s 都为 $+1$，即 $\boldsymbol{\alpha},\boldsymbol{\beta},\boldsymbol{\gamma}$ 成右手系。

由此得出 $\boldsymbol{\alpha},\boldsymbol{\beta},\boldsymbol{\gamma}$ 是两两正交的构成右手系的单位向量。

(3) 由于已得到 $\boldsymbol{\alpha}(s)$，把式(4-10)中的第一个式子两端积分。利用初始条件 $\boldsymbol{r}(s_0)=\boldsymbol{r}_0$ 即得曲线的方程

$$\boldsymbol{r}=\boldsymbol{r}_0+\int_{s_0}^{s}\boldsymbol{\alpha}(s)\mathrm{d}s。\tag{4-13}$$

(4) 因为 $|\boldsymbol{r}'(s)|=|\boldsymbol{\alpha}(s)|=1$，所以弧长

$$\sigma=\int_{s_0}^{s}|\boldsymbol{r}'(s)|\mathrm{d}s=\int_{s_0}^{s}\mathrm{d}s=s-s_0。$$

若取 $s_0=0$，则得 $\sigma=s$，这就是说 s 为曲线的自然参数。

(5) 由 $\dfrac{\mathrm{d}\boldsymbol{r}}{\mathrm{d}s}=\boldsymbol{\alpha}(s)$ 可知 $\boldsymbol{\alpha}(s)$ 为曲线的切向量。再由 $\kappa(s)=|\boldsymbol{\alpha}'(s)|=|\varphi(s)\boldsymbol{\beta}|=\varphi(s)$，可得 $\varphi(s)$ 为曲线的曲率。由式(4-10)中的第二式可得 $\boldsymbol{\beta}(s)$ 是所求曲线的主法向量。再根据(2)，$\boldsymbol{\gamma}(s)$ 是曲线的副法向量。所以 $\boldsymbol{\alpha}(s),\boldsymbol{\beta}(s),\boldsymbol{\gamma}(s)$ 是曲线的三个基本向量。

(6) 曲线的绕率为

$$\tau=\frac{(\boldsymbol{r}'(s),\boldsymbol{r}''(s),\boldsymbol{r}'''(s))}{\kappa^2(s)}=\frac{(\boldsymbol{\alpha}(s),\varphi(s)\boldsymbol{\beta}(s),\varphi'(s)\boldsymbol{\beta}(s)+\varphi(s)\boldsymbol{\beta}'(s))}{\kappa^2(s)}$$

$$=\frac{(\boldsymbol{\alpha}(s),\varphi(s)\boldsymbol{\beta}(s),\varphi'(s)\boldsymbol{\beta}(s)+(-\varphi^2(s)\boldsymbol{\alpha}(s)+\varphi(s)\psi(s)\boldsymbol{\gamma}(s)))}{\kappa^2(s)}$$

$$=\frac{\varphi^2(s)\psi(s)(\boldsymbol{\alpha}(s),\boldsymbol{\beta}(s),\boldsymbol{\gamma}(s))}{\kappa^2(s)}$$

$$=\psi(s)。$$

由以上可见，由方程组(4-13)所确定的曲线是以 s 为自然参数，$\varphi(s)$为曲率，$\psi(s)$为绕率的曲线。

下证曲线的唯一性　设 C_1 和 C_2 是两条曲线，它们在对应点 s 有相同的曲率$\kappa(s)$和绕率 $\tau(s)$，经过适当的刚体运动，可以使曲线 C_1 和 C_2 在自然参数为 s_0 的点连同在这点的基本三棱形相重合。

我们设$\boldsymbol{\alpha}_1,\boldsymbol{\beta}_1,\boldsymbol{\gamma}_1$ 和$\boldsymbol{\alpha}_2,\boldsymbol{\beta}_2,\boldsymbol{\gamma}_2$ 分别为曲线 C_1 和 C_2 的三个基本向量。两组向量函数$\boldsymbol{\alpha}_1(s),\boldsymbol{\beta}_1(s),\boldsymbol{\gamma}_1(s)$和$\boldsymbol{\alpha}_2(s),\boldsymbol{\beta}_2(s),\boldsymbol{\gamma}_2(s)$都是方程组(4-10)的解，并且这些解具有相同的初始条件。根据微分方程论的解的存在定理，这两组解是完全相同的。特别是$\boldsymbol{\alpha}_1(s)=\boldsymbol{\alpha}_2(s)$，即$\frac{\mathrm{d}\boldsymbol{r}_1(s)}{\mathrm{d}s}=\frac{\mathrm{d}\boldsymbol{r}_2(s)}{\mathrm{d}s}$，积分后得到

$$\boldsymbol{r}_1(s)=\boldsymbol{r}_2(s)+\boldsymbol{c}(\boldsymbol{c}\text{ 是常向量})。$$

但是 $\boldsymbol{r}_1(s_0)=\boldsymbol{r}_2(s_0)$，于是 $\boldsymbol{c}=\boldsymbol{0}$，所以得到

$$\boldsymbol{r}_1(s)=\boldsymbol{r}_2(s)。$$

因此，曲线 C_1 和 C_2 重合，这就是说，曲线 C_1 和 C_2 在空间只有位置的差别。

根据上述定理，曲线除了空间中的位置外，由它的自然方程

$$\kappa=\kappa(s),\quad \tau=\tau(s)$$

唯一地确定。

由空间曲线论的基本定理可知，曲线的曲率和绕率完全决定了曲线的形状。曲线可以根据曲率、绕率或曲率与绕率之间的关系进行分类，此处不做讨论。

3　曲　面　论

曲面也是古典微分几何所研究的主要对象之一，我们将只简单介绍曲面的三种基本形式与描述曲面弯曲程度相关的量，以及曲面上的一些特殊曲线。为此，我们下面首先来建立曲面的相关概念。

3.1　曲面的相关概念

3.1.1　简单曲面的概念与方程

平面上不自交的闭曲线叫做**若尔当(Jordan)曲线**。若尔当曲线将平面分成两部分，并且每一部分都以此曲线为边界，它们中一个是有限的，另一个是无限的，其中有限的区域叫做**初等区域**。换言之，初等区域是若尔当曲线的内部。例如正方形或矩形的内部、圆或椭圆的内部都是初等区域。

类似于简单曲线，我们给出空间中简单曲面的概念。

定义 3.1 如果平面上初等区域到三维欧氏空间中建立的映射 f 是一对一的，且 f 与 f^{-1} 都是连续的，则把三维欧氏空间中该映射的像叫做**简单曲面**。

例如，一张矩形纸片(初等区域)，可以卷成带有裂缝的圆柱面；如果矩形纸片是橡皮膜，还可以进一步把它变成开圆环面。

这里我们约定：后面所讨论的曲面都是简单曲面。

根据上述简单曲面的概念，我们来建立它的方程。

给出平面上一个初等区域 G，G 中的点的笛卡儿坐标是(u,v)，G 经过上述映射 f 后的像是曲面S。对于三维欧氏空间中的笛卡儿直角坐标系 $O\text{-}xyz$ 来说，曲面 S 上的点的坐标是(x,y,z)，这样我们可以具体写出它的解析表达式：

$$\begin{cases} x=x(u,v), \\ y=y(u,v), \quad (u,v)\in G。\\ z=z(u,v), \end{cases} \tag{4-14}$$

式(4-14)叫做曲面 S 的**坐标式参数方程**，其中 u 和 v 叫做曲面 S 的**参数**或**曲纹坐标**，直观上说，我们把曲面上点在映射 f 下的原像(G 中的点)的坐标定义为曲面上点的曲纹坐标。有时我们也把曲面的参数方程简写为向量函数的形式，即

$$\boldsymbol{r}=\boldsymbol{r}(u,v), \quad (u,v)\in G。\tag{4-15}$$

通常具体也写为**向量式参数方程**

$$\boldsymbol{r}(u,v)=(x(u,v),y(u,v),z(u,v)), \quad (u,v)\in G。$$

在空间笛卡儿直角坐标系 $O\text{-}xyz$ 下，曲面的方程还可以用二元函数 $z=f(x,y)$来表示。

以下是几个常见的曲面及其方程：

(1) 圆柱面：G 是长方形，且 $u=\theta, v=z(0<\theta<2\pi, a<z<b)$，如图 4-14 所示。

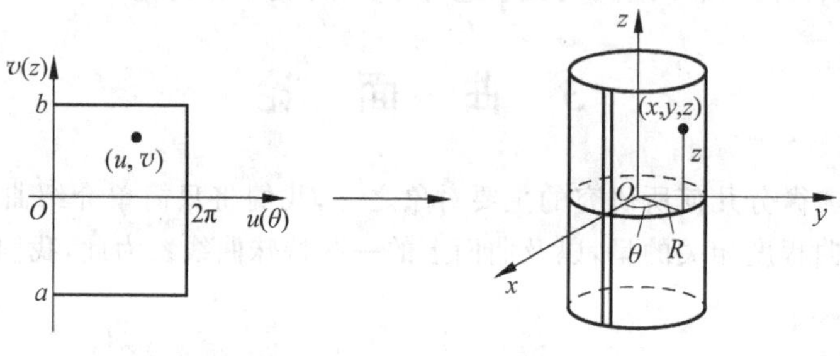

图 4-14

圆柱面的方程为：$\boldsymbol{r}(\theta,z)=(R\cos\theta, R\sin\theta, z)$，$(\theta,z)\in G$，其中 R 是圆柱面截圆的半径，z 轴是旋转轴。

(2) 球面：G 是长方形，且 $u=\varphi, v=\theta\left(-\dfrac{\pi}{2}<\theta<\dfrac{\pi}{2}, -\pi<\varphi<\pi\right)$，如图 4-15 所示。

球面的方程为：$\boldsymbol{r}(\varphi,\theta)=(R\cos\theta\cos\varphi, R\cos\theta\sin\varphi, R\sin\theta)$，$(\varphi,\theta)\in G$，其中 R 是球面的半径。

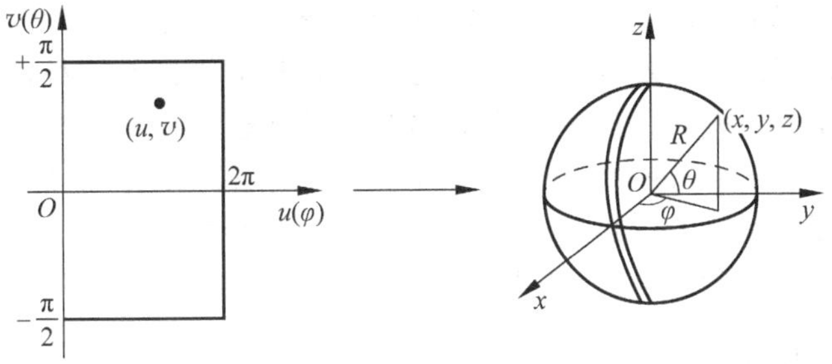

图 4-15

(3) 旋转面：考虑 xOz 坐标平面上的一条曲线 C：$\begin{cases} x=\varphi(t), \\ y=0, \\ z=\psi(t), \end{cases}$ $(a<t<b)$。把此曲线绕 z 轴旋转所得到的曲面叫做**旋转面**。它的 G 是一个长方形，且 $u=\theta, v=t, (0<\theta<2\pi, a<t<b)$，如图 4-16 所示。

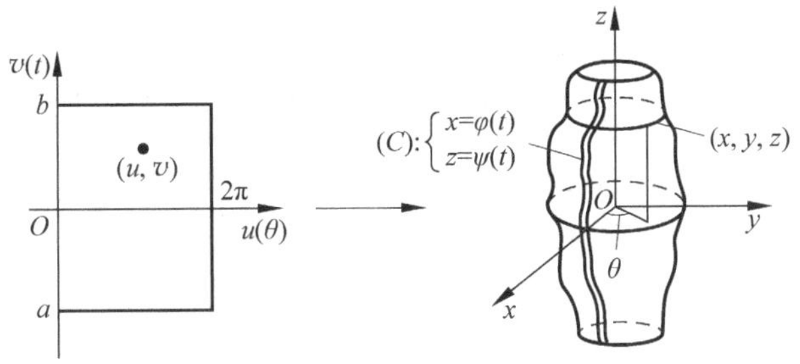

图 4-16

旋转面的方程为：$\boldsymbol{r}(\theta,t)=(\varphi(t)\cos\theta,\varphi(t)\sin\theta,\psi(t)),(\theta,t)\in G$。

3.1.2 曲面的坐标曲线网

初等区域 G 所在平面上的坐标直线

$$u=\text{常数}, \quad v=\text{常数}$$

在曲面上的像叫做曲面的**坐标曲线**。在曲面上使 $v=$常数而 u 变动的曲线叫做曲面的 **u-曲线**，同样，在曲面上使 $u=$常数而 v 变动的曲线叫做曲面的 **v-曲线**；u-曲线与 v-曲线的方程分别是 $v=v_0$ 与 $u=u_0$(其中 v_0 与 u_0 都是常数)。u-曲线与 v-曲线这两族坐标曲线在曲面上构成网，叫做曲面上的**曲纹坐标网**，如图 4-17 所示。

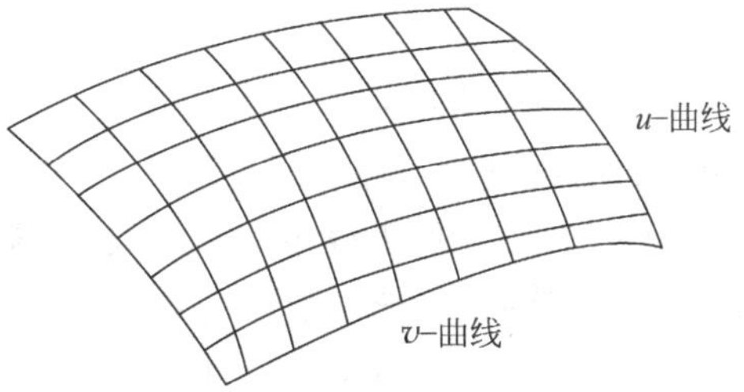

图 4-17

对于前面实例中的圆柱面 $\boldsymbol{r}(\theta,z)=(R\cos\theta,R\sin\theta,z)$，它的坐标曲线分别是：$\theta$-曲线（它的方程是 $z=z_0$，其中 z_0 是常数），它是垂直于 z 轴的平面与圆柱面的交线，它们都是圆；z-曲线（它的方程是 $\theta=\theta_0$，其中 θ_0 是常数），它是圆柱面的直母线。

球面 $\boldsymbol{r}(\varphi,\theta)=(R\cos\theta\cos\varphi,R\cos\theta\sin\varphi,R\sin\theta)$ 的坐标曲线分别是：φ-曲线（它的方程是 $\theta=\theta_0$，其中 θ_0 是常数），它是球面上等纬度的圆——纬线（圆）；θ-曲线（它的方程是 $\varphi=\varphi_0$，其中 φ_0 是常数），它是球面上过两极点的半圆——经线。

3.1.3 光滑曲面、曲面的切平面和法线

如果曲面的方程

$$\boldsymbol{r}(u,v)=(x(u,v),y(u,v),z(u,v))$$

中的函数 $x(u,v),y(u,v),z(u,v)$ 都有直到 k 阶的连续偏微商，则该曲面叫做 C^k **类曲面**。特别地，C^1 类曲面又常叫做**光滑曲面**。以后讨论的曲面我们假定都是光滑曲面。

过曲面上每一点 (u_0,v_0) 都有一条 u-曲线

$$\boldsymbol{r}(u,v_0)=(x(u,v_0),y(u,v_0),z(u,v_0)),$$

与一条 v-曲线

$$\boldsymbol{r}(u_0,v)=(x(u_0,v),y(u_0,v),z(u_0,v))。$$

在曲面上点 (u_0,v_0) 处的两条坐标曲线（u-曲线与 v-曲线）的切向量分别为

$$\boldsymbol{r}_u(u_0,v_0)=\boldsymbol{r}_u(u,v)\Big|_{\substack{u=u_0\\v=v_0}}=\frac{\partial\boldsymbol{r}(u,v)}{\partial u}\Big|_{\substack{u=u_0\\v=v_0}},$$

$$\boldsymbol{r}_v(u_0,v_0)=\boldsymbol{r}_v(u,v)\Big|_{\substack{u=u_0\\v=v_0}}=\frac{\partial\boldsymbol{r}(u,v)}{\partial v}\Big|_{\substack{u=u_0\\v=v_0}}。$$

为了简便，我们通常将 $\boldsymbol{r}_u(u,v)$ 与 $\boldsymbol{r}_v(u,v)$ 分别简记为 $\boldsymbol{r}_u$ 与 $\boldsymbol{r}_v$。

如果在点 (u_0,v_0) 处 $\boldsymbol{r}_u$ 与 $\boldsymbol{r}_v$ 不平行，即 $\boldsymbol{r}_u\times\boldsymbol{r}_v$ 在点 (u_0,v_0) 处不等于零向量，则称点 (u_0,v_0) 为曲面的**正常（则）点**，否则，叫做**非正常（则）点**或**奇异点**。如果曲面上每一点都是正则点，则曲面叫做**正则曲面**。后面我们讨论的曲面都是正则曲面。

根据 $\boldsymbol{r}_u$ 和 $\boldsymbol{r}_v$ 的连续性（因为曲面是光滑的），如果 $\boldsymbol{r}_u\times\boldsymbol{r}_v$ 在点 (u_0,v_0) 处不为零向量，则总存在点 (u_0,v_0) 的一个邻域 U，使得在此邻域内都有 $\boldsymbol{r}_u\times\boldsymbol{r}_v\neq\boldsymbol{0}$。于是，在这片曲面上，有一族 u-曲线和一族 v-曲线，这两族曲线彼此不相切，且经过曲面上每一点都有唯一的一条 u-曲线和唯一的一条 v-曲线。这样的两族曲线叫做曲面上的一个**正规坐标（曲线）网**。

若曲面上点的曲纹坐标由下列方程来确定：

$$u=u(t),\quad v=v(t),\tag{4-16}$$

其中 t 是自变量，把它代入曲面的参数方程(4-15)中，则这种点的向径可以用复合函数来表示：

$$\boldsymbol{r}=\boldsymbol{r}(u(t),v(t))=\boldsymbol{r}(t)。\tag{4-17}$$

于是 $\boldsymbol{r}$ 可以表示为一个变量 t 的函数，且当 t 在某一区间上变动时，$\boldsymbol{r}$ 的终点在空间描绘出一条曲线。因此式(4-16)或式(4-17)在曲面上确定一条曲线，这条曲线在曲面上点 (u_0,v_0) 处的切方向叫做曲面在该点处的**切方向**，它平行于

$$\boldsymbol{r}'(t)=\boldsymbol{r}_u\frac{\mathrm{d}u}{\mathrm{d}t}+\boldsymbol{r}_v\frac{\mathrm{d}v}{\mathrm{d}t},\tag{4-18}$$

其中 $\boldsymbol{r}_u,\boldsymbol{r}_v$ 分别是曲面上在点(u_0,v_0)处的 u-曲线和 v-曲线的切向量。

由于曲面上过点(u_0,v_0)的曲线有无穷多条，所以曲面上在点(u_0,v_0)处的切方向也有无穷多个，又由式(4-18)可知，$\boldsymbol{r}'(t),\boldsymbol{r}_u,\boldsymbol{r}_v$ 共面，故有如下的结果。

定理 3.1 曲面上在正则点处的所有切方向都在该点的坐标曲线的切向量 $\boldsymbol{r}_u$ 和 $\boldsymbol{r}_v$ 所决定的平面上。

我们把由曲面上点的两条坐标曲线的切向量 $\boldsymbol{r}_u$ 和 $\boldsymbol{r}_v$ 所决定的平面叫做曲面在这一点处的**切平面**，如图 4-18 所示。曲面在正则点处垂直于切平面的方向叫做曲面在该点处的**法方向**，过该点且平行于法方向的直线叫做曲面在该点处的**法线**，即过该点且垂直于切平面的直线是曲面在该点处的法线。显然，曲面的法方向可取作 $\boldsymbol{r}_u\times\boldsymbol{r}_v$，于是，曲面上在点$(u_0,v_0)$处的单位法向量通常取为

$$\boldsymbol{n}(u,v)\bigg|_{\substack{u=u_0\\v=v_0}}=\frac{\boldsymbol{r}_u\times\boldsymbol{r}_v}{|\boldsymbol{r}_u\times\boldsymbol{r}_v|}\bigg|_{\substack{u=u_0\\v=v_0}}。$$

由于切平面的法向量与法线的方向向量都可以取作向量 $\boldsymbol{r}_u\times\boldsymbol{r}_v$，所以由切平面和法线的定义，以及平面的点法式方程与直线的点向式方程，比较容易求出曲面上过任一正常点处的切平面的方程与法线的方程。

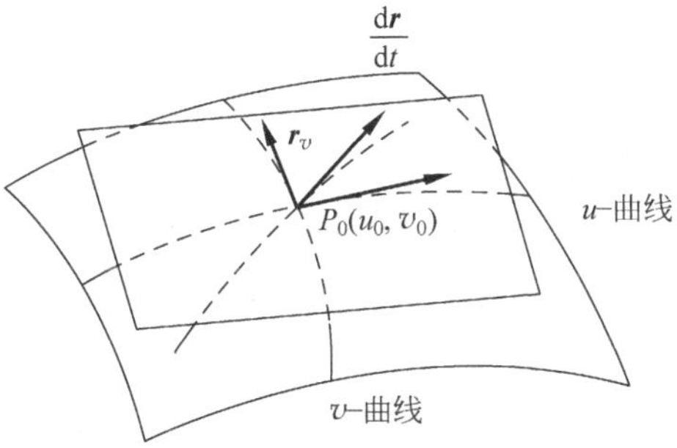

图 4-18

例 1 求圆柱面 $\boldsymbol{r}(\theta,z)=(R\cos\theta,R\sin\theta,z)$（$R>0$ 为常数）在任意点处的切平面方程与法线方程。

解 因为 $\boldsymbol{r}(\theta,z)=(R\cos\theta,R\sin\theta,z)$，所以

$$\boldsymbol{r}_\theta=(-R\sin\theta,R\cos\theta,0),\quad \boldsymbol{r}_z=(0,0,1)。$$

从而

$$\boldsymbol{r}_\theta\times\boldsymbol{r}_z=\begin{vmatrix}\boldsymbol{i}&\boldsymbol{j}&\boldsymbol{k}\\-R\sin\theta&R\cos\theta&0\\0&0&1\end{vmatrix}=(R\cos\theta,R\sin\theta,0)。$$

故该曲面过任意点$(R\cos\theta,R\sin\theta,z)$处的切平面方程为

$$R\cos\theta(X-R\cos\theta)+R\sin\theta(Y-R\sin\theta)=0,$$

即

$$(\cos\theta)X+(\sin\theta)Y-R=0。$$

该曲面过任意点$(R\cos\theta,R\sin\theta,z)$处的法线方程为

$$\frac{X-R\cos\theta}{R\cos\theta}=\frac{Y-R\sin\theta}{R\sin\theta}=\frac{Z-z}{0},$$

即

$$\frac{X-R\cos\theta}{\cos\theta}=\frac{Y-R\sin\theta}{\sin\theta}=\frac{Z-z}{0}。$$

3.2 曲面的三种基本形式

3.2.1 曲面的第一基本形式

给出正则曲面 S：

$$\boldsymbol{r}=\boldsymbol{r}(u,v)$$

其上的曲线 C 的方程为

$$\boldsymbol{r}(t)=\boldsymbol{r}(u(t),v(t))。$$

对于曲线 C 有

$$\frac{\mathrm{d}\boldsymbol{r}}{\mathrm{d}t}=\boldsymbol{r}_u\frac{\mathrm{d}u}{\mathrm{d}t}+\boldsymbol{r}_v\frac{\mathrm{d}v}{\mathrm{d}t},$$

或者

$$\mathrm{d}\boldsymbol{r}=\boldsymbol{r}_u\mathrm{d}u+\boldsymbol{r}_v\mathrm{d}v。$$

若以 s 表示曲面上曲线的弧长，则

$$\begin{aligned}\mathrm{d}s^2=\mathrm{d}\boldsymbol{r}^2&=(\boldsymbol{r}_u\mathrm{d}u+\boldsymbol{r}_v\mathrm{d}v)\cdot(\boldsymbol{r}_u\mathrm{d}u+\boldsymbol{r}_v\mathrm{d}v)\\&=\boldsymbol{r}_u\cdot\boldsymbol{r}_u\mathrm{d}u^2+2\boldsymbol{r}_u\cdot\boldsymbol{r}_v\mathrm{d}u\mathrm{d}v+\boldsymbol{r}_v\cdot\boldsymbol{r}_v\mathrm{d}v^2。\end{aligned}$$

令

$$E(u,v)=\boldsymbol{r}_u\cdot\boldsymbol{r}_u,\quad F(u,v)=\boldsymbol{r}_u\cdot\boldsymbol{r}_v,\quad G(u,v)=\boldsymbol{r}_v\cdot\boldsymbol{r}_v,\tag{4-19}$$

把上式简记为

$$E=\boldsymbol{r}_u\cdot\boldsymbol{r}_u,\quad F=\boldsymbol{r}_u\cdot\boldsymbol{r}_v,\quad G=\boldsymbol{r}_v\cdot\boldsymbol{r}_v,$$

则有

$$\mathrm{d}s^2=E\mathrm{d}u^2+2F\mathrm{d}u\mathrm{d}v+G\mathrm{d}v^2。\tag{4-20}$$

式(4-20)是关于微分 $\mathrm{d}u,\mathrm{d}v$ 的一个二次微分形式，也可以说是关于变量 $\mathrm{d}u,\mathrm{d}v$ 的一个二次型，叫做曲面 S 的**第一基本形式**，通常用 Ⅰ 表示，即

$$\text{Ⅰ}=E\mathrm{d}u^2+2F\mathrm{d}u\mathrm{d}v+G\mathrm{d}v^2,$$

它的系数 E,F,G 叫做曲面 S 的**第一类基本量**。$\text{Ⅰ}=E\mathrm{d}u^2+2F\mathrm{d}u\mathrm{d}v+G\mathrm{d}v^2$ 可以写成如下矩阵形式

$$\text{Ⅰ}=(\mathrm{d}u\quad\mathrm{d}v)\begin{pmatrix}E&F\\F&G\end{pmatrix}\begin{pmatrix}\mathrm{d}u\\\mathrm{d}v\end{pmatrix},$$

且二次型的矩阵是对称矩阵$\begin{pmatrix}E&F\\F&G\end{pmatrix}$。由式(4-19)可知

$$E=\boldsymbol{r}_u\cdot\boldsymbol{r}_u>0,\quad G=\boldsymbol{r}_v\cdot\boldsymbol{r}_v>0。$$

又根据数量积与向量积之间的关系式$(\boldsymbol{a}\cdot\boldsymbol{b})^2+(\boldsymbol{a}\times\boldsymbol{b})^2=\boldsymbol{a}^2\boldsymbol{b}^2$（即拉格朗日恒等式），可知第一基本形式的判别式

$$EG-F^2=\boldsymbol{r}_u^2\boldsymbol{r}_v^2-(\boldsymbol{r}_u\cdot\boldsymbol{r}_v)^2=(\boldsymbol{r}_u\times\boldsymbol{r}_v)^2>0。$$

因此第一类基本量满足不等式 $E>0,G>0,EG-F^2>0$，这表明第一基本形式是正定的。

由曲面第一基本形式的推导过程，可以看出曲面第一基本形式的几何意义是曲面上的切向量的长度的平方。

例 2 求球面 $\boldsymbol{r}(\varphi,\theta)=(R\cos\theta\cos\varphi,R\cos\theta\sin\varphi,R\sin\theta)$ 的第一基本形式。

解 因为 $\boldsymbol{r}(\varphi,\theta)=(R\cos\theta\cos\varphi,R\cos\theta\sin\varphi,R\sin\theta)$，所以

$$\boldsymbol{r}_\varphi=(-R\cos\theta\sin\varphi,R\cos\theta\cos\varphi,0),\quad \boldsymbol{r}_\theta=(-R\sin\theta\cos\varphi,-R\sin\theta\sin\varphi,R\cos\theta)。$$

由此得到球面的第一类基本量分别是

$$E=\boldsymbol{r}_\varphi\cdot\boldsymbol{r}_\varphi=R^2\cos^2\theta,\quad F=\boldsymbol{r}_\varphi\cdot\boldsymbol{r}_\theta=0,\quad G=\boldsymbol{r}_\theta\cdot\boldsymbol{r}_\theta=R^2。$$

故球面的第一基本形式是

$$\mathrm{I}=R^2\cos^2\theta\mathrm{d}\varphi^2+R^2\mathrm{d}\theta^2。$$

请读者讨论平面的第一基本形式。

3.2.2 曲面的第二基本形式

曲面也像曲线一样有弯曲程度，为了研究曲面在空间中的弯曲性，我们有必要引进关于微分 $\mathrm{d}u$ 和 $\mathrm{d}v$ 的另一个二次微分形式，即曲面的第二基本形式。

设 C^2 类曲面 S 方程为

$$\boldsymbol{r}=\boldsymbol{r}(u,v),$$

即向量函数 $\boldsymbol{r}=\boldsymbol{r}(u,v)$ 具有连续的二阶导函数 $\boldsymbol{r}_{uu}(u,v),\boldsymbol{r}_{uv}(u,v),\boldsymbol{r}_{vv}(u,v)$。

现在固定曲面 S 上一点 $P(u,v)$，并设 Π 为曲面在点 P 处的切平面。曲面 S 上过点 P 的一条曲线 C 的方程为

$$\boldsymbol{r}(s)=\boldsymbol{r}(u(s),v(s)),$$

其中 s 是曲线的自然参数。设点 P' 是曲线 C 上在点 P 邻近的一点，P 和 P' 的自然参数分别为 s 与 $s+\Delta s$，即点 P 的向径为 $\boldsymbol{r}(s)$，点 P' 的向径为 $\boldsymbol{r}(s+\Delta s)$。利用泰勒公式得

$$\overrightarrow{PP'}=\boldsymbol{r}(s+\Delta s)-\boldsymbol{r}(s)=\boldsymbol{r}'(s)\Delta s+\frac{1}{2}[\boldsymbol{r}''(s)+\boldsymbol{\varepsilon}(s,\Delta s)](\Delta s)^2,$$

其中 $\lim\limits_{\Delta s\to 0}\boldsymbol{\varepsilon}(s,\Delta s)=\boldsymbol{0}$。

设 $\boldsymbol{n}$ 为曲面 S 在点 P 处的单位法向量，由点 P' 作切平面 Π 的垂线，垂足为 Q 点，则 $\overrightarrow{QP'}=\delta\boldsymbol{n}$，其中 δ 为从切平面 Π 到曲面 S 的有向距离，如图 4-19 所示。

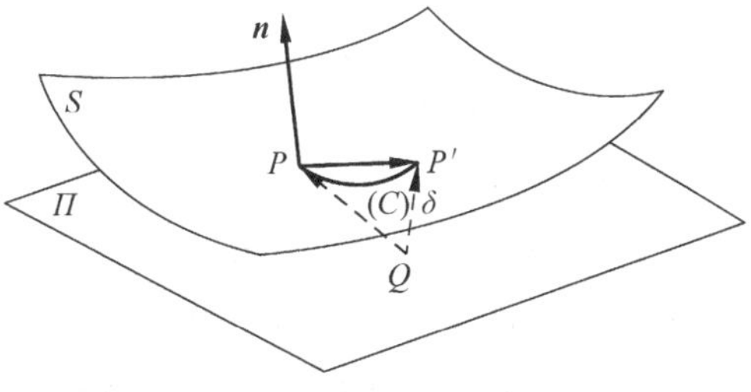

图 4-19

由于 $\overrightarrow{QP}\cdot \boldsymbol{n}=0,\boldsymbol{n}\cdot \boldsymbol{r}'(s)=0$,所以有

$$\begin{aligned}\delta &= \overrightarrow{QP'}\cdot \boldsymbol{n}=(\overrightarrow{QP}+\overrightarrow{PP'})\cdot \boldsymbol{n}\\ &=\overrightarrow{PP'}\cdot \boldsymbol{n}=(\boldsymbol{r}(s+\Delta s)-\boldsymbol{r}(s))\cdot \boldsymbol{n}\\ &=\frac{1}{2}[\boldsymbol{r}''(s)\cdot \boldsymbol{n}+\boldsymbol{\varepsilon}(s,\Delta s)\cdot \boldsymbol{n}](\Delta s)^2。\end{aligned}$$

因此,当 $\boldsymbol{r}''(s)\cdot \boldsymbol{n}\neq 0$ 时,无穷小距离 δ 的主要部分是

$$\frac{1}{2}[\boldsymbol{r}''(s)\cdot \boldsymbol{n}](\Delta s)^2=\frac{1}{2}[\boldsymbol{r}''(s)\cdot \boldsymbol{n}]\mathrm{d}s^2。$$

由于

$$\frac{\mathrm{d}\boldsymbol{r}}{\mathrm{d}s}=\boldsymbol{r}_u\frac{\mathrm{d}u}{\mathrm{d}s}+\boldsymbol{r}_v\frac{\mathrm{d}v}{\mathrm{d}s},$$

$$\frac{\mathrm{d}}{\mathrm{d}s}\left(\frac{\mathrm{d}\boldsymbol{r}}{\mathrm{d}s}\right)=\boldsymbol{r}_{uu}\left(\frac{\mathrm{d}u}{\mathrm{d}s}\right)^2+2\boldsymbol{r}_{uv}\frac{\mathrm{d}u}{\mathrm{d}s}\frac{\mathrm{d}v}{\mathrm{d}s}+\boldsymbol{r}_{vv}\left(\frac{\mathrm{d}v}{\mathrm{d}s}\right)^2+\boldsymbol{r}_u\frac{\mathrm{d}(\mathrm{d}u)}{\mathrm{d}s^2}+\boldsymbol{r}_v\frac{\mathrm{d}(\mathrm{d}v)}{\mathrm{d}s^2},$$

而

$$\boldsymbol{r}_u\cdot \boldsymbol{n}=\boldsymbol{r}_v\cdot \boldsymbol{n}=0,$$

所以

$$[\boldsymbol{r}''(s)\cdot \boldsymbol{n}]\mathrm{d}s^2=\boldsymbol{r}_{uu}\cdot \boldsymbol{n}\mathrm{d}u^2+2\boldsymbol{r}_{uv}\cdot \boldsymbol{n}\mathrm{d}u\mathrm{d}v+\boldsymbol{r}_{vv}\cdot \boldsymbol{n}\mathrm{d}v^2。$$

引进符号:

$$L(u,v)=\boldsymbol{r}_{uu}\cdot \boldsymbol{n},\quad M(u,v)=\boldsymbol{r}_{uv}\cdot \boldsymbol{n},\quad N(u,v)=\boldsymbol{r}_{vv}\cdot \boldsymbol{n},$$

上式常简记为

$$L=\boldsymbol{r}_{uu}\cdot \boldsymbol{n},\quad M=\boldsymbol{r}_{uv}\cdot \boldsymbol{n},\quad N=\boldsymbol{r}_{vv}\cdot \boldsymbol{n}。$$

仿照曲面的第一基本形式的符号,于是前式为

$$\mathrm{II}=\boldsymbol{n}\cdot \mathrm{d}^2\boldsymbol{r}=L\mathrm{d}u^2+2M\mathrm{d}u\mathrm{d}v+N\mathrm{d}v^2。\tag{4-21}$$

式(4-21)是关于微分 $\mathrm{d}u,\mathrm{d}v$ 的一个二次微分形式,叫做曲面 S 的**第二基本形式**,它的系数 L,M,N 叫做曲面 S 的**第二类基本量**。

曲面第二基本形式的推导过程及式(4-21)表明曲面的第二基本形式近似地等于切平面到曲面的有向距离的两倍,因而它刻画了曲面离开切平面的弯曲程度,即刻画了曲面在空间中的弯曲性。

根据上述的讨论,我们可以看出曲面的第二基本形式不一定是正定的,当曲面在给定点向单位法向量 $\boldsymbol{n}$ 的正侧弯曲时为正,向 $\boldsymbol{n}$ 的反侧弯曲时为负。

例 3 求球面 $\boldsymbol{r}(\varphi,\theta)=(R\cos\theta\cos\varphi,R\cos\theta\sin\varphi,R\sin\theta)$ 的第二基本形式。

解 因为 $\boldsymbol{r}(\varphi,\theta)=(R\cos\theta\cos\varphi,R\cos\theta\sin\varphi,R\sin\theta)$,所以

$$\begin{aligned}&\boldsymbol{r}_\varphi=(-R\cos\theta\sin\varphi,R\cos\theta\cos\varphi,0),\\ &\boldsymbol{r}_\theta=(-R\sin\theta\cos\varphi,-R\sin\theta\sin\varphi,R\cos\theta),\\ &\boldsymbol{r}_{\varphi\varphi}=(-R\cos\theta\cos\varphi,-R\cos\theta\sin\varphi,0),\\ &\boldsymbol{r}_{\varphi\theta}=(R\sin\theta\sin\theta\varphi,-R\sin\theta\cos\varphi,0),\\ &\boldsymbol{r}_{\theta\theta}=(-R\cos\theta\cos\varphi,-R\cos\theta\sin\varphi,-R\sin\theta)。\end{aligned}$$

$$\boldsymbol{r}_\varphi\times\boldsymbol{r}_\theta=\begin{vmatrix}\boldsymbol{i}&\boldsymbol{j}&\boldsymbol{k}\\ -R\cos\theta\sin\varphi&R\cos\theta\cos\varphi&0\\ -R\sin\theta\cos\varphi&-R\sin\theta\sin\varphi&R\cos\theta\end{vmatrix}$$

$$=(R^2\cos^2\theta\cos\varphi, R^2\cos^2\theta\sin\varphi, R^2\cos\theta\sin\theta),$$

$$|\boldsymbol{r}_\varphi\times\boldsymbol{r}_\theta|=R^2\cos\theta,$$

从而

$$\boldsymbol{n}=\frac{\boldsymbol{r}_\varphi\times\boldsymbol{r}_\theta}{|\boldsymbol{r}_\varphi\times\boldsymbol{r}_\theta|}=(\cos\theta\cos\varphi,\cos\theta\sin\varphi,\sin\theta)。$$

由此得到球面的第二类基本量分别是

$$L=\boldsymbol{r}_{\varphi\varphi}\cdot\boldsymbol{n}=-R\cos^2\theta,\quad M=\boldsymbol{r}_{\varphi\theta}\cdot\boldsymbol{n}=0,\quad M=\boldsymbol{r}_{\theta\theta}\cdot\boldsymbol{n}=-R。$$

故球面的第二基本形式是

$$\mathrm{II}=-R\cos^2\theta\mathrm{d}\varphi^2-R\mathrm{d}\theta^2。$$

请读者讨论平面的第二基本形式。

3.2.3 曲面的第三基本形式

曲面的第二基本形式刻画了曲面在空间中的弯曲性，那么还有其他刻画曲面在空间中的弯曲程度的方法吗？还有很多量可以刻画曲面在空间中的弯曲程度[8]。在此，我们先介绍曲面的球面表示。

设 σ 是曲面 S：$\boldsymbol{r}=\boldsymbol{r}(u,v)$ 上的一块小区域，另外再作一个单位球面。现在我们建立 σ 上点与单位球面上点的对应关系如下：

在 σ 中任取一点 $P(u,v)$，作曲面在点 P 处的单位法向量 $\boldsymbol{n}=\boldsymbol{n}(u,v)$，然后把 $\boldsymbol{n}$ 的始点平移到单位球面的球心，则 $\boldsymbol{n}$ 的终点就落在单位球面上，不妨设该点为点 P'，这样曲面 S 上的小区域 σ 中的每一点 $\boldsymbol{r}(u,v)$ 与单位球面上的向径为 $\boldsymbol{n}(u,v)$ 的终点对应。因此，曲面 S 上所给的小区域 σ 表示到单位球面上的对应区域 σ^* 上。这就是说，建立了曲面 S 上所给的小区域 σ 到单位球面上区域 σ^* 的对应。我们把曲面上的点与单位球面上的点的这种对应叫做曲面的**球面表示**，也叫做**高斯(Gauss)映射**，如图 4-20 所示。

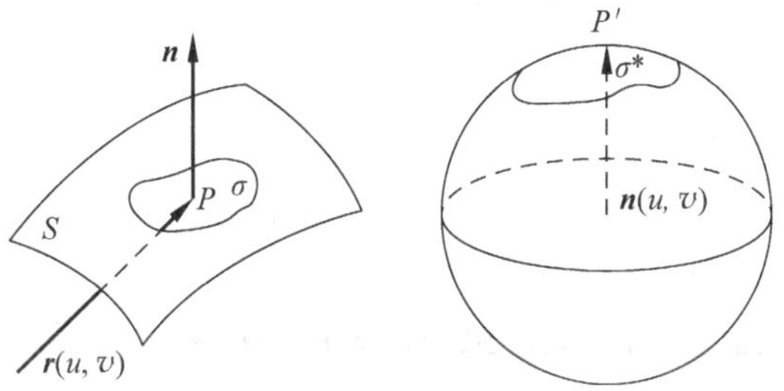

图 4-20

当曲面在这块 σ 上的弯曲程度越大时，它对应于单位球面上的区域 σ^* 也就越大。因而 σ 的弯曲程度可以用 σ^* 的面积对于 σ 本身的面积的比值来刻画。

当点 P 在曲面 S 上描出一条曲线时，通过球面表示它的对应点 P' 在单位球面上也描出一条对应的曲线。因此，当点 P 在曲面上描出一微小弧 $\mathrm{d}s$ 时，P' 点在单位球面上也描出一微小弧 $\mathrm{d}s^*$。

定义 3.2 曲面的**第三基本形式**为

$$\mathrm{III}=(\mathrm{d}s^*)^2=(\mathrm{d}\boldsymbol{n})^2=e\mathrm{d}u^2+2f\mathrm{d}u\mathrm{d}v+g\mathrm{d}v^2,$$

它的系数 e,f,g 叫做曲面的**第三类基本量**，由于

$$\mathrm{III}=(\mathrm{d}\boldsymbol{n})^2=(\boldsymbol{n}_u\mathrm{d}u+\boldsymbol{n}_v\mathrm{d}v)\cdot(\boldsymbol{n}_u\mathrm{d}u+\boldsymbol{n}_v\mathrm{d}v)$$
$$=(\boldsymbol{n}_u\cdot\boldsymbol{n}_u)\mathrm{d}u^2+2(\boldsymbol{n}_u\cdot\boldsymbol{n}_v)\mathrm{d}u\mathrm{d}v+(\boldsymbol{n}_v\cdot\boldsymbol{n}_v)\mathrm{d}v^2,$$

所以

$$e=\boldsymbol{n}_u\cdot\boldsymbol{n}_u,\quad f=\boldsymbol{n}_u\cdot\boldsymbol{n}_v,\quad g=\boldsymbol{n}_v\cdot\boldsymbol{n}_v。$$

换言之，曲面的球面表示的第一基本形式叫做原曲面的第三基本形式。

例 4 求球面 $\boldsymbol{r}(\varphi,\theta)=(R\cos\theta\cos\varphi,R\cos\theta\sin\varphi,R\sin\theta)$ 的第三基本形式。

解 因为 $\boldsymbol{r}(\varphi,\theta)=(R\cos\theta\cos\varphi,R\cos\theta\sin\varphi,R\sin\theta)$，所以

$$\boldsymbol{r}_\varphi=(-R\cos\theta\sin\varphi,R\cos\theta\cos\varphi,0),$$
$$\boldsymbol{r}_\theta=(-R\sin\theta\cos\varphi,-R\sin\theta\sin\varphi,R\cos\theta),$$
$$\boldsymbol{r}_{\varphi\varphi}=(-R\cos\theta\cos\varphi,-R\cos\theta\sin\varphi,0),$$
$$\boldsymbol{r}_{\varphi\theta}=(R\sin\theta\sin\varphi,-R\sin\theta\cos\varphi,0),$$
$$\boldsymbol{r}_{\theta\theta}=(-R\cos\theta\cos\varphi,-R\cos\theta\sin\varphi,-R\sin\theta)。$$

$$\boldsymbol{r}_\varphi\times\boldsymbol{r}_\theta=\begin{vmatrix}\boldsymbol{i}&\boldsymbol{j}&\boldsymbol{k}\\-R\cos\theta\sin\varphi&R\cos\theta\cos\varphi&0\\-R\sin\theta\cos\varphi&-R\sin\theta\sin\varphi&R\cos\theta\end{vmatrix}$$
$$=(R^2\cos^2\theta\cos\varphi,R^2\cos^2\theta\sin\varphi,R^2\cos\theta\sin\theta),$$
$$|\boldsymbol{r}_\varphi\times\boldsymbol{r}_\theta|=R^2\cos\theta,$$

从而

$$\boldsymbol{n}=\frac{\boldsymbol{r}_\varphi\times\boldsymbol{r}_\theta}{|\boldsymbol{r}_\varphi\times\boldsymbol{r}_\theta|}=(\cos\theta\cos\varphi,\cos\theta\sin\varphi,\sin\theta),$$

且

$$\boldsymbol{n}_\varphi=(-\cos\theta\sin\varphi,\cos\theta\cos\varphi,0),\quad \boldsymbol{n}_\theta=(-\sin\theta\cos\varphi,-\sin\theta\sin\varphi,\cos\theta)。$$

由此得到球面的第三类基本量分别是

$$e=\boldsymbol{n}_\varphi\cdot\boldsymbol{n}_\varphi=\cos^2\theta,\quad f=\boldsymbol{n}_\varphi\cdot\boldsymbol{n}_\theta=0,\quad g=\boldsymbol{n}_\theta\cdot\boldsymbol{n}_\theta=1。$$

故球面的第三基本形式是

$$\mathrm{III}=\cos^2\theta\mathrm{d}\varphi^2+\mathrm{d}\theta^2。$$

3.3 曲面的一些曲率与曲面上的一些曲线

3.3.1 曲面的法曲率、迪潘指标线与测地曲率

由前面对曲面第二基本形式的讨论，我们知道曲面在一点邻近的弯曲性也可以由曲面离开它在该点处的切平面的快慢来决定。但是曲面在不同的方向上弯曲程度是可能各不相同的，也就是说在不同的方向上曲面是以不同的速度离开切平面的。因此，当我们想刻画曲面在已知点邻近的弯曲性时，就需要用曲面上过该点的不同的曲线的曲率来进行研究。

设 C^2 类曲面 S 方程为

$$\boldsymbol{r}=\boldsymbol{r}(u,v),$$

过曲面 S 上点 $P(u,v)$的任一条曲线 C 的方程为

$$\boldsymbol{r}(s)=\boldsymbol{r}(u(s),v(s)),$$

其中 s 是曲线的自然参数。仍用以前的符号$\boldsymbol{\alpha}$ 和$\boldsymbol{\beta}$ 分别表示曲线 C 的单位切向量和单位主法向量,根据弗雷内公式有

$$\boldsymbol{r}''(s)=\boldsymbol{\alpha}'(s)=\kappa(s)\boldsymbol{\beta}(s),$$

其中 $\kappa(s)$是曲线 C 在点 P 处的曲率。

若以 θ 表示曲线C 在点 P 处的主法向量$\boldsymbol{\beta}$ 和曲面在该点处单位法向量 $\boldsymbol{n}$ 的夹角,如图 4-21 所示,则

$$\boldsymbol{r}''(s)\cdot\boldsymbol{n}=\kappa(s)\boldsymbol{\beta}(s)\cdot\boldsymbol{n}=\kappa(s)\cos\theta。$$

另一方面,由于

$$\boldsymbol{n}\cdot\boldsymbol{r}''(s)=\boldsymbol{n}\cdot\frac{\mathrm{d}^2\boldsymbol{r}}{\mathrm{d}s^2}=\frac{\boldsymbol{n}\cdot\mathrm{d}^2\boldsymbol{r}}{\mathrm{d}s^2}=\frac{\mathrm{II}}{\mathrm{I}},$$

因此

$$\kappa(s)\cos\theta=\frac{\mathrm{II}}{\mathrm{I}}=\frac{L\mathrm{d}u^2+2M\mathrm{d}u\mathrm{d}v+N\mathrm{d}v^2}{E\mathrm{d}u^2+2F\mathrm{d}u\mathrm{d}v+G\mathrm{d}v^2}。\tag{4-22}$$

上式中的右端依赖于曲面的第一、第二基本量 E,F,G,L,M,N 和$\frac{\mathrm{d}u}{\mathrm{d}v}$。由于 E,F,G,L,M,N 都是参数(u,v)的函数,它们在曲面上一个给定点 P 都具有确定的值,$\frac{\mathrm{d}u}{\mathrm{d}v}$是曲线在该点处的切方向,所以对曲面上一个给定点及曲面上曲线在该点的切方向,上式右端都有确定的值。因此,若在曲面上一个给定点处相切的两条曲面曲线,在该点处的主法线有相同的方向,则它们的主法向量与曲面单位法向量的夹角 θ 也是相同的,所以根据式(4-22),$\kappa(s)$也相同。

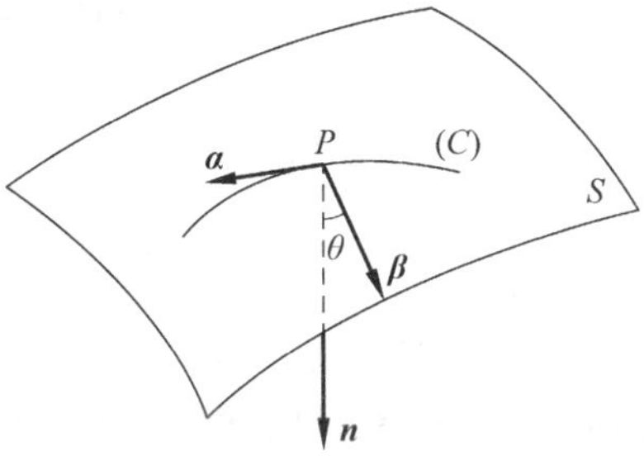

图 4-21

如果在曲面的任何曲线 C 上一点 P,通过 C 在点 P 处作由切线与主法线所确定的平面(即曲线的密切平面),则可以得到一条这个平面与曲面的截线,从而这条截线就是平面曲线。这条截线与曲线 C 在点 P 处具有相同的切线和主法线,所以它们的曲率就是相同的。这样,对于曲面曲线的曲率的研究就可以转化成对于这个曲面上的一条平面截线的曲率来讨论。根据这样的分析,以下我们引入曲面上特殊的平面截线。

给出曲面 S 上一点 P 和点 P 处一方向$(d)=\mathrm{d}u:\mathrm{d}v$,设 $\boldsymbol{n}$ 为曲面 S 在点 P 处的单位法向量,于是方向(d)和 $\boldsymbol{n}$ 所确定的平面叫做曲面在点 P 处的沿方向(d)的**法截面**,该法截

面和曲面 S 的交线叫做曲面 S 在点 P 处沿方向(d)的**法截线**。

设方向$(d)=\mathrm{d}u:\mathrm{d}v$ 所确定的法截线 C_0 在点 P 处的曲率为 κ_0。对于法截线 C_0，主法向量$\boldsymbol{\beta}_0=\pm\boldsymbol{n}$，$\theta=0$ 或 π，所以由式(4-22)知它的曲率 $\kappa_0\geqslant 0$ 为

$$\pm\kappa_0=\frac{\mathrm{II}}{\mathrm{I}},$$

即

$$\kappa_0=\pm\frac{\mathrm{II}}{\mathrm{I}},\tag{4-23}$$

其中 $\boldsymbol{n}$ 和曲线 C_0 的主法向量 $\overrightarrow{\beta_0}$ 的方向相同时 κ_0 取正号，反之 κ_0 取负号，如图 4-22 所示。

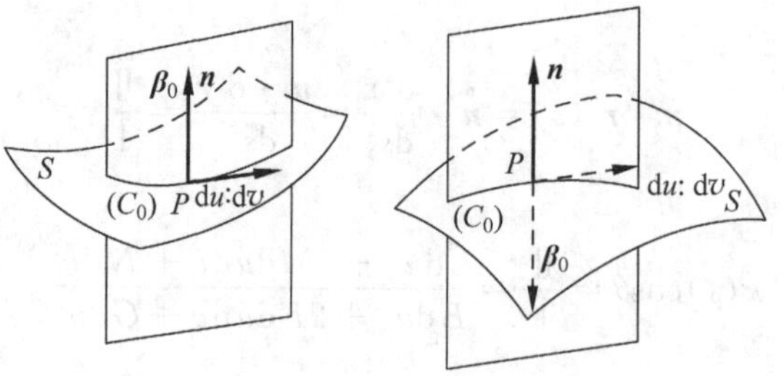

图 4-22

考虑曲面上一点在一方向$(d)=\mathrm{d}u:\mathrm{d}v$ 上的弯曲程度仅由 $\kappa_0\geqslant 0$ 还不能完全确定，还要考虑曲面弯曲的方向才能全面刻画曲面上一点在方向$(d)=\mathrm{d}u:\mathrm{d}v$ 上的弯曲性，因此我们引入法曲率的概念。

定义 3.3 曲面在给定点沿一方向的**法曲率**为

$$\kappa_n=\begin{cases}+\kappa_0, & \text{法截线向 } \boldsymbol{n} \text{ 的正侧弯曲，}\\ -\kappa_0, & \text{法截线向 } \boldsymbol{n} \text{ 的反侧弯曲。}\end{cases}$$

由式(4-23)可得

$$\kappa_n=\frac{\mathrm{II}}{\mathrm{I}}=\frac{L\mathrm{d}u^2+2M\mathrm{d}u\mathrm{d}v+N\mathrm{d}v^2}{E\mathrm{d}u^2+2F\mathrm{d}u\mathrm{d}v+G\mathrm{d}v^2}。\tag{4-24}$$

例 5 设曲面是一张半径为 R 的球面，求它在一点处的法曲率。

解 由于球面上任意点的法线都通过球心，所以在任一点处的法截面都是过球心的平面，从而在该点处沿任意切方向的法截线都是以球心为圆心半径为 R 的圆周，而半径为 R 的圆的曲率是$\frac{1}{R}$，所以球面在任一点处沿任意切方向的法曲率都是$-\frac{1}{R}$$\Big($因为法截线向 $\boldsymbol{n}$ 的反侧弯曲，或用$\frac{\mathrm{II}}{\mathrm{I}}$也可得$\Big)$。

设曲面上的一条曲线和法截线切于一点。换言之，它们有相同的切方向$(d)=\mathrm{d}u:\mathrm{d}v$，则由式(4-22)和式(4-24)可得

$$\kappa_n=\kappa\cos\theta。$$

根据这个关系式，所有关于曲面上曲线的曲率都可以转化为法曲率来讨论。若设 $R=\frac{1}{\kappa}$，$R_n=\frac{1}{\kappa_n}$，R 叫做曲线的**曲率半径**，R_n 叫做法截线的曲率半径也叫做**法曲率半径**。则由

上式又能写成

$$R = R_n \cos\theta。$$

这个公式的几何意义可以叙述如下。

默尼耶(Meusnier)定理 曲面上曲线(C)在给定点 P 的曲率中心 C 就是与曲线(C)具有相同切线的法截线(C_0)上同一个点 P 的曲率中心 C_0 在曲线(C)的密切平面上的投影(如图 4-23)。

通过曲面 S 上一点 P 处可以作无数条法截线，现在来研究这些法截线的法曲率之间的关系。为此，我们取点 P 为原点，以曲面 S 的坐标曲线在点 P 处的切向量 $\boldsymbol{r}_u$ 和 $\boldsymbol{r}_v$ 为坐标基向量，则它们构成曲面 S 在点 P 处的切平面上的坐标系。我们给出曲面 S 在点 P 处的一个切方向$(d)=\mathrm{d}u:\mathrm{d}v$，设 κ_n 是对应于方向(d)的法曲率，$\left|\dfrac{1}{\kappa_n}\right|$为法曲率半径的绝对值，过点 P 沿方向(d)(即 $\mathrm{d}\boldsymbol{r}=\boldsymbol{r}_u\mathrm{d}u+\boldsymbol{r}_v\mathrm{d}v$)画一线段 PN，使其长度等于$\sqrt{\left|\dfrac{1}{\kappa_n}\right|}$，则对于切平面上所有的方向，点 N 的轨迹叫做曲面 S 在点 P 处的**迪潘(Dupin)指标线**，如图 4-24 所示。

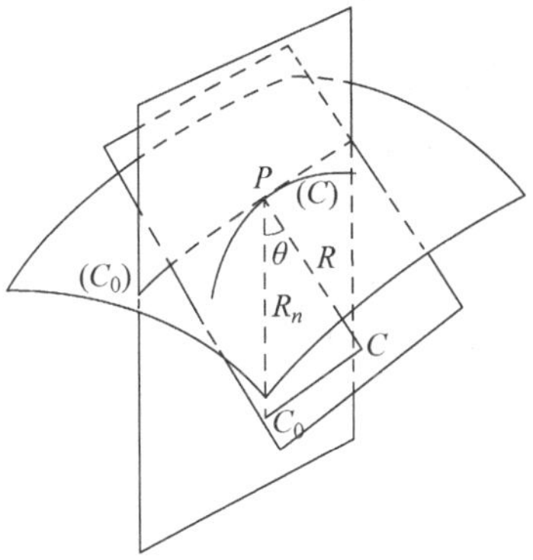

图 4-23

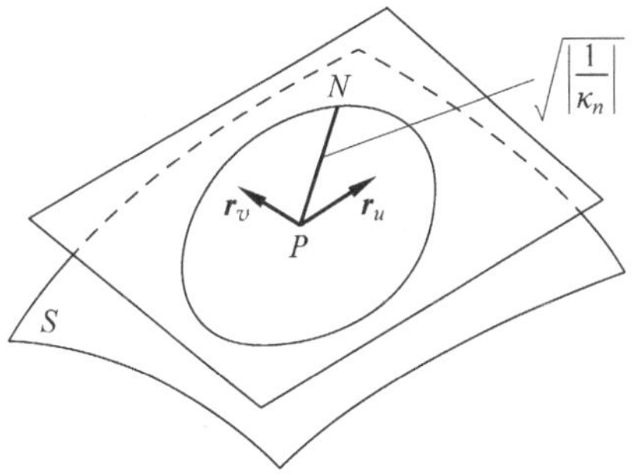

图 4-24

现在我们来推导迪潘指标线在上述坐标系下的方程。设点 N 坐标为(x,y)，则

$$x\boldsymbol{r}_u + y\boldsymbol{r}_v = \sqrt{\left|\frac{1}{\kappa_n}\right|}\frac{\mathrm{d}\boldsymbol{r}}{|\mathrm{d}\boldsymbol{r}|} = \frac{\boldsymbol{r}_u\mathrm{d}u + \boldsymbol{r}_v\mathrm{d}v}{\sqrt{|\kappa_n|}\,|\boldsymbol{r}_u\mathrm{d}u + \boldsymbol{r}_v\mathrm{d}v|},$$

上式两边平方，且由 $\kappa_n = \dfrac{\mathrm{II}}{\mathrm{I}}$，可得

$$Ex^2 + 2Fxy + Gy^2 = \frac{E\mathrm{d}u^2 + 2F\mathrm{d}u\mathrm{d}v + G\mathrm{d}v^2}{|L\mathrm{d}u^2 + 2M\mathrm{d}u\mathrm{d}v + N\mathrm{d}v^2|}。$$

由于 $\mathrm{d}u:\mathrm{d}v = x:y$，上式又可以化为

$$Ex^2 + 2Fxy + Gy^2 = \frac{Ex^2 + 2Fxy + Gy^2}{|Lx^2 + 2Mxy + Ny^2|},$$

因此

$$|Lx^2 + 2Mxy + Ny^2| = 1, \quad 即 \quad Lx^2 + 2Mxy + Ny^2 = \pm 1。$$

上式就是曲面上迪潘指标线的方程，其中系数 L,M,N 与曲面上的方向无关，它们对于曲面上已知点来说为常数，并且上式中不含 x,y 的一次项，所以上述方程表示的是以点

P 为中心的有心二次曲线。

这样,曲面上的点可以根据它的迪潘指标线分为如下 4 类:

(1) 若 $LN-M^2>0$,则点 P 叫做曲面的**椭圆点**,这时该点的迪潘指标线是一个椭圆;

(2) 若 $LN-M^2<0$,则点 P 叫做曲面的**双曲点**,这时该点的迪潘指标线是一对共轭双曲线①;

(3) 若 $LN-M^2=0$,则点 P 叫做曲面的**抛物点**,这时该点的迪潘指标线是一对平行线;

(4) 若 $L=M=N=0$,则点 P 叫做曲面的**平点**(平面上的点都是平点),这时该点的迪潘指标线不存在。

前面我们介绍了曲面在一点处的法曲率,下面继续介绍曲面在一点处的另一曲率——测地曲率。

设 C^2 类曲面 S 方程为

$$\boldsymbol{r}=\boldsymbol{r}(u,v),$$

过曲面 S 上点 $P(u,v)$ 处的一条曲线 C 的方程为

$$\boldsymbol{r}(s)=\boldsymbol{r}(u(s),v(s)),$$

其中 s 是曲线 C 的自然参数。仍用以前的符号 $\boldsymbol{\alpha}$ 和 $\boldsymbol{\beta}$ 分别表示曲线 C 在点 P 处的单位切向量和单位主法向量,设 κ 是曲线 C 在点 P 处的曲率,再设 $\boldsymbol{n}$ 是曲面在点 P 处的单位法向量,θ 是 $\boldsymbol{\beta}$ 与 $\boldsymbol{n}$ 的夹角,如图 4-25 所示,则曲面 S 在点 P 处沿切方向 $\boldsymbol{\alpha}$ 上的法曲率是

$$\kappa_n=\kappa\cos\theta=\kappa\boldsymbol{\beta}(s)\cdot\boldsymbol{n}=\boldsymbol{r}''(s)\cdot\boldsymbol{n}。$$

上式最后一个等号可以理解为该法曲率是曲面 S 上曲线 C 在点 P 处的曲率向量 $\boldsymbol{r}''(s)=\kappa(s)\boldsymbol{\beta}(s)$ 在曲面上该点处单位法向量 $\boldsymbol{n}$ 上的投影。记 $\boldsymbol{\varepsilon}=\boldsymbol{n}\times\boldsymbol{\alpha}$,则 $\boldsymbol{n},\boldsymbol{\alpha},\boldsymbol{\varepsilon}$ 是单位正交右手标架。

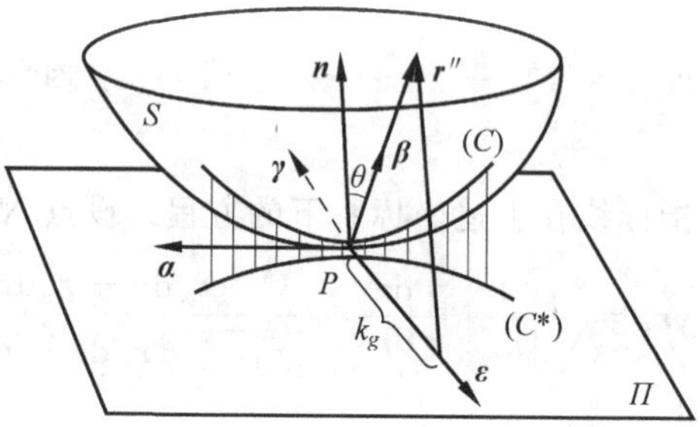

图 4-25

定义 3.4 曲面 S 上曲线(C)在点 P 处的曲率向量 $\boldsymbol{r}''(s)=\kappa\boldsymbol{\beta}(s)$在 $\boldsymbol{\varepsilon}$ 上的投影(也就是在 S 上点 P 处切平面 Π 上的投影)

$$\kappa_g=\boldsymbol{r}''(s)\cdot\boldsymbol{\varepsilon}=\kappa\boldsymbol{\beta}(s)\cdot\boldsymbol{\varepsilon},$$

叫做曲线(C)在点 P 处的**测地曲率**。

---

① 共轭双曲线:以已知双曲线的虚轴为实轴,实轴为虚轴的双曲线称为原双曲线的共轭双曲线,通常称它们互为共轭双曲线。共轭双曲线有共同的渐近线。

由于

$$\kappa_g = \boldsymbol{r}''(s) \cdot \boldsymbol{\varepsilon} = \kappa\boldsymbol{\beta} \cdot (\boldsymbol{n} \times \boldsymbol{\alpha}) = \kappa(\boldsymbol{\alpha} \times \boldsymbol{\beta}) \cdot \boldsymbol{n} = \kappa\boldsymbol{\gamma} \cdot \boldsymbol{n},$$

所以有

$$\kappa_g = \kappa\cos\left(\frac{\pi}{2} \pm \theta\right) = \pm\kappa\sin\theta。$$

从而可得

$$\kappa_g^2 + \kappa_n^2 = \kappa^2\sin^2\theta + \kappa^2\cos^2\theta = \kappa^2,$$

即

$$\kappa^2 = \kappa_g^2 + \kappa_n^2。$$

3.3.2 曲面的渐近方向、共轭方向、主方向与曲面的渐近线、曲率线、测地线

如果点 P 是曲面的双曲点，那么它的迪潘指标线是一对共轭双曲线，我们把沿该共轭双曲线渐近线的方向 $(d) = \mathrm{d}u : \mathrm{d}v$ 叫做曲面在点 P 处的**渐近方向**。由解析几何中二次曲线的理论可知，这两个渐近方向满足微分方程

$$L_0\mathrm{d}u^2 + 2M_0\mathrm{d}u\mathrm{d}v + N_0\mathrm{d}v^2 = 0,$$

其中 L_0, M_0, N_0 分别表示的是 L, M, N 在点 P 处的值。

由法曲率的公式 $\kappa_n = \dfrac{\mathrm{II}}{\mathrm{I}}$ 也可以给出渐近方向如下的等价定义。

定义 3.5 曲面上一点处使法曲率等于零的方向叫做曲面在该点处的**渐近方向**，若曲面上一条曲线的每一点处的切方向都是渐近方向，则该曲线叫做曲面上的一条**渐近曲线**。

由式(4-24)可知，曲面上渐近曲线所满足的微分方程是

$$L\mathrm{d}u^2 + 2M\mathrm{d}u\mathrm{d}v + N\mathrm{d}v^2 = 0。$$

定理 3.2 如果曲面上有直线，那么它一定是曲面的渐近曲线。

证明 因为直线的曲率 $\kappa = 0$，所以沿直线方向的法曲率 $\kappa_n = \kappa\cos\theta = 0$，即

$$L\mathrm{d}u^2 + 2M\mathrm{d}u\mathrm{d}v + N\mathrm{d}v^2 = 0,$$

因而直线是曲面的渐近曲线。

设曲面上点 P 处的两个方向为 $(d) = \mathrm{d}u : \mathrm{d}v$ 和 $(\delta) = \delta u : \delta v$，如果包含这两个方向的直线是点 P 处的迪潘指标线的共轭直径，那么方向 (d) 和 (δ) 叫做曲面在该点处的**共轭方向**。

定义 3.6 曲面上点 P 处的两个方向，若它们既正交又共轭，则这两个方向叫做曲面在点 P 处的**主方向**。

定义 3.7 若曲面上一条曲线每一点处的切方向都是主方向，则该曲线叫做曲面的**曲率线**。

设曲面上点 P 处的两个主方向分别为 $(d) = \mathrm{d}u : \mathrm{d}v$ 和 $(\delta) = \delta u : \delta v$。由于正交性，即 $\mathrm{d}\boldsymbol{r} \cdot \delta\boldsymbol{r} = 0$，有

$$E\mathrm{d}u\delta u + F(\mathrm{d}u\delta v + \mathrm{d}v\delta u) + G\mathrm{d}v\delta v = 0,$$

由于共轭性，即 $\mathrm{d}\boldsymbol{r} \cdot \delta\boldsymbol{n} = 0$ 或 $\delta\boldsymbol{r} \cdot \mathrm{d}\boldsymbol{n} = 0$，有

$$L\mathrm{d}u\delta u + M(\mathrm{d}u\delta v + \mathrm{d}v\delta u) + N\mathrm{d}v\delta v = 0。$$

以上两个条件改写为

$$\begin{cases}(E\mathrm{d}u+F\mathrm{d}v)\delta u+(F\mathrm{d}u+G\mathrm{d}v)\delta v=0,\\(L\mathrm{d}u+M\mathrm{d}v)\delta u+(M\mathrm{d}u+N\mathrm{d}v)\delta v=0。\end{cases}$$

由于主方向 $\delta u,\delta v$ 不全为零,可得

$$\begin{vmatrix}E\mathrm{d}u+F\mathrm{d}v & F\mathrm{d}u+G\mathrm{d}v\\L\mathrm{d}u+M\mathrm{d}v & M\mathrm{d}u+N\mathrm{d}v\end{vmatrix}=0。$$

上式还能写成以下形式

$$\begin{vmatrix}\mathrm{d}v^2 & -\mathrm{d}u\mathrm{d}v & \mathrm{d}u^2\\E & F & G\\L & M & N\end{vmatrix}=0,$$

或

$$(EM-FL)\mathrm{d}u^2+(EN-GL)\mathrm{d}u\mathrm{d}v+(FN-GM)\mathrm{d}v^2=0。$$

这是 $\mathrm{d}u:\mathrm{d}v$ 的二次方程,其判别式为

$$\begin{aligned}\Delta&=(EN-GL)^2-4(EM-FL)(FN-GM)\\&=\left[(EN-GL)-\frac{2F}{E}(EM-FL)\right]^2+\frac{4(EG-M^2)}{E^2}(EM-FL)^2,\end{aligned}$$

所以当且仅当

$$EN-GL=EM-FL=0$$

时,上述判别式 $\Delta=0$。上式可以改写成

$$\frac{E}{L}=\frac{F}{M}=\frac{G}{N}。\tag{4-25}$$

因此除了式(4-25)的情况外,$\Delta>0$。这就是说,方程总有两个不相等的实根,因而曲面上每一点$\left(除了\frac{E}{L}=\frac{F}{M}=\frac{G}{N}的情形外\right)$处总有两个主方向,它们也是曲面在该点处的迪潘指标线的主轴方向。

定义 3.8 若曲面上在某一点处的第一类基本量 E,F,G 与第二类基本量 L,M,N 满足

$$\frac{E}{L}=\frac{F}{M}=\frac{G}{N},$$

则该点叫做曲面的**脐点**。

由上面讨论过程可知,曲面上曲率线所满足的微分方程是

$$\begin{vmatrix}\mathrm{d}v^2 & -\mathrm{d}u\mathrm{d}v & \mathrm{d}u^2\\E & F & G\\L & M & N\end{vmatrix}=0。$$

前面结论告诉我们,曲面的渐近线上任意一点处的法曲率都为零,那曲面上测地曲率处处为零的线又叫做曲面的什么线呢?下面给出该类曲线的定义。

定义 3.9 曲面每一点处的测地曲率都是零的曲线叫做曲面的**测地线**。

注 (1) 从定义可以直接推出,若曲面上有直线,则该直线一定是曲面的测地线。

(2) 曲面上在适当的小范围内联结两点的测地线是两点间距离最短的线,即短程线,所以测地线又叫做短程线。

3.3.3 曲面的主曲率、高斯曲率与平均曲率

定义 3.10 曲面上一点处主方向的法曲率叫做曲面在该点处的**主曲率**。

由于曲面上一点处的主方向是过此点的曲率线的方向，因此主曲率也是曲面上一点处沿曲率线方向的法曲率。

设曲面 S 上非脐点 P 处的两个主方向分别记为 $\boldsymbol{e}_1$，$\boldsymbol{e}_2$，且主曲率为 κ_1，κ_2，$(d)=\mathrm{d}u:\mathrm{d}v$ 为点 P 处的切方向，且它与 $\boldsymbol{e}_1$ 夹角为 θ，则可以证明，曲面在该非脐点 P 处的两个主曲率是该点处法曲率中的最大值和最小值，且有沿切方向 $(d)=\mathrm{d}u:\mathrm{d}v$ 的法曲率

$$\kappa_n(\theta)=\kappa_1\cos^2\theta+\kappa_2\sin^2\theta。$$

该式叫做**欧拉(Euler)公式**[8]，它刻画了主曲率与法曲率之间的关系。

定义 3.11 若 κ_1，κ_2 是曲面上一点处的两个主曲率，则它们的乘积 $\kappa_1\kappa_2$ 叫做曲面在该点处的**高斯(Gauss)曲率**，通常记为 K，即

$$K=\kappa_1\kappa_2；$$

它们的平均数 $\dfrac{\kappa_1+\kappa_2}{2}$ 叫做曲面在该点处的**平均曲率**，通常记为 H，即

$$H=\frac{\kappa_1+\kappa_2}{2}。$$

3.4 曲面三个基本形式之间的关系

由例 2、例 3 和例 4 可知，球面 $\boldsymbol{r}(\varphi,\theta)=(R\cos\theta\cos\varphi,R\cos\theta\sin\varphi,R\sin\theta)$ 的第一、第二和第三基本形式分别为

$$\mathrm{I}=R^2\cos^2\theta\mathrm{d}\varphi^2+R^2\mathrm{d}\theta^2；$$

$$\mathrm{II}=-R\cos^2\theta\mathrm{d}\varphi^2-R\mathrm{d}\theta^2；$$

$$\mathrm{III}=\cos^2\theta\mathrm{d}\varphi^2+\mathrm{d}\theta^2。$$

由此易得，球面的三种基本形式满足关系式

$$\mathrm{III}+\frac{2}{R}\mathrm{II}+\frac{1}{R^2}\mathrm{I}=0。$$

一般正则曲面的第一、第二和第三基本形式之间是否也有某种关系呢？我们来进一步分析球面三个基本形式之间的关系式 $\mathrm{III}+\dfrac{2}{R}\mathrm{II}+\dfrac{1}{R^2}\mathrm{I}=0$。

由本节例 5 知道，半径为 R 的球面在任一点处沿任意方向的法曲率都是 $-\dfrac{1}{R}$，从而可得在该点的主曲率都是 $-\dfrac{1}{R}$，如果把式子 $\mathrm{III}+\dfrac{2}{R}\mathrm{II}+\dfrac{1}{R^2}\mathrm{I}=0$ 中的 $\dfrac{2}{R}$ 写成 $(-2)\cdot\left(-\dfrac{1}{R}\right)$，$\dfrac{1}{R^2}$ 写成 $\left(-\dfrac{1}{R}\right)\cdot\left(-\dfrac{1}{R}\right)$，而 $(-2)\cdot\left(-\dfrac{1}{R}\right)=(-2)\dfrac{-\dfrac{1}{R}+\left(-\dfrac{1}{R}\right)}{2}=(-2)\dfrac{\kappa_1+\kappa_2}{2}=-2H$，$\left(-\dfrac{1}{R}\right)\cdot\left(-\dfrac{1}{R}\right)=\kappa_1\kappa_2=K$，则球面的第一、第二和第三基本形式之间的关系可以写为

$$\mathrm{III}-2H\,\mathrm{II}+K\,\mathrm{I}=0。$$

那么正则曲面的第一、第二和第三基本形式之间是否也有如上关系呢？回答是肯定的，且可以证明[8]。

定理 3.3 若曲面的第一、第二和第三基本形式分别为Ⅰ，Ⅱ，Ⅲ，高斯曲率与平均曲率分别是 K,H，则有

$$\mathrm{III}-2H\,\mathrm{II}+K\,\mathrm{I}=0。$$

3.5 曲面论基本定理问题的引出

如果给定曲面的方程 $\boldsymbol{r}=\boldsymbol{r}(u,v)$，则它有确定的第一基本形式

$$\mathrm{I}=E(u,v)\mathrm{d}u^2+2F(u,v)\mathrm{d}u\mathrm{d}v+G(u,v)\mathrm{d}v^2$$

和第二基本形式

$$\mathrm{II}=L(u,v)\mathrm{d}u^2+2M(u,v)\mathrm{d}u\mathrm{d}v+N(u,v)\mathrm{d}v^2,$$

且该曲面的许多性质都由它的第一基本形式和第二基本形式所确定。反过来，如果我们给定关于变量 u,v 的两个二次齐次微分形式

$$E(u,v)\mathrm{d}u^2+2F(u,v)\mathrm{d}u\mathrm{d}v+G(u,v)\mathrm{d}v^2,$$

$$L(u,v)\mathrm{d}u^2+2M(u,v)\mathrm{d}u\mathrm{d}v+N(u,v)\mathrm{d}v^2,$$

能不能确定唯一一张曲面，且它的第一基本形式和第二基本形式正好就是上面给定的这两个二次齐次微分形式呢？

一般来说，这个问题是不可能有解的，因为确定一个曲面只需要三个函数 $x(u,v)$，$y(u,v)$，$z(u,v)$（因为曲面的方程 $\boldsymbol{r}(u,v)=(x(u,v),y(u,v),z(u,v))$ 是由 $x(u,v)$，$y(u,v)$，$z(u,v)$ 所确定的），但是给定的这两个二次齐次微分形式就等于给定了 6 个函数 $E(u,v)$，$F(u,v)$，$G(u,v)$，$L(u,v)$，$M(u,v)$，$N(u,v)$，条件太多。除非这 6 个系数函数之间只有 3 个独立的，也就是说，这 6 个函数间有 3 个关系式。关于这个问题的相关内容可以查阅参考文献[8]。

练 习 4

1. 求证：常向量的微商等于零向量。
2. 若 $\boldsymbol{r}(t)$ 是可微向量函数，$\rho(t)$ 可微实函数。证明：
$$\frac{\mathrm{d}}{\mathrm{d}t}\left(\frac{\boldsymbol{r}(t)}{\rho(t)}\right)=\frac{\boldsymbol{r}'(t)\rho(t)-\boldsymbol{r}(t)\rho'(t)}{\rho^2(t)}。$$
3. 证明：向量函数 $\boldsymbol{r}(t)$ 平行于固定平面的充要条件是 $(\boldsymbol{r}(t),\boldsymbol{r}'(t),\boldsymbol{r}''(t))=0$。
4. 求双曲螺线 $\boldsymbol{r}(t)=(a\cosh t,a\sinh t,at)$ 参数 t 从 0 到 t 的弧长。
5. 求曲线 $\boldsymbol{r}(t)=(t\sin t,t\cos t,t\mathrm{e}^t)$ 在原点处的三个基本向量、三线与三面的方程。
6. 证明：若曲线的所有切线都通过一个定点，则此曲线是直线。
7. 证明：球面曲线的法平面通过该球面的球心。
8. 求曲线 $\boldsymbol{r}(t)=(a(3t-t^3),3at^2,a(3t+t^3))\,(a>0)$ 的曲率和绕率。
9. 证明：曲线 $\boldsymbol{r}(t)=(1+3t+2t^2,2-2t+5t^2,1-t^2)$ 为平面曲线，并求出它所在的平

面方程。

10. 求球面 $\boldsymbol{r}(\varphi,\theta)=(R\cos\theta\cos\varphi, R\cos\theta\sin\varphi, R\sin\theta)$ 上任意点处的切平面和法线的方程。

11. 求曲面 $\boldsymbol{r}(u,v)=(u\cos v, u\sin v, bv)(-\infty<u<+\infty, -\infty<v<+\infty)$ 的第一、第二和第三基本形式。

12. 证明：正螺面

$$\boldsymbol{r}(u,v)=(u\cos v, u\sin v, bv)(-\infty<u<+\infty, -\infty<v<+\infty)$$

处处有 $EN-2FM+GL=0$。

第三部分

仿射几何与射影几何

第5章

仿射坐标系、仿射平面与仿射变换

本章内容主要是介绍仿射变换的概念,研究仿射变换的性质,并在仿射坐标系下用代数法研究仿射变换后的不变量和不变性质。

1 仿射坐标系与仿射平面

1.1 平行射影

定义 1.1 设在一平面上有两条直线 a 和 a',l 是平面上与 a,a' 都不平行的另一条直线,通过直线 a 上各点 $A,B,C,\cdots$ 分别作直线 l 的平行线,交 a' 于点 $A',B',C',\cdots$,这样便得到了直线 a 上的点到直线 a' 上的点之间的一个一一对应,叫做两条直线间的**平行射影**或**透视仿射对应**,如图 5-1 所示。记这个平行射影为 φ,则有 $\varphi(A)=A'$,$\varphi(B)=B'$,$\cdots$。

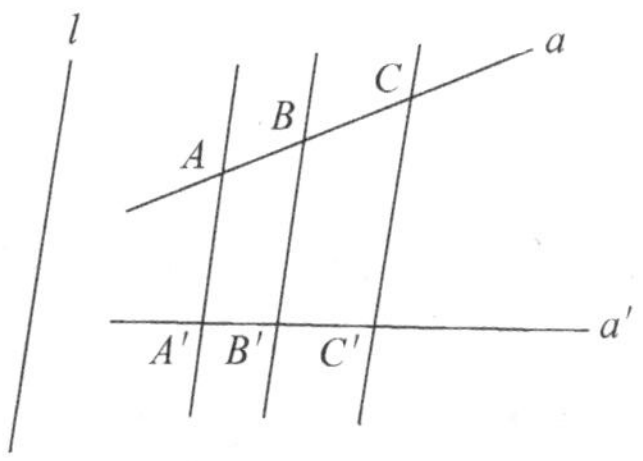

图 5-1

很明显,平行射影和直线 l 的位置有关,当直线 l 的位置改变,就得出另外的平行射影。

如果直线 a 和 a' 相交,则交点是平行射影下的**自对应点**,或叫做**不变点**(或**二重点**)。

类似可得,空间中两个平面之间的平行射影,即下面的定义。

定义 1.2 设在一空间中平面 π 与 π',l 为空间中与 π,π' 都不平行的一条直线,通过平面 π 上各点 $A,B,C,\cdots$ 分别作直线 l 的平行线,交 π' 于点 $A',B',C',\cdots$,这样便得到了平面 π 上的点到平面 π' 上的点之间的一个一一对应,叫做两个平面间的**平行射影**或**透视仿射对应**,如图 5-2 所示。记这个平行射影为 φ,则有 $\varphi(A)=A'$,$\varphi(B)=B'$,$\cdots$。

显然,如果平面 π 与平面 π' 交于直线 n,则直线 n 上的每一个点都是平行射影下的自对应点,我们把直线 n 叫做**自对应直线**,也叫做**透视轴**,简称**轴**。

对于以上两个平行射影中的直线都可以改成向量，如果改为向量，则该向量就叫做投射方向。如图 5-3，设平面 π 与平面 π' 交于直线 ξ，$\boldsymbol{\tau}$ 是既不平行于 π，又不平行于 π' 的向量，对于 π 上任意点 M，过 M 作平行于 $\boldsymbol{\tau}$ 的直线，交 π' 于点 M'，则把将 M 映成 M' 的点对应叫做平面 π 到平面 π' 的**平行射影**或**透视仿射对应**，向量 $\boldsymbol{\tau}$ 叫做**投影方向**。

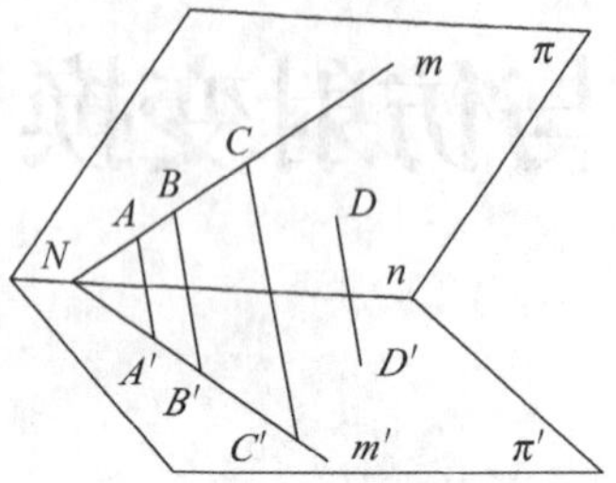

图　5-2

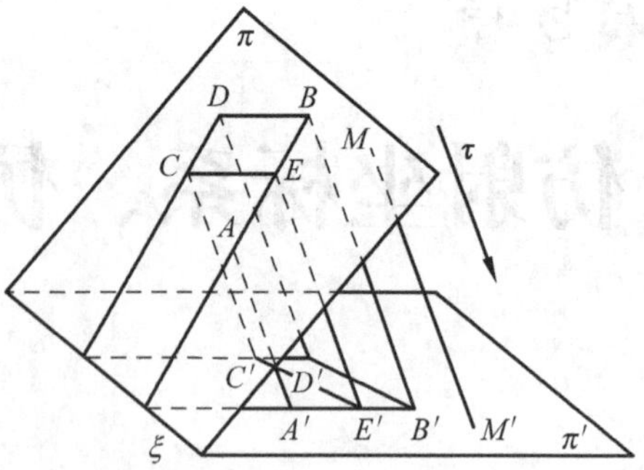

图　5-3

借助图 5-3，利用初等几何知识不难证明，透视仿射对应具有如下基本性质：

(1) 同素性：即透视仿射对应将点变成点，直线变成直线。

(2) 结合性：若点 A,E,B 在一直线上，经过透视仿射对应后，其对应点 A',E',B' 在对应直线上，即透视仿射对应保持点和直线的结合关系。

(3) 平行性：即设有直线 AB 和 CD 在透视仿射对应下对应直线分别为 $A'B'$ 和 $C'D'$，若 $CD /\!/ AB$，则 $C'D' /\!/ A'B'$。

定义 1.3　若三点 P_1,P_2,P 是共线的，且有 $\overrightarrow{P_1P}=\lambda\overrightarrow{P_2P}$，则系数 λ 叫做三点 P_1,P_2,P 的**简单比**(简称**单比**)，记为 $\lambda=(P_1P_2P)$，其中点 P_1,P_2 叫做**基点**，点 P 叫做**分点**。

由定义可知，若 P_1P,P_2P 是有向线段，则单比 $(P_1P_2P)=\dfrac{P_1P}{P_2P}$。

显然，当点 P 在点 P_1,P_2 之间时，单比 $(P_1P_2P)<0$；当点 P 在点 P_1,P_2 之外时，单比 $(P_1P_2P)>0$。

当点 P 与点 P_1 重合时，单比 $(P_1P_2P)=0$；当点 P 与点 P_2 重合时，单比 (P_1P_2P) 不存在；当点 P 为线段 P_1P_2 的中点时，单比 $(P_1P_2P)=-1$。

如果已知两点 P_1,P_2，且单比 (P_1P_2P) 为定值时，则点 P 在直线 P_1P_2 上的位置是被唯一确定的。

定理 1.1　平行射影(透视仿射对应)保持共线三点的单比不变。

证明　如图 5-2 所示，平面上 π 的共线三点 A,B,C，经过平行射影后对应点分别为平面 π' 上的共线三点 A',B',C'。由于 AA',BB',CC' 都平行于直线 l，所以有 $AA' /\!/ BB' /\!/ CC'$，故

$$\frac{AC}{BC}=\frac{A'C'}{B'C'},\quad 即\quad (ABC)=(A'B'C')。$$

定义 1.4　设同一平面上有 n 条直线 $a_1,a_2,\cdots,a_n$，如图 5-4 所示，且 $\varphi_1,\varphi_2,\cdots,\varphi_{n-1}$ 顺次表示 a_1 到 a_2，a_2 到 a_3，$\cdots$，a_{n-1} 到 a_n 的平行射影，经过这一串平行射影，使得直线 a_1

上的点与直线 a_n 上的点之间建立了一一对应，这个对应叫做直线 a_1 到直线 a_n 的**仿射对应**，记为 φ，于是有 $\varphi=\varphi_{n-1}\varphi_{n-2}\cdots\varphi_2\varphi_1$。

特别地，当直线 a_1 与 a_n 重合时，则把 a_1 到 a_n 的仿射对应叫做直线 a_1 到自身的**仿射变换**。

如图 5-5 所示，类似地可以定义出平面 π_1 到平面 π_n 的仿射对应。

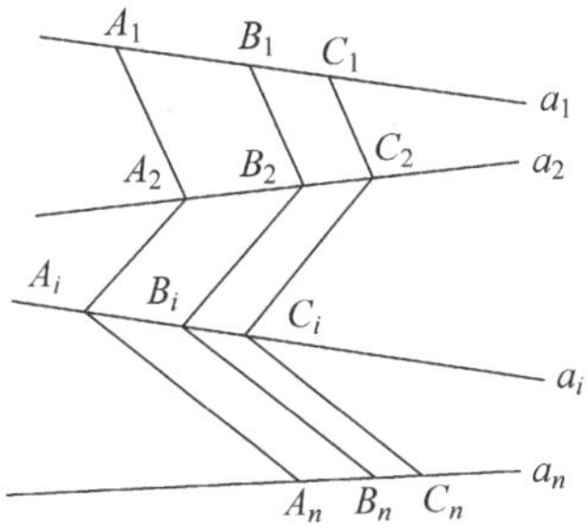

图　5-4

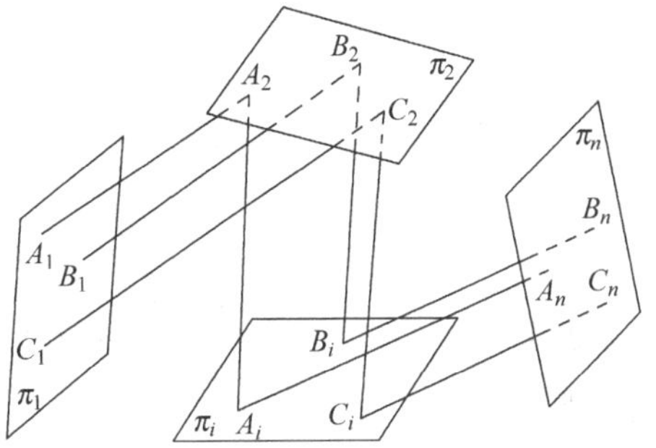

图　5-5

特别地，当平面 π_1 与 π_n 重合时，则把 π_1 到 π_n 的仿射对应叫做平面 π_1 到自身的**仿射变换**。

由上面的定义可知，仿射对应是由有限次透视仿射对应组成的，所以仿射对应是透视仿射对应链，透视仿射对应是最简单的仿射对应。而一个仿射对应是否是透视仿射对应，只需看两对对应点的连线是否平行。

由于仿射对应（变换）可以理解成为一个透视仿射对应链，所以不难证明仿射对应（变换）的下列性质：

(1) 保持同素性和结合性；

(2) 保持共线三点的单比不变；

(3) 保持直线的平行性。

定义 1.5　若两个平面间（平面到自身）的一个点对应（变换）保持同素性、结合性和共线三点的单比，则该点对应（变换）叫做**仿射对应（变换）**。

在此定义下，可以证明仿射对应（变换）保持两直线的平行性。

1.2　仿射坐标系与仿射平面

由前面透视仿射对应的定义，我们知道，透视仿射对应一般将正方形映成平行四边形。设平面上一笛卡儿直角坐标系 $O\text{-}xy$，点 $E(1,1)$ 为单位点，及平面上任一点 $P(x,y)$，如图 5-6 所示。过点 E,P 分别作 x 轴，y 轴的平行线交 y 轴和 x 轴于点 E_y,E_x,P_y,P_x，则有

$$x=\frac{OP_x}{OE_x}=\frac{P_xO}{E_xO}=(P_xE_xO);\quad y=\frac{OP_y}{OE_y}=\frac{P_yO}{E_yO}=(P_yE_yO)。$$

设 T 是一个仿射变换，将坐标系 $O\text{-}xy$ 变换成对应新坐标系 $O'\text{-}x'y'$，点 E,E_x,E_y,P,P_x,P_y 的对应点依次为 $E',E'_{x'},E'_{y'},P',P'_{x'},P'_{y'}$。由于在仿射变换 T 下保持平行性不

变，则四边形 $O'E'_{x'}E'E'_{y'}$ 和 $O'P'_{x'}P'P'_{y'}$ 均为平行四边形，如图 5-7 所示。

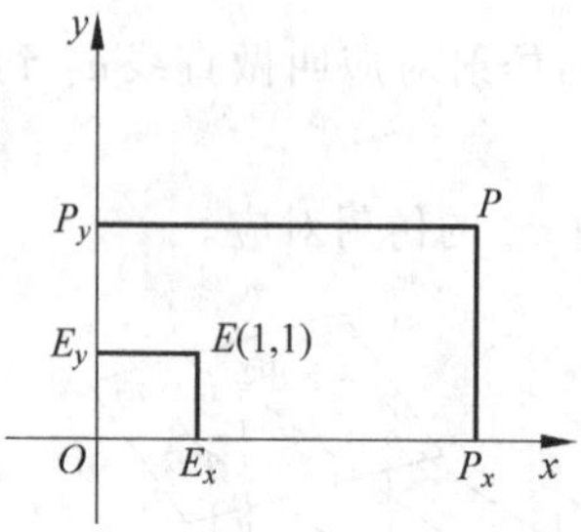

图 5-6

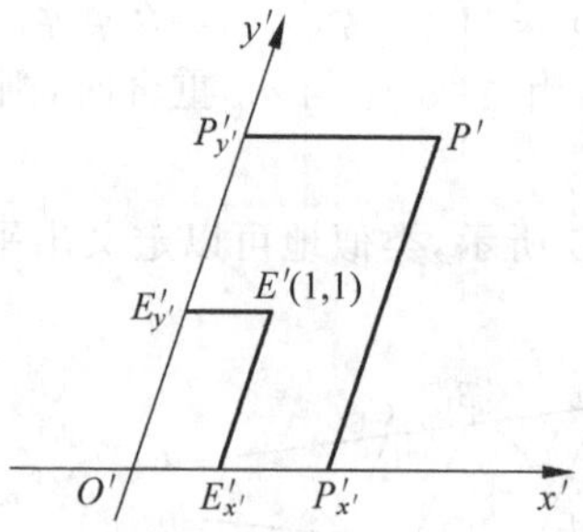

图 5-7

若取点 E' 为新坐标系 $O'\text{-}x'y'$ 的单位点(1,1)，设点 P' 在坐标系 $O'\text{-}x'y'$ 下的坐标为 (x',y')，则有

$$x'=\frac{O'P'_{x'}}{O'E'_{x'}}=\frac{P'_{x'}O'}{E'_{x'}O'}=(P'_{x'}E'_{x'}O')；\quad y'=\frac{O'P'_{y'}}{O'E'_{y'}}=\frac{P'_{y'}O'}{E'_{y'}O'}=(P'_{y'}E'_{y'}O')。$$

由于仿射变换 T 保持单比不变，所以有 $x'=x,y'=y$。新坐标系 $O'\text{-}x'y'$ 的特点是两个单位向量 $\overrightarrow{O'E'_{x'}}$ 与 $\overrightarrow{O'E'_{y'}}$ 不一定垂直，但不共线，且它们的长度不一定相等。

定义 1.6 我们把平面上的笛卡儿直角坐标系 $O\text{-}xy$ 经过仿射变换作用后所得的新坐标系 $O'\text{-}x'y'$ 叫做**仿射坐标系**，点 O' 叫做**坐标原点**，向量 $\overrightarrow{O'E'_{x'}}$ 和 $\overrightarrow{O'E'_{y'}}$ 叫做**基本向量**。点 P' 在新坐标系 $O'\text{-}x'y'$ 下的坐标 (x',y') 叫做点 P' 的**仿射坐标**，记为 $P'(x',y')$。

直观上，我们把建立了仿射坐标系的平面叫做**仿射平面**。

事实上，仿射坐标系是笛卡儿直角坐标系的推广，而笛卡儿直角坐标系是仿射坐标系的特殊情况。

由于点的仿射坐标与笛卡儿坐标相似，所以可以推得一些相关的结论。例如，如果平面上两点 P_1,P_2 的仿射坐标分别为 $(x_1,y_1)(x_2,y_2)$，则线段 P_1P_2 的中点坐标必为 $\left(\frac{x_1+x_2}{2},\frac{y_1+y_2}{2}\right)$，直线 P_1P_2 的方程可表示成 $Ax+By+C=0$ 的形式(具体证明见后)。

定理 1.2 若仿射平面上三点 $P_1(x_1,y_1),P_2(x_2,y_2),P_3(x_3,y_3)$ 共线，则有

$$(P_1P_2P_3)=\frac{x_3-x_1}{x_3-x_2}=\frac{y_3-y_1}{y_3-y_2}。$$

证明 如图 5-8，分别过点 $P_i(i=1,2,3)$ 作 P_iP_{ix} 与 y 轴平行，交 x 轴于点 P_{ix}，则有

$$\begin{aligned}(P_1P_2P_3)&=(P_{1x}P_{2x}P_{3x})\\&=\frac{P_{1x}P_{3x}}{P_{2x}P_{3x}}=\frac{OP_{3x}-OP_{1x}}{OP_{3x}-OP_{2x}}\\&=\frac{\dfrac{OP_{3x}}{OE_x}-\dfrac{OP_{1x}}{OE_x}}{\dfrac{OP_{3x}}{OE_x}-\dfrac{OP_{2x}}{OE_x}}=\frac{x_3-x_1}{x_3-x_2}。\end{aligned}$$

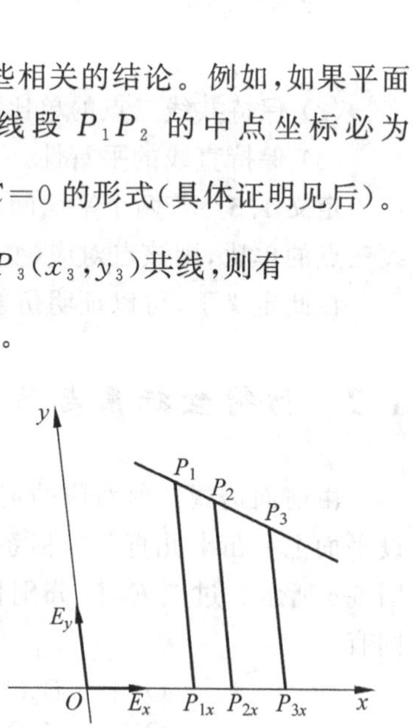

图 5-8

同理可证，

$$(P_1P_2P_3)=\frac{y_3-y_1}{y_3-y_2}。$$

2　仿射变换的相关问题

2.1　仿射变换的代数表达式

仿射变换是仿射平面上一个保持同素性、结合性和共线三点的单比的点变换，从代数上讲，它的代数表达式是什么呢？下面在给定的仿射坐标系下，我们来求出仿射变换的代数表达式。

设在仿射平面上给定一个仿射坐标系 $O\text{-}\boldsymbol{e}_1\boldsymbol{e}_2$，经过一个仿射变换 T，将仿射坐标系 $O\text{-}\boldsymbol{e}_1\boldsymbol{e}_2$ 变成仿射坐标系 $O'\text{-}\boldsymbol{e}'_1\boldsymbol{e}'_2$，将平面上的点 $P(x,y)$ 变成点 $P'(x',y')$，如图 5-9 所示。如果求出了 (x',y') 与 (x,y) 之间的关系，我们就得到了仿射变换的代数表达式。

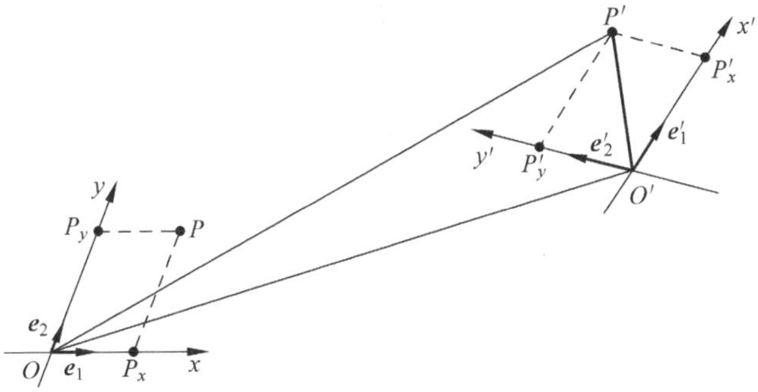

图　5-9

设仿射坐标系 $O'\text{-}\boldsymbol{e}'_1\boldsymbol{e}'_2$ 的基本向量 $\boldsymbol{e}'_1,\boldsymbol{e}'_2$ 在仿射坐标系 $O\text{-}\boldsymbol{e}_1\boldsymbol{e}_2$ 下的坐标分别是 $(a_{11},a_{21}),(a_{12},a_{22})$，点 O' 在仿射坐标系 $O\text{-}\boldsymbol{e}_1\boldsymbol{e}_2$ 下的坐标是 (a_{13},a_{23})，则有

$$\begin{cases}\boldsymbol{e}'_1=a_{11}\boldsymbol{e}_1+a_{21}\boldsymbol{e}_2,\\ \boldsymbol{e}'_2=a_{12}\boldsymbol{e}_1+a_{22}\boldsymbol{e}_2,\\ \overrightarrow{OO'}=a_{13}\boldsymbol{e}_1+a_{23}\boldsymbol{e}_2。\end{cases}$$

由于仿射变换保持平行性不变，所以四边形 OP_xPP_y 的对应图形 $O'P'_xP'P'_y$ 仍为平行四边形。又由于仿射变换保持单比不变，所以点 P' 在仿射坐标系 $O'\text{-}\boldsymbol{e}'_1\boldsymbol{e}'_2$ 下的坐标仍为 (x,y)。

因为

$$\overrightarrow{OP'}=\overrightarrow{OO'}+\overrightarrow{O'P'},$$

所以

$$\begin{aligned}\overrightarrow{OP'}&=(a_{13}\boldsymbol{e}_1+a_{23}\boldsymbol{e}_2)+(x\boldsymbol{e}'_1+y\boldsymbol{e}'_2)\\&=(a_{13}\boldsymbol{e}_1+a_{23}\boldsymbol{e}_2)+x(a_{11}\boldsymbol{e}_1+a_{21}\boldsymbol{e}_2)+y(a_{12}\boldsymbol{e}_1+a_{22}\boldsymbol{e}_2)\\&=(a_{11}x+a_{12}y+a_{13})\boldsymbol{e}_1+(a_{21}x+a_{22}y+a_{23})\boldsymbol{e}_2。\end{aligned}$$

又由于

$$\overrightarrow{OP'}=x'\boldsymbol{e}_1+y'\boldsymbol{e}_2。$$

比较以上两个等式，从而得到

$$\begin{cases}x'=a_{11}x+a_{12}y+a_{13},\\ y'=a_{21}x+a_{22}y+a_{23}。\end{cases}$$

由于 $\boldsymbol{e}'_1$ 与 $\boldsymbol{e}'_2$ 不共线，所以 $\begin{vmatrix}a_{11} & a_{21}\\ a_{12} & a_{22}\end{vmatrix}\neq 0$，从而 $\begin{vmatrix}a_{11} & a_{12}\\ a_{21} & a_{22}\end{vmatrix}\neq 0$。

这样，我们得到了仿射变换在仿射坐标系下的代数表达式为

$$\begin{cases}x'=a_{11}x+a_{12}y+a_{13},\\ y'=a_{21}x+a_{22}y+a_{23},\end{cases}\tag{5-1}$$

其中 $\Delta=\begin{vmatrix}a_{11} & a_{12}\\ a_{21} & a_{22}\end{vmatrix}\neq 0$。或者将式(5-1)写成如下矩阵形式

$$\begin{pmatrix}x'\\ y'\end{pmatrix}=\begin{pmatrix}a_{11} & a_{12}\\ a_{21} & a_{22}\end{pmatrix}\begin{pmatrix}x\\ y\end{pmatrix}+\begin{pmatrix}a_{13}\\ a_{23}\end{pmatrix},\quad \det(a_{ij})\neq 0。\tag{5-1′}$$

由于 $\Delta=\begin{vmatrix}a_{11} & a_{12}\\ a_{21} & a_{22}\end{vmatrix}\neq 0$，所以可以从式(5-1)中解出 (x,y) 关于 (x',y') 的代数表达式，不妨设为

$$\begin{cases}x=b_{11}x'+b_{12}y'+b_{13},\\ y=b_{21}x'+b_{22}y'+b_{23},\end{cases}\tag{5-2}$$

其中

$$\Delta'=\begin{vmatrix}b_{11} & b_{12}\\ b_{21} & b_{22}\end{vmatrix}\neq 0,$$

将式(5-2)叫做原仿射变换(5-1)的逆变换代数表达式。

2.2 关于仿射变换的确定及其重要定理

由仿射变换的代数表达式(5-1)表示可知，确定一个仿射变换需要 6 个量，即 $a_{1i},a_{2i}(i=1,2,3)$，那么什么条件可以确定唯一一个仿射变换呢？关于平面上仿射变换的确定，我们有下面的定理。

定理 2.1 设 $P_i(x_i,y_i)$ 和 $P_i'(x'_i,y'_i)(i=1,2,3)$ 分别是仿射平面上不共线的三点，则存在唯一仿射变换将点 P_i 变成点 P'_i。

证明 只须确定仿射变换(5-1)中的各系数即可。为此，将 $(x_i,y_i)\to(x'_i,y'_i)$ 代入式(5-1)得到

$$\begin{cases}x'_i=a_{11}x_i+a_{12}y_i+a_{13},\\ y'_i=a_{21}x_i+a_{22}y_i+a_{23}。\end{cases}\tag{5-3}$$

在方程组(5-3)的第一式中，令 $i=1,2,3$ 可得

$$\begin{cases}x'_1=a_{11}x_1+a_{12}y_1+a_{13},\\ x'_2=a_{11}x_2+a_{12}y_2+a_{13},\\ x'_3=a_{11}x_3+a_{12}y_3+a_{13}。\end{cases}\tag{5-4}$$

由于三点 P_1,P_2,P_3 不共线,故

$$\begin{vmatrix} x_1 & y_1 & 1 \\ x_2 & y_2 & 1 \\ x_3 & y_3 & 1 \end{vmatrix} \neq 0,$$

从而线性方程组(5-4)有唯一解 a_{11},a_{12},a_{13}。同理可求得唯一确定的 a_{21},a_{22},a_{23}。

又由方程组(5-3)可得

$$\begin{vmatrix} x'_2-x'_1 & y'_2-y'_1 \\ x'_3-x'_1 & y'_3-y'_1 \end{vmatrix} = \begin{vmatrix} x_2-x_1 & y_2-y_1 \\ x_3-x_1 & y_3-y_1 \end{vmatrix} \begin{vmatrix} a_{11} & a_{12} \\ a_{21} & a_{22} \end{vmatrix}。$$

由于三点 P'_1,P'_2,P'_3 不共线,故由上面解得的系数可以构造一个仿射变换的系数行列式

$$\begin{vmatrix} a_{11} & a_{12} \\ a_{21} & a_{22} \end{vmatrix} \neq 0。$$

从而得到满足条件的唯一仿射变换。

例 1 求使三点 $O(0,0),E(1,1),P(1,-1)$ 顺次变为点 $O'(2,3),E'(2,5),P'(3,-7)$ 的仿射变换。

解 设所求仿射变换为

$$\begin{cases} x' = a_{11}x + a_{12}y + a_{13}, \\ y' = a_{21}x + a_{22}y + a_{23}, \end{cases} \quad \Delta \neq 0。$$

将三对对应点的仿射坐标代入上式,则有

$$\begin{cases} 2 = a_{13}, \\ 3 = a_{23}, \\ 2 = a_{11} + a_{12} + a_{13}, \\ 5 = a_{21} + a_{22} + a_{23}, \\ 3 = a_{11} - a_{12} + a_{13}, \\ -7 = a_{21} - a_{22} + a_{23}。 \end{cases}$$

解此线性方程组,得

$$a_{11} = \frac{1}{2}, \quad a_{12} = -\frac{1}{2}, \quad a_{13} = 2, \quad a_{21} = -4, \quad a_{22} = 6, \quad a_{23} = 3。$$

故所求仿射变换是

$$\begin{cases} x' = \frac{1}{2}x - \frac{1}{2}y + 2, \\ y' = -4x + 6y + 3。 \end{cases}$$

例 2 求使三点 $O(0,0),A(1,1),B(-1,1)$ 顺次变为点 $O'(-1,2),A'(2,1),B'(0,-3)$ 的仿射变换；并求出点 $C(2,1)$ 的像点；点 $D'(1,-1)$ 的原像点。

解 设所求仿射变换为

$$\begin{cases} x' = a_{11}x + a_{12}y + a_{13}, \\ y' = a_{21}x + a_{22}y + a_{23}, \end{cases} \quad \Delta \neq 0。$$

将三对对应点的仿射坐标代入上式,则有

$$\begin{cases}-1=a_{13},\\ 2\ =a_{11}+a_{12}+a_{13},\\ 0\ =-a_{11}+a_{12}+a_{13},\\ 2\ =a_{23},\\ 1\ =a_{21}+a_{22}+a_{23},\\ -3=-a_{21}+a_{22}+a_{23}。\end{cases}$$

解此线性方程组,得

$$a_{11}=1,\quad a_{12}=2,\quad a_{13}=-1,\quad a_{21}=2,\quad a_{22}=-3,\quad a_{23}=2。$$

故所求仿射变换是

$$\begin{cases}x'=x+2y-1,\\ y'=2x-3y+2。\end{cases}$$

将 $x=2,y=1$ 代入上仿射变换,可得 $x'=3,y'=3$,故点(2,1)的像点是(3,3)。

将 $x'=1,y'=-1$ 代入上仿射变换,可得 $x=0,y=1$,故点(1,−1)的原像点是(0,1)。

关于仿射平面上全体仿射变换,有下面的定理。

定理 2.2 仿射平面上全体仿射变换的集合构成一个群,叫做**仿射群**。

证明 由于满秩矩阵的逆矩阵也是满秩矩阵,故仿射变换的逆变换也是仿射变换。又因为满秩矩阵的乘积矩阵也是满秩矩阵,所以两个仿射变换的乘积也是仿射变换。因此全体仿射变换的集合构成一个群。

由于决定一个仿射变换需要 6 个独立参数,故常将仿射平面上的仿射群记为 G_6。

2.3 仿射平面上直线的几个常用结论

在仿射平面上的直线方程又如何呢?对于过两点的直线方程我们有如下定理。

定理 2.3 若 $P_i(x_i,y_i)(i=1,2)$是仿射平面上两个不同的点,则直线 P_1P_2 的方程为

$$\frac{x-x_1}{x-x_2}=\frac{y-y_1}{y-y_2}。$$

证明 设点 $P(x,y)$为直线 P_1P_2 上异于点 P_1,P_2 任意一点,则由本章定理 1.2 有

$$(P_1P_2P)=\frac{x-x_1}{x-x_2}=\frac{y-y_1}{y-y_2},$$

即直线 P_1P_2 的方程为

$$\frac{x-x_1}{x-x_2}=\frac{y-y_1}{y-y_2}。$$

把上式化简整理后,得

$$Ax+By+C=0,$$

其中 A,B,C 是关于 $x_i,y_i(i=1,2)$的常数,且有 A,B 不全为零,否则点 P_1 与点 P_2 重合,这与已知矛盾。

反之易得,满足方程$\frac{x-x_1}{x-x_2}=\frac{y-y_1}{y-y_2}$的 x,y 所对应的点 $P(x,y)$也一定在直线 P_1P_2 上,所以,在仿射平面上,直线的方程仍为 $Ax+By+C=0(A^2+B^2\neq 0)$形式。反之,方程

$Ax+By+C=0(A^2+B^2\neq 0)$表示的图形是一条直线。

在仿射平面上，我们也把方程

$$Ax+By+C=0(A^2+B^2\neq 0)$$

叫做直线的**一般方程**；而把方程

$$\frac{x-x_1}{x-x_2}=\frac{y-y_1}{y-y_2}$$

叫做直线的**两点式方程**。

若直线 ξ 过点 $M_0(x_0,y_0)$，且与向量$\boldsymbol{\tau}$ 平行，如图 5-10 所示，设直线 ξ 上点 M 的坐标是(x,y)，记 $\overrightarrow{OM_0}=\boldsymbol{r}_0$，$\overrightarrow{OM}=\boldsymbol{r}$，则我们把方程

$$\boldsymbol{r}=\boldsymbol{r}_0+t\boldsymbol{\tau}$$

叫做直线的**向量式参数方程**，其中向量$\boldsymbol{\tau}$ 叫做直线的**方向向量**，$t(-\infty<t<+\infty)$是参数。

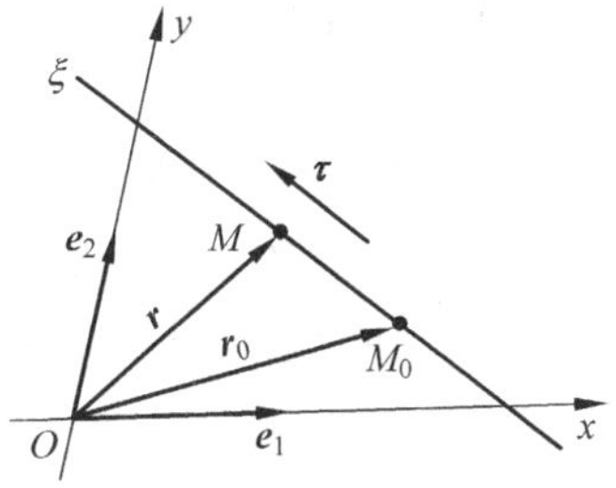

图 5-10

设方向向量$\boldsymbol{\tau}$ 坐标是(X,Y)，把坐标代入上式所得的方程

$$\begin{cases}x=x_0+tX,\\ y=y_0+tY,\end{cases}\quad -\infty<t<+\infty,$$

称其为直线的**坐标式参数方程**；把方程

$$\frac{x-x_0}{X}=\frac{y-y_0}{Y}$$

叫做直线的**标准方程**。

在仿射平面上，直线的方程有多种形式，但是由于两直线的夹角在仿射变换下一般要改变，所以在仿射平面上不能有与直线的斜率有关的方程。对于有关点与直线，直线与直线的关系，我们有以下结论：

(1) 两条直线 $\xi^{(i)}$：$A_ix+B_iy+C_i=0(i=1,2)$相交的充要条件为$\dfrac{A_1}{A_2}\neq\dfrac{B_1}{B_2}$；两条直线平行的充要条件为$\dfrac{A_1}{A_2}=\dfrac{B_1}{B_2}\neq\dfrac{C_1}{C_2}$；两条直线重合的充要条件为$\dfrac{A_1}{A_2}=\dfrac{B_1}{B_2}=\dfrac{C_1}{C_2}$。

(2) 三点 $P_i(x_i,y_i)(i=1,2,3)$共线的充要条件是$\begin{vmatrix}x_1 & y_1 & 1\\ x_2 & y_2 & 1\\ x_3 & y_3 & 1\end{vmatrix}=0$；且若 P_3 分线段 P_1P_2 成定比 $\lambda(\lambda\neq -1)$(即 $\overrightarrow{P_1P_3}=\lambda\overrightarrow{P_3P_2}$)，则有 $x_3=\dfrac{x_1+\lambda x_2}{1+\lambda}$，$y_3=\dfrac{y_1+\lambda y_2}{1+\lambda}$。

(3) 三条直线 $\xi^{(i)}$：$A_ix+B_iy+C_i=0(i=1,2,3)$共点或平行的充要条件是

$$\begin{vmatrix}A_1 & B_1 & C_1\\ A_2 & B_2 & C_2\\ A_3 & B_3 & C_3\end{vmatrix}=0。\tag{5-5}$$

证明 若三条直线平行，则$\dfrac{A_1}{B_1}=\dfrac{A_2}{B_2}=\dfrac{A_3}{B_3}$，显然式(5-5)成立。反之，若式(5-5)成立，且

第一列与第二列成比例，则三条直线平行。以下假定式(5-5)的前两列不成比例，即三条直线不平行，于是 $\xi^{(i)}: A_i x+B_i y+C_i=0(i=1,2,3)$ 共点的充要条件是齐次线性方程组

$$\begin{cases}A_1x+B_1y+C_1z=0,\\A_2x+B_2y+C_2z=0,\\A_3x+B_3y+C_3z=0\end{cases}$$

有非零解 $(x_0,y_0,1)$，从而等价于该齐次线性方程组的系数行列式等于零，即式(5-5)成立。

我们注意到，以上结论与欧氏平面上结论是相应一致的。但是，在欧氏平面上成立的特殊结论不能完全照搬到仿射平面上。例如，在欧氏平面上成立的距离公式，在一般仿射平面上就不能成立。

例 3 求一仿射变换使 x 轴，y 轴的对应直线方程分别为 $x'-2y'+1=0$，$2x'-2y'-5=0$，且点 $(-5,1)$ 的对应点为原点。

解 设所求仿射变换的逆变换代数表达式为

$$\begin{cases}x=b_{11}x'+b_{12}y'+b_{13},\\y=b_{21}x'+b_{22}y'+b_{23}。\end{cases}$$

由于 x 轴 $(y=0)$ 的对应直线为 $b_{21}x'+b_{22}y'+b_{23}=0$，$y$ 轴 $(x=0)$ 的对应直线为 $b_{11}x'+b_{12}y'+b_{13}=0$。而已知 x 轴与 y 轴的对应直线方程分别为 $x'-2y'+1=0$，$2x'-2y'-5=0$。因此 $b_{21}x'+b_{22}y'+b_{23}=0$ 与 $x'-2y'+1=0$ 应表示同一条直线，所以有

$$\frac{b_{21}}{1}=\frac{b_{22}}{-2}=\frac{b_{23}}{1}=k,$$

从而有

$$y=kx'-2ky'+k。$$

同理可得

$$\frac{b_{11}}{2}=\frac{b_{12}}{-2}=\frac{b_{13}}{-5}=l,$$

从而有

$$x=2lx'-2ly'-5l。$$

又因为点 $(-5,1)$ 的对应点为 $(0,0)$，所以

$$k=l=1,$$

所求仿射变换的逆变换代数表达式为

$$\begin{cases}x=2x'-2y'-5,\\y=x'-2y'+1,\end{cases}$$

解得

$$\begin{cases}x'=x-y+6,\\y'=\dfrac{1}{2}x-y+\dfrac{7}{2}\end{cases}$$

为所求的仿射变换。

例 4 已知过两点 $P_1(-1,-2)$，$P_2(2,3)$ 的直线交直线 $x+3y-5=0$ 于点 P，求单比 (P_1P_2P) 的值。

解法 1 因为直线 P_1P_2 的方程为

$$\frac{x+1}{x-2}=\frac{y+2}{y-3},$$

即

$$5x-3y-1=0。$$

由

$$\begin{cases}5x-3y-1=0,\\ x+3y-5=0,\end{cases}$$

解得

$$\begin{cases}x=1,\\ y=\dfrac{4}{3},\end{cases}$$

即点 P 坐标是$\left(1,\dfrac{4}{3}\right)$,故

$$(P_1P_2P)=\frac{x-x_1}{x-x_2}=\frac{1+1}{1-2}=-2。$$

解法 2 设点 P 坐标是(x,y),$(P_1P_2P)=\lambda$,则有

$$\lambda=\frac{x+1}{x-2}=\frac{y+2}{y-3},$$

解得

$$\begin{cases}x=\dfrac{-1-2\lambda}{1-\lambda},\\ y=\dfrac{-2-3\lambda}{1-\lambda},\end{cases}$$

即点 P 坐标是$\left(\dfrac{-1-2\lambda}{1-\lambda},\dfrac{-2-3\lambda}{1-\lambda}\right)$,将其坐标代入直线方程 $x+3y-5=0$,解得 $\lambda=-2$,从而有

$$(P_1P_2P)=-2。$$

2.4 几种重要的仿射变换

特殊的仿射变换在计算机图形学中有广泛的应用,下面来进一步讨论它们。从代数表达式(5-1′)看到,仿射变换由非退化矩阵 $\boldsymbol{A}=(a_{ij})$和向量 $\boldsymbol{a}=(a_{13},a_{23})$来决定。我们已经知道,向量 $\boldsymbol{a}$ 决定平移 $T_{\boldsymbol{a}}$,下面仅讨论由 $\boldsymbol{A}$ 决定的齐次线性变换

$$T:\begin{pmatrix}x'\\y'\end{pmatrix}=\boldsymbol{A}\begin{pmatrix}x\\y\end{pmatrix}=\begin{pmatrix}a_{11}&a_{12}\\a_{21}&a_{22}\end{pmatrix}\begin{pmatrix}x\\y\end{pmatrix},\quad \det\boldsymbol{A}=\det(a_{ij})\neq 0。\tag{5-6}$$

当 $O\text{-}xy$ 是直角坐标系时,在第 3 章 3.1 节中给出了

$$\boldsymbol{A}=\begin{pmatrix}\cos\theta&-\sin\theta\\ \sin\theta&\cos\theta\end{pmatrix}\quad 和\quad \boldsymbol{A}=\begin{pmatrix}1&0\\0&-1\end{pmatrix}$$

的情况,它们分别是绕坐标系原点 O 的旋转变换和关于 x 轴的镜射变换。下面进一步讨论

矩阵 **A** 的另外几种特殊情况。

(1) **正交变换**：当变换(5-6)的矩阵满足正交矩阵的条件，即

$$\begin{cases}a_{11}^2+a_{21}^2=1,\\ a_{12}^2+a_{22}^2=1,\\ a_{11}a_{12}+a_{21}a_{22}=0\end{cases}$$

时，变换(5-6)是正交变换，所以正交变换是特殊的仿射变换。

(2) **比例变换**(也叫做**放缩变换**)：当

$$\boldsymbol{A}=\begin{pmatrix}a & 0\\ 0 & b\end{pmatrix},\quad a,b>0$$

时，变换(5-6)叫做比例变换。

显然，在比例变换下，x 轴，y 轴均为不动直线，原点 O 是不动点，异于原点的每一点沿坐标轴方向按比例伸缩，故也叫做放缩变换，如图 5-11 所示。特别地，当 $a=b$ 时，是**位似变换**，如图 5-12 所示，此时，过原点的所有直线都是不动直线。

(3) **相似变换**：当

$$\boldsymbol{A}=\begin{pmatrix}a & -\lambda b\\ b & \lambda a\end{pmatrix},\quad 且\quad a^2+b^2\neq 0$$

时，变换(5-6)叫做相似变换。

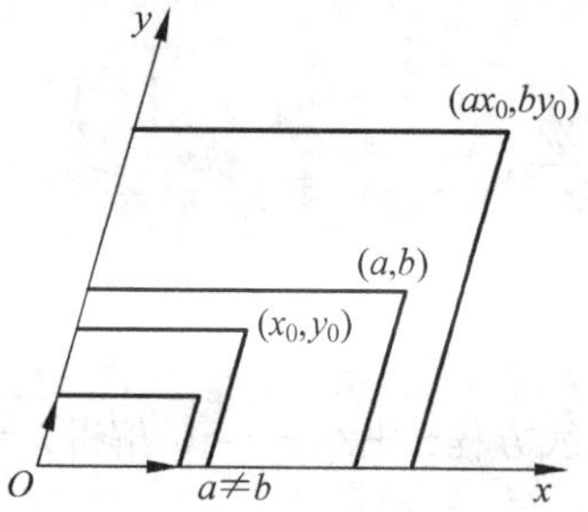

图 5-11

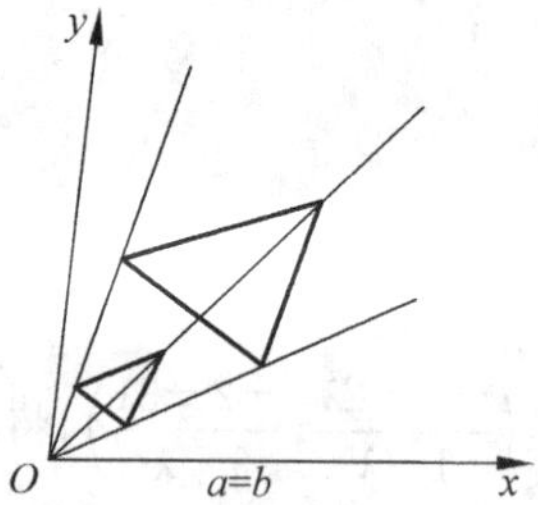

图 5-12

(4) **错位变换**(也叫做**推移变换**)：当

$$\boldsymbol{A}=\begin{pmatrix}1 & a\\ b & 1\end{pmatrix},\quad 且\quad a^2+b^2\neq 0$$

时，变换(5-6)叫做错位变换。

当 $a\neq 0,b=0$ 时，该变换叫做沿 x 轴方向的错切。此时，平行于 x 轴的直线都是不动直线，且

$$M(x_1,y_0)\rightarrow M'(x_1+ay_0,y_0)\equiv M'(x_1',y_0),$$
$$P(x_2,y_0)\rightarrow P'(x_2+ay_0,y_0)\equiv P'(x_2',y_0)。$$

故 $x_1'-x_1=x_2'-x_2=ay_0$。这说明直线 $y=y_0$ 上的每一点沿 x 轴方向平移了 ay_0，如图 5-13 所示，相当于平面上的点受平移于 x 轴方向、大小与受力点的纵坐标成正比的推力作用而产生的移动，故又叫做推移。

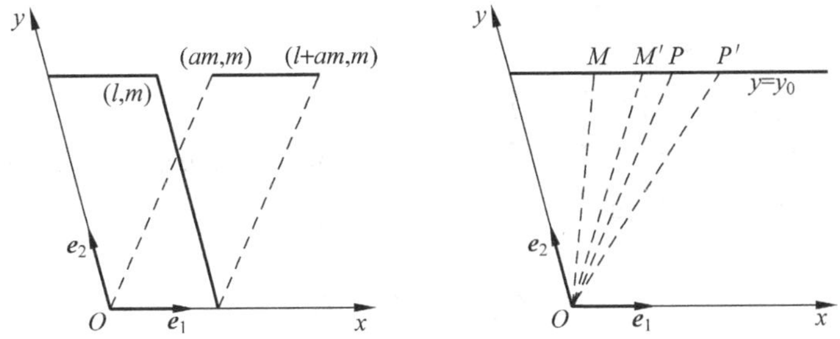

图 5-13

当 $a=0,b\neq 0$ 时，该变换叫做沿 y 轴方向的错切。

2.5 仿射性质

定义 2.1 图形经过任何仿射变换都不变的性质(量)，叫做图形的**仿射性质**(**仿射不变量**)。

由前面所述可知，同素性、结合性、平行性都是图形的仿射性质；共线三点的单比是仿射不变量。由以上仿射变换的性质还可以进一步得出如下结论：

(1) 两条相交直线经过仿射变换后仍变为两条相交直线。

(2) 共点直线经过仿射变换后仍变为共点直线。

(3) 两条平行直线经过仿射变换后仍变为两条平行直线。

(4) 两条平行线段之比经过仿射变换后仍保持不变，一条直线上任意两线段之比经过仿射变换后仍保持不变。

定理 2.4 像三角形与原像三角形的面积之比是一个非零常数。

证明 设 $\triangle P_1P_2P_3$ 的三个顶点 $P_i(x_i,y_i)(i=1,2,3)$ 经仿射变换

$$\begin{cases} x'=a_{11}x+a_{12}y+a_{13}, \\ y'=a_{21}x+a_{22}y+a_{23}, \end{cases} \quad \begin{vmatrix} a_{11} & a_{12} \\ a_{21} & a_{22} \end{vmatrix} \neq 0$$

分别变成 $P_i'(x_i',y_i')(i=1,2,3)$，则

$$S_{\triangle P_1P_2P_3}=\left|\frac{1}{2}\begin{vmatrix} x_1 & y_1 & 1 \\ x_2 & y_2 & 1 \\ x_3 & y_3 & 1 \end{vmatrix}\right|,$$

$$\begin{aligned} S_{\triangle P_1'P_2'P_3'} &= \left|\frac{1}{2}\begin{vmatrix} x_1' & y_1' & 1 \\ x_2' & y_2' & 1 \\ x_3' & y_3' & 1 \end{vmatrix}\right| \\ &= \left|\frac{1}{2}\begin{vmatrix} a_{11}x_1+a_{12}y_1+a_{13} & a_{21}x_1+a_{22}y_1+a_{23} & 1 \\ a_{11}x_2+a_{12}y_2+a_{13} & a_{21}x_2+a_{22}y_2+a_{23} & 1 \\ a_{11}x_3+a_{12}y_3+a_{13} & a_{21}x_3+a_{22}y_3+a_{23} & 1 \end{vmatrix}\right| \\ &= |a_{11}a_{22}-a_{12}a_{21}|\, S_{\triangle P_1P_2P_3} \end{aligned}$$

由上两式得

$$\frac{S_{\triangle P_1'P_2'P_3'}}{S_{\triangle P_1P_2P_3}}=|a_{11}a_{22}-a_{12}a_{21}|=\text{常数}。$$

推论 两个三角形面积之比是仿射不变量。

由上面的结论可进一步得出任意两个多边形面积之比是仿射不变量；任意两个封闭曲线所围成的图形面积之比也是仿射不变量。

练 习 5

1. 在仿射变换下，下列图形的对应图形是什么？

(1) 等腰直角三角形； (2) 直角梯形；

(3) 菱形； (4) 正方形；

(5) 正六边形。

2. 下列性质中哪些是仿射性质？哪些不是？请说明理由。

(1) 三角形的三条角平分线共点； (2) 四边形内接于圆；

(3) 三角形的三条中线共点； (4) 平行四边形的对角线互相平分；

(5) 线段中垂线上的点到这条线段的两个端点的距离相等。

3. 已知过点 $A(6,1)$ 和 $B(-3,2)$ 的直线交直线 $x+3y-6=0$ 于点 P，求 (ABP) 的值。

4. 已知过点 $P_i(x_i,y_i)(i=1,2)$ 的直线 P_1P_2 交直线 $Ax+By+C=0$ 于点 P。求证：$(ABP)=\dfrac{Ax_1+By_1+C}{Ax_2+By_2+C}$。

5. 已知仿射变换 $\begin{cases}x=\quad\ \ y'-2,\\ y=x'+y'-1。\end{cases}$

(1) 求点 $A(-1,3)$，$B(-2,3)$ 在新坐标系下的坐标；

(2) 求向量 $\boldsymbol{u}=(-3,2)$，$\boldsymbol{v}=(2,-2)$ 在新坐标系下的坐标；

(3) 点 C 的新坐标为 $(5,3)$，求它在原坐标系下的坐标；

(4) 求直线 $2x+y+2=0$ 在新坐标系下的方程。

6. 求将点 $O(0,0)$，$A(1,0)$，$B(0,1)$ 分别变为点 $O'(1,1)$，$A'(3,1)$，$B'(3,2)$ 的仿射变换。

7. 求一仿射变换，使 x 轴，y 轴的像分别为直线 $x'-y'-1=0$，$x'+y'+1=0$，且点 $(1,1)$ 的像点是原点。

8. 求一仿射变换，它使直线 $x+2y-1=0$ 的每个点都不变，且使点 $(1,-1)$ 变为点 $(-1,2)$。

9. 求下列仿射变换的不动点：

(1) $\begin{cases}x'=4x+5y-11,\\ y'=2x+4y-7；\end{cases}$ (2) $\begin{cases}x'=4x-y-5,\\ y'=2x+3y+2。\end{cases}$

10. 求仿射变换 $\begin{cases}x'=7x-y+1,\\ y'=4x+2y+4\end{cases}$ 的不动点和不动直线。

11. 证明：在仿射变换下，两个不动点的连线上的任何点都是不动点。

12. 已知平行四边形 $ABCD$ 中，点 E，F 分别在边 AB，BC 上，且 $EF /\!/ AC$，用仿射变换证明 $S_{\triangle AED}=S_{\triangle CDF}$。

13. 设点 F，G，H，K 分别为凸五边形 $ABCDE$ 的四条边 AB，BC，CD，DE 的中点，点 M，N 分别是 FH，GK 的中点。求证：(1)$MN /\!/ AE$；(2)$MN=\frac{1}{4}AE$。

第6章

从仿射平面到射影平面

1　扩大的仿射平面

本节从中心射影入手引进无穷远元素，拓广欧氏平面，为射影几何的建立打下基础。

1.1　中心射影和无穷远元素

定义 1.1　设 O 为平面上两条不重合直线 l,l' 外的一点，P 为直线 l 上的任意一点，直线 OP 交直线 l' 于点 P'，则直线 l 与直线 l' 之间的这种点对应关系叫做平面上以 O 为射影中心，从直线 l 到直线 l' 的**中心射影**，点 O 叫做**射影中心**，简称**射心**，从射心 O 引出的直线 OP 叫做**投影线**，点 P 与点 P' 叫做此中心射影下的**对应点**。

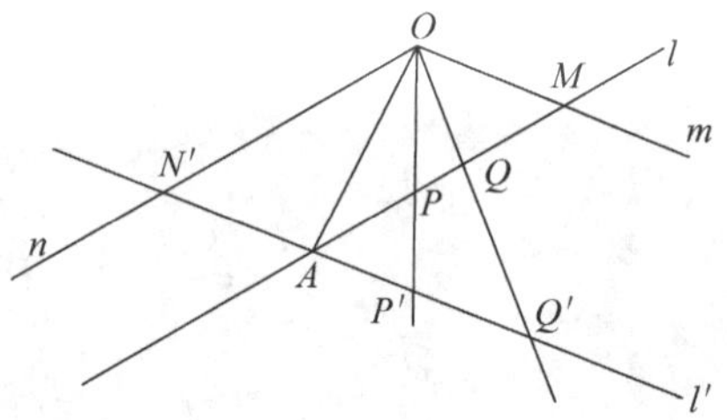

图　6-1

注　(1) 中心射影由两条直线 l,l' 和射心 O 所唯一确定。取不同的射心，就可以得到不同的中心射影。

(2) 若点 P' 是点 P 的对应点，则点 P 也是点 P' 在直线 l 上的以 O 为射心的中心射影下的对应点。

(3) 若直线 l 与直线 l' 交于点 A，则点 A 叫做自对应点，如图 6-1 所示。

(4) 若直线 l 与直线 l' 平行，则该中心射影就是相似映射。

中心射影被两直线 l,l' 和射影中心 O 所唯一确定，取不同的射心，就可以得到不同的中心射影。而且点 P 也是点 P' 在直线 l 上的以 O 为射心的中心射影下的对应点。若直线 l 与直线 l' 交于点 A，则点 A 是自对应点，如图 6-1 所示。

在图 6-1 的中心射影下，如果直线 l 上的点 M，使得 $OM/\!/l'$，则点 M 在直线 l' 上的对应点 M' 就不存在；同样直线 l' 上有一点 N'，使得 $ON'/\!/l$，则点 N' 在直线 l 上的对应点 N 也不存在。我们将点 M,N' 分别叫做直线 l 和 l' 上的**影消点**。故在该平面上，中心射影不能建立两条直线上点之间的一一对应。

同理,如图 6-2 所示,我们可以定义空间中两个平面上点之间的中心射影。

定义 1.2 设 S 是空间中两个不重合平面 π 和 π' 外的一点,A 为平面 π 上的任意一点,直线 SA 交平面 π' 于点 A',则平面 π 与平面 π' 之间的这种点对应关系叫做空间中以 S 为射影中心,从平面 π 到平面 π' 的**中心射影**,从射心 S 引出的直线 SA 叫做**投射线**。

如图 6-3 所示,若平面 π 与 π' 相交于直线 a,则直线 a 叫做**自对应线**,其上的每一点都是自对应点。在图 6-3 中,经点 O 作平面 $\alpha /\!/ \pi'$ 交平面 π 于直线 m,则直线 m 上的每一点都是影消点,我们把直线 m 叫做**影消线**;在平面 π' 也有一条直线 n' 是影消线。故平面 π 上的点与 π' 的上点之间的中心射影也不能建立一一对应。

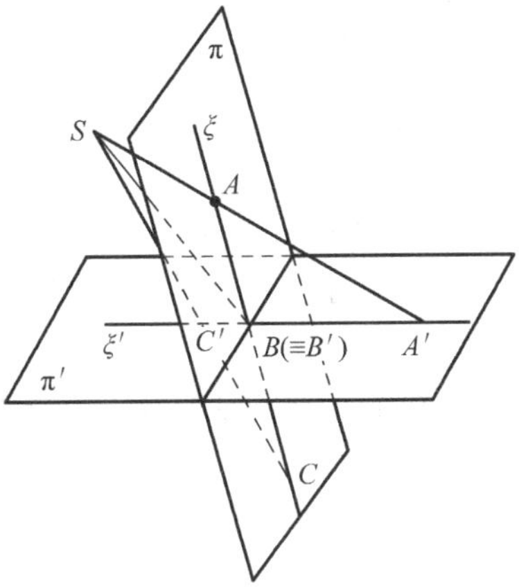

图 6-2

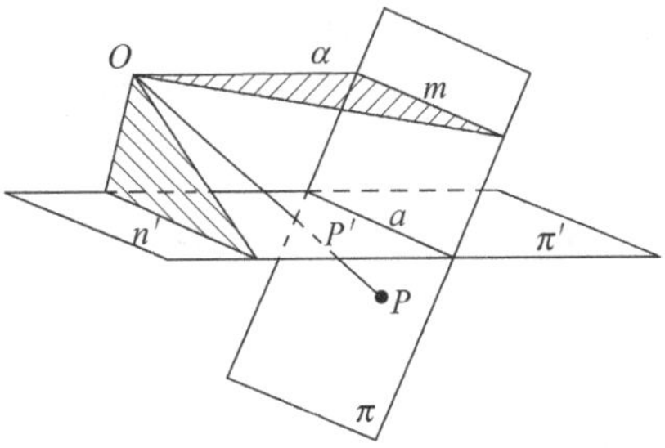

图 6-3

由前面两条直线、两个平面上点之间的中心射影的定义可知,中心射影具有如下性质(以图 6-2 为例):

(1) 将点变成点,例如 $A \to A'$,$B \to B'(\equiv B)$,$C \to C'$。

(2) 将直线变成直线,例如 $\xi \to \xi'$。

(3) 保持点与直线的结合关系,例如将直线 ξ 上的三点 A,B,C 分别变成直线 ξ' 上的三点 A',B',C'。

由前面的讨论知中心射影不能成为一一对应,其根源在于平行直线没有交点,平行平面没有交线。因此,为了使得中心射影成为一一对应,必须让平行直线交于一个点,不妨就叫做**理想点**,也必须让平行平面交于一条直线,不妨叫做**理想线**。这样,在平面上就引进了理想点和理想线,从而把平面进行了拓广。

如图 6-1,由于两平行线 m 和 l' 在平面上没有交点,但直观上,由于两相交直线逐渐趋于平行时,它们的交点逐渐离开有限的地方,因此合理地认为平行直线交在无穷远处,故我们可以把这个理想点叫做**无穷远点**;同理,如图 6-3,平行平面 α 和 π' 在空间没有交线,但直观上,由于两相交平面逐渐趋于平行时,它们的交线逐渐离开有限的地方,因此合理地认为两平行平面交在无穷远处,故我们可以把这条理想线叫做**无穷远直线**。当我们引进无穷远点和无穷远直线后,就解决了前两种中心射影不是一一对应的矛盾。

为了与无穷远点和无穷远直线相区别,我们把原来欧氏平面上的点叫做**非无穷远点**或**普通点**,原来欧氏平面上的直线叫做**非无穷远直线**或**普通直线**。

我们已经约定两平行直线交于一无穷远点，如图 6-4 所示，给出直线 l 及直线 l 外一普通点 P，过 P 平行于 l 的直线 l' 交 l 于无穷远点 L_∞。

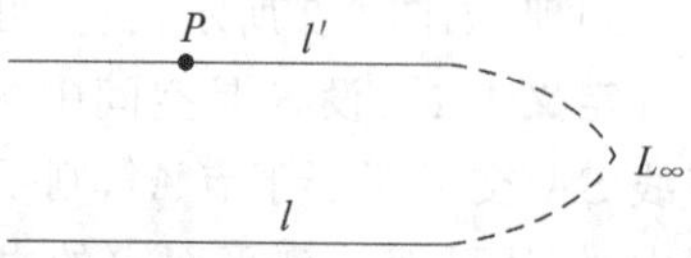

图 6-4

为了使得中心射影成为一一对应，我们必须引进一种新元素——**无穷远元素**，将欧氏平面加以拓展。对于我们引进的这种新元素，作出如下约定：

(1) 在平面上对于任何一组平行线引入唯一一点叫做无穷远点，此点在组中每一条直线上而不在此组之外的任何直线上。

由此可以证明空间中的一组平行线只有一个公共点(这组直线上的无穷远点)，即平行直线相交于无穷远点。

还可以证明一条直线与它平行平面相交于一个无穷远点。

无穷远点是二维空间中平行直线的交点。

一个平面上的直线有无穷多条，所以平面上的无穷远点也有无穷多个，由于每条直线上只有一个无穷远点，所以平面上无穷远点的轨迹应该与此平面上每一条直线只有一个交点，因此我们约定：

(2) 一个平面上一切无穷远点的集合组成一条直线叫做无穷远直线，无穷远直线记为 l_∞。

无穷远直线实际上是三维空间中平行平面的交线。

空间中有无穷多个方向，因此有无穷多个无穷远点，这些无穷远点的轨迹与每个平面既然相交于一条无穷远直线，因此我们约定：

(3) 空间中一切无穷远点的集合组成一个平面叫做**无穷远平面**，无穷远平面记为 π_∞。为了区别起见，把原来欧氏空间中原有的平面叫做**非无穷远平面**或**普通平面**。另外，约定：

(4) 无穷远点、无穷远直线和无穷远平面统称为**无穷远元素**。

1.2 射影直线和射影平面以及它们的性质

定义 1.3 在欧氏直线上添加了一个无穷远点后，得到了一条新的直线，我们把它叫做**仿射直线**。

同样地，将此概念加以推广可得到仿射平面的概念。

定义 1.4 在欧氏平面上添加了一条无穷远直线后，得到了一个新的平面，我们把它叫做**仿射平面**。

在前面通过引进无穷远元素，把欧氏直线和欧氏平面进行了拓广，得到了仿射直线和仿射平面。另一方面，通过引进无穷远元素，使得中心射影成为了一一对应，从而使以中心射影为基础的射影几何的建立成为可能。而在中心射影下，无穷远元素是作为普通元素的像或原像出现的，因此，无穷远元素应当与普通元素处于完全同等的地位，也就是说，将无穷远元素与普通元素一视同仁、平等看待而不加区别的，这样我们就把仿射直线和仿射平面进行了完备处理，得到了扩大的仿射直线和扩大的仿射平面，对此，我们给出下面的定义。

定义 1.5 如果把仿射直线上的无穷远点与普通点平等看待而不加区别，那么这条直线叫做**射影直线**。

同样地,将此概念加以推广可得到射影平面的概念。

定义 1.6 如果把仿射平面上的无穷远元素与普通元素平等看待而不加区别,那么这个平面叫做**射影平面**。

射影平面上的点叫做**射影点**。射影点、射影直线和射影平面都是射影几何的基本元素。以下为了方便并不至于发生混淆的条件下,把射影点、射影直线和射影平面分别简称为点、直线和平面。

由于无穷远元素与普通元素平等,使得在射影平面上,有关直线的结论除与欧氏平面和仿射平面同样具有"两点决定唯一直线"外,还有下面两条特殊的基本性质:

(1) 在射影平面上,直线是"封闭"的。

(2) 在射影平面上,任意两条不同直线有且仅有一个交点。

性质(1)告诉我们,在射影直线上,一点不能将直线分成两部分,两点不能决定唯一线段;直线上三点,不能说哪一点介于另外两点之间,通常的顺序关系无意义,如图 6-5 所示。

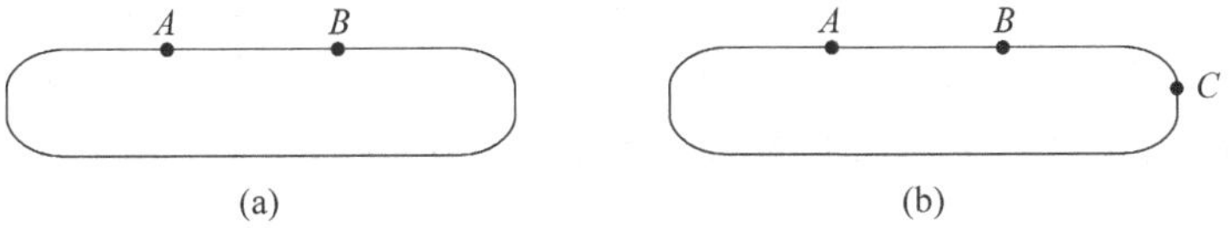

图 6-5

性质(2)告诉我们,射影平面上任何两条直线均相交,无平行概念。由于这些特性,在射影平面上还有一些与欧氏平面和仿射平面上的常识不一致的"奇怪"现象。

我们知道,在欧氏平面和仿射平面上的一条直线 ξ 都可将该平面划分成两个区域,如图 6-6(a)所示。这是因为不同区域内的点 A 和 B 不能用不与 ξ 相交的线段连接起来。但是一条射影直线却不能将射影平面划分成两个区域。图 6-6(b) 表示射影平面上 A,B 两点属于同一区域。实际上,若"线段" AB 交射影直线 ξ 于点 C,则直线 AB 不能与 ξ 有另外的交点。但由于封闭性,从点 A 经添加的无穷远点与点 B 相连的"线段"不与 ξ 相交,所以两点 A,B 属于同一区域。

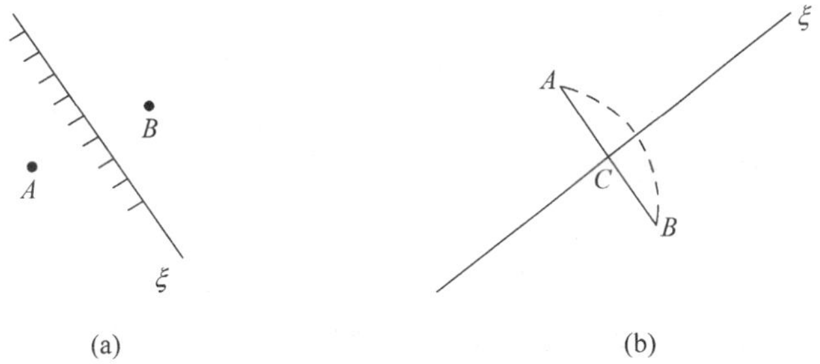

图 6-6

在欧氏平面和仿射平面上两条不同直线或将平面划分成 3 个区域,或将平面划分成 4 个区域,如图 6-7(a)、(b)所示。但是,在射影平面上两条不同直线只能将该射影平面划分成两个区域,如图 6-7(c)所示。

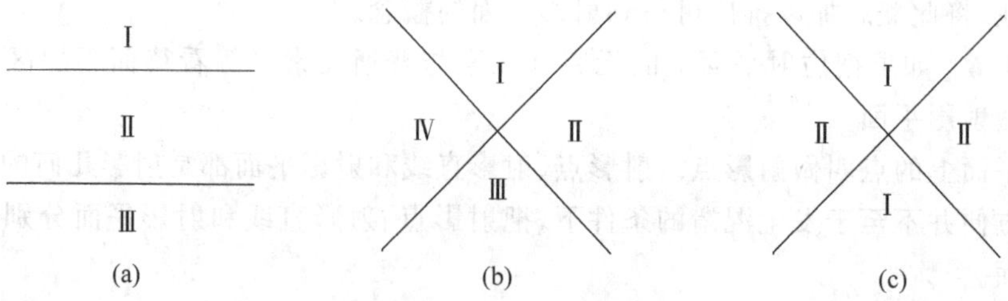

图　6-7

1.3　射影平面的拓扑模型

为了帮助理解射影平面的直观形象，下面我们给出一个欧氏空间中射影平面的模型。

如图 6-8(a)所示，在三维欧氏空间中，设给出一个以点 O 为球心的半张球面，把球大圆 C 上的每一条直径的两个端点看成一个无穷远点，半球面上的其他点看为普通点。大圆为射影平面上的无穷远直线，半球面上的半大圆弧为普通直线，相交于同一点的半大圆弧就是平行直线。

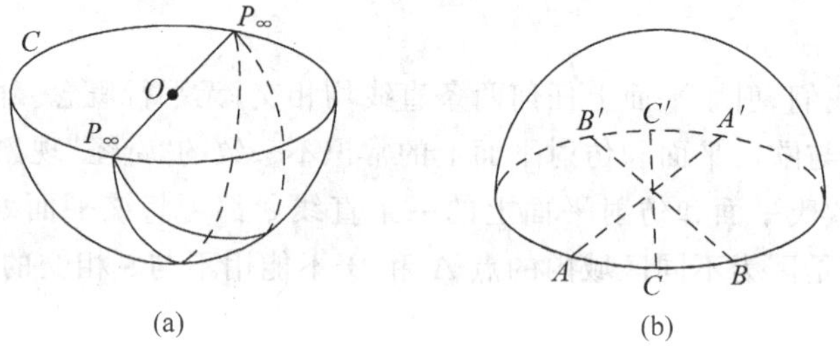

图　6-8

通过拓扑模型，我们容易理解射影平面的一个特性——**单向性**。设想有一个人在球面的向外一面走到点 C 处(图 6-8(b))，他看见点 A 在它的左侧，点 B 在它的右侧。但实际上，三点 A,B,C 也是三点 A',B',C'，而人在点 C' 却看见 A' 在他的右侧，B' 在他的左侧，这就是说，他已经站在球面面内的一侧了。换句话说，此人从球的面外一侧走到边缘时，正好也走入面内一侧，这就是射影平面的单向性。

我们利用默比乌斯带理解曲面的单向性，它是射影平面的一部分，如图 6-9 所示，把长方形带 $ABA'B'$ 扭转，使得点 A 与点 A' 黏合，点 B 与点 B' 黏合就得到一个默比乌斯带。从带上的任意一点 P 出发，平行于边界移动，不越过边界就能移到该点所在带子的背面，因此它为单侧曲面。

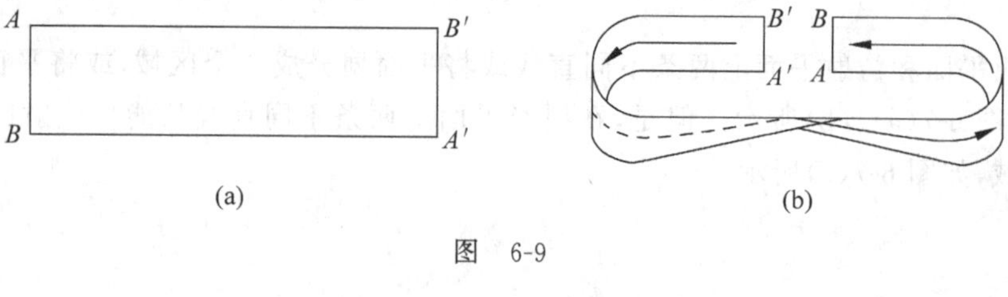

图　6-9

1.4　图形的射影性质

引进无穷远元素以后，便可以通过中心射影建立平面上两直线上点之间的一一对应，这种一一对应叫做**透视对应**。同样，也可以通过中心射影建立两平面上点之间的一一对应，也叫做透视对应。

定义 1.7　经过中心射影（透视对应）后图形的不变性质（量）叫做图形的**射影性质**（**不变量**）。

容易证明，同素性、结合性都是射影性质。

例 1　证明：(1)相交于影消线的两条直线经中心射影后必成为平行直线；(2)单比不是射影不变量。

证明　(1) 如图 6-10(a)所示，设平面 π 上两直线 l_1，l_2 相交于影消线 m 上一点 P，经以点 O 为中心的中心射影后，l_1 与 l_2 的对应直线分别为 l'_1 与 l'_2。由于中心射影保持结合性不变，所以点 P 的对应点是 l'_1 和 l'_2 交点，即点 P'_∞。由于 l'_1 与 l'_2 相交于无穷远点，所以 $l'_1 /\!/ l'_2$。

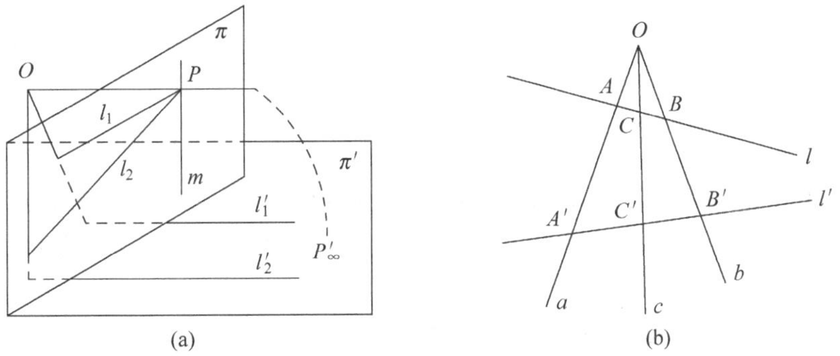

图　6-10

(2) 如图 6-10(b)所示，设三条直线 a，b，c 交于点 O，直线 c 平分 $\angle(a,b)$。直线 l 和 l' 分别交三条直线于点 A，B，C 和点 A'，B'，C'，并使 $|AO|<|BO|$ 且 $|A'O|>|B'O|$，于是，单比

$$(ABC)=\frac{AC}{BC}=\frac{AO}{BO},\quad (A'B'C')=\frac{A'C'}{B'C'}=\frac{A'O}{B'O}。$$

所以

$$|(ABC)|<1,\quad |(A'B'C')|>1,$$

故单比不是射影不变量。

定义 1.8　一条直线 l 上所有点 A，B，C，…的集合叫做**点列**，此直线 l 叫做点列的**底**，记为 $l(A,B,C,\cdots)$。

定义 1.9　一个平面上通过一点 O 的所有直线 a，b，c，…的集合叫做**线束**，此点 O 叫做线束的**中心**，记为 $O(a,b,c,\cdots)$。

我们通常把点列与线束统称为**一维基本形**，其中点列可叫做**第一基本形**，线束叫做**第二基本形**。

显然，点列与线束都是射影不变图形，但是平行四边形，二直线的垂直性等都不是射影不变的。

2 齐次仿射坐标

从解析上讲,在欧氏直线上,建立坐标系(即数轴)后,便有了点与实数之间的一一对应,在直线上添加无穷远元素,解决了中心射影不是一一对应的问题,但又出现了新的问题:在解析上,如何用实数来表示无穷远元素呢?既然无穷远点是作为两条平行直线的"交点"而引进的,故为给无穷远点以坐标,就应当研究两条直线交点的坐标。

设在仿射平面上,有两条直线 ξ_1 与 ξ_2,且它们的方程分别为

$$\xi_1: A_1x+B_1y+C_1=0 \quad 与 \quad \xi_2: A_2x+B_2y+C_2=0。$$

联立这两个直线方程,解得

$$x=\frac{\begin{vmatrix} B_1 & C_1 \\ B_2 & C_2 \end{vmatrix}}{\begin{vmatrix} A_1 & B_1 \\ A_2 & B_2 \end{vmatrix}}, \quad y=\frac{\begin{vmatrix} C_1 & A_1 \\ C_2 & A_2 \end{vmatrix}}{\begin{vmatrix} A_1 & B_1 \\ A_2 & B_2 \end{vmatrix}}。 \tag{6-1}$$

显然,当直线 ξ_1 与 ξ_2 不平行,即当 $\begin{vmatrix} A_1 & B_1 \\ A_2 & B_2 \end{vmatrix} \neq 0$ 时,(x,y)就被完全确定,且它表示直线 ξ_1 与 ξ_2 的交点;当直线 ξ_1 与 ξ_2 平行时,即当 $\begin{vmatrix} A_1 & B_1 \\ A_2 & B_2 \end{vmatrix}=0$,由于零不能作除数,故式(6-1)中的 x,y 均不存在。但是按照新的观点,我们认为直线 ξ_1 与 ξ_2 交于无穷远点。问题是如何引入一种新的坐标表示法,使得每一个无穷远点有完全确定的坐标。为此,进一步讨论式(6-1)。

当直线 ξ_1 与 ξ_2 不平行时,将式(6-1)改写成

$$x:y:1=\begin{vmatrix} B_1 & C_1 \\ B_2 & C_2 \end{vmatrix}:\begin{vmatrix} C_1 & A_1 \\ C_2 & A_2 \end{vmatrix}:\begin{vmatrix} A_1 & B_1 \\ A_2 & B_2 \end{vmatrix}=x_1:x_2:x_3。 \tag{6-2}$$

这就是说,可以用满足关系

$$x=\frac{x_1}{x_3}, \quad y=\frac{x_2}{x_3}$$

的有序数组(x_1,x_2,x_3)来表达直线 ξ_1 与 ξ_2 的交点(x,y)。这种表示法看来很麻烦,但它可以合理地表达直线 ξ_1 与 ξ_2 平行时所交的"无穷远点"的坐标。实际上,当 $\begin{vmatrix} A_1 & B_1 \\ A_2 & B_2 \end{vmatrix}=0$ 时,参照式(6-2),我们写出其"无穷远交点"的坐标应当满足

$$\begin{vmatrix} B_1 & C_1 \\ B_2 & C_2 \end{vmatrix}:\begin{vmatrix} C_1 & A_1 \\ C_2 & A_2 \end{vmatrix}:0=x_1:x_2:0。$$

换句话说,我们用

$$(x_1,x_2,0)=\left(\rho\begin{vmatrix} B_1 & C_1 \\ B_2 & C_2 \end{vmatrix},\rho\begin{vmatrix} C_1 & A_1 \\ C_2 & A_2 \end{vmatrix},0\right) \quad (\rho\neq 0)$$

来表示平行直线 ξ_1 与 ξ_2 的交点坐标,即无穷远点的坐标。

利用如上做法，我们给出了无穷远点的坐标，这种坐标就是下面要定义的齐次仿射坐标。

2.1 点的齐次仿射坐标

为了刻画无穷远点的坐标，我们现在定义齐次仿射坐标，并利用齐次仿射坐标定义无穷远点。

定义 2.1 设欧氏直线上普通点 P 的坐标为 x，则由适合 $x=\frac{x_1}{x_2}$ 的两个数 x_1,x_2 组成的有序数组 (x_1,x_2)（其中 $x_2\neq 0$）叫做点 P 的一维**齐次仿射坐标**，记为 $P(x_1,x_2)$，而把 x 叫做点 P 的**一维非齐次仿射坐标**。当 $x_2=0$ 时，即 $(x_1,0)$（其中 $x_1\neq 0$）或 $(1,0)$ 规定为这条直线上的无穷远点的一维齐次仿射坐标。

由定义可知：

(1) 不同时为 0 的两个数 x_1,x_2 在轴上唯一确定一点 $P(x_1,x_2)$；而 $(0,0)$ 不决定一个点；

(2) 如果 $\rho\neq 0$，那么 $(\rho x_1,\rho x_2)$ 与 (x_1,x_2) 表示轴上同一点；

(3) 如果 $x_2\neq 0$，那么 (x_1,x_2) 决定轴上的一个普通点，它的非齐次仿射坐标为 $\frac{x_1}{x_2}$；

(4) 如果 $x_1\neq 0,x_2=0$，那么 $(x_1,0)$ 或 $(1,0)$ 规定为轴上的无穷远点，无穷远点没有非齐次仿射坐标。

定义 2.2 设欧氏平面上普通点 P 的笛卡儿坐标为 (x,y)，则由适合 $x=\frac{x_1}{x_3},y=\frac{x_2}{x_3}$ 的三个数 x_1,x_2,x_3 组成的有序数组 (x_1,x_2,x_3)（其中 $x_3\neq 0$）叫做点 P 的二维**齐次仿射坐标**，记为 $P(x_1,x_2,x_3)$，而把 (x,y) 叫做点 P 的二维**非齐次仿射坐标**。

当 $x_3=0$ 时，即 $(x_1,x_2,0)$（其中 x_1,x_2 不同时为 0）规定为平面上的无穷远点的二维齐次仿射坐标。

由定义可知：

(1) 不同时为 0 的三个数 x_1,x_2,x_3 在平面上唯一确定一点 $P(x_1,x_2,x_3)$；而 $(0,0,0)$ 不决定一个点；

(2) 如果 $\rho\neq 0$，那么 $(\rho x_1,\rho x_2,\rho x_3)$ 与 (x_1,x_2,x_3) 表示平面上的同一点；

(3) 如果 $x_3\neq 0$，那么 (x_1,x_2,x_3) 是非齐次仿射坐标为 $\left(x=\frac{x_1}{x_3},y=\frac{x_2}{x_3}\right)$ 的普通点的齐次仿射坐标；

(4) 如果 $x_3=0$，且 x_1,x_2 不同时为 0，那么 $(x_1,x_2,0)$ 规定为平面上的无穷远点的二维齐次仿射坐标，无穷远点没有二维非齐次仿射坐标。

例如，非齐次仿射坐标为 $(2,3)$ 的点的齐次仿射坐标可以写成 $(2,3,1)$，$(-4,-6,-2)$，$(2\rho,3\rho,\rho)(\rho\neq 0)$ 等，但通常写最简单的一个，即以 $(2,3,1)$ 作为代表。齐次仿射坐标为 $(2,3,0)(0,1,0)(1,0,0)$ 的点都是无穷远点。再比如，$(1,0,0)$ 表示 x 轴上的无穷远点，$(0,1,0)$ 表示 y 轴上的无穷远点，而 $(0,0,0)$ 不代表任何点。

2.2 直线的齐次仿射坐标方程

在欧氏平面和仿射平面上,直线的一般方程都是 $Ax+By+C=0(A^2+B^2\neq 0)$ 的形式,但是在射影平面上,每一条直线上都有一个无穷远点,该直线的方程如何表示呢?下面借助点的齐次仿射坐标表示,研究直线的齐次仿射坐标方程。

我们知道,在仿射坐标系下,直线的一般方程是 $Ax+By+C=0$。用齐次仿射坐标表达,即将 $x=\dfrac{x_1}{x_3}, y=\dfrac{x_2}{x_3}$ 代入,并用 x_3 乘之得 $Ax_1+Bx_2+Cx_3=0$。去掉 $x_3\neq 0$ 的限制,即将无穷远点添加进去,则得到直线的齐次仿射坐标方程是

$$Ax_1+Bx_2+Cx_3=0, \quad A^2+B^2\neq 0。$$

此式表明,使用齐次仿射坐标后,直线方程成为"齐一次"方程,这就是"齐次坐标"名称的由来。

定理 2.1 设一直线的非齐次仿射坐标方程为

$$Ax+By+C=0, \quad A^2+B^2\neq 0,$$

则此直线的齐次仿射坐标方程为

$$Ax_1+Bx_2+Cx_3=0, \quad A^2+B^2\neq 0。 \tag{6-3}$$

特别地,过原点的直线的齐次仿射坐标方程为

$$Ax_1+Bx_2=0。$$

下面讨论对于平面上无穷远直线的齐次仿射坐标方程。

由于平面上的无穷远点的齐次仿射坐标都满足 $x_3=0$;反之,齐次仿射坐标满足 $x_3=0$ 的点都是无穷远点。即 $x_3=0$ 反映了平面上无穷远点的集合的特征,且它也是齐一次方程。因此,我们说,平面上无穷远点的集合是方程为 $x_3=0$ 的无穷远直线。

定理 2.2 无穷远直线的齐次仿射坐标方程为

$$x_3=0。 \tag{6-4}$$

注 无穷远直线没有非齐次仿射坐标方程。

现在考察任意直线上的无穷远点的坐标。为此联立方程(6-3)与方程(6-4)得

$$\begin{cases} Ax_1+Bx_2+Cx_3=0, \\ x_3=0。\end{cases}$$

解线性方程组,得到直线(6-3)上的无穷远点的齐次仿射坐标为 $(B,-A,0)$。

通过以上研究,可得以下几点结论:

(1) 每一条普通直线上有且仅有一个无穷远点;

(2) 平行直线有同一无穷远点;

(3) 不平行直线有不同无穷远点;

(4) 两点决定一直线。若其中至少有一点是普通点,则决定普通直线;若两点均为无穷远点,则决定无穷远直线。

例 1 (1) 求出普通点(3,4),(0,-2),(3,0),(0,0)的齐次仿射坐标;

(2) 求出直线 $3x-y+2=0, 3x_1+2x_2-x_3=0$ 上的无穷远点的齐次仿射坐标。

解 (1) 普通点(3,4)(0,-2)(3,0)(0,0)的齐次仿射坐标分别为

$$(3,4,1),(0,-2,1)(3,0,1),(0,0,1)。$$

(2) $3x-y+2=0$ 上无穷远点的齐次仿射坐标为$(1,3,0)$，直线 $3x_1+2x_2-x_3=0$ 上无穷远点的坐标为$\left(1,-\frac{3}{2},0\right)$或$(2,-3,0)$。

例 2 三点 $A(a_1,a_2,a_3)$，$B(b_1,b_2,b_3)$，$C(c_1,c_2,c_3)$共线的充要条件是它们的齐次仿射坐标满足

$$\begin{vmatrix} a_1 & a_2 & a_3 \\ b_1 & b_2 & b_3 \\ c_1 & c_2 & c_3 \end{vmatrix}=0。\tag{6-5}$$

证明 若三点中至少有两点相同，条件是显然的。不同三点 A,B,C 共线的充要条件是存在直线 ξ: $y_1x_1+y_2x_2+y_3x_3=0$，且 y_1,y_2,y_3 不全为零，使得三点的坐标均满足此方程，即关于 y_1,y_2,y_3 的齐次线性方程组

$$\begin{cases} a_1y_1+a_2y_2+a_3y_3=0, \\ b_1y_1+b_2y_2+b_3y_3=0, \\ c_1y_1+c_2y_2+c_3y_3=0 \end{cases}$$

有非零解，而这正好等价于条件(6-5)。

例 3 求由点 $A(2,3,-1)$和点 $B(1,4,0)$所决定的直线方程。

解 设由两点 A,B 所决定的直线上的动点为 $P(x_1,x_2,x_3)$，显然三点 P,A,B 共线，则由例 2 有

$$\begin{vmatrix} x_1 & x_2 & x_3 \\ 2 & 3 & -1 \\ 1 & 4 & 0 \end{vmatrix}=0,$$

整理得所求直线的齐次仿射坐标方程为

$$4x_1-x_2+5x_3=0。$$

设点 A 与点 B 的齐次仿射坐标分别为(a_1,a_2,a_3)，(b_1,b_2,b_3)，则直线 AB 的**坐标式方程**为

$$\begin{vmatrix} x_1 & x_2 & x_3 \\ a_1 & a_2 & a_3 \\ b_1 & b_2 & b_3 \end{vmatrix}=0。\tag{6-6}$$

在等式(6-6)中，左端第一行可以写成第二、三行的线性组合，即

$$\begin{cases} x_1=\lambda a_1+\mu b_1, \\ x_2=\lambda a_2+\mu b_2, \\ x_3=\lambda a_3+\mu b_3, \end{cases}\tag{6-7}$$

其中 $\lambda,\mu\in\mathbb{R}$，且不全为 0。把方程组(6-7)叫做该直线的**参数式方程**，λ,μ 是参数。

2.3 齐次仿射线坐标

平面上的点采用齐次仿射坐标后，直线的方程为

$$u_1x_1+u_2x_2+u_3x_3=0,$$

其中(x_1,x_2,x_3)是直线上任一点的流动坐标，该直线由它的系数u_1,u_2,u_3决定，且与方程$\rho u_1x_1+\rho u_2x_2+\rho u_3x_3=0(\rho\neq0)$表示同一条直线。

定义 2.3 一直线的齐次仿射坐标方程$u_1x_1+u_2x_2+u_3x_3=0$中的3个系数u_1,u_2,u_3组成的有序数组$[u_1,u_2,u_3]$叫做该直线的**齐次仿射线坐标**。

显然，$[\rho u_1,\rho u_2,\rho u_3](\rho\neq0)$也是该直线的齐次仿射线坐标，因此一直线的齐次仿射线坐标有无穷多成比例组，通常用最简单的一个作为代表。

把直线u的齐次仿射线坐标写成$[u_1,u_2,u_3]$或$u\equiv[u_1,u_2,u_3]$，是为了区别于点的齐次仿射坐标。

如果直线$u_1x_1+u_2x_2+u_3x_3=0$的齐次仿射线坐标$[u_1,u_2,u_3]$中$u_3\neq0$，即直线不通过原点时，那么把

$$\left[u=\frac{u_1}{u_3},v=\frac{u_2}{u_3}\right]$$

叫做该直线的**非齐次仿射线坐标**。

定理 2.3 点$X\equiv(x_1,x_2,x_3)$在直线$u\equiv[u_1,u_2,u_3]$上的充要条件是

$$u_1x_1+u_2x_2+u_3x_3=0。$$

所有不通过原点的直线方程可以写成$ux+vy+1=0$。通过原点的直线只有齐次仿射坐标，没有非齐次仿射坐标。就像无穷远直线只有齐次仿射坐标，没有非齐次仿射坐标一样。

下面介绍点的方程及其有关结论。

定义 2.4 如果把$u_1x_1+u_2x_2+u_3x_3=0$中的u_1,u_2,u_3看成变数，把x_1,x_2,x_3看成定数，那么$u_1x_1+u_2x_2+u_3x_3=0$表示以定点$X\equiv(x_1,x_2,x_3)$为中心的直线束，我们把它叫做**点 X 的线方程**。

例如$u_1-u_2-u_3=0$表示一点，它的坐标是这个方程的系数$(1,-1,-1)$。

定理 2.4 在齐次仿射坐标中，一点$X\equiv(x_1,x_2,x_3)$的方程是$u_1x_1+u_2x_2+u_3x_3=0$；反之，$[u_1,u_2,u_3]$所构成的一次齐次方程必表示一点。

注 在线坐标下原点的方程为$u_3=0$。

例 4 写出直线$3x_1-2x_2+x_3=0$，x轴，y轴，无穷远直线的齐次仿射线坐标。

解 直线$3x_1-2x_2+x_3=0$的齐次仿射线坐标为$[3,-2,1]$；

x轴的方程为$y=0$，即$x_2=0$，所以它的齐次仿射线坐标为$[0,1,0]$；

y轴的方程为$x=0$，即$x_1=0$，所以它的齐次仿射线坐标为$[1,0,0]$；

无穷远直线的方程为$x_3=0$，所以它的齐次仿射线坐标为$[0,0,1]$。

例 5 写出点$(1,-1,2)$，$(1,0,-2)$，原点，x轴，y轴上的无穷远点的线方程。

解 点$(1,-1,2)$的线方程为$u_1-u_2+2u_3=0$；

点$(1,0,-2)$的线方程为$u_1-2u_3=0$；

原点$(0,0,1)$的线方程为$u_3=0$；

x轴上无穷远点的齐次仿射坐标为$(1,0,0)$，它的线方程为$u_1=0$；

y轴上无穷远点的齐次仿射坐标为$(0,1,0)$，它的线方程为$u_2=0$。

3 德萨格定理与平面对偶原理

3.1 德萨格定理

德萨格(Desargues)定理是射影平面上的重要定理，它是射影几何的理论基础，它的应用很广，许多定理以它为根据，利用它还可以证明初等几何中一些共点或共线的问题。

定义 3.1 平面上不共线的三点与其每两点的连线所组成的图形叫做**三点形**；平面上不共点的三条直线与其每两条直线的交点所组成的图形叫做**三线形**。

三点形和三线形实际上是同一种图形，它们都含有不共线的三点，叫做**顶点**，都含有不共点的三条直线，叫做**边**。

定理 3.1(德萨格定理) 如果两个三点形对应顶点的连线交于一点，那么对应边的交点在同一条直线上。

证明 若两个三点形有对应顶点(边)重合，或者对应顶点连线所共的点恰是一个三点形的顶点，命题都显然成立。下面只讨论一般的情况：

设有三点形 ABC 和 $A'B'C'$，它们的对应顶点连线 AA'，BB'，CC' 交于一点 O，其对应边的交点分别为 $BC\cap B'C'=X$，$CA\cap C'A'=Y$，$AB\cap A'B'=Z$。下面分两种情况证明点 X，Y，Z 在同一条直线上。

(1) 若三点形 ABC 和 $A'B'C'$ 分别在两个不同的平面 π 和 π' 上，如图 6-11 所示。因为 $BB'\cap CC'=O$，所以点 B，B'，C，C'，O 共面，直线 BC 和 $B'C'$ 必相交，交点 X 在平面 π 和 π' 的交线上。同理，直线 CA 与 $C'A'$ 也相交，直线 AB 与 $A'B'$ 也相交，且相应的交点 Y，Z 都在 π 和 π' 的交线上。因此点 X，Y，Z 在同一条直线上。

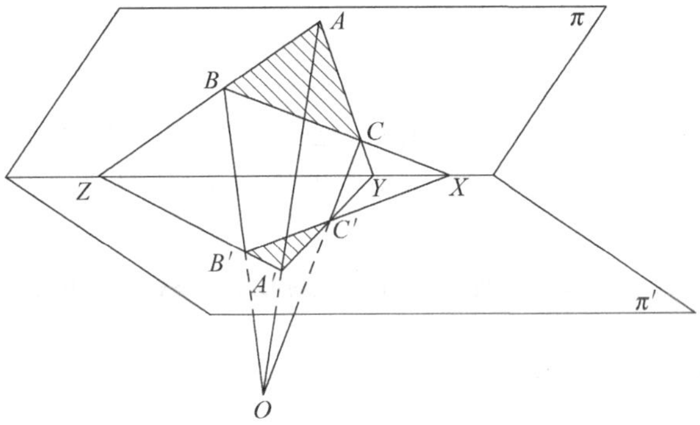

图 6-11

(2) 若三点形 ABC 和 $A'B'C'$ 在同一平面 π 上，如图 6-12 所示，可以设法在空间中建立另一个三点形 $A''B''C''$，使它和三点形 $A'B'C'$ 联系起来，以便利用(1)证明德萨格定理。为此，过点 O 作不在平面 π 上的直线 l，在 l 上任取两点 L 和 L'(异于点 O)，则直线 AA'，BB'，CC'，LL' 都通过点 O。因为 $AA'\cap LL'=O$，所以点 A，A'，L，L' 共面，则有 LA' 与 $L'A$ 相交，设交点为 A''。同理可得，LC' 与 $L'C$ 相交；LB' 与 $L'B$ 相交，不妨设 $LC'\cap L'C=$

C''，$LB'\cap L'B=B''$。显然，点 A''，B''，C''不共线（否则点 A，B，C 共线）。

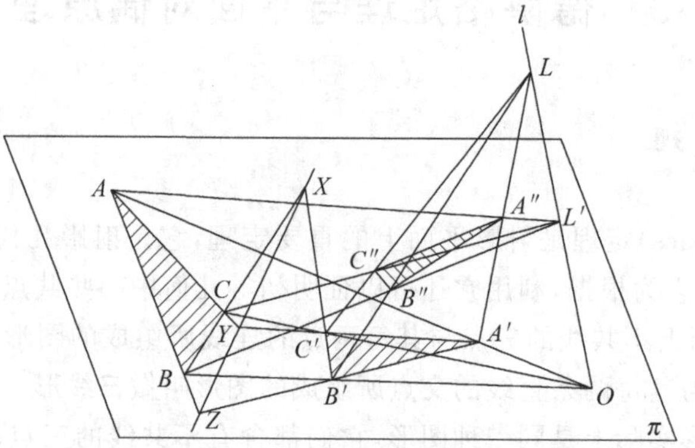

图 6-12

应用德萨格定理于三对三点形 $L'BC$ 和 $LB'C'$，$L'AB$ 和 $LA'B'$，$L'AC$ 和 $LA'C'$。

由三点形 $L'BC$ 和 $LB'C'$的对应顶点连线 LL'，BB'，CC'交于点 O，可知三对对应边交点共线。设 $BC\cap B'C'=X$，而 $L'B\cap LB'=B''$，$L'C\cap LC'=C''$，则点 B''，C''，X 共线，即点 X 在直线 $B''C''$上。

同理，对于三点形 $L'AC$ 和 $LA'C'$，设 $AC\cap A'C'=Y$，则点 A''，C''，Y 共线，即点 Y 在 $A''C''$上；对于三点形 $L'AB$ 和 $LA'B'$，设 $AB\cap A'B'=Z$，则点 A''，B''，Z 共线，即点 Z 在 $A''B''$上。

因此，点 X，Y，Z 都在平面 $A''B''C''$上，而点 X，Y，Z 又在平面 π 上，所以点 X，Y，Z 在平面 $A''B''C''$与平面 π 的交线上，即点 X，Y，Z 共线。

定理 3.2（德萨格定理的逆定理） 如果两个三点形对应边的交点在同一条直线上，那么对应顶点的连线交于一点。

容易看到，只要将德萨格定理中的顶点与边互换，共点与共线互换，则得到它的逆定理，反之亦然。

定义 3.2 如果两个三点形的对应顶点的连线共点，且对应边的交点共线，那么这两个三点形构成透视关系。对应顶点连线的交点叫做**透视中心**，对应边交点所在的直线叫做**透视轴**。

德萨格定理判定若两个三点形有透视中心，则必有透视轴。其逆定理恰相反，它判定若两个三点形有透视轴，则必有透视中心。

注 在德萨格定理的证明中，当两个三点形共面时，我们利用了空间作图。若不利用空间作图，仅限于一个平面上，这个定理不能证明。因此，平面射影几何中该定理应选做公理，称之为德萨格公理。

例 1 如图 6-13 所示，过三角形 ABC 的三个顶点，任作三条直线 AD，BE，CF，它们分别与对边交于点 D，E，F，且 AD，BE，CF 共点。求证：若 $EF\cap BC=X$，$FD\cap CA=Y$，$DE\cap AB=Z$，则点 X，Y，Z 共线。

证明 在三点形 ABC 和 DEF 中，因为对应顶点的连线 AD，BE，CF 共点。由德萨格定理知，其对应边的交点共线，即点 X，Y，Z 共线。

例 2 证明：平面上任意四边形对边中点的连线与两条对角线中点的连线相交于一点。

证明 如图 6-14 所示，四边形 $ABCD$ 中，点 E,F,G,H 分别为边 AB,BC,CD,DA 的中点，点 P,Q 分别为对角线 BD 和 AC 的中点。则有 $EH/\!/BD$，$FG/\!/BD$，从而 $EH/\!/FG$，所以 EH 与 FG 相交于无穷远点，不妨设 $EH\cap FG=L_\infty$。同理可证，$EP/\!/GQ$，$PH/\!/FQ$，所以 EP 与 GQ，PH 与 FQ 相交于无穷远点，不妨设 $EP\cap GQ=M_\infty$，$PH\cap FQ=N_\infty$。

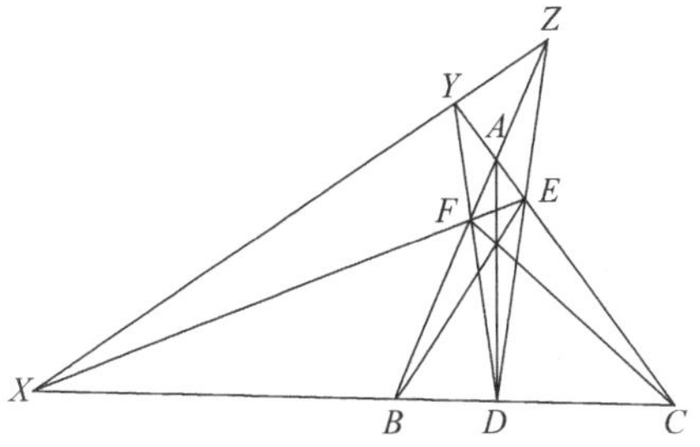

图 6-13

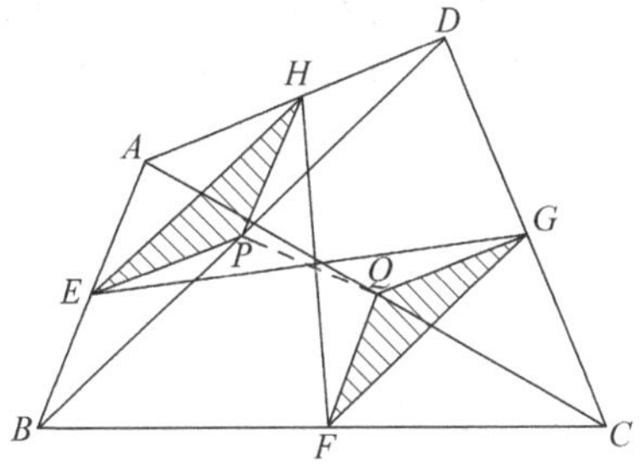

图 6-14

在三点形 EPH 和 GQF 中，它们的对应边交点 L_∞，M_∞，N_∞ 共线于平面上的无穷远直线上。由德萨格定理的逆定理可知，对应顶点连线交于一点，即 EG，FH，PQ 三线共点。故命题成立。

3.2 平面对偶原理

射影平面与欧氏平面的结构是不同的，例如在欧氏平面上两条直线不一定相交，而在射影平面上，两条直线必交于一点。因此射影平面具有一些特殊的属性，对偶原理就是射影平面的一个重要特性。在射影平面上，关于点与直线的结合性："一点在一条直线上"与"一条直线通过一点"，后一句可以看成是把前一句中的"点"改为"直线"、"直线"改为"点"、"……在……上"改成"……通过……"所得到的，我们把它们两者叫做互对偶的。下面介绍射影平面上的对偶原则：

对于对偶原则，我们将此概括成以下几点。

(1) **对偶元素**："点"与"直线"叫做射影平面上的对偶元素。

(2) **对偶关系**："……在……上"与"……通过……"是对偶关系；"连接"与"相交"是对偶关系。

(3) **对偶命题**：在一个命题中，将对偶元素互换，对偶关系也同时互换而得到的新命题叫做原命题的对偶命题。若一命题与它的对偶命题本质上相同，则把它叫做**自对偶命题**。

(4) **对偶图形**：将一图形中的元素换成它的对偶元素，关系换成对偶关系，而作出的新图形叫做原图形的对偶图形。若一图形与它的对偶图形相同，则把它叫做**自对偶图形**。

(5) **对偶原理**：在射影几何里，如果一个命题成立，那么它的对偶命题一定成立。

由对偶原理知，互为对偶的两个射影命题，只要一个正确，另一个也是正确的，所以只要证明其中一个就行了。往往一个命题难以理解时，它的对偶命题却容易为直觉所接受。因而，两个对偶的射影命题，只需证明其中容易证明的一个，这样可以达到事半功倍的效果。

在欧几里得几何里，"平面上任何两个不同点可以确定一条直线"，而对偶命题"平面上任何两条不同直线交于一点"则不成立。因为两条平行直线没有交点，所以对偶原理在欧几里得几何里不成立。可是也有一些欧几里得定理常常是正确的。当然，这时必须独立证明。所以在欧几里得几何里，对偶原则可以作为探求定理的工具。

例 3 请写出命题"若两个完全四点形的五对对应边的交点在同一条直线上，则其第六对对应边的交点也在此直线上，且四对对应顶点的连线必共点"的对偶命题。

解 其对偶命题是"若两个完全四线形的五对对应顶点的连线通过同一点，则其第六对对应顶点的连线也通过此点，且四对对应边的交点必共线"。

例 4 作出图 6-15 中各图形的对偶图形。

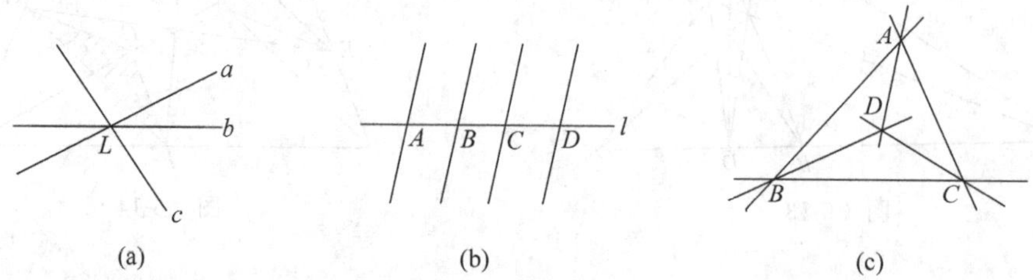

图 6-15

解 其对偶图形分别如图 6-16 所示。

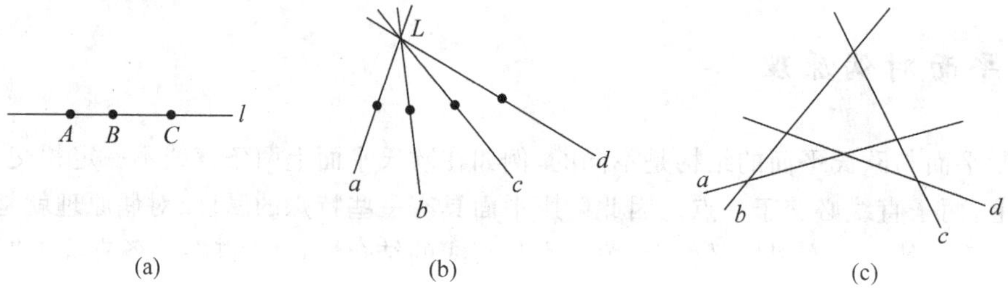

图 6-16

4 交比与调和共轭

4.1 点列中四点的交比

我们前面已经学过共线三点的单比，下面我们利用单比定义共线四点的交比。

定义 4.1 共线四点 A,B,C,D 的**交比**定义为单比(ABC)与单比(ABD)的比，记为

$$(AB,CD)=\frac{(ABC)}{(ABD)},$$

其中 A,B 两点叫做**基点**，C,D 两点叫做**分点**。

根据交比的定义有

$$(AB,CD)=\frac{(ABC)}{(ABD)}=\frac{\dfrac{AC}{BC}}{\dfrac{AD}{BD}}=\frac{AC}{BC}\cdot\frac{BD}{AD}。$$

由交比定义知，(AB,CD)是一个数，如果分点 C，D 不分离基点 A，B，记为 $AB\dot{-}CD$，则交比$(AB,CD)>0$，如图 6-17(a)所示；如果分点 C，D 分离基点 A，B，记为 $AB\div CD$，则交比$(AB,CD)<0$，如图 6-17(b)所示。

(a) (b)

图 6-17

特别地，当点 C 与点 D 重合时，$(AB,CD)=1$；当点 A 与点 C 重合时，$(AB,CD)=0$。

由此可知，不相同的共线四点的交比与点的排列顺序有密切的关系。现在来讨论改变点的顺序时，所得交比之间的关系，即交比的一些性质。

定理 4.1 两基点与分点保序交换，交比的值不变，即$(AB,CD)=(CD,AB)$。

证明 $$(AB,CD)=\frac{(ABC)}{(ABD)}=\frac{\frac{AC}{BC}}{\frac{AD}{BD}}=\frac{AC}{BC}\cdot\frac{BD}{AD}=\frac{CA}{CB}\cdot\frac{DB}{DA}$$

$$=\frac{CA}{DA}\cdot\frac{DB}{CB}=\frac{\frac{CA}{DA}}{\frac{CB}{DB}}=\frac{(CDA)}{(CDB)}=(CD,AB)。$$

定理 4.2 只有两个基点交换或只有两个分点交换后所得的交比值与原来的交比值互为倒数，即

$$(BA,CD)=\frac{1}{(AB,CD)}=(AB,DC)。$$

证明 $$(BA,CD)=\frac{(BAC)}{(BAD)}=\frac{BC\cdot AD}{AC\cdot BD}=\frac{1}{\frac{AC\cdot BD}{BC\cdot AD}}=\frac{1}{(AB,CD)},$$

$$(AB,DC)=\frac{(ABD)}{(ABC)}=\frac{AD\cdot BC}{BD\cdot AC}=\frac{1}{\frac{AC\cdot BD}{BC\cdot AD}}=\frac{1}{(AB,CD)}。$$

推论 $(AB,CD)=(BA,DC)$。

定理 4.3 交换中间两个字母顺序或交换两端的两个字母顺序所得的交比值与原交比值的和为 1，即

$$(AC,BD)+(AB,CD)=1 \quad 或 \quad (DB,CA)+(AB,CD)=1。$$

证明 $$(AC,BD)+(AB,CD)=\frac{AB\cdot CD}{CB\cdot AD}+\frac{AC\cdot BD}{BC\cdot AD}$$

$$=\frac{AB\cdot DC}{BC\cdot AD}+\frac{(AD+DC)\cdot BD}{BC\cdot AD}$$

$$=\frac{AB\cdot DC+(AD+DC)\cdot BD}{BC\cdot AD}$$

$$=\frac{AD\cdot BD+(AB+BD)\cdot DC}{BC\cdot AD}$$

$$=\frac{AD\cdot BD+AD\cdot DC}{BC\cdot AD}$$

$$=\frac{BD+DC}{BC}=\frac{BC}{BC}=1。$$

同理可证

$$(DB,CA)+(AB,CD)=1。$$

共线四点 A,B,C,D 可能有 $4!=24$ 种不同的排列。由本节的定理 4.1、定理 4.2 和定理 4.3 可得 24 个交比值只有 6 个不同的取值。

(1) $(AB,CD)=(BA,DC)=(CD,AB)=(DC,BA)=m$;

(2) $(AB,DC)=(BA,CD)=(CD,BA)=(DC,AB)=\frac{1}{m}$;

(3) $(AC,BD)=(BD,AC)=(CA,DB)=(DB,CA)=1-m$;

(4) $(AC,DB)=(BD,CA)=(CA,BD)=(DB,AC)=\frac{1}{1-m}$;

(5) $(AD,BC)=(BC,AD)=(CB,DA)=(DA,CB)=\frac{m-1}{m}$;

(6) $(AD,CB)=(BC,DA)=(CB,AD)=(DA,BC)=\frac{m}{m-1}$。

由交比定义及性质可知,如果已知 4 个不同的共线点中的 3 个点及其交比值,那么第 4 个点被它们所唯一确定。

我们知道,共线三点的单比可以用三点的坐标表示,所以由交比的定义,可知共线四点的交比也可以用它们的坐标来表示。

定理 4.4 一条直线上的无穷远点分其上任何两点的单比等于 1。

证明 设 A,B,P 为直线上三点,其非齐次仿射坐标为 $(x_1,y_1),(x_2,y_2),(x,y)$,且单比 $(ABP)=\lambda$,则

$$\begin{cases} x=\dfrac{x_1-\lambda x_2}{1-\lambda}, \\ y=\dfrac{y_1-\lambda y_2}{1-\lambda}。\end{cases} \tag{6-8}$$

从而点 P 的齐次仿射坐标可表示为 $(x_1-\lambda x_2,y_1-\lambda y_2,1-\lambda)$。若点 P 为该直线上的无穷远点,则点 P 的齐次仿射坐标应为 $(x_1-x_2,y_1-y_2,0)$。因此,必有 $1-\lambda=0$,即 $\lambda=1$。

由本节定理 4.4 和交比的定义,易知 $(AB,CD_\infty)=(ABC)$。

定理 4.5 已知点 $A(a_1,a_2,a_3)$,$B(b_1,b_2,b_3)$ 是两个不同的普通点,点 $P(a_1+tb_1,a_2+tb_2,a_3+tb_3)$ 为直线 AB 上的一点,且 $(ABP)=\lambda$,则 $\lambda=-t\,\frac{b_3}{a_3}$。

证明 若点 P 为无穷远点,则 $a_3+tb_3=0$,即有 $-t\,\frac{b_3}{a_3}=1$,而由本节定理 4.4 知,$\lambda=(ABP)=1$,所以有

$$\lambda=-t\frac{b_3}{a_3}。$$

若点 P 为普通点，则点 A,B,P 的非齐次仿射坐标分别为

$$\begin{cases}x_1=\dfrac{a_1}{a_3},\\ y_1=\dfrac{a_2}{a_3};\end{cases}\quad\begin{cases}x_2=\dfrac{b_1}{b_3},\\ y_2=\dfrac{b_2}{b_3};\end{cases}\quad\begin{cases}x=\dfrac{a_1+tb_1}{a_3+tb_3},\\ y=\dfrac{a_2+tb_2}{a_3+tb_3}。\end{cases}$$

因为$(ABP)=\lambda$，由式(6-8)，得

$$\begin{cases}\dfrac{a_1+tb_1}{a_3+tb_3}=\dfrac{\dfrac{a_1}{a_3}-\lambda\dfrac{b_1}{b_3}}{1-\lambda},\\ \dfrac{a_2+tb_2}{a_3+tb_3}=\dfrac{\dfrac{a_2}{a_3}-\lambda\dfrac{b_2}{b_3}}{1-\lambda},\end{cases}$$

化简，整理得

$$\begin{cases}(a_3b_1-a_1b_3)(a_3\lambda+b_3t)=0,\\ (a_3b_2-a_2b_3)(a_3\lambda+b_3t)=0,\end{cases}$$

而 $a_3b_1-a_1b_3$ 与 $a_3b_2-a_2b_3$ 不能同时为零，否则 A,B 两点将重合而与已知矛盾。因此，有 $a_3\lambda+b_3t=0$，即

$$\lambda=-t\frac{b_3}{a_3}。$$

推论 1 如果共线 4 点 $A(a),B(b),C(a+t_1b),D(a+t_2b)$，那么

$$(AB,CD)=\frac{t_1}{t_2},$$

其中 $t_1t_2(t_1-t_2)\neq0$。

推论 2 如果共线 4 点 $A(a+t_1b),B(a+t_2b),C(a+t_3b),D(a+t_4b)$，那么

$$(AB,CD)=\frac{(t_1-t_3)(t_2-t_4)}{(t_2-t_3)(t_1-t_4)},$$

其中 t_1,t_2,t_3,t_4 互不相等。

例 1 已知共线 4 点 $A(2,1,-1),B(1,-1,1),C(1,0,0),D(1,5,-5)$，求$(AB,CD)$的值。

解 设 $C=A+t_1B,D=A+t_2B$，则有

$$\begin{cases}2\ \ +t_1=m,\\ 1\ \ -t_1=0,\\ -1+t_1=0;\end{cases}\quad\begin{cases}2\ \ +t_2=n,\\ 1\ \ -t_2=5n,\\ -1+t_2=-5n;\end{cases}\quad 其中\ m,n\neq0。$$

解得

$$t_1=1,\quad t_2=-\frac{3}{2},$$

所以

$$(AB,CD)=\frac{t_1}{t_2}=-\frac{2}{3}。$$

例 2　已知共线 3 点 $A(1,1,1)$，$B(1,-1,1)$，$D(1,0,1)$，且$(AB,CD)=2$，求点 C 的坐标。

解　设 $C=A+t_1B$，$D=A+t_2B$，代入坐标可得 $t_2=1$，由$(AB,CD)=\frac{t_1}{t_2}=2$，解得 $t_1=2$。

所以 $C=A+2B$，从而点 C 的坐标是$(3,-1,3)$。

由交比的定义以及性质，可以证明下面的定理。

定理 4.6　共线 4 点交比值取 $1,0,\infty$的充要条件是 4 点有两点重合。

在共线 4 点的交比中，除了 $1,0,\infty$以外，交比值为-1的情况尤为重要。

定义 4.2　若$(AB,CD)=-1$，则把点 C，D 叫做**调和分离**点 A，B，或把点 A，B 与点 C，D 叫做**调和共轭**，交比值-1叫做**调和比**。

显然，调和分离的关系对于两对点是相互的，因为当$(AB,CD)=-1$时，必有$(CD,AB)=(DC,BA)=-1$。

由前面交比的性质知道，当共线 4 点交比值为-1时，此 4 点构成的其他可能的交比值为 2 和$\frac{1}{2}$；反之，当共线 4 点交比值为 2 或$\frac{1}{2}$时，只要适当改变 4 点的排列，总可使其交比值成为-1。所以我们可得下面的定理。

定理 4.7　共线的不同 4 点所组成的 6 组交比中，有相同值的充要条件是此 4 点能配成调和共轭。

例 3　已知共线 4 点 A，B，C，D 的非齐次仿射坐标分别为$(3,1)$，$(7,5)$，$(6,4)$，$(9,7)$，求证它们能构成调和共轭。

证明　因为 4 点 A，B，C，D 的非齐次仿射坐标分别为$(3,1)$，$(7,5)$，$(6,4)$，$(9,7)$，计算单比得

$$(ABC)=\frac{6-3}{6-7}=-3,\quad (ABD)=\frac{9-3}{9-7}=3,$$

所以

$$(AB,CD)=\frac{(ABC)}{(ABD)}=\frac{-3}{3}=-1,$$

故它们能构成调和共轭。

为了直观地说明调和共轭的几何意义，我们转到扩大仿射平面上，研究下面的例子。

例 4　在扩大仿射平面上，若共线 4 点 A，B，C，D 中，点 A，B 与点 C，D 成调和共轭，则点 C，D 被点 A，B 分离开，且第 4 调和点 D 是无穷远点的充要条件为点 C 是线段 AB 的中点。

证明　由$(AB,CD)=\frac{(ABC)}{(ABD)}=\frac{AC\cdot BD}{BC\cdot AD}=-1$，有$\frac{AC}{BC}=-\frac{AD}{BD}$，故$\frac{AC}{BC}$与$\frac{AD}{BD}$反号，即当点 C 是线段 AB 的内分点时，点 D 一定是外分点，如图 6-18 所示；反之，当点 C 是外分点时，点 D 一定是内分点。我们把这种情况叫做点 C，D 调和分离点 A，B，或点 A，B 调和分离点 C，D。

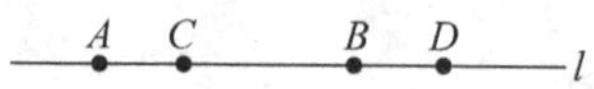

图　6-18

特别地，若点 C 是线段 AB 中点，则 $\frac{AC}{CB}=1$，从而 $\frac{AD}{BD}=1$，因此点 D 只能是无穷远点；反之，若 $(AB,CD_{\infty})=-1$，则 $(ABC)=-1$，从而点 C 是线段 AB 中点。

4.2 线束中4条直线的交比

首先定义共点3条直线的单比。

定义 4.3 设直线 a,b,c 是某一线束 S 中的3条直线，则3条直线 a,b,c 的单比 (abc) 定义为

$$(abc)=\frac{\sin\angle(a,c)}{\sin\angle(b,c)}\text{①}。$$

其中直线 a,b 叫做**基线**，直线 c 叫做**分线**。

如图6-19所示，不难看出，如果直线 c 不在 $\angle(a,b)$ 中，则 $(abc)>0$；如果直线 c 在 $\angle(a,b)$ 中，则 $(abc)<0$；特别地，当直线 c 为 $\angle(a,b)$ 的平分线时，单比 $(abc)=-1$。

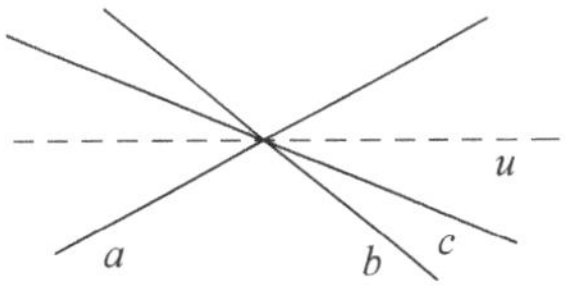

图 6-19

与点列类似，利用3条直线的单比可以定义共点4条直线的交比。

定义 4.4 若直线 a,b,c,d 是某一线束 S 中的4条直线，则

$$(ab,cd)=\frac{(abc)}{(abd)}=\frac{\sin\angle(a,c)\sin\angle(b,d)}{\sin\angle(b,c)\sin\angle(a,d)}$$

叫做4条直线 a,b,c,d 的交比，其中直线 a,b 叫做**基线**，直线 c,d 叫做**分线**。

与点列交比相同，如果 $cd \doteqdot ab$，则 $(ab,cd)>0$；如果 $cd\div ab$，则 $(ab,cd)<0$。

定理 4.8 如果线束 S 中的4条直线 a,b,c,d 被任意一条直线 s 截于 A,B,C,D 这4点，那么 $(ab,cd)=(AB,CD)$。

证明 如图6-20所示，过点 S 作 $SH\perp s$ 于点 H，设 $h=|SH|$，则

$$S_{\triangle ABS}=\frac{1}{2}|SA||SB|\sin\angle(a,b)=\frac{1}{2}|AB|\cdot h,$$

所以

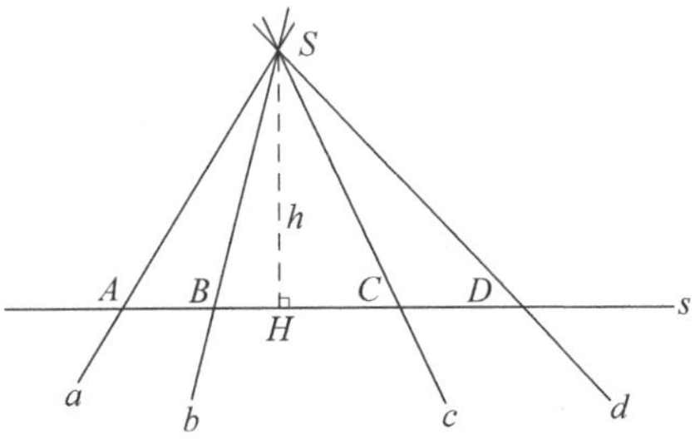

图 6-20

① $\angle(a,c)$，$\angle(b,c)$ 是指有向角，规定边的顺序与逆时针方向一致时角为正值，反之为负值。

$$|AB|=\frac{|SA||SB|\sin\angle(a,b)}{h}。$$

由上面这种关系可得

$$(AB,CD)=\frac{AC\cdot BD}{BC\cdot AD}=\frac{|SA||SC|\sin\angle(a,c)\cdot|SB||SD|\sin\angle(b,d)}{|SB||SC|\sin\angle(b,c)\cdot|SA||SD|\sin\angle(a,d)}$$

$$=\frac{\sin\angle(a,c)\cdot\sin\angle(b,d)}{\sin\angle(b,c)\cdot\sin\angle(a,d)}=(ab,cd),$$

结论得证。

与点列交比相似,可以得到线束交比的性质,共点 4 条直线的交比也有 24 种不同的排列,分为 6 类,每一类中 4 个交比值相等。

关于共点 4 条直线交比的坐标表示与共线 4 点类似,以下给出相关结论而略去证明。

定理 4.9 如果 $a,b,a+t_1b,a+t_2b$ 分别是 4 条不同的共点普通直线 l_1,l_2,l_3,l_4 的齐次仿射坐标,那么

$$(l_1l_2,l_3l_4)=\frac{t_1}{t_2},$$

其中 $t_1t_2(t_1-t_2)\neq0$。

推论 如果 $a+t_1b,a+t_2b,a+t_3b,a+t_4b$ 分别是 4 条不同的共点普通直线 l_1,l_2,l_3,l_4 的齐次仿射坐标,那么

$$(l_1l_2,l_3l_4)=\frac{(t_1-t_3)(t_2-t_4)}{(t_2-t_3)(t_1-t_4)},$$

其中 t_1,t_2,t_3,t_4 彼此互不相等。

由上面论述,我们容易得出下面的结论。

定理 4.10 交比经过中心射影后不变,即交比是射影不变量。

例 5 已知共点 4 条直线 a,b,c,d 的方程分别为 $2x-y+1=0,3x+y-2=0,7x-y=0,5x-1=0$,求 (ab,cd) 的值。

解法 1 4 条直线 a,b,c,d 与 x 轴($y=0$)的交点坐标分别为 $A\left(-\frac{1}{2},0\right),B\left(\frac{2}{3},0\right)$, $C(0,0),D\left(\frac{1}{5},0\right)$,所以

$$(ab,cd)=(AB,CD)=\frac{\left(0+\frac{1}{2}\right)\left(\frac{1}{5}-\frac{2}{3}\right)}{\left(0-\frac{2}{3}\right)\left(\frac{1}{5}+\frac{1}{2}\right)}=\frac{1}{2}。$$

解法 2 设 $c=a+t_1b,d=a+t_2b$,则有

$$\begin{cases}2+3t_1=7m,\\-1+t_1=-m,\\1-2t_1=0;\end{cases}\quad\begin{cases}2+3t_2=5n,\\-1+t_2=0,\\1-2t_2=-n,\end{cases}\quad 其中\ m,n\neq0。$$

解得

$$t_1=\frac{1}{2},\quad t_2=1,$$

所以

$$(ab,cd)=\frac{t_1}{t_2}=\frac{1}{2}。$$

定义 4.5 如果共点 4 条直线 a,b,c,d 满足$(ab,cd)=-1$，则把基线 a,b 与分线 c,d 叫做**调和分离**（或**调和共轭**），交比值-1 叫做**调和比**。

定义 4.6 由 4 个点（其中无 3 点共线）以及连接其中任意两点的 6 条直线所组成的图形叫做**完全四点形**，这 4 个点叫做顶点，6 条直线叫做边，没有公共顶点的两边叫做对边，共有三对对边，三对对边的交点叫做对边点，它们构成一个三点形，叫做对边三点形，如图 6-21 所示。

在完全四点形中共线 4 点或共点 4 线都有着很好的调和性质。

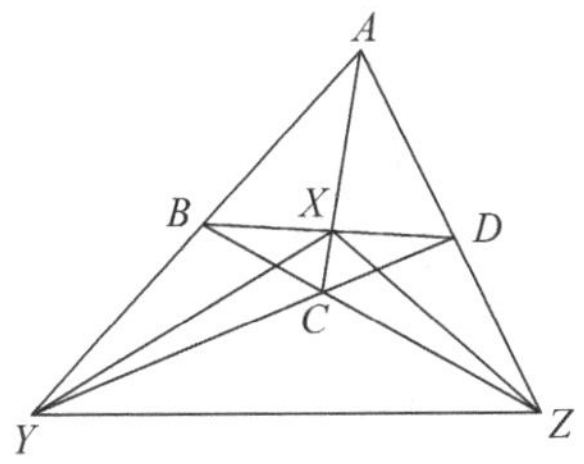

图 6-21

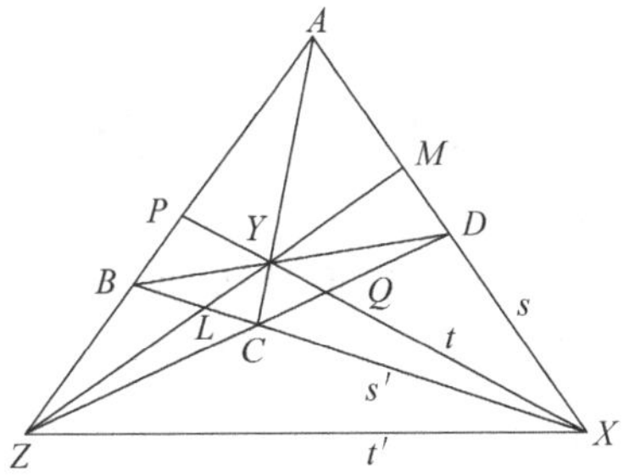

图 6-22

例 6 设 s 和 s'是完全四点形 $ABCD$ 的一对对边，它们的交点是点 X，若点 X 与其他两对边点的连线是 t,t'，求证$(ss',tt')=-1$。

证明 如图 6-22 所示，由本节定理 4.10 可得$(AB,PZ)=(DC,QZ)$。同理可得

$$(DC,QZ)=(BA,PZ),$$

所以

$$(AB,PZ)=(BA,PZ)。$$

而

$$(BA,PZ)=\frac{1}{(AB,PZ)},$$

所以$(AB,PZ)^2=1$，但$(AB,PZ)\neq 1$，因此$(AB,PZ)=-1$，由本节定理 4.8 可知$(ss',tt')=-1$。

由此例不难得出：在完全四点形的每条边上都有一组调和共轭点，其中两个点是顶点，另外两个点一个是对边点，另一个点是这个边与对边三点形的边的交点；在完全四点形的对边三点形的每一条边上也有一组调和共轭点，其中两点是对边点，另外两个点是这条边与通过第三对边点的一对对边的交点。

练 习 6

1. 下列图形经过中心射影后的对应图形是什么？

(1) 等腰三角形；　　(2) 直角三角形；　　(3) 梯形；

(4) 四边形； (5) 两平行直线； (6) 两垂直直线。

2. 下列哪些图形具有射影性质？

(1) 平行直线； (2) 三点共线； (3) 三直线共点；

(4) 两点间的距离； (5) 两直线的夹角； (6) 两相等线段。

3. 当平面 π 上有一定直线 a，以点 O 为射心，投射到平面 π 上得到直线 a'。求证当点 O 变动时，a'通过一定点。

4. 求证：射影平面上的 n 条直线(其中任何三条直线不共点)将平面分成 $\frac{1}{2}(n^2-n+2)$部分。

5. 试求下列各点的齐次仿射坐标，先写出所有组，再任选一组。

(1) $(0,0)$，$(1,0)$，$(0,1)$，$\left(2,-\frac{5}{3}\right)$； (2) 直线 $3x+y=0$ 上添加的无穷远点。

6. 下列各点的非齐次仿射坐标若存在，请把它写出来。

$(2,-3,-1)$，$(\sqrt{10},-\sqrt{6},2)$，$(0,1,0)$，$(0,4,3)$，$(1,-3,0)$。

7. 当正负号任意选取时，问齐次仿射坐标$(\pm1,\pm1,\pm1)$表示几个相异点？

8. 求下列直线上的无穷远点：

(1) $x_1+x_2-4x_3=0$； (2) $x_1+2x_2=0$；

(3) $x_2-3x_3=0$； (4) $x_1+5x_3=0$。

9. 求下列两直线交点的坐标与线方程：

(1) $x_1+2x_2-4x_3=0$，$2x_1-x_2+x_3=0$； (2) $4x_1-5x_2+x_3=0$，$x_1-2x_2=0$。

10. 求通过下列两点的直线的方程与线坐标：

(1) $(3,2,1)$，$(1,2,3)$； (2) $(4,1,2)$，$(-2,2,1)$。

11. 求两条直线 $a_1x_1+a_2x_2+a_3x_3=0$，$b_1x_1+b_2x_2+b_3x_3=0$ 的交点与直线 $c_1x_1+c_2x_2+c_3x_3=0$ 上的无穷远点连线的方程。

12. 判断下列各组点是否共线：

(1) $(1,2,3)$，$(0,2,1)$，$(2,1,0)$； (2) $(-1,0,-1)$，$(0,-1,-1)$，$(1,1,0)$；

(3) $(-2,3,-2)$，$(1,-1,3)$$(-4,7,0)$。

13. 将下列方程化成齐次仿射坐标方程，若有无穷远点满足方程，求出其上的无穷远点：

(1) $\frac{x^2}{a^2}+\frac{y^2}{b^2}=1$； (2) $\frac{x^2}{a^2}-\frac{y^2}{b^2}=1$；

(3) $y^2=2px$； (4) $xy=a$。

14. 下列方程若存在非齐次仿射坐标方程，请写出来：

(1) $x_1=0$； (2) $x_3=0$；

(3) $(x_1-x_3)^2+x_2^2=x_3^2$。

15. 求下列各线坐标所表示的直线方程：

(1) [0,1,1]； (2) [1,1,-1]；

(3) [1,0,1]； (4) [1,-1,0]。

16. 下列方程各表示什么图形？

(1) $u_3=0$；　(2) $u_1-u_2+u_3=0$；

(3) $3u_1+5u_2=0$；　(4) $u_1^2-3u_1u_2-10u_2^2=0$。

17. 试求以 $2x_1+x_2+x_3=0$，$3x_1-4x_2+2x_3=0$，$4x_1+x_2-3x_3=0$ 为边的三角形顶点的齐次仿射坐标与非齐次仿射坐标。

18. 求作图 6-23 中各图形的对偶图形。

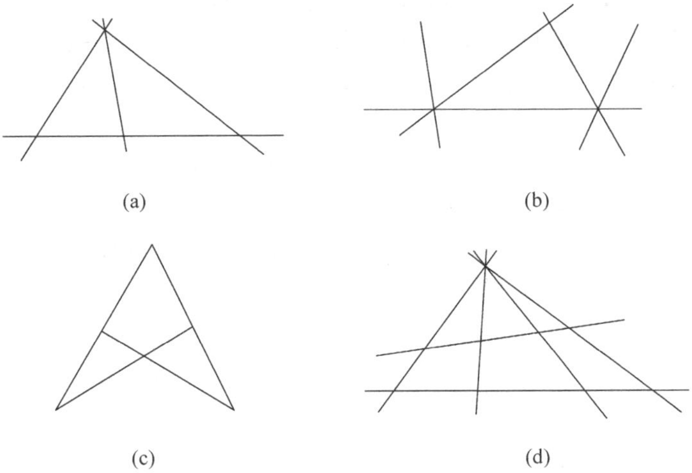

图 6-23

19. 写出下列命题的对偶命题：

(1) 两点决定一条直线；

(2) 射影平面上至少存在 4 条直线，其中任何 3 条不共点；

(3) 平面上无 3 点共线的 4 点及其两两的连线所组成的图形是四点形；

(4) 设一个变动的三点形，它的两边各通过一个定点且 3 顶点在共点的 3 条直线上，则第三边也通过一个定点。

20. 设平行四边形 $EFGH$ 的顶点在另一个平行四边形 $ABCD$ 的各边上。证明：这两个四边形的 4 条对角线交于一点。

21. 四边形 $ABCD$ 的边 AB，BC，CD，DA 上各取一点，依次是点 E，F，G，H。如果 BD，EH，FG 相交于一点 M。证明：AC，EF，HG 也交于一点。

22. 设 A，B，C，D 是同一平面上的 4 点，其中无三点共线，BC 与 AD 交于点 X，CA 与 BD 交于点 Y，AB 与 CD 交于点 Z，BC，BD，CD 与 YZ，ZX，XY 交于点 L，M，N。求证：三点 L，M，N 共线。

23. 已知共线 4 点 $A(1,2,3)$，$B(5,-1,2)$，$C(11,0,7)$，$D(6,1,5)$。求 (AB,CD) 的值。

24. 设 A，B，C，D，E 是共线 5 点。求证：$(AB,CD)(AB,EC)(AB,DE)=1$。

25. 设 $P_i(i=1,2,\cdots,6)$ 是 6 个不同的共线点。求证：

(1) $(P_1P_2,P_3P_4)(P_1P_2,P_5P_6)=(P_1P_2,P_3P_6)(P_1P_2,P_5P_4)$；

(2) 如果 $(P_1P_2,P_3P_4)=(P_2P_3,P_4P_1)$，那么 $(P_1P_3,P_2P_4)=-1$。

26. 设直线上顺次有4点 A,B,C,D，且相邻两点间距离相等，求这四点形成的各交比的值。

27. 设点 P_1,P_2 分别是 x 轴与 y 轴上的无穷远点，点 P_3 是斜率为1的直线上的无穷远点，且 $(P_1P_2,P_3P_4)=k$，求点 P_4 的坐标。

28. 已知 A,B,P,Q,R 是共线的不同5点，且 $(PA,QB)=(QR,AB)=-1$。求证：

$$(PR,AB)=-2。$$

29. 证明：$(A_1B_1,CD)=(A_2B_2,CD)$ 的充要条件是 $(A_1A_2,CD)=(B_1B_2,CD)$。

30. 已知线束中3条直线 a,b,c，求作直线 d，使得 $(ab,cd)=-1$。

31. 已知4条直线 l_i：$y=k_ix+b_i\,(i=1,2,3,4)$ 共点，求证：

$$(l_1l_2,l_3l_4)=\frac{(k_1-k_3)(k_2-k_4)}{(k_2-k_3)(k_1-k_4)}。$$

32. 已知4条直线 l_1,l_2,l_3,l_4 的方程分别为 l_1：$2x-y+1=0$，l_2：$3x+y-2=0$，l_3：$7x-y=0$，l_4：$5x-1=0$，求证这4条直线共点，并求 (l_1l_2,l_3l_4) 的值。

33. 已知直线 l_1,l_2,l_3 的方程分别为 l_1：$2x-y+1=0$，l_2：$3x+y-2=0$，l_3：$5x-1=0$，且 $(l_1l_2,l_3l_4)=-\frac{2}{3}$。求直线 l_4 的方程。

第 7 章

射影坐标系与射影变换

在本章中将主要介绍两个方面的内容：一个是射影坐标系，一个是射影变换。以前所学过的笛卡儿坐标系是建立在正交不变量——距离观念基础之上的；仿射坐标系是建立在仿射不变量——单比的基础之上的。但是距离和单比都不是射影不变量，所以，我们有必要建立一种在射影不变量——交比的基础之上的坐标系。在建立了射影坐标系以后，进一步阐明射影坐标和前两种坐标之间的关系。

1 射影坐标系

1.1 直线上的射影坐标系

定义 1.1 在射影直线上如果取定 3 个不同点 A_1, A_0, E，那么建立了该直线上的一个**射影坐标系**，记为 $[A_1, A_0, E]$，如图 7-1 所示。设点 P 为这条直线上任意一点，则点 P 和三点 A_1, A_0, E 确定一个交比

$$\lambda = (A_1A_0, EP)。$$

图 7-1

反过来，对于任意一个实数 λ，也存在唯一的一点 P，使得交比 $(A_1A_0, EP)=\lambda$。我们把交比 $\lambda=(A_1A_0, EP)$ 叫做点 P 在射影坐标系 $[A_1, A_0, E]$ 下的**一维射影坐标**，其中点 A_0 叫做**原点**，点 E 叫做**单位点**，点 A_0, E, A_1 统称为**基点**。

这样定义的射影坐标叫做直线上点的**一维非齐次射影坐标**。由直线上点的非齐次射影坐标的定义可知：

点 A_0 的非齐次射影坐标是 $\lambda_{A_0}=(A_1A_0, EA_0)=\dfrac{A_1E \cdot A_0A_0}{A_0E \cdot A_1A_0}=0$；

点 E 的非齐次射影坐标是 $\lambda_E=(A_1A_0, EE)=\dfrac{(A_1A_0E)}{(A_1A_0E)}=1$；

点 A_1 没有非齐次射影坐标。

为了规定点 A_1 的坐标，下面引入点的齐次射影坐标。

定义 1.2 设射影直线上点 P 的非齐次射影坐标是 λ，则由适合 $\lambda=\dfrac{x_1}{x_2}$ 的两个数 x_1,x_2 组成的有序数组 (x_1,x_2)（其中 $x_2\neq 0$）叫做点 P 的**一维齐次射影坐标**。对于任意的非零实数 ρ，坐标 $(\rho x_1,\rho x_2)$ 与 (x_1,x_2) 表示同一点，$(0,0)$ 不表示任何点。

特别地，当 $x_1\neq 0,x_2=0$ 时，规定为这条直线上的无穷远点的一维齐次射影坐标，即该直线上的无穷远点的一维齐次射影坐标是 $(x_1,0)$。

由上可知，原点 A_0、单位点 E 与点 A_1 的齐次射影坐标分别是 $(0,1)$、$(1,1)$ 与 $(1,0)$。

下面我们研究直线上点的射影坐标与笛卡儿坐标之间的关系。

设直线上四点 A_1,A_0,E,P 的笛卡儿坐标分别为 x_1,x_0,x_e,x，而非齐次射影坐标分别为 $\lambda_1,\lambda_0,\lambda_e,\lambda$，则有

$$\lambda=(A_1A_0,EP)=\frac{A_1E\cdot A_0P}{A_0E\cdot A_1P}=\frac{(x_e-x_1)(x-x_0)}{(x_e-x_0)(x-x_1)},$$

可以写成

$$\lambda=\frac{a_{11}x+a_{12}}{a_{21}x+a_{22}},$$

其中 $a_{11},a_{12},a_{21},a_{22}$ 都是常数，且 $\Delta=\begin{vmatrix}a_{11} & a_{12}\\ a_{21} & a_{22}\end{vmatrix}\neq 0$。

或者由上式解出 x，写成

$$x=\frac{b_{11}\lambda+b_{12}}{b_{21}\lambda+b_{22}},$$

其中 $b_{11},b_{12},b_{21},b_{22}$ 都是常数，且 $\Delta=\begin{vmatrix}b_{11} & b_{12}\\ b_{21} & b_{22}\end{vmatrix}\neq 0$。

由此可见，同一点的笛卡儿坐标 x 和射影坐标 λ 之间，有一个行列式不等于零的双一次关系。进而我们可以得到下面的结论。

定理 1.1 一条直线上四点的交比用射影坐标表示与用笛卡儿坐标表示的形式是完全相同的。

证明 设 A_1,A_2,A_3,A_4 是 4 个共线点，它们的笛卡儿坐标分别为 x_1,x_2,x_3,x_4，则有

$$(A_1A_2,A_3A_4)=\frac{(x_1-x_3)(x_2-x_4)}{(x_2-x_3)(x_1-x_4)}。$$

若点 A_1,A_2,A_3,A_4 的射影坐标分别为 $\lambda_1,\lambda_2,\lambda_3,\lambda_4$，则有

$$\lambda_i-\lambda_j=\frac{(a_{11}a_{22}-a_{12}a_{21})(x_i-x_j)}{(a_{21}x_i+a_{22})(a_{21}x_j+a_{22})},\quad i,j=1,2,3,4,$$

所以

$$\frac{(\lambda_1-\lambda_3)(\lambda_2-\lambda_4)}{(\lambda_2-\lambda_3)(\lambda_1-\lambda_4)}=\frac{(x_1-x_3)(x_2-x_4)}{(x_2-x_3)(x_1-x_4)},$$

故定理得证。

一维射影坐标的特殊情况。

(1) 仿射坐标：若把点 A_1 看成是直线上的无穷远点 P_∞，取点 A_0 为原点 O，则有

$$\lambda=(A_1A_0,EP)=(P_\infty A_0,EP)=(PE,A_0P_\infty)=(PEA_0)=\frac{A_0P}{A_0E}=\frac{OP}{OE},$$

这时点 P 的射影坐标就是仿射坐标，即原点到该点与原点到单位点的有向距离之比。故仿射坐标是射影坐标的一种特例。

(2) 笛卡儿坐标：若把点 A_1 看成是直线上的无穷远点 P_∞，取点 A_0 为原点 O，且设 A_0E 等于单位长度，则由上述 $\lambda=OP$ 为点 P 的笛卡儿坐标。所以，原来的笛卡儿坐标是射影坐标的一种特例。

1.2 平面上的射影坐标系

在射影平面上，一切点（普通点与无穷远点）的地位是平等的，一切直线（普通直线与无穷远直线）的地位也是平等的。但是，若采用齐次仿射坐标，则无穷远点仍处于第三坐标为零的特殊地位，无穷远直线仍具有特殊的方程 $x_3=0$。为了在坐标上不歧视无穷远点，在方程上不歧视无穷远直线，我们在射影平面上引入另一种新坐标——**射影坐标**。

为从齐次仿射坐标过渡到一般的射影坐标，我们先对平面上的仿射坐标作新的理解。

如图 7-2 所示，设仿射坐标系的基向量为 $\overrightarrow{OE_1}$，$\overrightarrow{OE_2}$，作 $E_2E/\!/OE_1$，$E_1E/\!/OE_2$，点 E 为单位点。若平面上任意一点 P 的仿射坐标是 (x,y)，则

$$\overrightarrow{OP}=\overrightarrow{OP_1}+\overrightarrow{OP_2}=x\overrightarrow{OE_1}+y\overrightarrow{OE_2},$$

其中

$$\begin{cases}x=\dfrac{OP_1}{OE_1}=\dfrac{P_1O}{E_1O}=(P_1E_1O),\\[2ex] y=\dfrac{OP_2}{OE_2}=\dfrac{P_2O}{E_2O}=(P_2E_2O)。\end{cases}$$

由于 E_1E，P_1P 都平行于 Oy 轴，所以它们都通过 Oy 轴上的无穷远点 Y_∞。同理，E_2E，P_2P 都平行于 Ox 轴，所以它们都通过 Ox 轴上的无穷远点 X_∞，如图 7-3 所示。因此有

$$\begin{cases}x=(P_1E_1,OX_\infty),\\ y=(P_2E_2,OY_\infty)。\end{cases}$$

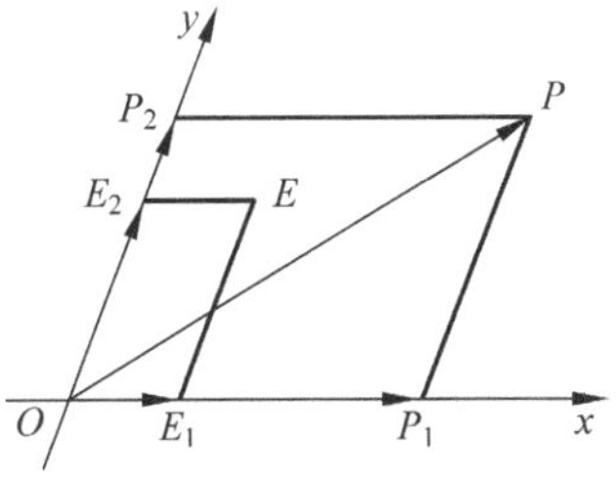

图 7-2

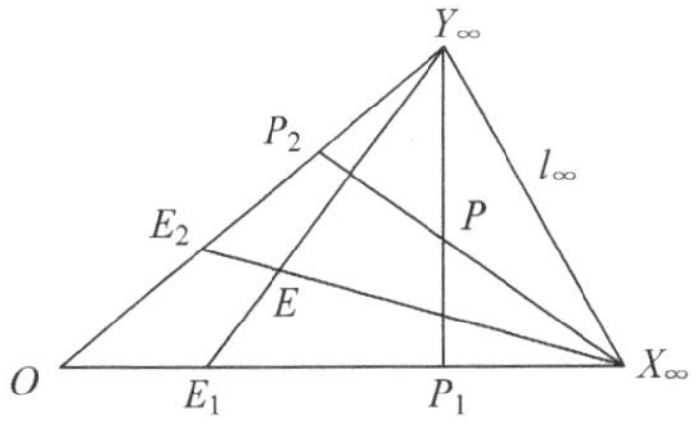

图 7-3

把以上仿射坐标系的新理解加以推广，即取消无穷远直线的特殊性，在一维射影坐标系的基础上，就可以导出射影平面上射影坐标系的概念。

如图 7-4 所示，给定平面上 1 个三点形 OXY 与不在 OXY 三边上的一个定点 E，对于平面上任何点 P，设直线 YE，YP 分别交 OX 于 E_1，P_1，直线 XE，XP 分别交 OY 于 E_2，P_2。

定义 1.3　三点形 OXY 和点 E 确定一个**二维射影坐标系**，记为$[O,X,Y;E]$，其中 OXY 叫做**坐标三点形**，O，X，Y，E 这 4 个点都叫做**基点**，点 O 叫做**原点**，点 E 叫做**单位点**。

定义 1.4　如果记 $x=(P_1E_1,OX)$，$y=(P_2E_2,OY)$，那么把有序实数组(x,y)叫做平面上点 P 的**二维非齐次射影坐标**。

由该定义可知，直线 OX 上除点 X 之外的点的非齐次射影坐标是$(x,0)$；直线 OY 上除点 Y 之外的点的非齐次射影坐标是$(0,y)$；而直线 XY 上的点没有非齐射影次坐标。

为了讨论直线 XY 上点的坐标，我们再引入如下的平面上点的齐次射影坐标。

如图 7-5 所示，在给定平面上任取无三点共线的 4 点 A_1，A_2，A_3，E，这样的 4 点构成一个射影坐标系，不妨记为$[A_1,A_2,A_3;E]$，其中 $A_1A_2A_3$ 是坐标三点形，点 E 是单位点。

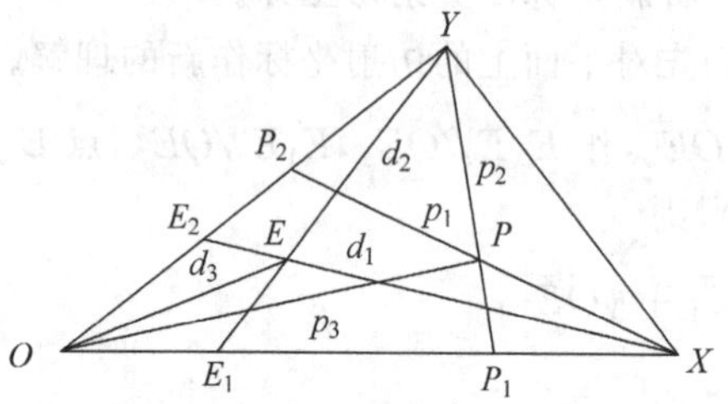

图　7-4

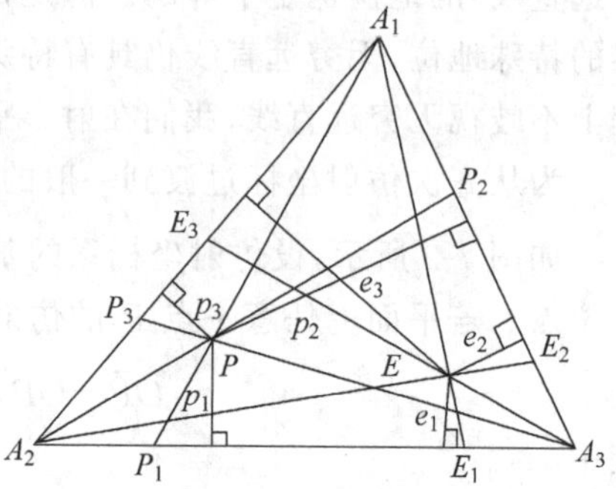

图　7-5

定义 1.5　设点 P 为平面上任意一点，如果点 E 到坐标三点形 $A_1A_2A_3$ 三边的距离（有向距离）分别为 e_1，e_2，e_3，点 P 到坐标三点形 $A_1A_2A_3$ 三边的距离分别为 p_1，p_2，p_3，规定

$$x_1:x_2:x_3=\frac{p_1}{e_1}:\frac{p_2}{e_2}:\frac{p_3}{e_3},\tag{7-1}$$

那么把有序数组(x_1,x_2,x_3)叫做点 P 的**二维齐次射影坐标**。

显然，对于任一非零实数 ρ，坐标为$(\rho x_1,\rho x_2,\rho x_3)$与$(x_1,x_2,x_3)$的点表示的是同一点，并且$(0,0,0)$不表示任何点，因为没有一点同时使 $p_1=p_2=p_3=0$。

由于式(7-1)可得

$$\frac{x_1}{\frac{p_1}{e_1}}=\frac{x_2}{\frac{p_2}{e_2}}=\frac{x_3}{\frac{p_3}{e_3}},$$

不妨设比值为$\frac{1}{\rho}$，即

$$\frac{x_1}{\frac{p_1}{e_1}}=\frac{x_2}{\frac{p_2}{e_2}}=\frac{x_3}{\frac{p_3}{e_3}}=\frac{1}{\rho},$$

由上式变形，可得

$$\rho x_1=\frac{p_1}{e_1},\quad \rho x_2=\frac{p_2}{e_2},\quad \rho x_3=\frac{p_3}{e_3}。$$

点 P 在直线 A_2A_3 上的充要条件是 $p_1=0$，即 $x_1=0$。因此在这个射影坐标系下，坐标三点形的边 A_2A_3 的方程是 $x_1=0$；类似地，有 A_3A_1 的方程是 $x_2=0$，A_1A_2 的方程是 $x_3=0$。

注 在前面的仿射坐标系下，$x_3=0$ 表示平面上的无穷远直线，而在射影坐标系下，$x_3=0$ 则表示坐标三点形的第三边。

当点 P 与点 A_1 重合时，有 $p_2=p_3=0$，而 $p_1\neq 0$，从而 $x_2=x_3=0$，而 $x_1\neq 0$。因此，坐标三点形的第一个顶点 A_1 的齐次射影坐标是$(1,0,0)$；类似地，有顶点 A_2 的齐次射影坐标是$(0,1,0)$；顶点 A_3 的齐次射影坐标是$(0,0,1)$。

在上述射影坐标的定义中，使用了距离的概念。实际上，射影坐标是可以用射影不变量——交比来表示的。为此，如图 7-5 所示，设 A_iP，$A_iE(i=1,2,3)$与坐标三点形中 A_i 的对边相交于点 P_i，E_i，则由第 6 章的定理 4.8，有

$$(A_2A_3,E_1P_1)=(A_1A_2A_1A_3,A_1E_1A_1P_1)=\frac{\sin\angle(A_1A_2,A_1E_1)\sin\angle(A_1A_3,A_1P_1)}{\sin\angle(A_1A_3,A_1E_1)\sin\angle(A_1A_2,A_1P_1)}$$

$$=\frac{\dfrac{e_3}{A_1E}\cdot\dfrac{p_2}{A_1P}}{\dfrac{e_2}{A_1E}\cdot\dfrac{p_3}{A_1P}}=\frac{e_3p_2}{p_3e_2}=\frac{\dfrac{p_2}{e_2}}{\dfrac{p_3}{e_3}}=x_2:x_3;$$

类似地，有

$$(A_3A_1,E_2P_2)=x_3:x_1;$$
$$(A_1A_2,E_3P_3)=x_1:x_2。$$

平面上二维射影坐标的特例。

(1) 仿射坐标：将坐标三点形的一边，例如 A_1A_2 取为无穷远直线，则有$\dfrac{p_3}{e_3}\to 1$，此时平面上一点 P 的齐次射影坐标为

$$\rho x_1=\frac{p_1}{e_1},\quad \rho x_2=\frac{p_2}{e_2},\quad \rho x_3=1,$$

化为非齐次射影坐标，得

$$x=\frac{x_1}{x_3}=\frac{p_1}{e_1},\quad y=\frac{x_2}{x_3}=\frac{p_2}{e_2}。$$

如图 7-6 所示，过点 E 和 P 分别作边 A_3A_1 和 A_3A_2 的平行线，并与它们分别相交，且所交得线段的长度分别为 e'_1，e'_2 和 p'_1，p'_2。由相似三角形，得

$$\begin{cases}x=\dfrac{p_1}{e_1}=\dfrac{p'_1}{e'_1},\\[2ex] y=\dfrac{p_2}{e_2}=\dfrac{p'_2}{e'_2}。\end{cases}$$

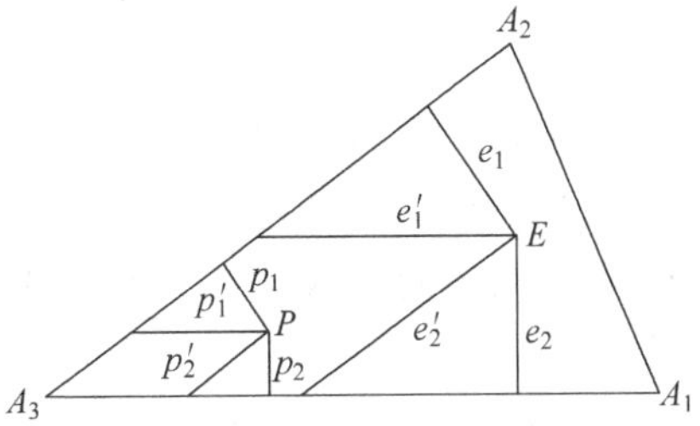

图 7-6

这样得出的坐标叫做平面上点的仿射坐标，A_3 是坐标原点，A_3A_1 是 x 轴，A_3A_2 是 y 轴，点 E 是单位点。由于点 E 可以随意取定（只需不在 x 轴、

y 轴上)，e_1 与 e_2 或 e'_1 与 e'_2 可以不相等。所以仿射坐标正是轴上刻度单位可以不同的斜角坐标。

(2) 笛卡儿坐标：这种坐标可以看成仿射坐标的特例，即选取点 E 时，使 $e_1=e_2$ 或 $e'_1=e'_2$，把 $e'_1=e'_2$ 选作长度单位，便有

$$\begin{cases} x=p'_1, \\ y=p'_2, \end{cases}$$

这正是笛卡儿坐标。

2 射影变换

由前面的知识可知，点列和线束是射影平面上互成对偶的一维基本形。我们首先研究两个一维基本形之间的射影对应，再研究一维基本形到自身的射影变换，最后再讨论二维情况。

2.1 透视对应及其相关概念

2.1.1 点列与线束的透视对应

定义 2.1 线束 $S(a,b,c,\cdots)$ 与不通过中心 S 的直线 s 相交，得一点列 $s(A,B,C,\cdots)$，则点列 $s(A,B,C,\cdots)$ 叫做线束 $S(a,b,c,\cdots)$ 在直线 s 上的**截影**，如图 7-7 所示。

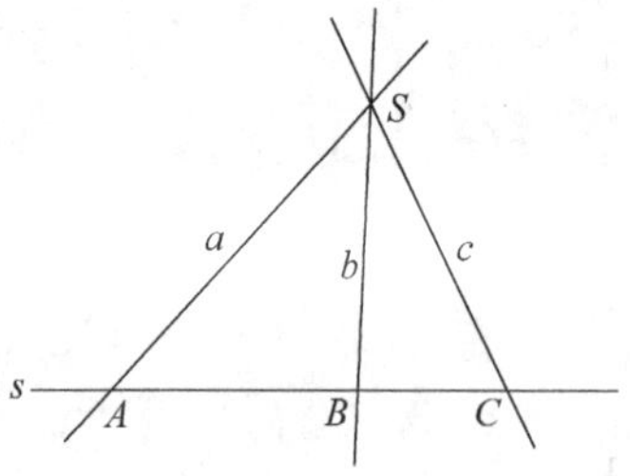

图 7-7

对偶地，有下面的定义。

定义 2.2 点列 $s(A,B,C,\cdots)$ 的点与不在底 s 上一点 S 连接，得一线束 $S(a,b,c,\cdots)$，则线束 $S(a,b,c,\cdots)$ 叫做由点 **S 投射**到 $s(A,B,C,\cdots)$ 的线束。

在图 7-7 中，以点 S 为中心的线束被以 s 为底的点列截得的截影为

$$a\to A,\quad b\to B,\quad c\to C,\quad \cdots。$$

在图 7-7 中，从点列 $s(A,B,C,\cdots)$ 到线束 $S(a,b,c,\cdots)$ 的投影为

$$A\to a,\quad B\to b,\quad C\to c,\quad \cdots。$$

定义 2.3 如果点列 $s(A,B,C,\cdots)$ 是线束 $S(a,b,c,\cdots)$ 在直线 s 上的截影，那么这个截影叫做从线束 $S(a,b,c,\cdots)$ 到点列 $s(A,B,C,\cdots)$ 一个**透视对应**，记为

$$S(a,b,c,\cdots)\overline{\wedge}s(A,B,C,\cdots)。$$

定义 2.4 如果两个点列与同一个线束成透视对应，那么这两个点列叫做**透视点列**，线束中心叫做**透视中心**，两点列中同在线束的一条直线上的两点叫做**对应点**。

如图 7-8 所示，线束 $S(a,b,c,d,\cdots)$ 分别在直线 s 和 s' 上的截影 $s(A,B,C,D,\cdots)$ 与 $s'(A',B',C',D',\cdots)$ 成透视点列，记为

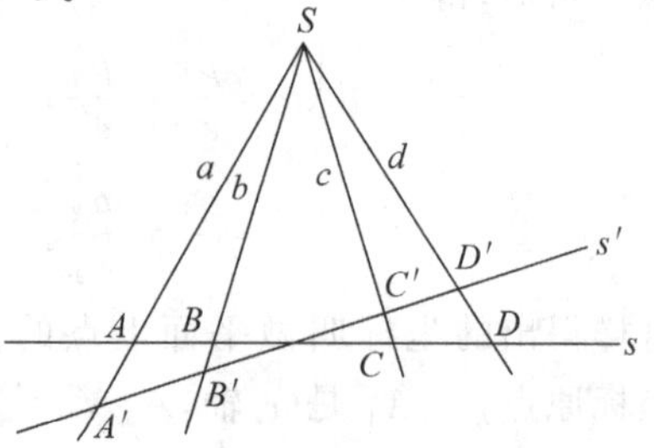

图 7-8

$$s(A,B,C,D,\cdots)\overset{(S)}{\doublebarwedge}s'(A',B',C',D',\cdots),$$

其中点 S 为透视中心，有时点 S 可以不写。点 A,B,C,D 分别与点 A',B',C',D' 是对应点。

对偶地，有下面的定义。

定义 2.5 如果两个线束与同一点列成透视对应，那么这两个线束叫做**透视线束**，点列的底叫做**透视轴**，两线束中交于透视轴上同一点的一对直线叫做**对应直线**。

如图 7-9 所示，由点 S 和 S' 分别投射到点列 $s(A,B,C,\cdots)$ 所得的两个线束 $S(a,b,c,\cdots)$ 与 $S'(a',b',c',\cdots)$ 成透视线束，记为

$$S(a,b,c,\cdots)\overset{(s)}{\doublebarwedge}S'(a',b',c',\cdots),$$

其中点列 $s(A,B,C,\cdots)$ 的底 s 是透视轴，有时 s 可以不写。直线 a,b,c 分别与直线 a',b',c' 是对应直线。

由上讨论可知，两个成透视对应的点列，其中对应点的连线必共点；两个成透视对应的线束，其对应线的交点必共线。

注 显然，透视关系具有对称性，但是它不具有传递性，如图 7-10 所示，有

$$s(A,B,C,\cdots)\overset{(S)}{\doublebarwedge}s'(A',B',C',\cdots),\quad s(A,B,C,\cdots)\overset{(S')}{\doublebarwedge}s''(A'',B'',C'',\cdots),$$

但 $s'(A',B',C',\cdots)$ 与 $s''(A'',B'',C'',\cdots)$ 不能保持透视关系，因为它们的对应点连线不一定共点。

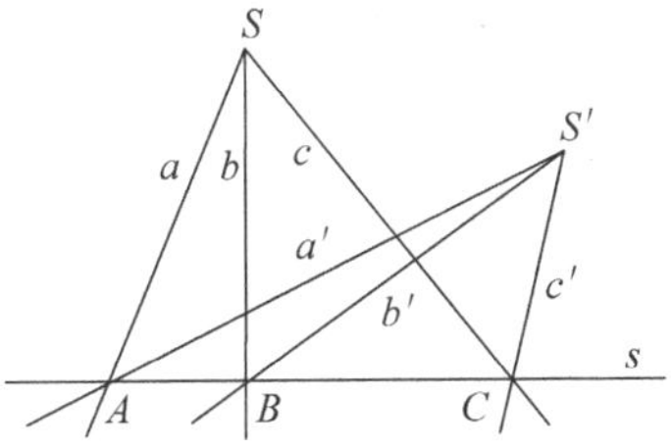

图 7-9

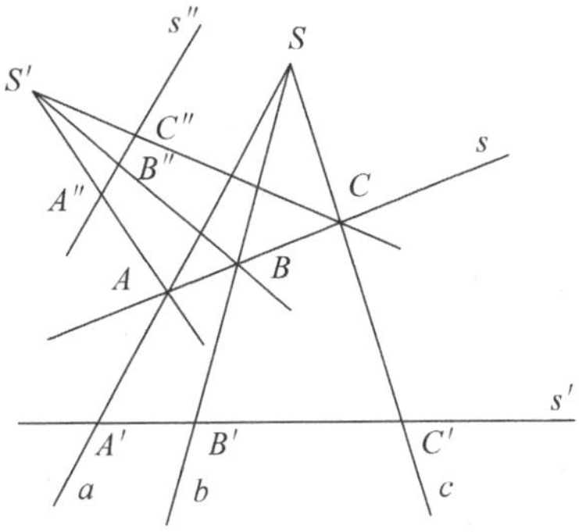

图 7-10

2.1.2 点列与线束的射影对应

定义 2.6 设有两个一维基本形（点列或线束）$[\xi]$ 与 $[\xi']$，若存在 n 个一维基本形 $[\xi_1]$，$[\xi_2]$，…，$[\xi_n]$，使得

$$[\xi]\doublebarwedge[\xi_1]\doublebarwedge[\xi_2]\doublebarwedge\cdots\doublebarwedge[\xi_n]\doublebarwedge[\xi'],$$

则把 $[\xi]$ 与 $[\xi']$ 之间的对应叫做**射影对应**，记为 $[\xi]\barwedge[\xi']$，这 $n+1$ 次透视对应形成透视链，如图 7-11 所示。

由定义不难看出，射影对应具有以下性质：

(1) 保持一一对应关系；

(2) 反身性：$[\xi]\barwedge[\xi]$；

(3) 对称性：若 $[\xi]\barwedge[\xi']$，则 $[\xi']\barwedge[\xi]$；

(4) 传递性：若$[\xi]\barwedge[\xi']$，$[\xi']\barwedge[\xi'']$，则$[\xi]\barwedge[\xi'']$；

(5) 若$[\xi]\doublebarwedge[\xi']$，则$[\xi]\barwedge[\xi']$，但反之不成立。

由于交比经过中心射影后不变，所以交比在透视对应下也不变。

定理 2.1　两个点列间的一一对应是射影对应的充要条件是任何 4 对对应点的交比相等。

证明　(必要性)射影对应是由连续进行的透视对应构成的，而透视对应保持交比不变，所以射影对应保持交比不变。

(充分性)如图 7-12 所示，设$(AB,CD)=(A'B',C'D')$，下面通过作图方法，构成一个透视对应链。

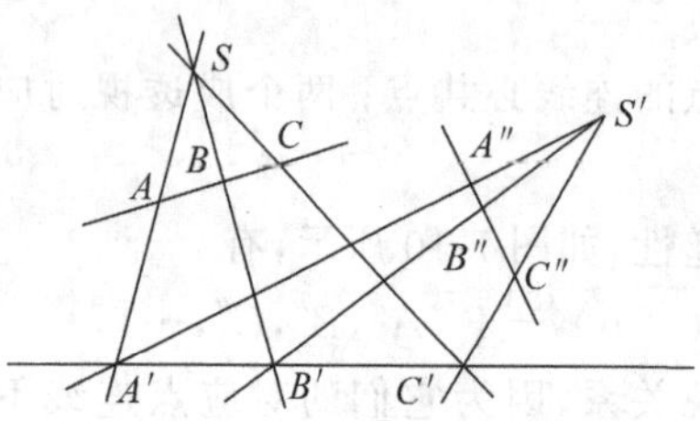

图　7-11

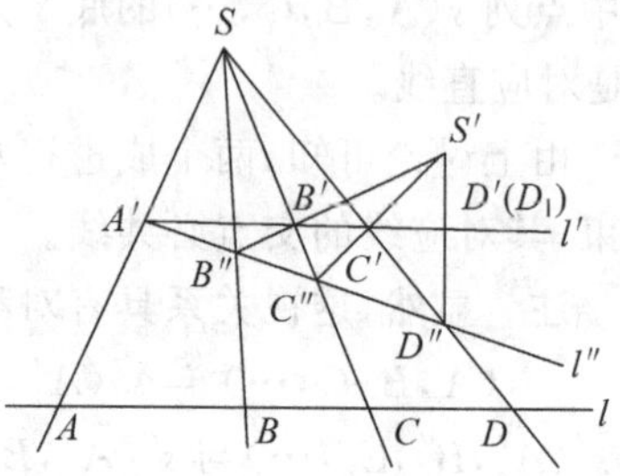

图　7-12

连接AA'，在直线AA'上取点S，再连接SB，SC，SD，过点A'作直线l''，l''分别交SB，SC，SD于点B''，C''，D''，连接$B''B'$，$C''C'$交于一点S'，连接$S'D''$交l'于点D_1，由作图可知，

$$l(A,B,C,D,\cdots)\doublebarwedge l''(A',B'',C'',D'',\cdots)\doublebarwedge l'(A',B',C',D_1,\cdots)。$$

由于交比经过中心射影后不变，所以有

$$(AB,CD)=(A'B'',C''D'')=(A'B',C'D_1)。$$

而又已知$(AB,CD)=(A'B',C'D')$，所以可得

$$(A'B',C'D_1)=(A'B',C'D')。$$

故点D'和点D_1重合。

由上述作图可知，点列$l(A,B,C,D,\cdots)$和$l'(A',B',C',D',\cdots)$之间存在连续的透视对应，所以它们成射影对应。

由本章定理 2.1 的充分性证明可知，通过 3 对对应点就可以作出这个透视对应链，由此可得如下定理。

定理 2.2　如果已知两个点列的 3 对对应点，那么可以唯一决定一个射影对应，即射影对应被 3 对对应点唯一确定。

例 1　求射影对应，使直线s上坐标分别为 0,1,2 的三点A,B,C依次对应于直线s'上坐标分别为$-1,0,-2$的三点A',B',C'；并求出直线s上点的坐标为-3的对应点的坐标。

解　设直线s上任意点$D(\lambda)$在s'上的射影对应点为$D'(\lambda')$，则有$(AB,CD)=(A'B',C'D')$，利用坐标写出交比式，得

$$\frac{(0-2)(1-\lambda)}{(0-\lambda)(1-2)}=\frac{(-1+2)(0-\lambda')}{(-1-\lambda')(0+2)},$$

故所求的射影对应为

$$3\lambda\lambda' + 4\lambda - 4\lambda' - 4 = 0。$$

把 $\lambda = -3$ 代入上式解得 $\lambda' = -\dfrac{16}{13}$。

由前所述，两点列间的透视对应一定是射影对应，也就是说，透视对应是射影对应的特殊情况，那么点列的射影对应具备什么条件时，才是透视对应呢？对此，有下面的定理。

定理 2.3 如果两个异底点列间的射影对应满足它们底的交点是自对应点，那么这个射影对应是透视对应。

证明 如图 7-13 所示，设点列 $l(O,A,B,P,\cdots)$ 和 $l'(O,A',B',P',\cdots)$ 间的射影对应是 φ，底 l 和底 l' 的交点 O 是自对应点，即 $\varphi(O)=O$。在底 l 上任取两点 A,B，它们在底 l' 上的对应点分别为 A',B'，连接 AA',BB' 相交于点 S。又设点 P 为 l 上任意一点，设其在 l' 上的对应点为 P'，即 $\varphi(P)=P'$，由本章定理 2.2 知，3 对不同的对应点唯一确定一个射影对应，则 φ 可由 $O\to O, A\to A', B\to B'$ 唯一确定，而这 3 对对应点可视为以点 S 为透视中心的透视对应 ψ 下的透视对应点。设 $\psi(P)=P_1$，由透视对应必是射影对应，因此有 $\psi=\varphi$，即点 P' 与点 P_1 重合，所以，φ 是以点 S 为透视中心的透视对应。

对偶地，如图 7-14 所示，可以得到下面的定理。

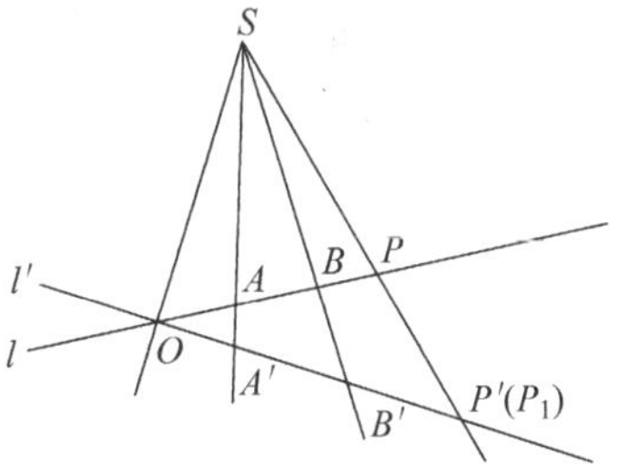

图 7-13

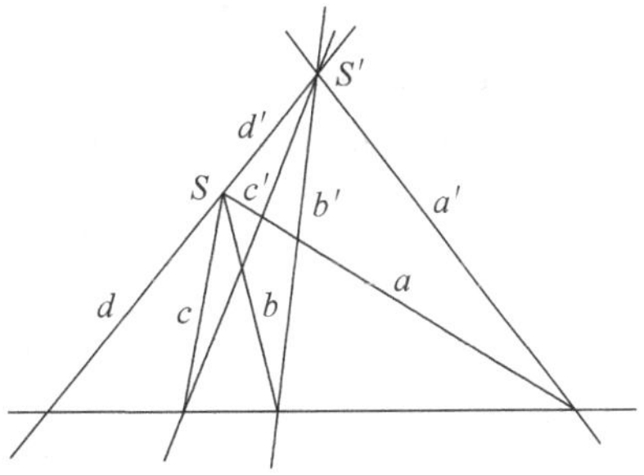

图 7-14

定理 2.4 如果两个中心相异的线束间的射影对应满足它们中心的连线是自对应线，那么这个射影对应是透视对应。

进一步探讨透视对应与射影对应的关系，可以得出下面的结论。

定理 2.5 两个异底点列之间的非透视的射影对应，必可分解为两个透视对应的乘积。

证明 如图 7-15 所示，设 $l(A,B,C,\cdots)\overline{\wedge}l'(A',B',C',\cdots)$，且直线 l 与 l' 的交点不是自对应点，即此射影对应为非透视对应，设 $AB'\cap A'B=B_0$，$AC'\cap A'C=C_0$，连接 B_0C_0 得直线 l_0。令 $l_0\cap AA'=A_0$，则有

$$l(A,B,C,\cdots)\overset{(A')}{\underset{\wedge}{=}}l_0(A_0,B_0,C_0,\cdots),$$

且

$$l_0(A_0,B_0,C_0,\cdots)\overset{(A)}{\underset{\wedge}{=}}l'(A',B',C',\cdots)。$$

所以

$$l(A,B,C,\cdots)\overline{\wedge}l'(A',B',C',\cdots),$$

即已分解成为两个透视对应的乘积。

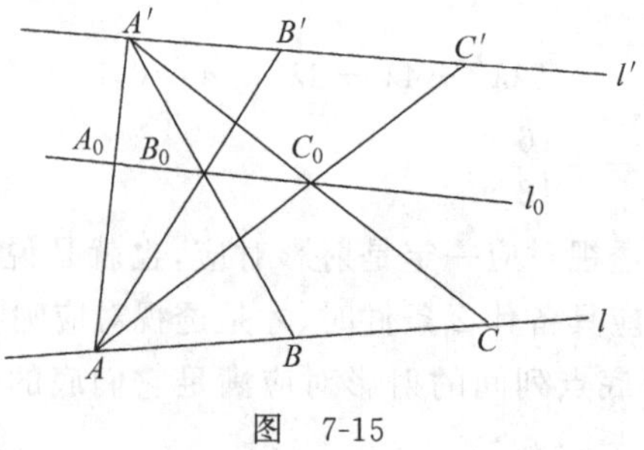

图　7-15

这种分解的方法不是唯一的，在应用时，可按问题的要求选择一适当的方法进行分解。

2.2　射影变换

2.2.1　一维射影变换

定义 2.7　如果在同一平面上两个同类的基本形(同为点列或线束)是同底的或同中心的，那么叫做**重叠的基本形**，两个重叠的一维基本形间的射影对应叫做**一维射影变换**。

定理 2.6　重叠两点列之间的射影变换必可分解为不多于 3 个透视对应的乘积。

证明　如图 7-16 所示，设 $l(A,B,C,\cdots)\barwedge l'(A',B',C',\cdots)$，直线 $l\neq l'$，且 $S\notin l,l'$。设点 S 投射到 l 所成的线束 SA',SB',SC'在 l'上的截影为 A'',B'',C''，则有

$$l'(A'',B'',C'',\cdots)\overset{(S)}{\doublebarwedge}l(A',B',C',\cdots)。$$

因而

$$l'(A'',B'',C'',\cdots)\doublebarwedge l(A',B',C',\cdots)\barwedge l(A,B,C,\cdots),$$

所以

$$l'(A'',B'',C'',\cdots)\barwedge l(A,B,C,\cdots)。$$

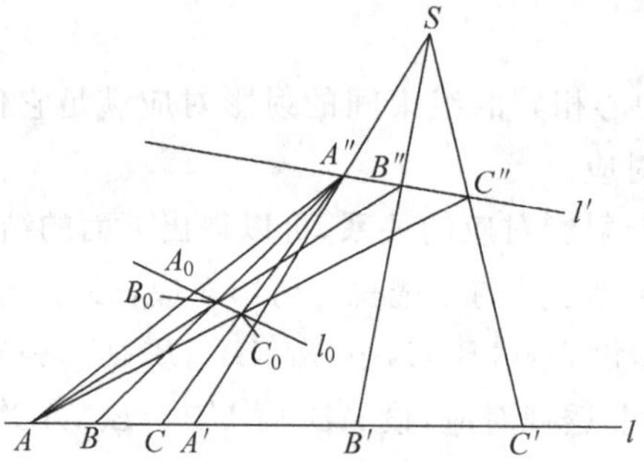

图　7-16

下面分两种情况讨论：

(1) 若 $l'(A'',B'',C'',\cdots)\doublebarwedge l(A,B,C,\cdots)$，则

$$l(A,B,C,\cdots)\doublebarwedge l'(A'',B'',C'',\cdots)\doublebarwedge l(A',B',C',\cdots)。$$

此时，$l(A,B,C,\cdots)\barwedge l(A',B',C',\cdots)$已分解为两个透视变换的乘积。

(2) 若 $l'(A'',B'',C'',\cdots)\barwedge l(A,B,C,\cdots)$为非透视对应，由本章定理 2.5，则有

$l_0(A_0,B_0,C_0,\cdots)$，使

$$l(A,B,C,\cdots)\overset{(A'')}{\underset{\wedge}{=}}l_0(A_0,B_0,C_0,\cdots)\overset{(A)}{\underset{\wedge}{=}}l'(A'',B'',C'',\cdots),$$

所以

$$l(A,B,C,\cdots)\overset{(A'')}{\underset{\wedge}{=}}l_0(A_0,B_0,C_0,\cdots)\overset{(A)}{\underset{\wedge}{=}}l'(A'',B'',C'',\cdots)\overset{(S)}{\underset{\wedge}{=}}l(A',B',C',\cdots)。$$

此时，$l(A,B,C,\cdots)\barwedge l(A',B',C',\cdots)$已分解为 3 个透视变换的乘积。

关于线束的透视对应(变换)与射影对应(变换)的结论，可利用对偶原则得到。

例 2 已知两异底点列的射影对应的 3 对对应点，即 $l(A,B,C)\barwedge l'(A',B',C')$，求作直线 l 上任意一点 D 在 l'上的对应点 D'。

解 本例可进一步表示为下面的形式。

已知：直线 l 上的四点 A,B,C,D 和 l'上三点 A',B',C'，且 $l(A,B,C)\barwedge l'(A',B',C')$。

求作：$D'\in l'$使$l(A,B,C,D)\barwedge l'(A',B',C',D')$。

作法：如图 7-17 所示，连接 $A'B,AB',A'C,AC'$，令 $A'B\cap AB'=B_0$，$A'C\cap AC'=C_0$。连接 B_0C_0 得直线 l_0，$l_0\cap A'D=D_0$，连接 AD_0 交 l'于D'，D'就是所求作的点。

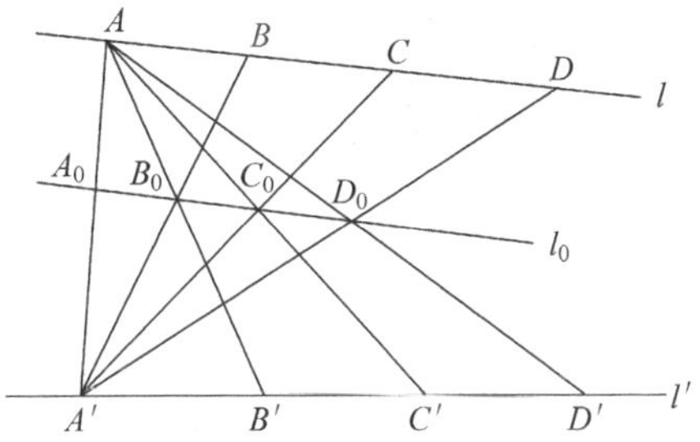

图 7-17

下面证明 D'为所求的点。设 $l_0\cap AA'=A_0$，则

$$l(A,B,C,D)\overset{(A')}{\underset{\wedge}{=}}l_0(A_0,B_0,C_0,D_0)\overset{(A)}{\underset{\wedge}{=}}l'(A',B',C',D'),$$

所以

$$l(A,B,C,D)\barwedge l'(A',B',C',D')。$$

因此，点 D'为所求作的点。

例 3 设直线 l 上有三个相异点 A,B,C，且直线 l'上有三个相异点 A',B',C'，且 $l\cap l'=O$，$AB'\cap A'B=B_0$，$AC'\cap A'C=C_0$，$B_0C_0\cap l=D$，$B_0C_0\cap l'=D'$。求证：$l(A,B,C,D,O)\barwedge l'(A',B',C',O,D')$。

证明 如图 7-18 所示，记直线 B_0C_0 为 l_0，设 $l_0\cap AA'=A_0$。因为

$$l(A,B,C,D,O)\overset{(A')}{\underset{\wedge}{=}}l_0(A_0,B_0,C_0,D,D')\overset{(A)}{\underset{\wedge}{=}}l'(A',B',C',O,D'),$$

所以

$$l(A,B,C,D,O)\barwedge l'(A',B',C',O,D')。$$

例 4 设三点形 ABC 的边上点 D,D'；E,E'；F,F'分别与边 BC,CA,AB 上两个顶点构成调和组。求证下列三组直线分别共点。

(1) $EF,E'F',BC$；　　(2) $FD,F'D',CA$；　　(3) $DE,D'E',AB$。

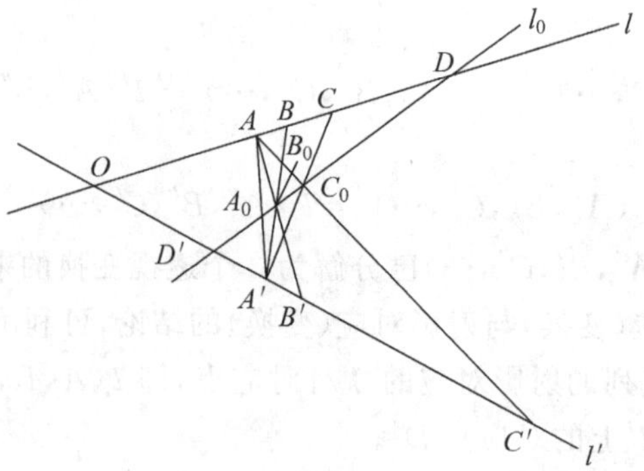

图 7-18

证明 如图 7-19 所示，由题意有，点 A，C 与点 E，E'构成调和组，所以$(AC,EE')=-1$。

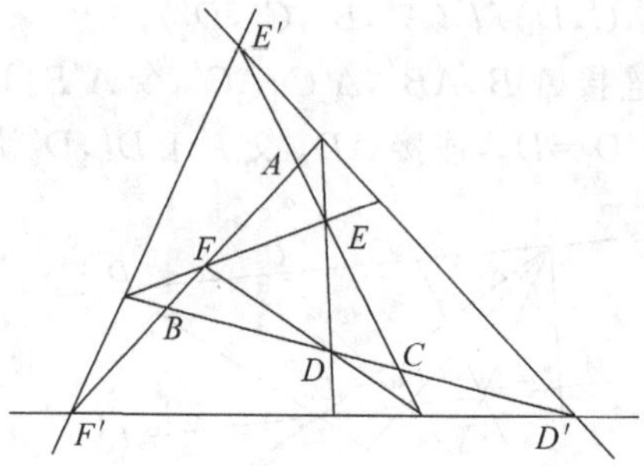

图 7-19

同理有，$(AB,FF')=-1$，从而$(AC,EE')=(AB,FF')$，所以，

$$(A,C,E,E')\overline{\wedge}(A,B,F,F')。$$

因为点 A 是两点列的公共点，且为自对应点，由本节定理 2.3 得

$$(A,C,E,E')\overline{\overline{\wedge}}(A,B,F,F'),$$

即直线 BC，EF，$E'F'$共点。

同理，可证(2)和(3)两组直线也分别共点。

由前面一维射影变换的定义可知，一维射影变换就是一个一维基本形到自身的射影对应。

2.2.2 一维射影变换有一种特殊情况——对合

定义 2.8 在两个重叠而且射影对应的一维基本形中，如果对于任何元素，无论看做属于第一基本形或第二基本形，它的对应元素是一样的，那么这种非恒等的射影变换叫做**对合**。

由此说明，在对合对应中，每对对应元素中的每个元素归入哪一类基本形都可以。

例 5 在直线 l 上取定 O 点，对于 l 上任一点 P_i，取 P_i 关于点 O 的对称点 P'_i 为 P_i 的对应点，显然 $P_i\overline{\wedge}P'_i$，并且是一个对合，如图 7-20 所示。

例 6 如图 7-21 所示，两个共中心线束中，若直线 l_i 对应和它垂直的直线 l'_i，则显然 $l_i\overline{\wedge}l'_i$，并且是一个对合。

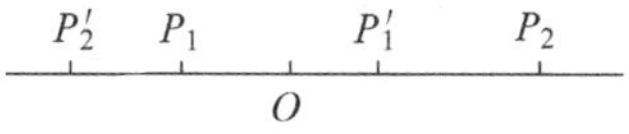

图 7-20

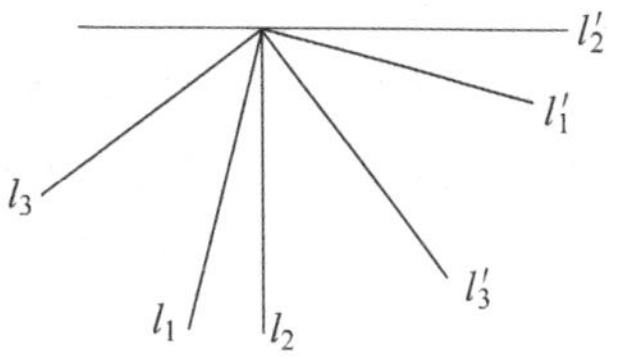

图 7-21

定理 2.7 在一维射影变换中，若有一对对应元素符合对合条件，则这个射影变换一定是对合。

证明 设两个重叠点列(P)和(P')，有$(P)\barwedge(P')$，又设$P_i\to P'_i$符合对合条件。

在(P)中任取一点P_i，其对应点为P'_i，设$P'_i\to\overline{P'_i}$，由射影定义可知

$$(P_1P'_1,P_iP'_i)=(P'_1P_1,P'_i\overline{P'_i})。$$

由交比性质，得

$$(P_1P'_1,P_iP'_i)=(P'_1P_1,P'_iP_i)。$$

所以

$$(P'_1P_1,P'_i\overline{P'_i})=(P'_1P_1,P'_iP_i),$$

由此得

$$\overline{P'_i}=P_i,\quad 即\quad P'_i\to P_i。$$

由此说明点列的任意点P_i也符合对合条件，所以这个射影变换是对合。

2.2.3 二维射影变换

在射影平面上，二维基本形指的是平面上所有点的集合和平面上所有直线的集合，这里我们主要讨论点的集合到点的集合的射影对应和射影变换。

定义 2.9 射影平面上所有点的集合叫做**点场**，所有直线的集合叫做**线场**。射影平面叫做点场和线场的**底**。

定义 2.10 两个平面上的点之间的透视对应是两个平面上的点之间的一一对应，使得对应点的连线共点，如图 7-22 所示。

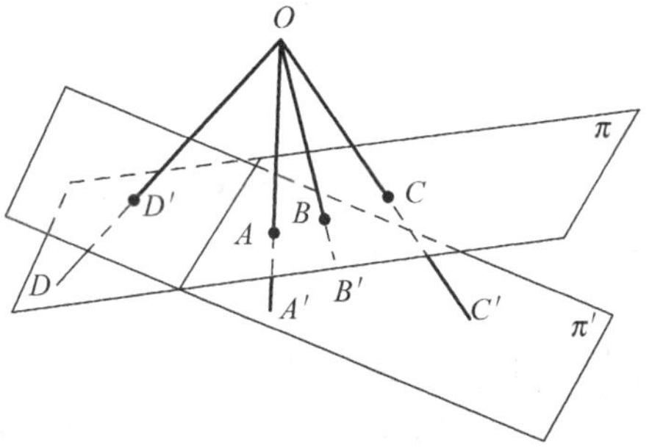

图 7-22

定义 2.11 两个平面上的点之间的一一对应，如果满足下列条件：

(1) 保持点和直线的结合性；

(2) 任何共线四点的交比等于其对应四点的交比。则此一一对应叫做**射影对应**。

同样可以给出两个平面上的直线间的射影对应的定义。

两个平面上的点之间或直线之间的射影对应是同素对应(点对应点从而直线对应直线,或直线对应直线从而点对应点)。通常我们只讨论点到点间的同素对应,由射影对应定义可以看到以下性质:

(1) 两个平面上的点之间的透视对应必是射影对应;

(2) 若干次透视对应(透视链)的结果必是射影对应;

(3) 两个平面上的点之间的射影对应是一种等价关系。

定义 2.12 在本节定义 2.11 中,如果两个对应平面是重合的,那么所建立的射影对应叫做该平面的**射影变换**,也叫**二维射影变换**。

我们所讨论的射影对应和射影变换,一般都具有同素性,简称为同素变换。

3 射影对应(变换)的代数表达式和帕普斯定理

3.1 一维射影对应(变换)的代数表达式

设两条直线 l 与 l' 之间由三对对应点 $A(a)$ 与 $A'(a')$,$B(b)$ 与 $B'(b')$,$C(c)$ 与 $C'(c')$ 建立了一个射影对应,于是,对于任何一对对应点 $D(x)$ 与 $D'(x')$ 有

$$(AB,CD)=(A'B',C'D'),$$

即

$$\frac{AC\cdot BD}{BC\cdot AD}=\frac{A'C'\cdot B'D'}{B'C'\cdot A'D'},$$

也即

$$\frac{(c-a)\cdot(x-b)}{(c-b)\cdot(x-a)}=\frac{(c'-a')\cdot(x'-b')}{(c'-b')\cdot(x'-a')},$$

整理化简以后可记为如下形式

$$pxx'+qx+rx'+s=0, \tag{7-2}$$

其中 p,q,r,s 是用 a,b,c,a',b',c' 表示的常数。

由式(7-2)解出 x',得到

$$x'=\frac{a_{11}x+a_{12}}{a_{21}x+a_{22}},\quad \Delta=\begin{vmatrix} a_{11} & a_{12} \\ a_{21} & a_{22} \end{vmatrix}\neq 0, \tag{7-3}$$

其中 $a_{11}=-q,a_{12}=-s,a_{21}=p,a_{22}=r$,由于 A,B,C 为 3 个不同点,所以 $a\neq b\neq c$,因此 $a'\neq b'\neq c'$。

若 $\Delta=0$,则直线 l 上的点都对应于直线 l' 上一个定点,这就不是一一对应了。

注 以上的 4 点 A,B,C,D 是不同点,且不是无穷远点。对于无穷远点,我们采用齐次射影坐标,设

$$x=\frac{x_1}{x_2},\quad x'=\frac{x'_1}{x'_2},$$

代入式(7-3),得

$$\frac{x'_1}{x'_2}=\frac{a_{11}\dfrac{x_1}{x_2}+a_{12}}{a_{21}\dfrac{x_1}{x_2}+a_{22}}=\frac{a_{11}x_1+a_{12}x_2}{a_{21}x_1+a_{22}x_2},$$

可以改写成

$$\begin{cases}\rho x'_1=a_{11}x_1+a_{12}x_2,\\ \rho x'_2=a_{21}x_1+a_{22}x_2,\end{cases}$$

其中 $\rho\neq0$(因(0,0)不表示任何点),a_{11},a_{12},a_{21},a_{22} 为常数,且 $\Delta=\begin{vmatrix}a_{11}&a_{12}\\a_{21}&a_{22}\end{vmatrix}\neq0$。

例 1 一维射影对应使直线 l 上三点 $A(0)$,$B(1)$,$C(2)$顺次对应于直线 l'上三点 $A'(-1)$,$B'(0)$,$C'(-2)$。求这个射影对应的代数表达式,并化为齐次坐标式,再求出直线 l 上无穷远点的对应点。

解 设所求射影对应的非齐次射影坐标表达式为

$$x'=\frac{a_{11}x+a_{12}}{a_{21}x+a_{22}},$$

将 $A(0)\to A'(-1)$,$B(1)\to B'(0)$,$C(2)\to C'(-2)$代入上式,得

$$\begin{cases}\dfrac{a_{12}}{a_{22}}=-1,\\[2ex] \dfrac{a_{11}+a_{12}}{a_{21}+a_{22}}=0,\\[2ex] \dfrac{2a_{11}+a_{12}}{2a_{21}+a_{22}}=-2。\end{cases}$$

解得

$$3a_{11}=-3a_{12}=-4a_{21}=3a_{22},$$

即有

$$a_{11}:a_{12}:a_{21}:a_{22}=4:(-4):(-3):4,$$

故所求射影变换的非齐次代数表达式为

$$x'=\frac{4x-4}{-3x+4};$$

从而该射影变换的齐次坐标表达式为

$$\begin{cases}\rho x'_1=4x_1-4x_2,\\ \rho x'_2=-3x_1+4x_2,\end{cases}\quad \rho\neq0。$$

将直线 l 上无穷远点(1,0)代入上式得到对应点的坐标是(4,-3)。

下面讨论一维射影变换的自对应点(不动点),有下面的定理。

定理 3.1 直线到自身的非恒等射影变换可以有两个、一个或没有不动点。

证明 设直线 l 到自身的非恒等射影变换为

$$\begin{cases}\rho x'_1=a_{11}x_1+a_{12}x_2,\\ \rho x'_2=a_{21}x_1+a_{22}x_2。\end{cases}$$

若点(x_1,x_2)为不动点，则有

$$\begin{cases}\rho x_1=a_{11}x_1+a_{12}x_2,\\ \rho x_2=a_{21}x_1+a_{22}x_2。\end{cases}$$

其中$\rho\neq 0$，可以将上式改写成

$$\begin{cases}(a_{11}-\rho)x_1+a_{12}x_2=0,\\ a_{21}x_1+(a_{22}-\rho)x_2=0。\end{cases}$$

因为x_1,x_2不全为零，所以由线性方程组的理论，知

$$\begin{vmatrix}a_{11}-\rho & a_{12}\\ a_{21} & a_{22}-\rho\end{vmatrix}=0,$$

该方程叫做一维射影变换的**特征方程**，化简得

$$\rho^2-(a_{11}+a_{22})\rho+(a_{11}a_{22}-a_{12}a_{21})=0,$$

从而判别式为

$$\Delta=(a_{22}-a_{11})^2+4a_{12}a_{21}。$$

可以分为下列三种情况：

(1) 若$\Delta<0$，ρ无解，无不动点，这样的射影变换叫做**椭圆型射影变换**；

(2) 若$\Delta>0$，ρ有两个解，因为$a_{11}a_{22}-a_{12}a_{21}\neq 0$，所以$\rho$有两个非零解，把每个$\rho$值代入可解得一个不动点，共有两个不动点，这样的射影变换叫做**双曲型射影变换**；

(3) 若$\Delta=0$，ρ有一个解，可得一个不动点，这样的射影变换叫做**抛物型射影变换**。

此定理告诉我们，一维基本形的一个射影变换的不动点个数不能大于2；如果一个射影变换存在3个不动点，则这个变换一定是恒等变换。

例2 判断下列射影变换属于什么类型？若有不动点，求出不动点的坐标。

(1) $\begin{cases}\rho x'_1=x_1+x_2,\\ \rho x'_2=-3x_1+2x_2;\end{cases}$ (2) $\begin{cases}\rho x'_1=x_1+2x_2,\\ \rho x'_2=3x_1;\end{cases}$ (3) $\begin{cases}\rho x'_1=x_1-x_2,\\ \rho x'_2=x_1+3x_2。\end{cases}$

解 (1) 因为$a_{11}=a_{12}=1,a_{21}=-3,a_{22}=2$，所以有

$$\Delta=(a_{22}-a_{11})^2+4a_{12}a_{21}=(2-1)^2+4\times 1\times(-3)=-11<0,$$

所以该变换是椭圆型射影变换，没有不动点。

(2) 因为$a_{11}=1,a_{12}=2,a_{21}=3,a_{22}=0$，所以有

$$\Delta=(a_{22}-a_{11})^2+4a_{12}a_{21}=(0-1)^2+4\times 2\times 3=25>0,$$

所以该变换是双曲型射影变换，共有两个不动点。

由$\begin{cases}\rho x'_1=x_1+2x_2,\\ \rho x'_2=3x_1\end{cases}$知，该射影变换的特征方程是

$$\rho^2-\rho-6=0,$$

解得$\rho_1=-2,\rho_2=3$，将它们分别代入$\begin{cases}\rho x_1=x_1+2x_2,\\ \rho x_2=3x_1\end{cases}$中解得两个不动点的坐标是$(-2,3)$和$(1,1)$。

(3) 因为$a_{11}=1,a_{12}=-1,a_{21}=1,a_{22}=3$，所以有

$$\Delta=(a_{22}-a_{11})^2+4a_{12}a_{21}=(3-1)^2+4\times(-1)\times 1=0,$$

所以该变换是抛物型射影变换，有一个不动点。

由$\begin{cases}\rho x'_1=x_1-x_2,\\ \rho x'_2=x_1+3x_2\end{cases}$知，该射影变换的特征方程是

$$(\rho-2)^2=0,$$

解得$\rho=2$，将其代入$\begin{cases}\rho x_1=x_1-x_2,\\ \rho x_2=x_1+3x_2\end{cases}$中解得不动点的坐标是$(-1,1)$。

3.2　二维射影对应(变换)的代数表达式

前面我们从元素点本身定义了二维射影变换，下面我们从点的射影坐标再给出二维射影变换的定义。

定理 3.2　设有点场$\{X\}$和$\{X'\}$，在$\{X\}$和$\{X'\}$上分别建立二维射影坐标系(两个坐标系可以相同或相异)，$\{X\}$上的点 X 的坐标为(x_1,x_2,x_3)，$\{X'\}$上的点 X' 的坐标为(x'_1,x'_2,x'_3)，如果存在一个对应

$$\begin{cases}\rho x'_1=a_{11}x_1+a_{12}x_2+a_{13}x_3,\\ \rho x'_2=a_{21}x_1+a_{22}x_2+a_{23}x_3,\quad \rho\neq 0,\\ \rho x'_3=a_{31}x_1+a_{32}x_2+a_{33}x_3,\end{cases}\tag{7-4}$$

式(7-4)可简记为

$$\rho x'_i=\sum_{j=1}^{3}a_{ij}x_j,\quad i=1,2,3,$$

或写成矩阵形式

$$\rho\begin{pmatrix}x'_1\\ x'_2\\ x'_3\end{pmatrix}=\mathbf{A}\begin{pmatrix}x_1\\ x_2\\ x_3\end{pmatrix},$$

且矩阵

$$\mathbf{A}=\begin{pmatrix}a_{11}&a_{12}&a_{13}\\ a_{21}&a_{22}&a_{23}\\ a_{31}&a_{32}&a_{33}\end{pmatrix}$$

是非奇异的，即$|\mathbf{A}|\neq 0$，则由点场$\{X\}$到点场$\{X'\}$的这种对应是一一对应。

如果只讨论两个平面上的普通点，那么式(7-4)还可以写成非齐次射影坐标形式

$$\begin{cases}\dfrac{x'_1}{x'_3}=\dfrac{a_{11}x_1+a_{12}x_2+a_{13}x_3}{a_{31}x_1+a_{32}x_2+a_{33}x_3},\\[2ex] \dfrac{x'_2}{x'_3}=\dfrac{a_{21}x_1+a_{22}x_2+a_{23}x_3}{a_{31}x_1+a_{32}x_2+a_{33}x_3}.\end{cases}$$

定义 3.1　由点场$\{X\}$到点场$\{X'\}$且对应点坐标满足

$$\rho x'_i=\sum_{j=1}^{3}a_{ij}x_j,\quad i=1,2,3$$

(其中$\rho\neq 0$，$|\mathbf{A}|=|a_{ij}|\neq 0$)的一一对应叫做点场$\{X\}$到点场$\{X'\}$的**二维射影对应**。

当点场$\{X\}$与点场$\{X'\}$是同底的，即它们同在一个平面上，该二维射影对应就叫做由点场$\{X\}$到自身的**二维射影变换**。

前面我们知道3对对应点可以决定唯一的一个一维射影变换，现在来证明二维射影变换也有类似的定理。为此，先证如下的定理。

定理3.3 使3个基点$(1,0,0)$，$(0,1,0)$，$(0,0,1)$和单位点$(1,1,1)$分别变成无三点共线的4点$P_1(\alpha_1,\alpha_2,\alpha_3)$，$P_2(\beta_1,\beta_2,\beta_3)$，$P_3(\gamma_1,\gamma_2,\gamma_3)$，$P_4(\delta_1,\delta_2,\delta_3)$的射影变换有且只有一个存在。

要证明这种变换存在，问题在于能否找到9个系数a_{ij}，使得$|a_{ij}|\neq 0$，为此把4个基点的坐标和4点$P_i(i=1,2,3,4)$的坐标分别代入

$$\begin{cases}\rho x'_1=a_{11}x_1+a_{12}x_2+a_{13}x_3,\\ \rho x'_2=a_{21}x_1+a_{22}x_2+a_{23}x_3, \quad \rho\neq 0\\ \rho x'_3=a_{31}x_1+a_{32}x_2+a_{33}x_3,\end{cases}$$

中(并注意比例因子ρ对于不同的点各有其值)，便得到ρ和a_{ij}所满足的方程组

$$\begin{cases}\rho_1\alpha_1=a_{11}, & \rho_2\beta_1=a_{12}, & \rho_3\gamma_1=a_{13}, & \rho_4\delta_1=a_{11}+a_{12}+a_{13};\\ \rho_1\alpha_2=a_{21}, & \rho_2\beta_2=a_{22}, & \rho_3\gamma_2=a_{23}, & \rho_4\delta_2=a_{21}+a_{22}+a_{23};\\ \rho_1\alpha_3=a_{31}, & \rho_2\beta_3=a_{32}, & \rho_3\gamma_3=a_{33}, & \rho_4\delta_3=a_{31}+a_{32}+a_{33};\\ \rho_1\rho_2\rho_3\rho_4\neq 0。\end{cases} \tag{7-5}$$

由此可知，如果决定了$\rho_1,\rho_2,\rho_3,\rho_4$的值，那么$a_{ij}$也就决定了。由方程组(7-5)消去$a_{ij}$便得出$\rho_1,\rho_2,\rho_3,\rho_4$之间的一组关系。

推论 在平面上每3点不共线的4点$P_i(i=1,2,3,4)$与另外每3点不共线的4点$P'_i(i=1,2,3,4)$唯一确定一个射影变换，使$P_i\to P'_i(i=1,2,3,4)$。

例3 求一射影变换，使得点$(1,0,1)$，$(0,1,1)$，$(1,1,1)$，$(0,0,1)$分别变成对应点$(1,0,0)$，$(0,1,0)$，$(0,0,1)$，$(1,1,1)$。

解 设所求射影变换为

$$\begin{cases}\rho x'_1=a_{11}x_1+a_{12}x_2+a_{13}x_3,\\ \rho x'_2=a_{21}x_1+a_{22}x_2+a_{23}x_3,\\ \rho x'_3=a_{31}x_1+a_{32}x_2+a_{33}x_3。\end{cases}$$

因为$(1,0,1)\to(1,0,0)$，得

$$\begin{cases}\rho_1=a_{11}+a_{13},\\ 0=a_{21}+a_{23},\\ 0=a_{31}+a_{33};\end{cases}$$

因为$(0,1,1)\to(0,1,0)$，得

$$\begin{cases}0=a_{12}+a_{13},\\ \rho_2=a_{22}+a_{23},\\ 0=a_{32}+a_{33};\end{cases}$$

因为$(1,1,1)\to(0,0,1)$，得

$$\begin{cases}0=a_{11}+a_{12}+a_{13},\\ 0=a_{21}+a_{22}+a_{23},\\ \rho_3=a_{31}+a_{32}+a_{33};\end{cases}$$

因为(0,0,1)→(1,1,1),得

$$\begin{cases}\rho_4=a_{13},\\ \rho_4=a_{23},\\ \rho_4=a_{33}。\end{cases}$$

所以

$$a_{13}=a_{23}=a_{33}=\rho_4。$$

由上可知

$$\begin{cases}\rho_1=a_{11}+a_{13},\\ 0=a_{12}+a_{13},\\ 0=a_{11}+a_{12}+a_{13},\\ \rho_4=a_{13},\end{cases}\quad \begin{cases}0=a_{21}+a_{23},\\ \rho_2=a_{22}+a_{23},\\ 0=a_{21}+a_{22}+a_{23},\\ \rho_4=a_{23},\end{cases}\quad \begin{cases}0=a_{31}+a_{33},\\ 0=a_{32}+a_{33},\\ \rho_3=a_{31}+a_{32}+a_{33},\\ \rho_4=a_{33}。\end{cases}$$

从第一组方程可得

$$a_{11}=0,\quad a_{12}=-a_{13}=-\rho_1=-\rho_4;$$

若取 $\rho_4=-1$,则从第二组方程可得

$$a_{22}=0,\quad a_{21}=-a_{23}=-\rho_4=1;$$

从第三组方程可得

$$a_{33}=\rho_4=1,\quad a_{31}=-a_{33}=1,\quad a_{32}=-a_{33}=1。$$

故所求的射影变换为

$$\begin{cases}\rho x_1'=x_2-x_3,\\ \rho x_2'=x_1-x_3,\\ \rho x_3'=x_1+x_2-x_3。\end{cases}$$

下面讨论二维射影变换的自对应元素。设点(x_1,x_2,x_3)是射影变换 $\rho x_i'=\sum_{j=1}^{3}a_{ij}x_j\ (i=1,2,3)$ 的不动点(自对应点),则有

$$\begin{cases}\rho x_1=a_{11}x_1+a_{12}x_2+a_{13}x_3,\\ \rho x_2=a_{21}x_1+a_{22}x_2+a_{23}x_3,\\ \rho x_3=a_{31}x_1+a_{32}x_2+a_{33}x_3,\end{cases}$$

化简得

$$\begin{cases}(a_{11}-\rho)x_1+a_{12}x_2+a_{13}x_3=0,\\ a_{21}x_1+(a_{22}-\rho)x_2+a_{23}x_3=0,\\ a_{31}x_1+a_{32}x_2+(a_{33}-\rho)x_3=0。\end{cases}\tag{7-6}$$

因为 x_1,x_2,x_3 不全为零,所以有

$$\begin{vmatrix}a_{11}-\rho & a_{12} & a_{13}\\ a_{21} & a_{22}-\rho & a_{23}\\ a_{31} & a_{32} & a_{33}-\rho\end{vmatrix}=0。$$

该方程叫做二维射影变换的**特征方程**,从特征方程中解出的 ρ 值,再代入式(7-6)求出不动点的坐标。

由本节定义 3.1 不难看出,由任何 3 点都不共线的 4 对对应点可以唯一确定一个二维

射影变换。因此射影变换的不共线的不动点至多有 3 个，如果有 4 个每 3 点都不共线的不动点，那么这个射影变换必定是恒等变换。

例 4 求射影变换 $\begin{cases}\rho x'_1=3x_1-x_3,\\ \rho x'_2=-x_1+4x_2-x_3,\\ \rho x'_3=-x_1+3x_3\end{cases}$ 的不动点。

解 由特征方程

$$\begin{vmatrix}3-\rho & 0 & -1\\ -1 & 4-\rho & -1\\ -1 & 0 & 3-\rho\end{vmatrix}=(\rho-2)(\rho-4)^2=0,$$

解得特征根是 2 和 4，把 $\rho=2$ 代入方程组

$$\begin{cases}(3-\rho)x_1-x_3=0,\\ -x_1+(4-\rho)x_2-x_3=0,\\ -x_1+(3-\rho)x_3=0,\end{cases}$$

得

$$\begin{cases}(3-2)x_1-x_3=0,\\ -x_1+(4-2)x_2-x_3=0,\\ -x_1+(3-2)x_3=0。\end{cases}$$

解出不动点的坐标是(1,1,1)。

再将 $\rho=4$ 代入方程组

$$\begin{cases}(3-\rho)x_1-x_3=0,\\ -x_1+(4-\rho)x_2-x_3=0,\\ -x_1+(3-\rho)x_3=0,\end{cases}$$

得三个方程都是 $x_1+x_3=0$，即直线 $x_1+x_3=0$ 上的所有点都是不动点，我们也把该直线叫做此射影变换的**不动直线**。

3.3 帕普斯定理

定理 3.4(帕普斯定理) 设点 A,B,C 是直线 l 上的 3 个相异点，点 A',B',C' 是 l'(异于 l)上的 3 个相异点，且 6 点均不是 l 与 l' 的交点，l 与 l' 是共面直线，若 $BC'\cap B'C=X$，$CA'\cap C'A=Y$，$AB'\cap A'B=Z$，则点 X,Y,Z 必共线。

证明 如图 7-23 所示，设 $l\cap l'=M$，$A'B\cap AC'=D$，$A'C\cap BC'=E$，则

$(A',Z,D,B)\overset{(A)}{\underset{\wedge}{=}}(A',B',C',M)\overset{(C)}{\underset{\wedge}{=}}(E,X,C',B)$，

所以

$$(A',Z,D,B)\barwedge(E,X,C',B)。$$

在这个射影对应中，两点列底的交点 B 为自对应点，由本章定理 2.3 有

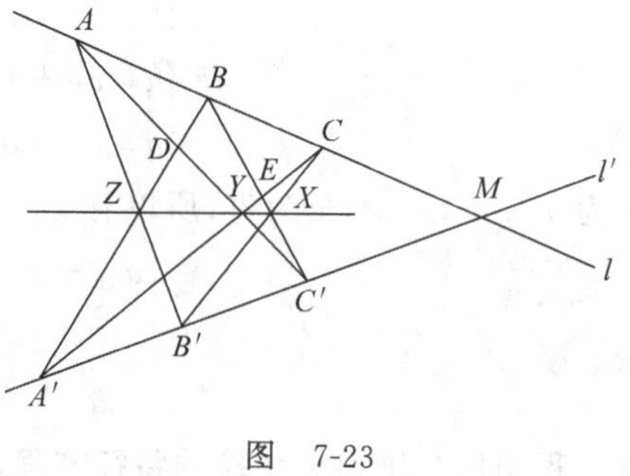

图 7-23

$$(A',Z,D,B)\overline{\wedge}(E,X,C',B)。$$

由透视对应定义可知，AE'，ZX，DC'三线共点，而$A'E\cap DC'=Y$，则直线 XZ 通过点 Y，即点 X，Y，Z 共线。

XYZ 这条直线叫做**帕普斯线**。由本节定理 3.4 知，由两个三点组(A,B,C)与(A',B',C')可得到一条帕普斯线。这两组点的对应并没有假定什么特别的规律，也就是说，可以任意予以指定。我们可以改变其中一组的顺序，例如(A,B,C)与(A',B',C')。由本章定理 3.4 又可得出第二条帕普斯线。因此在两条直线上任取 3 个相异点可以构成不同的帕普斯线共有 6 条。

4 变换群与几何学的关系

4.1 平面上的几个重要变换群

按变换群的定义，我们可以证明以下几种变换群的结论：

定理 4.1 欧氏平面上所有绕定点的旋转变换的集合构成群，叫做**旋转变换群**，记为 R，且 R 的维数[①]是 1。

定理 4.2 欧氏平面上所有平移变换的集合构成群，叫做**平移变换群**，记为 T，且 T 的维数是 2。

定理 4.3 欧氏平面上所有正交变换的集合构成群，叫做**正交变换群**，记为 M，且 M 的维数是 3。

定理 4.4 平面上所有相似变换的集合构成群，叫做**相似变换群**，记为 S，且 S 的维数是 4。

定理 4.5 仿射平面上所有仿射变换的集合构成群，叫做**仿射变换群**，记为 A，且 A 的维数是 6。

定理 4.6 射影平面上所有射影变换的集合构成群，叫做**射影变换群**，记为 P，且 P 的维数是 8。

至此，我们得到平面上的 6 个变换群，旋转变换群 R、平移变换群 T、正交变换群 M、相似变换群 S、仿射变换群 A 和射影变换群 P，就群的大小而言，它们之间的关系是

$$R\subset T\subset M\subset S\subset A\subset P。$$

4.2 欧氏几何与欧氏群

我们在中学学过的几何属于欧氏几何的范围，这种几何学的基本内容是伟大的希腊数学家欧几里得于公元前 3 世纪在不朽著作几何《原本》中整理出来的。欧氏几何研究的长度、角度、面积、体积等主要内容都是与图形的特定位置无关的性质，即当图形从一个位置运动到另一个位置后，不发生改变的性质。欧氏几何研究的“全等形”，就是经过“运动”后可以

① 变换群的维数：决定该变换群的每一个变换的独立参数的个数。

重叠的图形。这就是说，欧氏几何研究的对象与“运动”联系在一起。我们知道，平面上的全体运动的集合构成欧氏群。刚才的分析告诉我们，欧氏几何研究的图形性质是经欧氏群的变换作用后不变的性质和量。如果我们将欧氏群的变换作用后能重叠的图形叫做等价的图形，并把等价的图形看作一类，则欧氏几何的“全等形”来自于按欧氏群对图形的分类。

4.3 克莱因变换群观点简介

19 世纪中叶，德国数学家克莱因分析了欧氏几何与欧氏群的上述关系后发现，只要我们给出一个集合作为欧氏平面，再在其上给出欧氏变换群，则欧氏几何只不过是欧氏平面上的图形经欧氏群的变换作用后，获得的不变性质、不变量和图形分类命题的集合。

克莱因总结并推广了上述思想，于 1872 年在德国埃尔朗根大学作了题为《近世几何学研究的比较评论》的报告，在报告中首先提出了几何学与变换群关系的思想，对几何学的发展起了巨大的推动作用。后人称此报告为埃尔朗根纲领，也称为**克莱因观点**。

以下介绍这种几何学的群论观点。

给出集合 S 和 S 上的一个变换群 G，配对 (S,G) 叫做**空间**，S 的子集叫做此空间的**图形**。对于 S 中的两个图形 A 与 B，如果在变换 G 中有一个变换 T，使得 $T(A)=B$，则称 A 与 B 有关系，用记号 $A\approx B$ 表示，可以证明该关系“$\approx$”是一种等价关系，即：

(1) 任给子集与本身等价(反身性)；

(2) 若子集 A 与子集 B 等价，则子集 B 必与子集 A 等价(对称性)；

(3) 若子集 A 与子集 B 等价，子集 B 与子集 C 等价，则子集 A 必与子集 C 等价(传递性)。

由于“$\approx$”是一等价关系，因此它可以确定集合 S 的一个分类方法，凡是等价的子集都属于同一类，不等价的子集属于不同的分类，集合 S 的每一元素恰属于一类。亦即，凡是等价的图形属于同一个等价类，不等价的图形属于不同的类，于是同一类里的一切图形所共有的几何性质和几何量必是在变换群下的不变性质和不变的量；反之，图形在变换群中一切变换下的不变性质和不变量，必是同一个等价类里一切图形所共有的性质。因此，可以用变换群去研究相应的几何学，这就是克莱因的几何学的群论观点。

综上所述，对于空间 (S,G) 而言，研究图形关于群下的不变性质和不变量以及图形分类的所有命题的集合，叫做集合 S 上群 G 附属的几何学，而空间的维数就叫做几何学的维数，且把此群叫做该几何学所对应的变换群。有一个变换群就相应地有一种研究在此群作用下不变性质理论的几何学。

例如，欧氏平面上正交变换构成群，所以正交变换具有下列 3 个性质：

(1) 恒等变换是正交变换；

(2) 正交变换的逆变换是正交变换；

(3) 两个正交变换的乘积仍是正交变换。

因此，根据前面的讨论，可以利用正交变换建立合同的概念，即一个图形与经过正交变换所得到的对应图形是合同的。由此可推出合同具有反身性、对称性和传递性，因而合同关系是一种等价关系，它可将平面上所有的图形分类，凡是合同的图形属于同一等价类，欧氏几何是研究等价类里一切图形所共有的性质，图形关于正交变换群下的不变性质构成的命题系统就是欧氏几何学。同理,在仿射变换群下图形的不变性质构成的命题系统就是仿射几何学;在射影变换群下图形的不变性质构成的命题系统就是射影几何学。

一百多年来数学的发展说明了克莱因用变换群刻画几何学的观点在近代几何领域起了很大作用,它使各种几何学化为统一的形式,因而得到对立事物的某种统一,同时又明确了各种几何所研究的对象;它给出了一般抽象空间所对应几何学的一种方法,建立了多种几何学,如代数几何、保形几何及拓扑学等,克莱因的观点支配了从他以来近半个世纪所有几何学的研究。

4.4 射影几何、仿射几何和欧氏几何间的比较

克莱因用群论的观点给出几何学的定义,不但指出了各种几何学的研究范围,而且还有助于我们弄清楚它们之间的联系,下面就射影几何、仿射几何和欧氏几何进行简略的比较。

设 G 是集合 S 的一个变换群,G_1 是 G 的子群,G 和 G_1 所对应的几何分别为 A 和 A_1,因为 $G_1 \subset G$,故凡是对于 G 不变的性质必对 G_1 不变,因此 A 中的一个定理一定是 A_1 中的一个定理;反之,A_1 中的一个定理不一定是 A 中的一个定理,我们把几何学 A_1 叫做几何学 A 的一个子几何学。由变换群大小与它所对应的几何内容的多少之间的关系知道,越小的子群它所对应的子几何内容越丰富。

在射影变换群作用下图形的不变性质与不变量分别叫做射影性质和射影不变量,例如同素性、结合性和交比等。这是射影几何研究的内容。

在仿射变换群作用下图形的不变性质与不变量分别叫做仿射性质和仿射不变量,例如平行性、单比等。仿射变换保持单比不变,当然就保持交比不变。因此射影性质与射影不变量一定是仿射性质与仿射不变量,故仿射几何内容比射影几何内容更丰富,它是射影几何的子几何。

在正交变换群作用下图形的不变性质与不变量分别叫做度量性质和度量不变量,例如长度、角度等。射影性质与仿射性质,射影不变量与仿射不变量同时也是度量性质和度量不变量。与正交变换群相对应的几何学是欧氏几何学,它是仿射几何、射影几何的子几何。

我们知道上述 3 个变换群大小的关系为

$$\text{射影变换群} \supset \text{仿射变换群} \supset \text{正交变换群}。$$

但是就它们所对应的几何学内容的丰富性而言其关系却是

$$\text{射影几何} \subset \text{仿射几何} \subset \text{欧氏几何}。$$

由此可见,射影几何内容最少,欧氏几何内容最丰富,欧氏几何是仿射几何及射影几何的子几何,在欧氏几何中可以讨论仿射性质和仿射不变量以及射影性质和射影不变量,同理在仿射几何中也可以讨论射影性质和射影不变量;但反过来,在射影几何里则不能讨论仿射性质和仿射不变量以及与度量有关的性质和不变量,因为这些性质在一般射影变换的作用下是不保持的。同样,在仿射几何里也不能讨论与度量有关的性质和不变量。

一般地,变换群越大,则它所对应的几何学研究对象就越少。因为一个变换群所包含的变换越多,则对于所有这些变换图形的不变性质与不变量越少,因而可以研究的对象就越少,而适应的范围却越广,因为这些研究对象在它的子群所对应的子几何中可以讨论。

为了便于将射影几何、仿射几何、欧氏几何加以比较，如表 7-1 所示。

表 7-1 射影几何、仿射几何、欧氏几何的比较

名　称	射影几何	仿射几何	欧氏几何
相应的变换群	射影群	仿射群	正交群
变换式	$\rho x'_i = \sum_{j=1}^{3} a_{ij} x_j$ $(i=1,2,3), \rho \mid a_{ij} \mid \neq 0$	$\begin{cases} x' = a_{11}x + a_{12}y + a_{13}, \\ y' = a_{21}x + a_{22}y + a_{23}, \end{cases}$ $\begin{vmatrix} a_{11} & a_{12} \\ a_{21} & a_{22} \end{vmatrix} \neq 0$	$\begin{cases} x' = x\cos\theta - \varepsilon y\sin\theta + a, \\ y' = x\sin\theta + \varepsilon y\cos\theta + b, \end{cases}$ $\varepsilon \neq \pm 1$
参数数目	8	6	3
研究对象	射影性质 射影不变量	仿影性质 仿影不变量	度量性质 度量不变量
基本不变性	结合性	结合性 平行性	合同性
基本不变量	交比	单比	距离
基本不变图形		无穷远直线	

练　习　7

1. 在直线上取笛卡儿坐标分别为 2，0，−3 的三点作为射影坐标系的 A_1，A_0，E。

(1) 求此直线上任意一点 P 笛卡儿坐标 x 与射影坐标 λ 间的关系；

(2) 问是否存在有两种坐标相等的点？

2. 求证：如果一维射影对应使直线 l 上的无穷远点对应直线 l' 上的无穷远点，则这个对应一定是仿射对应。

3. 如果三点形 ABC 的边 BC，CA，AB 分别通过在同一条直线的三点 P，Q，R，又顶点 B，C 各在一条定直线上。求证：顶点 A 也在一条定直线上。

4. 设 a，b，c，d 是通过点 P 的 4 条不同直线，建立一个射影对应，使得

$$P(a,b,c,d) \barwedge P(b,a,d,c)。$$

5. 设 $(AB,CD)=-3$，点 C 是线段 AB 偏于点 A 的三等分点，求作点 D。

6. 设两条直线 l_1，l_2 交于点 O，两定点 S_1，S_2 与点 O 共线，动直线通过另一定点 M，分别与直线 l_1，l_2 交于点 A_1，A_2。求证：直线 S_1A_1 与 S_2A_2 交点的轨迹是一条直线。

7. 设直线 l 上的点 $P_1(0)$，$P_2(1)$，$P_3(2)$ 经过射影对应顺次对应直线 l' 上的点 $P'_1(-1)$，$P'_2(0)$，$P'_3(-2)$。求射影对应式，并化为齐次坐标式；求出直线 l 及直线 l' 上无穷远点的对应点。

8. 求直线 l 到自身的射影变换式，使得 $P_1(0)$，$P_2(1)$，P_∞ 分别对应点 $P'_1(1)$，P_∞，$P'_3(0)$。

9. 求证：如果一维射影对应使得一点列上的无穷远点对应于另一点列上的无穷远点时，那么这个对应一定是仿射对应。

10. 求射影对应，它将直线 l 上坐标为(1,0)，(−1,1)，(2,1)的三点依次变为直线 l' 上

坐标为(0,1),(1,2),(4,1)的三点。并求在此射影对应下,直线 l 上点(1,1)的像点,直线 l' 上点(1,1)的原像点。

11. 已知 Ox 轴上的射影变换式为 $x'=\dfrac{2x-1}{x+3}$,试求坐标原点和无穷远点的对应点。

12. 已知射影坐标变换式

$$\begin{cases}\rho x'=2x_1-4x_2,\\ \rho x'=x_1-x_2,\end{cases}$$

求每个坐标系的三个基点在另一个坐标系下的坐标。

13. 将非齐次坐标表示的射影变换式为 $x'=\dfrac{a_{11}x+a_{12}}{a_{21}x+a_{22}}$表示成齐次坐标式,并求直线上无穷远点的像点,以及无穷远点的原像点。

14. 设一条直线上点的射影变换式为 $x'=\dfrac{3x+2}{x+4}$。证明:直线上有两个自对应点,且这两个自对应点与任意一对对应点的交比是常数。

15. 求射影变换式,使得直线上以 0,1 为坐标的点及无穷远点顺次对应以 −1,0,1 为坐标的点,并判断此射影变换的类型。

16. 求一射影变换,使得点(2,1,1),(1,2,−1),(1,−1,3),(4,2,3)顺次对应点(1,−1,2),(0,1,−2),(3,1,−4),(1,0,−2)。

17. 求下列射影变换不动点的坐标:

(1) $\begin{cases}\rho x'_1=x_1-2x_2,\\ \rho x'_2=3x_1-x_2;\end{cases}$ (2) $\begin{cases}\rho x'_1=x_1+2x_2,\\ \rho x'_2=4x_1-x_2。\end{cases}$

18. 求下列射影变换的不动点的坐标:

(1) $\begin{cases}\rho x'_1=x_1+x_2,\\ \rho x'_2=x_2,\\ \rho x'_3=x_3;\end{cases}$ (2) $\begin{cases}\rho x'_1=4x_1-x_2,\\ \rho x'_2=6x_1-3x_2,\\ \rho x'_3=x_1-x_2-x_3。\end{cases}$

19. 指出下列几何性质各是哪种几何(最大的几何,即该几何所对应的变换群最大)的讨论对象?

(1) 平行; (2) 垂直;

(3) 平行四边形的对角线互相平分; (4) 图形相似;

(5) 共点线或共线点。

20. 下列所说的各种名称或定理中哪些属于射影几何,哪些属于仿射几何,哪些属于欧氏几何?

(1) 梯形; (2) 正方形;

(3) 三角形的垂心; (4) 三角形的重心;

(5) 在平面上无三线共点的 4 条直线有 6 个交点; (6) 德萨格定理。

第8章

二次曲线的射影性质、仿射性质与相应分类

在第3章中，我们在欧氏平面上，利用正交变换，已经对二次曲线的度量性质与分类进行了讨论。本章则将在射影平面与仿射平面上进行讨论，首先在射影平面上给出二次曲线的射影定义，然后分别在射影变换与仿射变换下讨论二次曲线的性质与分类。

1　二次曲线的射影性质

本节首先给出二次曲线的射影定义，然后讨论在射影变换下二次曲线的射影性质，最后主要对用点坐标表示的二阶曲线进行射影分类，对于用线坐标表示的二级曲线的射影分类可以对偶地推广。

1.1　二阶曲线与二级曲线的定义

定义 1.1　在射影平面上，齐次射影坐标(x_1,x_2,x_3)满足三元二次方程

$$a_{11}x_1^2+a_{22}x_2^2+a_{33}x_3^2+2a_{12}x_1x_2+2a_{13}x_1x_3+2a_{23}x_2x_3=0 \tag{8-1}$$

的点的集合叫做射影平面上的**二阶曲线**。在方程(8-1)中，系数a_{ij}为实数且至少有一个不为零，方程(8-1)叫做**射影平面上的二阶曲线的方程**。

由此定义知，二阶曲线的方程是一个二次齐次方程。

方程(8-1)可简写成

$$\sum_{i,j=1}^{3}a_{ij}x_ix_j=0,\quad 其中\quad a_{ij}=a_{ji}。$$

方程(8-1)也可以表示成如下的矩阵形式

$$(x_1\quad x_2\quad x_3)\begin{pmatrix}a_{11} & a_{12} & a_{13}\\ a_{21} & a_{22} & a_{23}\\ a_{31} & a_{32} & a_{33}\end{pmatrix}\begin{pmatrix}x_1\\ x_2\\ x_3\end{pmatrix}=0,$$

其中矩阵 $\boldsymbol{A}=(a_{ij})$ 叫做二阶曲线(8-1)的系数矩阵，$|\boldsymbol{A}|$ 或 $|a_{ij}|$ 表示系数行列式，且 $a_{ij}=a_{ji}$。

定理 1.1　如果有两个不同中心的射影对应线束，那么对应直线的交点连同这两个线束的中心构成一条二阶曲线。

证明　设两个线束的方程分别为

$$a+\lambda b=0,\quad a'+\lambda' b'=0,$$

其中 a,b,a',b' 都是 x_1,x_2,x_3 的一次齐次式。由于它们成射影对应，所以 λ,λ' 满足

$$\lambda'=\frac{a_{11}\lambda+a_{12}}{a_{21}\lambda+a_{22}},\quad \begin{vmatrix} a_{11} & a_{12} \\ a_{21} & a_{22} \end{vmatrix}\neq 0。$$

由两线束方程得

$$\lambda=-\frac{a}{b},\quad \lambda'=-\frac{a'}{b'},$$

把它们代入上式得

$$-\frac{a'}{b'}=\frac{-a_{11}a+a_{12}b}{-a_{21}a+a_{22}b},$$

或

$$a'(a_{22}b-a_{21}a)+b'(a_{12}b-a_{11}a)=0。$$

上式左端是 x_1,x_2,x_3 的二次齐次式。所以按定义两射影线束对应线交点的轨迹是一条二阶曲线。并且 $a=0,b=0$ 满足上式方程，即第一线束中心是二阶曲线上的点。同理 $a'=0$，$b'=0$ 也满足上式方程，即第二线束中心也是二阶曲线上的点。

此定理的逆定理也成立，即“任何一条二阶曲线都可以看成是由两个成射影对应的线束对应直线的交点连同这两个线束的中心所构成的”。

在此定理中，形成二阶曲线的两个射影对应线束的中心并不具有特殊性，可以证明，二阶曲线上任意两点都可以作为生成这条二阶曲线的射影对应线束的中心。为此我们有下面的定理。

定理 1.2　设有一条二阶曲线，它是由两个成射影对应的线束对应直线的交点所构成的，如果以这条曲线上任意两点为中心向曲线上的点投射直线，那么可得到两个成射影对应的线束。即设点 A,B 是这条曲线上的任意两定点，点 M 为曲线上的动点，则两线束 $A(M)$ 与 $B(M)$ 成射影对应，即有 $A(M)\barwedge B(M)$。

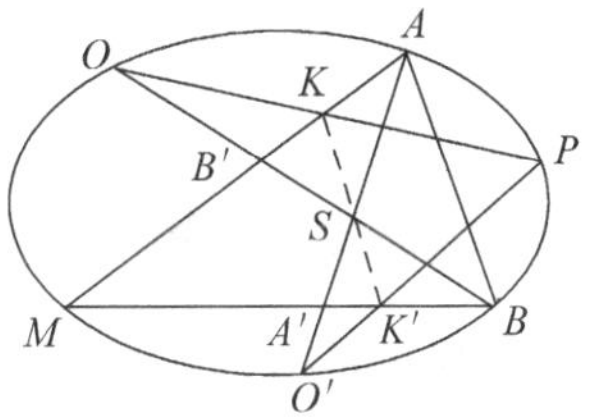

图　8-1

证明　如图 8-1 所示，设二阶曲线是由两线束 $O(P)$ 和 $O'(P)$ 产生的，设 $OP\cap AM=K$，$O'A\cap OB=S$，$BM\cap O'P=K'$，$OB\cap AM=B'$，$O'A\cap BM=A'$，则有

$$O(A,B,P,M)\barwedge O'(A,B,P,M),$$

所以有

$$(A,B',K,M)\doublebarwedge O(A,B,P,M)\barwedge O'(A,B,P,M)\doublebarwedge(A',B,K',M),$$

即有

$$(A,B',K,M)\barwedge(A',B,K',M)。$$

由于这两个点列底的交点 M 是自对应点，故有 $(A,B',K,M)\doublebarwedge(A',B,K',M)$。于是由透视对应的定义，直线 AA',BB',KK' 共点于 S。这说明当点 M 在曲线上变动时，以 OP

为底的点列(K)与以$O'P$为底的点列(K')间的对应是透视对应，对应点的连线KK'通过一定点S，所以有$A(M)\bar{\wedge}OP(K)\bar{\wedge}O'P(K')\bar{\wedge}B(M)$，即有$A(M)\bar{\wedge}B(M)$。

推论1 如果平面上5个点中任意3点都不共线，那么这5个点可以确定唯一一条二阶曲线。

推论2 如果从二阶曲线上任一点向此二阶曲线上4定点连4条直线，那么此4条直线的交比(假设交比有意义)为常数。

例1 求两个成射影对应的线束$x_1-\lambda x_3=0$与$x_2-\mu x_3=0$(其中$\lambda+\mu=1$)所构成的二阶曲线的方程。

解 由$\lambda+\mu=1$得$\mu=1-\lambda$，则两线束为

$$\begin{cases}x_1-\lambda x_3=0,\\ x_2-(1-\lambda)x_3=0,\end{cases}\quad \text{即}\quad \begin{cases}x_1-\lambda x_3=0,\\ (x_2-x_3)+\lambda x_3=0。\end{cases}$$

由于1与λ这两个数不全为零，所以有$\begin{vmatrix}x_1 & -x_3\\ x_2-x_3 & x_3\end{vmatrix}=0$，即

$$x_1x_3+x_2x_3-x_3^2=0,$$

从而得所求的二阶曲线的方程。

以上是从点几何的观点出发给出二阶曲线的定义及有关性质，由对偶原则，还可以从线几何的观点出发给出相关的定义及定理。

定义1.2 在射影平面上，齐次线坐标$[u_1,u_2,u_3]$满足三元二次方程

$$a'_{11}u_1^2+a'_{22}u_2^2+a'_{33}u_3^2+2a'_{12}u_1u_2+2a'_{13}u_1u_3+2a'_{23}u_2u_3=0 \tag{8-2}$$

的直线的集合叫做**射影平面上的二级曲线**。在方程(8-2)中，系数a'_{ij}为实数且至少有一个不为零，方程(8-2)叫做射影平面上的二级曲线的方程。

方程(8-2)可简写成

$$\sum_{i,j=1}^{3}a'_{ij}u_iu_j=0,\quad 其中\quad a'_{ij}=a'_{ji};$$

方程(8-2)也可以表示成如下的矩阵形式：

$$(u_1\quad u_2\quad u_3)\begin{pmatrix}a'_{11} & a'_{12} & a'_{13}\\ a'_{21} & a'_{22} & a'_{23}\\ a'_{31} & a'_{32} & a'_{33}\end{pmatrix}\begin{pmatrix}u_1\\ u_2\\ u_3\end{pmatrix}=0,$$

其中矩阵$\boldsymbol{A}'=(a'_{ij})$叫做二级曲线(8-2)的系数矩阵，$|\boldsymbol{A}'|$或$|a'_{ij}|$表示系数行列式，$a'_{ij}=a'_{ji}$。

二阶曲线与二级曲线统称为**二次曲线**。

1.2 二次曲线的射影定义

定义1.3 二阶曲线就是两个射影线束对应直线交点的全体。对偶地有，二级曲线就是两个射影点列对应点连线的全体。

由于射影对应可分为透视对应与非透视对应两种，如果只对透视的射影对应而言，我们给出如下定义。

定义1.4 两个透视对应线束，对应直线交点的全体叫做**退化的二阶曲线**。对偶地有，

两个透视对应点列中,对应点连线的全体叫做**退化的二级曲线**。

容易知道,连接两线束中心的直线既属于第一线束,又属于第二线束,它是自身对应的,所以这条直线上任一点都可以看做是交点。因此,退化的二阶曲线是两条直线(点列),其中一条为此直线,另一条就是对应直线交点所在的直线。在极限情况下,这两条直线可重合为一条直线,如图 8-2(a)所示。

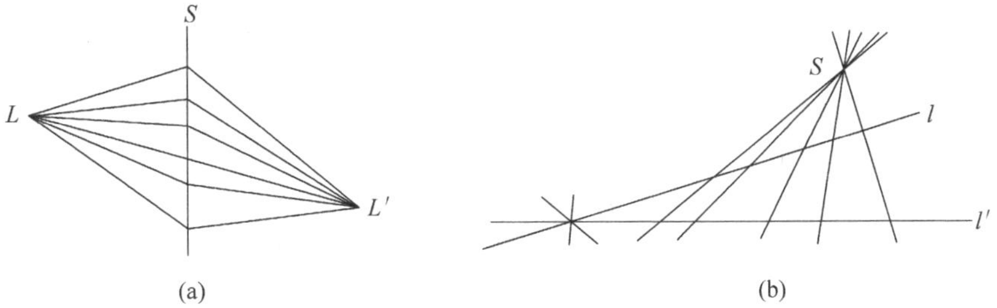

图 8-2

类似地有,两个透视点列底的交点既属于第一点列,又属于第二点列,它是自身对应的,所以过这个交点的任一直线都可以看做是连线。因此,退化的二级曲线是两个点(线束),其中一个为此交点,另一个就是对应点连线的交点。在极限情况下,这两个点可重合为一点,如图 8-2(b)所示。

与退化的二阶曲线和退化的二级曲线相反,有非退化的二阶曲线和非退化的二级曲线。

定义 1.5 有两个非透视的不共中心的射影对应线束,其对应线交点的全体叫做**非退化的二阶曲线**。对偶地有,有两个非透视的不共底的射影对应点列,其对应点连线的全体叫做**非退化的二级曲线**。

1.3 二阶曲线与二级曲线的关系

先讨论二阶曲线与直线的相关位置。

设两个点 P,Q 的坐标分别为 $P(p_1,p_2,p_3),Q(q_1,q_2,q_3)$,直线 PQ 上任意点的坐标为(x_1,x_2,x_3),则有

$$x_i=p_i+\lambda q_i,\quad i=1,2,3。$$

以下先求直线 PQ 与二阶曲线

$$\sum_{i,j=1}^{3}a_{ij}x_ix_j=0,\quad a_{ij}=a_{ji}$$

的交点。

将 $x_i=p_i+\lambda q_i$ 代入上式得

$$\sum_{i,j=1}^{3}a_{ij}(p_i+\lambda q_i)(p_j+\lambda q_j)=0,$$

化简整理得

$$\left(\sum_{i,j=1}^{3}a_{ij}q_iq_j\right)\lambda^2+\left(\sum_{i,j=1}^{3}a_{ij}p_iq_j+\sum_{i,j=1}^{3}a_{ij}q_ip_j\right)\lambda+\sum_{i,j=1}^{3}a_{ij}p_ip_j=0。\tag{8-3}$$

若点 Q 不在此二阶曲线上,则式(8-3)是关于 λ 的二次方程。为了书写简便,我们先引

入以下记号：

$$S\equiv\sum_{i,j=1}^{3}a_{ij}x_ix_j=(x_1\quad x_2\quad x_3)\boldsymbol{A}\begin{pmatrix}x_1\\x_2\\x_3\end{pmatrix},$$

$$S_{pp}\equiv\sum_{i,j=1}^{3}a_{ij}p_ip_j=(p_1\quad p_2\quad p_3)\boldsymbol{A}\begin{pmatrix}p_1\\p_2\\p_3\end{pmatrix},$$

$$S_{qq}\equiv\sum_{i,j=1}^{3}a_{ij}q_iq_j=(q_1\quad q_2\quad q_3)\boldsymbol{A}\begin{pmatrix}q_1\\q_2\\q_3\end{pmatrix},$$

$$S_{pq}\equiv\sum_{i,j=1}^{3}a_{ij}p_iq_j=(p_1\quad p_2\quad p_3)\boldsymbol{A}\begin{pmatrix}q_1\\q_2\\q_3\end{pmatrix},$$

$$S_{qp}\equiv\sum_{i,j=1}^{3}a_{ij}q_ip_j=(q_1\quad q_2\quad q_3)\boldsymbol{A}\begin{pmatrix}p_1\\p_2\\p_3\end{pmatrix},$$

$$S_{p}\equiv\sum_{i,j=1}^{3}a_{ij}p_ix_j=(p_1\quad p_2\quad p_3)\boldsymbol{A}\begin{pmatrix}x_1\\x_2\\x_3\end{pmatrix},$$

$$S_{q}\equiv\sum_{i,j=1}^{3}a_{ij}q_ix_j=(q_1\quad q_2\quad q_3)\boldsymbol{A}\begin{pmatrix}x_1\\x_2\\x_3\end{pmatrix},$$

其中 $\boldsymbol{A}$ 是方程(8-1)中的系数矩阵。由于 $a_{ij}=a_{ji}$，所以 $S_{pq}=S_{qp}$，若坐标 (p_1,p_2,p_3) 和 (q_1,q_2,q_3) 为常数，而 (x_1,x_2,x_3) 为变量，则 S 为二次齐次式，S_p 和 S_q 为一次齐次式，S_{pp}，S_{qq} 和 S_{pq} 为常数。

若采用以上记号，则式(8-3)可写成

$$S_{qq}\lambda^2+2S_{pq}\lambda+S_{pp}=0。\tag{8-4}$$

当 $S_{pq}^2-S_{qq}S_{pp}>0$ 时，直线与二阶曲线有两个实交点，即直线与二阶曲线相割，该直线叫做二阶曲线的割线；

当 $S_{pq}^2-S_{qq}S_{pp}<0$ 时，直线与二阶曲线没有实交点，即直线与二阶曲线相离；

当 $S_{pq}^2-S_{qq}S_{pp}=0$ 时，直线与二阶曲线有两个重合实交点，即直线与二阶曲线相切，该直线叫做二阶曲线的切线。

以下讨论如何求过非退化二阶曲线上一点处的切线方程。

设点 $P(p_1,p_2,p_3)$ 在二阶曲线 $S=0$ 上，于是 $S_{pp}=0$，从而方程(8-4)有一根为零，又过点 P 的切线与 $S=0$ 有两个重合实交点，所以方程(8-4)中有重根且 λ 的另一根也为零，于是由方程(8-4)可知 $S_{pq}=0$。现取切线上的一动点 Q，设点 Q 的坐标为 (x_1,x_2,x_3)，从而有

$S_p=0$,即以 $P(p_1,p_2,p_3)$ 为切点的切线方程为

$$S_p \equiv (p_1 \quad p_2 \quad p_3)\boldsymbol{A}\begin{pmatrix}x_1\\x_2\\x_3\end{pmatrix}=0。$$

但是,如果点 P 不在二阶曲线 $S=0$ 上时,那么又该如何求过点 P 的切线方程呢?

设点 Q 是通过点 P 的切线上的任意点,则切线 PQ 交二阶曲线于重合点,因此方程(8-4)有两个相等的实根,所以 $S_{pp}\cdot S_{qq}=S_{pq}^2$。由于 Q 是通过点 P 的切线上的任意点,可将 (q_1,q_2,q_3) 写成 (x_1,x_2,x_3),这时 S_{qq},S_{pq} 分别变成 S,S_p,所以,以 Q 为动点轨迹通过点 P 的切线方程为

$$S_{pp}\cdot S=S_p^2,$$

它表示过点 P 的两条切线。特别地,当点 P 在二阶曲线上(即 $S_{pp}=0$)时,两切线重合为 $S_p=0$。

对偶地,可以讨论二级曲线与点的相关位置以及求非退化二级曲线的任意直线上的切点的方程。

例 2 求二阶曲线 $6x_1^2-x_2^2-24x_3^2+11x_2x_3=0$ 经过点 $P(1,2,1)$ 的切线方程。

解 将点 P 的坐标代入二阶曲线方程中得 $S_{pp}=0$,所以点 P 在二阶曲线上,故所求切线方程是 $S_p=0$,即

$$(1 \quad 2 \quad 1)\begin{pmatrix}6 & 0 & 0\\0 & -1 & \frac{11}{2}\\0 & \frac{11}{2} & -24\end{pmatrix}\begin{pmatrix}x_1\\x_2\\x_3\end{pmatrix}=0,$$

化简整理得

$$12x_1+7x_2-26x_3=0$$

为所求的切线方程。

例 3 求通过直线 $l[1,3,1]$ 和直线 $m[1,5,-1]$ 交点且属于二级曲线 $4u_1^2+u_2^2-2u_3^2=0$ 的直线。

解 通过直线 $l[1,3,1]$ 和直线 $m[1,5,-1]$ 交点的直线的线坐标为

$$[1,3,1]+\lambda[1,5,-1]=[1+\lambda,3+5\lambda,1-\lambda]。$$

又由此直线属于二级曲线 $4u_1^2+u_2^2-2u_3^2=0$,所以有

$$4(1+\lambda)^2+(3+5\lambda)^2-2(1-\lambda)^2=0, \quad 即 \quad 27\lambda^2+42\lambda+11=0,$$

解得

$$\lambda_1=-\frac{1}{3}, \quad \lambda_2=-\frac{11}{9}。$$

所以所求直线的坐标为 $[1,2,2]$ 和 $[-1,-14,10]$,如图 8-3 所示。

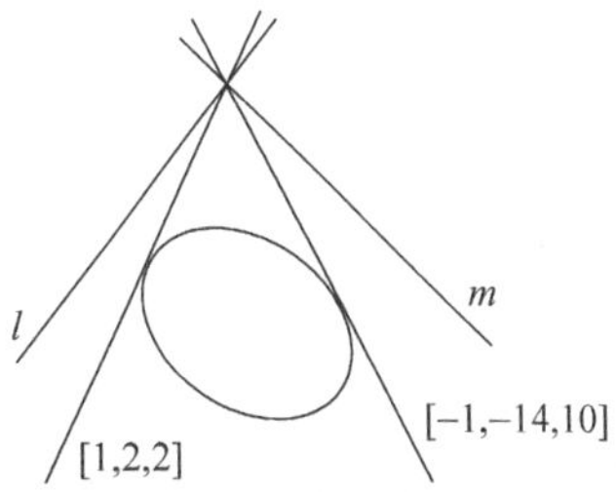

图 8-3

下面讨论二阶曲线与二级曲线的关系。

定理 1.3 一条非退化的二阶曲线的切线的集合是一条非退化的二级曲线;反过来,一条非退化的二级曲线的切点的集合是一条非退化的二阶曲线。

证明 (1) 已知非退化二阶曲线的方程为

$$S \equiv \sum_{i,j=1}^{3} a_{ij}x_i x_j = 0, \quad a_{ij} = a_{ji}, \quad |a_{ij}| \neq 0。$$

若点 $P(p_1, p_2, p_3)$ 是二阶曲线的一条切线 $[u_1, u_2, u_3]$ 的切点，则这条切线的方程为 $S_p = 0$，即

$$\frac{a_{11}p_1 + a_{12}p_2 + a_{13}p_3}{u_1} = \frac{a_{21}p_1 + a_{22}p_2 + a_{23}p_3}{u_2} = \frac{a_{31}p_1 + a_{32}p_2 + a_{33}p_3}{u_3} = k,$$

其中 k 是非零常数，所以有

$$\begin{cases} a_{11}p_1 + a_{12}p_2 + a_{13}p_3 - ku_1 = 0, \\ a_{21}p_1 + a_{22}p_2 + a_{23}p_3 - ku_2 = 0, \\ a_{31}p_1 + a_{32}p_2 + a_{33}p_3 - ku_3 = 0。 \end{cases} \tag{8-5}$$

又因点 P 在切线 $[u_1, u_2, u_3]$ 上，故有

$$u_1p_1 + u_2p_2 + u_3p_3 = 0。 \tag{8-6}$$

由于 p_1, p_2, p_3, k 是不全为零的数，所以由方程(8-5)和方程(8-6)可知

$$\begin{vmatrix} a_{11} & a_{12} & a_{13} & u_1 \\ a_{21} & a_{22} & a_{23} & u_2 \\ a_{31} & a_{32} & a_{33} & u_3 \\ u_1 & u_2 & u_3 & 0 \end{vmatrix} = 0,$$

将这个行列式展开得

$$\sum_{i,j=1}^{3} A_{ij}u_i u_j = 0, \tag{8-7}$$

其中 A_{ij} 为 a_{ij} 在 (a_{ij}) 中的代数余子式，且 $A_{ij} = A_{ji}$，$|A_{ij}| = |a_{ij}|^2 \neq 0$。

当切线 $[u_1, u_2, u_3]$ 变动时，方程(8-7)是含有变量坐标 u_1, u_2, u_3 的方程，它就是二阶曲线 $S=0$ 的任一切线的线坐标所满足的方程，表示的是一条非退化的二级曲线。我们把它叫做二阶曲线 $S=0$ 所对应的二级曲线。

(2) 对偶地，非退化的二级曲线

$$T \equiv \sum_{i,j=1}^{3} a'_{ij}u_i u_j = 0, \quad a'_{ij} = a'_{ji}, \quad |a'_{ij}| \neq 0$$

所对应的切点的方程为

$$\begin{vmatrix} a'_{11} & a'_{12} & a'_{13} & x_1 \\ a'_{21} & a'_{22} & a'_{23} & x_2 \\ a'_{31} & a'_{32} & a'_{33} & x_3 \\ x_1 & x_2 & x_3 & 0 \end{vmatrix} = 0,$$

展开得

$$\sum_{i,j=1}^{3} A'_{ij}x_i x_j = 0,$$

其中 A'_{ij} 为 a'_{ij} 在 (a'_{ij}) 中的代数余子式，且 $A'_{ij} = A'_{ji}$，$|A'_{ij}| = |a'_{ij}|^2 \neq 0$，它就是二级曲线 $T=0$ 的任一条直线上的切点所满足的方程，表示的是一条非退化的二阶曲线。我们把它叫做二级曲线 $T=0$ 所对应的二阶曲线。

1.4　帕斯卡和布利安桑定理

早在 1640 年，帕斯卡(Pascal)发现了下面著名的射影几何定理。

定理 1.4(帕斯卡定理)　对于任意一个内接于非退化的二阶曲线的简单六点形，它的 3 对对边的交点在一条直线上，这条直线叫做**帕斯卡线**。

1806 年，布利安桑(Brianchon)发现了又一著名的射影几何定理。

定理 1.5(布利安桑定理)　对于任意一个外切于非退化的二级曲线的简单六线形，它的 3 对对顶点的连线通过一个点，这个点叫做**布利安桑点**。

这两个定理的发现，相隔了 166 年，然而它们其实是两个相互对偶的命题。

对于两个定理的证明，我们只需证明其一即可。下面我们来证明帕斯卡定理。

证明　如图 8-4 所示，设简单六点形 $A_1A_2A_3A_4A_5A_6$，其 3 对对边交点分别为点 L，M，N，即 $A_1A_2\cap A_4A_5=L$，$A_2A_3\cap A_5A_6=M$，$A_3A_4\cap A_6A_1=N$，以点 A_1，A_3 为中心，分别连接其他 4 点，由本节定理 1.2，可知 $A_1(A_2,A_4,A_5,A_6)\barwedge A_3(A_2,A_4,A_5,A_6)$。设 $A_1A_6\cap A_4A_5=P$，$A_5A_6\cap A_3A_4=Q$，则

$$A_1(A_2,A_4,A_5,A_6)\overline{\barwedge}(L,A_4,A_5,P),\quad A_3(A_2,A_4,A_5,A_6)\overline{\barwedge}(M,Q,A_5,A_6)。$$

所以 $(L,A_4,A_5,P)\barwedge(M,Q,A_5,A_6)$。由于点 A_5 是两个点列底的交点，所以有

$$(L,A_4,A_5,P)\overline{\barwedge}(M,Q,A_5,A_6)。$$

因此 LM，A_4Q，PA_6 三线共点，又由 $A_4Q\cap PA_6=N$，故点 L，M，N 共线。

定理 1.6(帕斯卡定理的逆定理)　如果简单六点形的 3 对对边的交点在一条直线上，那么此六点形必内接于一条二阶曲线。

将帕斯卡定理的证明过程反推回去即可证明帕斯卡定理的逆定理。

由于布利安桑定理是帕斯卡定理的对偶命题，由以上两定理的证明可知布利安桑定理及其逆定理也成立。图 8-5 是布利安桑定理的图形表示。

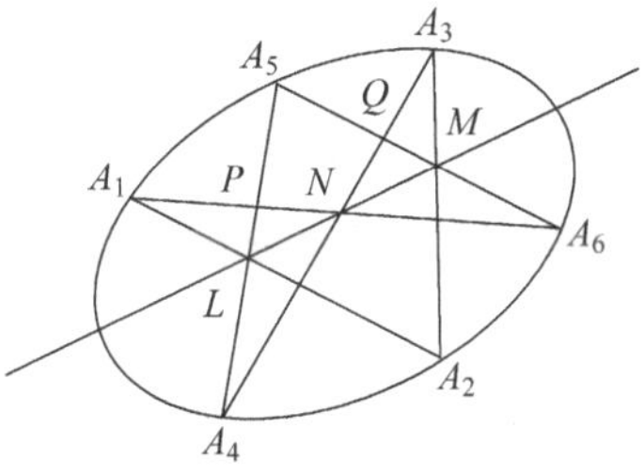

图　8-4

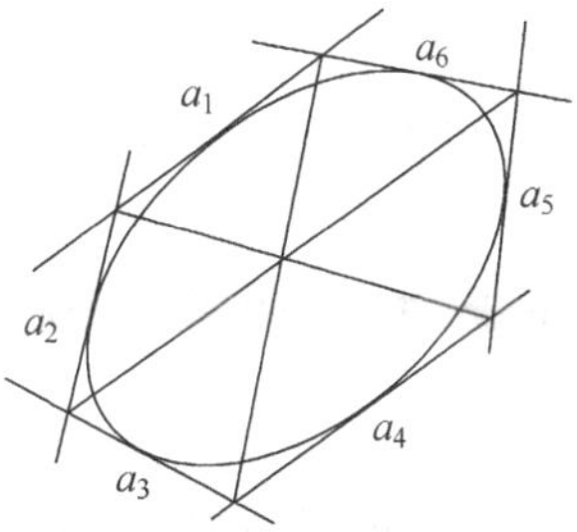

图　8-5

下面以帕斯卡定理为例，考虑两个定理的特殊情况：

(1) 五点形情况：此时将五点形看成是六点形中有一对相邻顶点重合的情形，两个相邻点的连线变成重合点的切线，则可得如下结论：

内接于一条非退化的二阶曲线的简单五点形，一边与其所对顶点的切线的交点，以及其余两对不相邻的边的交点共线，如图 8-6 所示。

(2) 四点形情况：此时将四点形看成是六点形中有两对相邻顶点重合的情形，则可得如下结论：

① 内接于一条非退化的二阶曲线的简单四点形，两对对边的交点及其对顶点的切线的交点，所得的 4 点必共线，如图 8-7 所示；

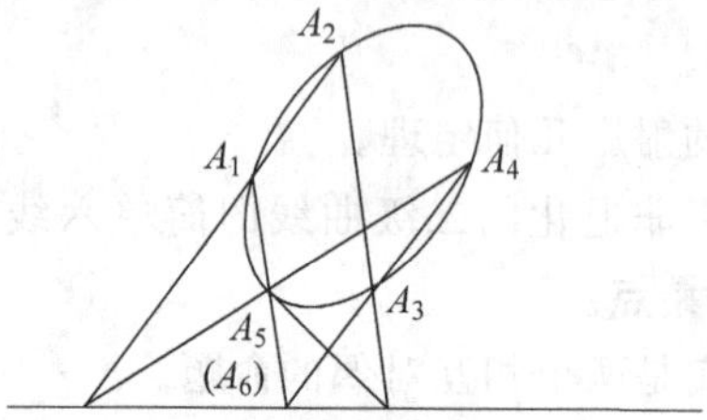

图 8-6

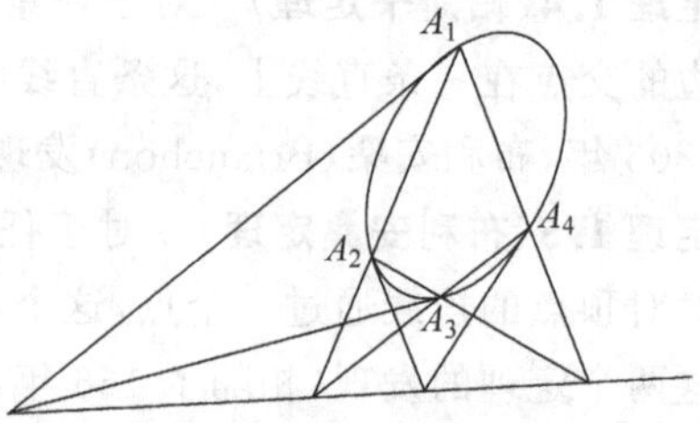

图 8-7

② 内接于一条非退化的二阶曲线的简单四点形，一对对边的交点与另一对对边中每一条与其对顶点的切线的交点，所得的 3 点必共线，如图 8-8 所示。

(3) 三点形情况：此时将三点形看成是六点形中有 3 对相邻顶点重合的情形，则可得如下结论：

内接于一条非退化的二阶曲线的简单三点形，其每一顶点处的切线与对边的交点，所得的 3 点必共线，如图 8-9 所示。

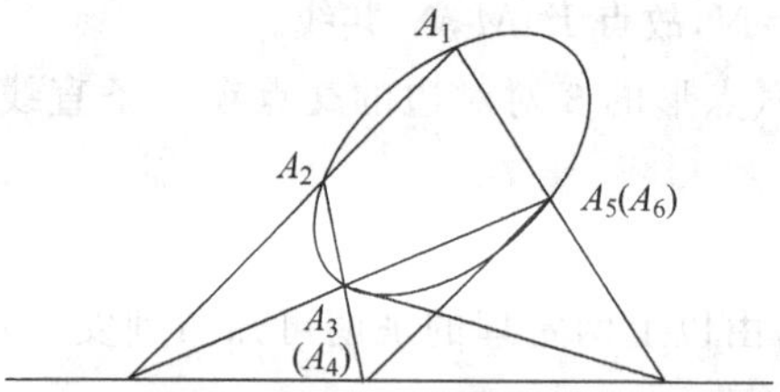

图 8-8

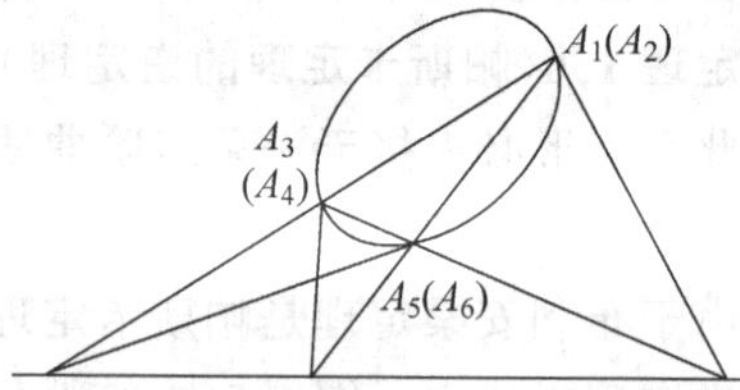

图 8-9

对偶地，可以得到布利安桑定理的 3 种情况，请读者自行写出。

1.5 二阶曲线的极点与极线

设二阶曲线 C 的方程为 $\sum_{i,j=1}^{3} a_{ij}x_ix_j=0$，其中 $a_{ij}=a_{ji}$，且我们假设二阶曲线 C 是非退化的，即不退化为两条直线，即系数矩阵 $\mathbf{A}=(a_{ij})$ 的秩为 3，或 $|a_{ij}|\neq 0$。

下面我们求不在二阶曲线 C 上的两个已知点 P,Q 的连线 PQ 与二阶曲线 C 的交点。

设点 P,Q 的坐标分别为 $P(p_1,p_2,p_3)$，$Q(q_1,q_2,q_3)$，直线 PQ 上任一点 X 的坐标为 (x_1,x_2,x_3)，则有

$$x_i=p_i+\lambda q_i,\quad i=1,2,3。$$

若点 X 在二阶曲线 C 上，则其坐标 (x_1,x_2,x_3) 满足二阶曲线 C 的方程，即

$$\sum_{i,j=1}^{3} a_{ij}(p_i+\lambda q_i)(p_j+\lambda q_j)=0,$$

整理后得

$$\left(\sum_{i,j=1}^{3} a_{ij}q_iq_j\right)\lambda^2+\left(2\sum_{i,j=1}^{3} a_{ij}p_iq_j\right)\lambda+\sum_{i,j=1}^{3} a_{ij}p_ip_j=0,$$

这是一个关于 λ 的二次方程，设 λ_1,λ_2 为其两根，于是有两个交点

$$P':x_i=p_i+\lambda_1q_i,\quad Q':x_i=p_i+\lambda_2q_i,\quad i=1,2,3,$$

所以 4 点 P,Q,P',Q'所成的交比是$(PQ,P'Q')=\dfrac{\lambda_1}{\lambda_2}$。

定义 1.6 如果两点 P 与 Q 的连线与二阶曲线 C 相交于点 P',Q'，且$(PQ,P'Q')=-1$，那么点 P 与点 Q 叫做关于二阶曲线 C **调和共轭**，或点 P 与点 Q 叫做关于二阶曲线 C 成**共轭点**。

定理 1.7 不在二阶曲线 $S\equiv\sum\limits_{i,j=1}^{3} a_{ij}x_ix_j=0$ 上的两个点 $P(p_1,p_2,p_3)$，$Q(q_1,q_2,q_3)$关于该二阶曲线成共轭点的充要条件是 $S_{pq}=0$。

证明 设直线 PQ 与二阶曲线 $S=0$ 交于 P',Q'两点，且坐标分别为 $P'(p_i+\lambda_1q_i)$，$Q'(p_i+\lambda_2q_i)$，$i=1,2,3$。因为$(PQ,P'Q')=\dfrac{\lambda_1}{\lambda_2}$，于是点 P,Q 成共轭点的条件是 $\dfrac{\lambda_1}{\lambda_2}=-1$，即

$$\lambda_1+\lambda_2=0。$$

而 λ_1,λ_2 是二次方程

$$\left(\sum_{i,j=1}^{3} a_{ij}q_iq_j\right)\lambda^2+\left(2\sum_{i,j=1}^{3} a_{ij}p_iq_j\right)\lambda+\sum_{i,j=1}^{3} a_{ij}p_ip_j=0$$

的两个根，利用根与系数的关系，所以 $\lambda_1+\lambda_2=0$ 的充要条件是 $\sum\limits_{i,j=1}^{3} a_{ij}p_iq_j=0$，即 $S_{pq}=0$。

由于 $a_{ij}=a_{ji}$，因此也可写成 $S_{qp}=0$，这说明点 P 与点 Q 的地位是对称的。

定理 1.8 不在二阶曲线上的一个定点关于这条二阶曲线的调和共轭点的轨迹是一条直线。

证明 设二阶曲线的方程为 $S\equiv\sum\limits_{i,j=1}^{3} a_{ij}x_ix_j=0$，定点 $P(p_1,p_2,p_3)$关于 $S=0$ 的调和共轭点为 $Q(x_1,x_2,x_3)$，于是由本节定理 1.7 知，两点 P,Q 互为共轭点的充要条件是 $S_{pq}=0$。现在把 $P(p_1,p_2,p_3)$看做定点，而把 $Q(x_1,x_2,x_3)$看做动点，则有 $S_p=0$，这是关于 x_1,x_2,x_3 的一次齐次方程，所以点 Q 的轨迹是一条直线，即定点 $P(p_1,p_2,p_3)$关于二阶曲线 $S=0$ 的调和共轭点的轨迹是一条直线，如图 8-10 所示。

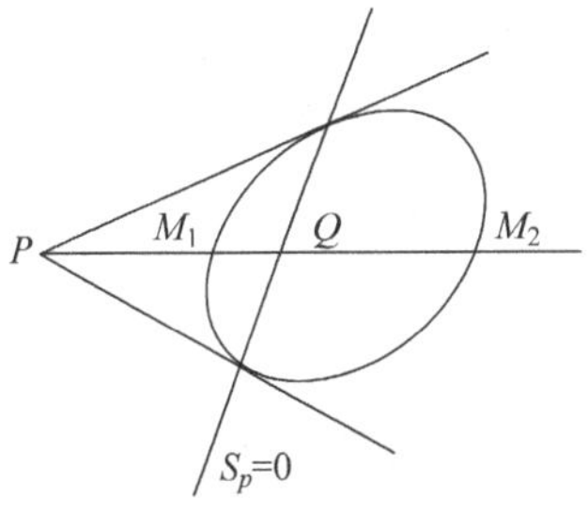

图 8-10

定义 1.7 定点 P 关于二阶曲线的共轭点的轨迹是一条直线，这条直线叫做点 P 关于此二阶曲线 C 的**极线**，点 P 叫做这条直线关于此二阶曲线 C 的**极点**。

定理 1.9 如果点 P 在二阶曲线上，那么点 P 的极线为二阶曲线在点 P 处的切线。

证明　因为点 P 在二阶曲线 $S=0$ 上,所以 $\sum_{i,j=1}^{3} a_{ij}p_ip_j=0$。设点 $Q(q_1,q_2,q_3)$ 为点 P 关于二阶曲线 $S=0$ 的任意一个共轭点,则有 $\sum_{i,j=1}^{3} a_{ij}p_iq_j=0$,且直线 PQ 与二阶曲线的两个交点为 $P'(p_i+\lambda_1q_i)$,$Q'(p_i+\lambda_2q_i)$,$i=1,2,3$,其中 λ_1,λ_2 是二次方程

$$\left(\sum_{i,j=1}^{3} a_{ij}q_iq_j\right)\lambda^2+\left(2\sum_{i,j=1}^{3} a_{ij}p_iq_j\right)\lambda+\sum_{i,j=1}^{3} a_{ij}p_ip_j=0$$

的两个根,由于 $\sum_{i,j=1}^{3} a_{ij}p_ip_j=0$, $\sum_{i,j=1}^{3} a_{ij}p_iq_j=0$,所以得到

$$\left(\sum_{i,j=1}^{3} a_{ij}q_iq_j\right)\lambda^2=0,$$

故 $\lambda_1=\lambda_2=0$。

这说明,点 P 的任意一个共轭点与点 P 的连线交二阶曲线于两个重合的点,并且就是点 P 本身。因此,点 P 的一切共轭点都在以点 P 为切点的切线上。

由以上的讨论可知,对于平面上任一点 P,无论它的位置如何,点 P 关于一条二阶曲线 $S\equiv\sum_{i,j=1}^{3} a_{ij}x_ix_j=0$ 的极线的方程永远是 $S_p=0$。

定理 1.10　每条直线对于二阶曲线总有确定的极点。

证明　设直线 l 的方程为 $u_1x_1+u_2x_2+u_3x_3=0$,二阶曲线的方程为 $S\equiv\sum_{i,j=1}^{3} a_{ij}x_ix_j=0$,$a_{ij}=a_{ji}$,$|a_{ij}|\neq 0$。

若点 $P(p_1,p_2,p_3)$ 是直线 l 的极点,则点 P 的极线

$$S_p=(a_{11}p_1+a_{12}p_2+a_{13}p_3)x_1+(a_{21}p_1+a_{22}p_2+a_{23}p_3)x_2+(a_{31}p_1+a_{32}p_2+a_{33}p_3)x_3=0$$

应与直线 l 重合,即

$$\frac{a_{11}p_1+a_{12}p_2+a_{13}p_3}{u_1}=\frac{a_{21}p_1+a_{22}p_2+a_{23}p_3}{u_2}=\frac{a_{31}p_1+a_{32}p_2+a_{33}p_3}{u_3}=k\neq 0,$$

亦即

$$\begin{cases}a_{11}p_1+a_{12}p_2+a_{13}p_3=ku_1,\\ a_{21}p_1+a_{22}p_2+a_{23}p_3=ku_2,\\ a_{31}p_1+a_{32}p_2+a_{33}p_3=ku_3。\end{cases}\tag{8-8}$$

由于 $|a_{ij}|\neq 0$,所以线性方程组(8-8)有唯一解,即已知直线 l 的极点 P 唯一确定。

线性方程组(8-8)叫做已知直线的**极点公式**。

例 4　求点 $P(1,-1,0)$ 关于二阶曲线 $3x_1^2+5x_2^2+x_3^2+7x_1x_2+4x_1x_3+5x_2x_3=0$ 的极线的方程。

解　由 $S_p=(1\quad -1\quad 0)\begin{pmatrix}3 & \frac{7}{2} & 2\\ \frac{7}{2} & 5 & \frac{5}{2}\\ 2 & \frac{5}{2} & 1\end{pmatrix}\begin{pmatrix}x_1\\ x_2\\ x_3\end{pmatrix}=0$,即得 $x_1+3x_2+x_3=0$ 为所求。

例 5 求直线 $l:3x_1-x_2+6x_3=0$ 关于二阶曲线 $x_1^2+x_2^2-2x_1x_2+2x_1x_3-6x_2x_3=0$ 的极点的坐标。

解 设点 $P(p_1,p_2,p_3)$ 为所求极点，则有

$$\begin{pmatrix} 1 & -1 & 1 \\ -1 & 1 & -3 \\ 1 & -3 & 0 \end{pmatrix}\begin{pmatrix} p_1 \\ p_2 \\ p_3 \end{pmatrix}=\begin{pmatrix} 3 \\ -1 \\ 6 \end{pmatrix},$$

即

$$\begin{cases} p_1-p_2+p_3=3, \\ -p_1+p_2-3p_3=-1, \\ p_1-3p_2=6。 \end{cases}$$

解如上线性方程组得

$$p_1=3,\quad p_2=-1,\quad p_3=-1。$$

故所求极点的坐标是$(3,-1,-1)$。

1.6 配极原则与配极对应

定理 1.11(配极原则) 如果点 P 的极线通过点 Q，那么点 Q 的极线也通过点 P。

证明 设二阶曲线的方程为 $S\equiv\sum\limits_{i,j=1}^{3}a_{ij}x_ix_j=0$，点 P 的坐标为(p_1,p_2,p_3)，点 Q 的坐标为(q_1,q_2,q_3)，于是，点 P 关于 $S=0$ 的极线为 $S_p=0$，点 Q 关于 $S=0$ 的极线为 $S_q=0$，又因为点 P 的极线通过点 Q，所以有 $S_{pq}=0$。又由于 $S_{pq}=S_{qp}$，所以 $S_{qp}=0$，这表示点 Q 的极线 $S_q=0$ 通过点 P。

推论 1 两点连线的极点是此两点极线的交点；两直线交点的极线是此两直线极点的连线。

推论 2 共线点的极线必共点；共点线的极点必共线。

推论 3 如果直线 PA，PB 是二阶曲线的切线，且点 A，B 为切点，那么直线 AB 是点 P 的极线。

设有二阶曲线 $S\equiv\sum\limits_{i,j=1}^{3}a_{ij}x_ix_j=0$，并假设它是非退化的，即设$|a_{ij}|\neq 0$。设 $P(x_1,x_2,x_3)$为已知点，用 $Q(y_1,y_2,y_3)$表示点 P 的极线上的任意一点的坐标，则点 P 的极线方程为 $S_p=\sum\limits_{i,j=1}^{3}a_{ij}x_iy_j=0$，即

$$S_p=(a_{11}x_1+a_{12}x_2+a_{13}x_3)y_1+(a_{21}x_1+a_{22}x_2+a_{23}x_3)y_2+(a_{31}x_1+a_{32}x_2+a_{33}x_3)y_3=0。$$

这条极线的线坐标为

$$\begin{cases} \rho u_1=a_{11}x_1+a_{12}x_2+a_{13}x_3, \\ \rho u_2=a_{21}x_1+a_{22}x_2+a_{23}x_3, \\ \rho u_3=a_{31}x_1+a_{32}x_2+a_{33}x_3。 \end{cases} \tag{8-9}$$

因为$|a_{ij}|\neq 0$，则可由线性方程组(8-9)解出 x_1,x_2,x_3 得

$$\begin{cases}\sigma x_1=A_{11}u_1+A_{12}u_2+A_{13}u_3,\\ \sigma x_2=A_{21}u_1+A_{22}u_2+A_{23}u_3,\\ \sigma x_3=A_{31}u_1+A_{32}u_2+A_{33}u_3,\end{cases}\tag{8-10}$$

其中 $A_{ij}=A_{ji}$，$|A_{ij}|=|a_{ij}|^2\neq 0$。

由式(8-9)和式(8-10)可知，给定一点，有一条直线(已知点的极线)和它对应；反之，给定一条直线，有一个点(已知直线的极点)和它对应。

所以在射影平面上，对于已知一条非退化的二阶曲线而言，极点与极线构成点与直线之间的一一对应。

定义 1.8 把射影平面上的点与它关于一条非退化二阶曲线的极线之间的一一对应叫做**配极对应**。

配极对应是一种异素对应，其代数表达式由式(8-9)和式(8-10)给出。

配极对应使得以点为元素的图形转化成以直线为元素的图形，同时把以直线为元素的图形转化成以点为元素的图形。在配极对应下，射影平面上的每一个由点与直线构成的平面图形 F 对应另一个由直线与点构成的平面图形 F'，F 和 F' 这样的一对图形叫做**配极图形**，当然 F 和 F' 是互为配极图形。例如，四点形和四线形就是互为配极图形。特别地，如果一个图形与它的配极图形重合，则此图形叫做自配极的。配极对应不但使图形转变为对偶图形，而且还使射影性质转变为对偶性质。

2 二次曲线的射影分类

对于二次曲线的射影分类，其方法是选取适当的射影坐标系来化简二次曲线的方程。本节主要讨论用点坐标表示的二次曲线(二阶曲线)进行射影分类，对于用线坐标表示的二级曲线的射影分类可以对偶地推广。

2.1 二阶曲线的奇异点

定义 2.1 设二阶曲线的方程为 $S\equiv\sum\limits_{i,j=1}^{3}a_{ij}x_ix_j=0(a_{ij}=a_{ji})$，则凡满足线性方程组

$$\begin{cases}a_{11}x_1+a_{12}x_2+a_{13}x_3=0,\\ a_{21}x_1+a_{22}x_2+a_{23}x_3=0,\\ a_{31}x_1+a_{32}x_2+a_{33}x_3=0\end{cases}\tag{8-11}$$

的点 $X(x_1,x_2,x_3)$ 叫做二阶曲线 $S=0$ 的**奇异点**，简称**奇点**，线性方程组(8-11)叫做**奇点方程组**。若二阶曲线的奇异点存在，则必在该二阶曲线 $S=0$ 上。

下面对二阶曲线矩阵 $\boldsymbol{A}$ 秩的 3 种情况来进行讨论。

(1) 当 $\boldsymbol{A}$ 的秩为 3 时，线性方程组(8-11)没有非零解，故二阶曲线没有奇异点。

平面上每一点 $P(p_1,p_2,p_3)$ 都存在唯一的一条对应极线

$$\begin{cases}\rho u_1=a_{11}p_1+a_{12}p_2+a_{13}p_3,\\ \rho u_2=a_{21}p_1+a_{22}p_2+a_{23}p_3,\\ \rho u_3=a_{31}p_1+a_{32}p_2+a_{33}p_3,\end{cases}\tag{8-12}$$

这里$[u_1, u_2, u_3] \neq [0,0,0]$，否则线性方程组(8-11)将有非零解，秩将小于3。

在二阶曲线外任取一点A_1，以直线a_1表示点A_1关于此二阶曲线的极线。在a_1上但不在二阶曲线上取一点A_2，以直线a_2表示点A_2关于此二阶曲线的极线，则由本节定理1.11可知直线a_2必通过A_1。设点A_3是直线a_1与a_2的交点，由于点A_3的一个共轭点是A_1，一个共轭点是A_2，所以点A_3的极线是$a_3 = A_1A_2$。由三点A_1, A_2, A_3构成的三点形$A_1A_2A_3$是二阶曲线的自极三点形①，如图8-11所示，这样的自极三点形有无数多个。

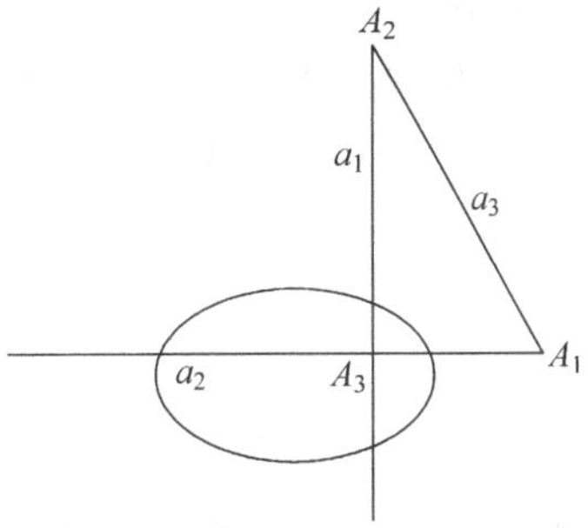

图 8-11

现在取自极三点形$A_1A_2A_3$为坐标三角形，则三点A_1, A_2, A_3的坐标分别为$(1,0,0)$，$(0,1,0)$，$(0,0,1)$，从而二阶曲线的方程可以简化。我们知道，点P和点Q关于二阶曲线成共轭点的条件是

$$\sum_{i,j=1}^{3} a_{ij}p_iq_j = (a_{11}p_1 + a_{12}p_2 + a_{13}p_3)q_1 + (a_{21}p_1 + a_{22}p_2 + a_{23}p_3)q_2 + (a_{31}p_1 + a_{32}p_2 + a_{33}p_3)q_3 = 0。$$

于是，由于点A_1和点A_2成共轭，得$a_{21}=0$，故$a_{12}=0$；由于点A_1和点A_3成共轭，得$a_{31}=0$，故$a_{13}=0$；由于点A_2和点A_3成共轭，得$a_{32}=0$，故$a_{23}=0$。从而，二阶曲线的方程便可化简为

$$a_{11}x_1^2 + a_{22}x_2^2 + a_{33}x_3^3 = 0。\tag{8-13}$$

由于$\boldsymbol{A}$的秩是3，故$a_{11}a_{22}a_{33} \neq 0$，所以$a_{11}, a_{22}, a_{33}$都不为零。

如果我们作一坐标变换

$$\begin{cases} x_1 = \dfrac{y_1}{\sqrt{|a_{11}|}}, \\ x_2 = \dfrac{y_2}{\sqrt{|a_{22}|}}, \\ x_3 = \dfrac{y_3}{\sqrt{|a_{33}|}}。\end{cases}$$

所作此变换相当于选取适当的单位点，根据式(8-13)中各项系数的符号情况，则通过这个变换后方程可以进一步化简成为两种情况：

$$y_1^2 + y_2^2 + y_3^3 = 0,\tag{8-14}$$

$$y_1^2 + y_2^2 - y_3^3 = 0。\tag{8-15}$$

因此有下面的定理。

定理 2.1 没有奇异点的二阶曲线分为两类：①虚二阶曲线，也叫虚长圆曲线，其方程可以化简成为式(8-14)；②实二阶曲线，也叫实长圆曲线，其方程可以化简成为式(8-15)。

(2) 当$\boldsymbol{A}$的秩为2时，线性方程组(8-11)只有两个是线性独立的，因此二阶曲线有一个奇异点，不妨设为点Q。

---

① 在给定的配极变换下，若三点形的每个顶点的极线就是其对边，则此三点形叫做给定配极的自极三点形。二次曲线对应的配极的自极三点形叫做二次曲线的自极三点极。

首先，奇异点 Q 的极线不存在，因此将式(8-12)右端中的 p_i 换成 q_i 时，因为点 Q 是奇异点，则有 $u_1=u_2=u_3=0$，而这不代表任何直线。

其次，除奇异点外任意一点 X 的极线都通过奇异点 Q，这是因为

$$\begin{aligned}\rho(u_1q_1+u_2q_2+u_3q_3)&=(a_{11}x_1+a_{12}x_2+a_{13}x_3)q_1+(a_{21}x_1+a_{22}x_2+a_{23}x_3)q_2+\\&\quad(a_{31}x_1+a_{32}x_2+a_{33}x_3)q_3\\&=(a_{11}q_1+a_{12}q_2+a_{13}q_3)x_1+(a_{21}q_1+a_{22}q_2+a_{23}q_3)x_2+\\&\quad(a_{31}q_1+a_{32}q_2+a_{33}q_3)x_3\\&=0x_1+0x_2+0x_3=0。\end{aligned}$$

也就是说，奇异点和平面上每一点都共轭。

现在取这个唯一奇异点作为坐标三角形的顶点 $A_3(0,0,1)$，则由式(8-11)得 $a_{13}=a_{23}=a_{33}=0$。取平面上任一点(不在二阶曲线 $S=0$ 上)作为坐标三角形的顶点 $A_2(0,1,0)$，那么点 A_2 的极线 a_2 由前面所说通过 A_3，在直线 a_2 上任取一点作为顶点 $A_1(1,0,0)$，如图 8-12 所示，由于点 A_1 和点 A_2 关于二阶曲线成共轭，和前面(1)的讨论一样，有 $a_{12}=0$。在这样选取的坐标系下，二阶曲线的方程可简化为

$$a_{11}x_1^2+a_{22}x_2^2=0,\tag{8-16}$$

其中 a_{12} 和 a_{22} 都不为零，否则曲线的秩将小于 2。

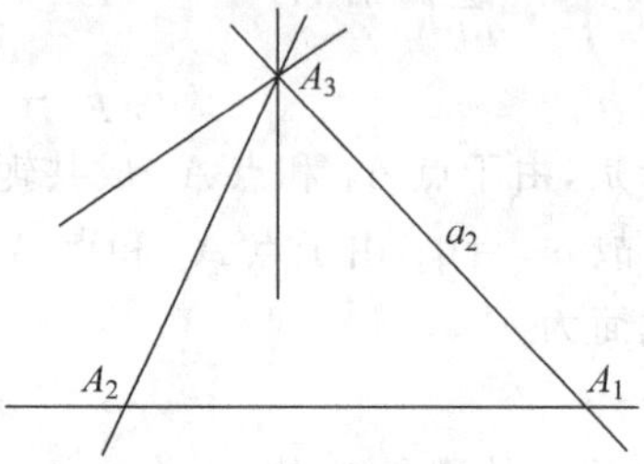

图 8-12

如果我们作一坐标变换

$$\begin{cases}x_1=\dfrac{y_1}{\sqrt{|a_{11}|}},\\[2ex] x_2=\dfrac{y_2}{\sqrt{|a_{22}|}}。\end{cases}$$

根据式(8-16)中各项系数的符号情况，则方程进一步可化简成为两种情况：

$$y_1^2+y_2^2=0,\tag{8-17}$$

$$y_1^2-y_2^2=0。\tag{8-18}$$

因此有下面的定理。

定理 2.2 只有一个奇异点的二阶曲线分为两类：①两条虚直线，其方程可以化简成为式(8-17)；②两条实直线，其方程可以化简成为式(8-18)。

(3) 当 $\boldsymbol{A}$ 的秩为 1 时，线性方程组(8-11)只有一个是线性独立的，因此二阶曲线有无穷多个奇异点，它们形成一条直线。取这条直线作为坐标三角形的一边 $x_1=0$，那么以点 $A_2(0,1,0)$和点 $A_3(0,0,1)$代入式(8-11)得

$$a_{12}=a_{22}=a_{13}=a_{23}=a_{33}=0,$$

故二阶曲线的方程可简化为

$$x_1^2=0。\tag{8-19}$$

因此有下面的定理。

定理 2.3 有一条直线上的点都是奇异点的二阶曲线是两条重合的直线，其方程可化简成为 $x_1^2=0$。

2.2　二次曲线的射影分类

由以上的讨论，我们看到，每一条二阶曲线经过适当的坐标变换作用后，也可以说通过选取适当的坐标系，总可以将二阶曲线的方程化简为式(8-14)、(8-15)、(8-17)、(8-18)和式(8-19)中的一种，这些方程叫做二阶曲线的**标准方程**，共代表 5 类曲线。

综上所述，可以得出二阶曲线的如下 5 个射影分类：

$$\text{二阶曲线}\begin{cases}\text{非退化的二阶曲线，}\boldsymbol{A}\text{ 的秩为 3}\begin{cases}\text{实二阶曲线：}x_1^2+x_2^2-x_3^2=0\\ \text{虚二阶曲线：}x_1^2+x_2^2+x_3^2=0\end{cases}\\ \text{退化的二阶曲线}\begin{cases}\boldsymbol{A}\text{ 的秩为 2}\begin{cases}\text{两条实直线：}x_1^2-x_2^2=0\\ \text{两条虚直线：}x_1^2+x_2^2=0\end{cases}\\ \boldsymbol{A}\text{ 的秩为 1—— 两条重合直线：}x_1^2=0\end{cases}\end{cases}$$

与推广二阶曲线的方法类似，我们也可以利用矩阵将二级曲线推广成含退化情况在内，并且根据对偶原则，可得推广后的二级曲线的 5 个射影分类：

$$\text{二阶曲线}\begin{cases}\text{非退化的二阶曲线，}\boldsymbol{A}\text{ 的秩为 3}\begin{cases}\text{实二级曲线：}u_1^2+u_2^2-u_3^2=0\\ \text{虚二级曲线：}u_1^2+u_2^2+u_3^2=0\end{cases}\\ \text{退化的二级曲线}\begin{cases}\boldsymbol{A}\text{ 的秩为 2}\begin{cases}\text{两个实点：}u_1^2-u_2^2=0\\ \text{两个虚点：}u_1^2+u_2^2=0\end{cases}\\ \boldsymbol{A}\text{ 的秩为 1—— 两个重合实点：}u_1^2=0\end{cases}\end{cases}$$

例 1　求坐标变换，将二阶曲线 $x_1^2+x_2^2+x_3^2-6x_1x_2+2x_1x_3+2x_2x_3=0$ 化成标准方程。

解法 1　因为 $\boldsymbol{A}=\begin{pmatrix}1&-3&1\\-3&1&1\\1&1&1\end{pmatrix}$ 的秩是 3，取该曲线外一点 $A_1(1,0,0)$，则点 A_1 关于该曲线的极线 a_1 方程是

$$(1\quad 0\quad 0)\begin{pmatrix}1&-3&1\\-3&1&1\\1&1&1\end{pmatrix}\begin{pmatrix}x_1\\x_2\\x_3\end{pmatrix}=0,\quad \text{即}\quad x_1-3x_2+x_3=0。$$

在极线 a_1 上取一点 $A_2(3,1,0)$，易知点 A_2 不在该曲线上，则点 A_2 关于该曲线的极线 a_2 方程是

$$(3\quad 1\quad 0)\begin{pmatrix}1&-3&1\\-3&1&1\\1&1&1\end{pmatrix}\begin{pmatrix}x_1\\x_2\\x_3\end{pmatrix}=0,\quad \text{即}\quad -2x_2+x_3=0。$$

设极线 a_1 与极线 a_2 的交点为 A_3，解得点 A_3 的坐标是$(1,1,2)$，则点 A_3 关于该曲线的极线方程是

$$(1\quad 1\quad 2)\begin{pmatrix}1&-3&1\\-3&1&1\\1&1&1\end{pmatrix}\begin{pmatrix}x_1\\x_2\\x_3\end{pmatrix}=0,\quad \text{即}\quad x_3=0。$$

作坐标变换

$$\begin{cases}\rho x_1 = x'_1 + 3x'_2 + x'_3, \\ \rho x_2 = \quad\quad x'_2 + x'_3, \\ \rho x_3 = \quad\quad\quad 2x'_3。\end{cases}$$

将此变换式代入二阶曲线的方程化简整理得

$$x'^2_1 - 8x'^2_2 + 8x'^2_3 = 0。$$

再作坐标变换 $\tau y_1 = x'_1, \tau y_2 = \sqrt{8}x'_3, \tau y_3 = \sqrt{8}x'_2$，将其代入上式化简得该曲线的标准方程为

$$y_1^2 + y_2^2 - y_3^2 = 0。$$

解法 2(配方法) 经配方，原二阶曲线的方程可以写成

$$(x_1 + x_2 + x_3)^2 - 8x_1x_2 = 0。$$

作坐标变换

$$\begin{cases}\rho x'_1 = x_1 + x_2 + x_3, \\ \rho x'_2 = \quad\quad x_2, \\ \rho x'_3 = x_1。\end{cases}$$

将此变换式代入配方后的方程得

$$x'^2_1 - 8x'_2x'_3 = 0。$$

再作坐标变换 $\tau x'_1 = y_1, \tau x'_2 = \dfrac{y_3 - y_2}{\sqrt{8}}, \tau x'_3 = \dfrac{y_3 + y_2}{\sqrt{8}}$，则得到原二阶曲线的标准方程为

$$y_1^2 + y_2^2 - y_3^2 = 0。$$

3 二次曲线的仿射性质

如果将仿射变换的代数表达式

$$\begin{cases}x' = a_{11}x + a_{12}y + a_{13}, \\ y' = a_{21}x + a_{22}y + a_{23},\end{cases} \quad \Delta = \begin{vmatrix} a_{11} & a_{12} \\ a_{21} & a_{22} \end{vmatrix} \neq 0 \tag{8-20}$$

用点的齐次仿射坐标表示，即设

$$x' = \frac{x'_1}{x'_3}, \quad y' = \frac{x'_2}{x'_3}, \quad x = \frac{x_1}{x_3}, \quad y = \frac{x_2}{x_3},$$

则式(8-20)可化为

$$\begin{cases}\dfrac{x'_1}{x'_3} = a_{11}\dfrac{x_1}{x_3} + a_{12}\dfrac{x_2}{x_3} + a_{13}, \\ \dfrac{x'_2}{x'_3} = a_{21}\dfrac{x_1}{x_3} + a_{22}\dfrac{x_2}{x_3} + a_{23}。\end{cases}$$

设 $\rho x'_3 = x_3$，则上式就变为

$$\begin{cases}\rho x'_1 = a_{11}x_1 + a_{12}x_2 + a_{13}x_3, \\ \rho x'_2 = a_{21}x_1 + a_{22}x_2 + a_{23}x_3, \\ \rho x'_3 = \quad\quad\quad\quad a_{33}x_3,\end{cases} \quad \begin{vmatrix} a_{11} & a_{12} & a_{13} \\ a_{21} & a_{22} & a_{23} \\ 0 & 0 & a_{33} \end{vmatrix} \neq 0, \quad \rho \neq 0。 \tag{8-21}$$

式(8-21)是用点的齐次仿射坐标表示的仿射变换公式。

显然，仿射变换(8-21)使得 $x_3=0$ 变成 $x'_3=0$，可见仿射变换是将使无穷远直线仍变成无穷远直线的射影变换。

因此本节将以无穷远直线不变这一仿射性质为基础，来研究二次曲线（只研究二阶曲线）的仿射性质。本节如无特别说明，所指的二次曲线均为二阶曲线。

3.1 二次曲线与无穷远直线的相关位置

定义 3.1 在仿射平面上，齐次仿射坐标(x_1,x_2,x_3)满足三元二次方程

$$a_{11}x_1^2+a_{22}x_2^2+a_{33}x_3^2+2a_{12}x_1x_2+2a_{13}x_1x_3+2a_{23}x_2x_3=0 \tag{8-22}$$

的点的集合叫做仿射平面上的**二次曲线**。在方程(8-22)中，系数 a_{ij} 为实数且至少有一个不为零，方程(8-22)叫做仿射平面上的二次曲线的方程。

方程(8-22)可简写成

$$\sum_{i,j=1}^{3}a_{ij}x_ix_j=0,\quad 其中\quad a_{ij}=a_{ji}。$$

方程(8-22)也可以用矩阵表示为

$$(x_1\quad x_2\quad x_3)\begin{pmatrix}a_{11}&a_{12}&a_{13}\\a_{21}&a_{22}&a_{23}\\a_{31}&a_{32}&a_{33}\end{pmatrix}\begin{pmatrix}x_1\\x_2\\x_3\end{pmatrix}=0,$$

其中矩阵 $\mathbf{A}=(a_{ij})$叫做二次曲线(8-22)的系数矩阵，$|\mathbf{A}|$或$|a_{ij}|$表示系数行列式，且 $a_{ij}=a_{ji}$。

当 $\begin{vmatrix}a_{11}&a_{12}&a_{13}\\a_{21}&a_{22}&a_{23}\\a_{31}&a_{32}&a_{33}\end{vmatrix}\neq0$ 时，则此二次曲线叫做**非退化的二次曲线**；当 $\begin{vmatrix}a_{11}&a_{12}&a_{13}\\a_{21}&a_{22}&a_{23}\\a_{31}&a_{32}&a_{33}\end{vmatrix}=0$ 时，此二次曲线叫做**退化的二次曲线**。

现在求无穷远直线 $x_3=0$ 与二次曲线的交点，把 $x_3=0$ 代入方程(8-22)，得

$$a_{11}x_1^2+2a_{12}x_1x_2+a_{22}x_2^2=0, \tag{8-23}$$

从而解得

$$\frac{x_1}{x_2}=\frac{-a_{12}\pm\sqrt{a_{12}^2-a_{11}a_{22}}}{a_{11}}。$$

因此，当 $a_{12}^2-a_{11}a_{22}>0$ 时，方程(8-23)有两个不相等的实根；

当 $a_{12}^2-a_{11}a_{22}=0$ 时，方程(8-23)有两个相等的实根；

当 $a_{12}^2-a_{11}a_{22}<0$ 时，方程(8-23)有两个共轭的虚根。

根据二次曲线与无穷远直线相交的情况，即根据 $A_{33}=-(a_{12}^2-a_{11}a_{22})$的符号，我们把式(8-22)所表示的二次曲线进行分类。

定义 3.2 当 $A_{33}>0$ 时，方程(8-22)所表示的曲线叫做**椭圆型二次曲线**；当 $A_{33}=0$ 时，方程(8-22)所表示的曲线叫做**抛物型二次曲线**；当 $A_{33}<0$ 时，方程(8-22)所表示的曲线叫做**双曲型二次曲线**。而且，当$|\mathbf{A}|=|a_{ij}|\neq0$ 时，上述三种类型的二次曲线分别叫做椭圆、抛物线、双曲线。

由定义，显然双曲线与无穷远直线有两个实交点（即相割），抛物线与无穷远直线只有一

个实交点(即相切),椭圆与无穷远直线有两个共轭虚交点(即通常意义下的相离),我们把二次曲线与无穷远直线的交点叫做二次曲线上的无穷远点。3 种二次曲线与无穷远直线的位置关系如图 8-13 所示。

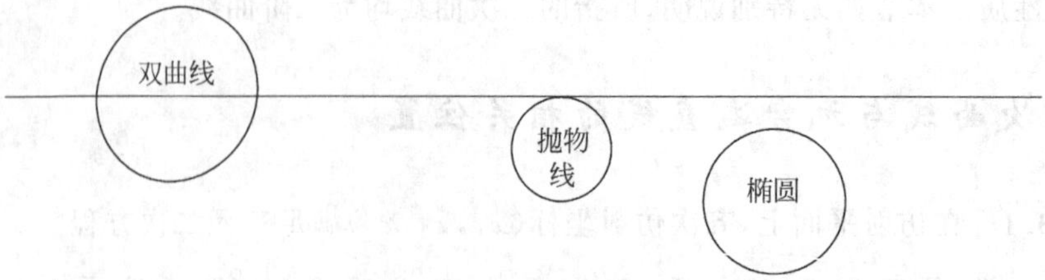

图 8-13

由定义显然可知,一条非退化二次曲线为抛物线的充要条件是它与无穷远直线相切。

3.2 二次曲线的中心

定义 3.3 无穷远直线关于二次曲线的极点,叫做该二次曲线的**中心**。

定理 3.1 二次曲线 $S\equiv\sum\limits_{i,j=1}^{3}a_{ij}x_ix_j=0(a_{ij}=a_{ji})$的中心坐标是$(A_{31},A_{32},A_{33})$。

证明 设无穷远直线 $x_3=0$ 关于二次曲线 $S\equiv\sum\limits_{i,j=1}^{3}a_{ij}x_ix_j=0$ 的极点是 $C(c_1,c_2,c_3)$,于是由本章已知直线的极点公式(8-8),有

$$\begin{cases}a_{11}c_1+a_{12}c_2+a_{13}c_3=0,\\ a_{21}c_1+a_{22}c_2+a_{23}c_3=0,\quad k\neq 0。\\ a_{31}c_1+a_{32}c_2+a_{33}c_3=k,\end{cases}$$

从而解得

$$c_1:c_2:c_3=\begin{vmatrix}a_{12}&a_{13}\\a_{22}&a_{23}\end{vmatrix}:\begin{vmatrix}a_{13}&a_{11}\\a_{23}&a_{21}\end{vmatrix}:\begin{vmatrix}a_{11}&a_{12}\\a_{21}&a_{22}\end{vmatrix}=A_{31}:A_{32}:A_{33}。$$

故二次曲线的中心坐标是(A_{31},A_{32},A_{33})。

定理 3.2 双曲线,椭圆各有唯一中心且为普通点,而抛物线的中心为无穷远点。

证明 由本节定理 3.1 的结论可知,当二次曲线是椭圆或双曲线时,由于 $A_{33}\neq 0$,所以二次曲线的中心 C 为普通点,坐标为(A_{31},A_{32},A_{33});当二次曲线为抛物线时,由于 $A_{33}=0$,此时中心 C 为无穷远点,坐标为$(A_{31},A_{32},0)$,图 8-14 表示 3 种二次曲线中心的情况。

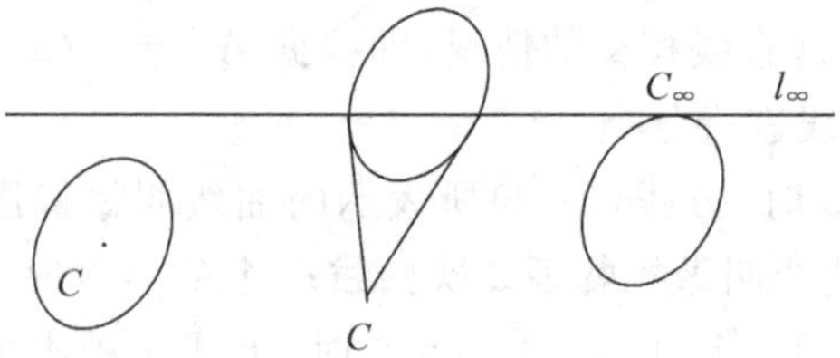

图 8-14

定理 3.3 抛物线的中心 C 的坐标为$(a_{12},-a_{11},0)$或者$(a_{22},-a_{12},0)$。

证明 当二次曲线是抛物线时，则 $a_{12}^2-a_{11}a_{22}=0$，且它与无穷远直线相切，这时无穷远直线的极点即为抛物线与无穷远直线的切点 C_∞，所以抛物线的中心是无穷远点 C_∞，把 $x_3=0$ 代入 $S=\sum\limits_{i,j=0}^{3}a_{ij}x_ix_j=0(a_{ij}=a_{ji})$，得

$$a_{11}x_1^2+2a_{12}x_1x_2+a_{22}x_2^2=0,$$

所以

$$\frac{x_1}{x_2}=\frac{-a_{12}\pm\sqrt{a_{12}^2-a_{11}a_{22}}}{a_{11}}。$$

因为 $a_{12}^2-a_{11}a_{22}=0$，所以$\dfrac{x_1}{x_2}=-\dfrac{a_{12}}{a_{11}}$，从而

$$C(a_{12},-a_{11},0)。$$

又由 $a_{12}^2-a_{11}a_{22}=0$，得$\dfrac{a_{12}}{a_{11}}=\dfrac{a_{22}}{a_{12}}$，所以又有 $C(a_{22},-a_{12},0)$。

注 (1) 因为无穷远直线是仿射不变图形，所以二次曲线的中心具有仿射性质。

(2) 本节中对二次曲线中心的定义 3.3 与第 3 章第 2 节中的定义 2.4 是一致的。

在第 3 章第 2 节中二次曲线中心的定义 2.4 为：如果点 C 是二次曲线所有弦的中点(因而点 C 是二次曲线的对称中心)，那么点 C 叫做二次曲线的中心。现证明这两个定义是一致的。

证明 如图 8-15 所示，设无穷远直线 l_∞ 的极点为点 C，过点 C 任作直线交二次曲线于 A，B，交无穷远直线 l_∞ 于点 D_∞，则$(AB,CD_\infty)=-1$，即$(ABC)=-1$，所以 C 是弦 AB 的中点。

反过来，如果点 C 平分过它的任意弦 AB，则$(ABC)=-1$，这时点 C 关于二次曲线的共轭点均为无穷远点，即点 C 的极线是无穷远直线。

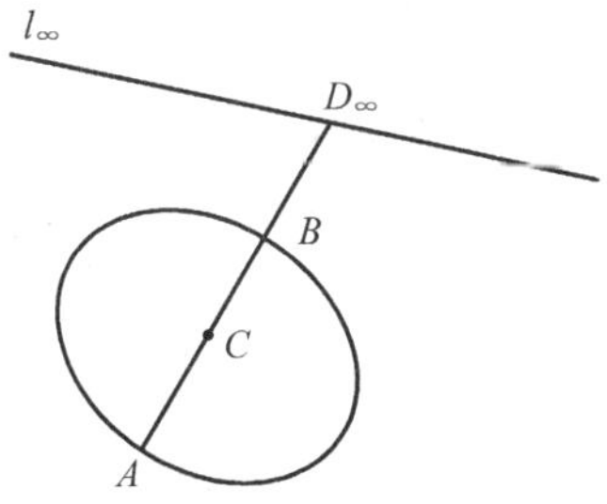

图 8-15

(3) 当二次曲线表示抛物线时，它的中心坐标是$(a_{12},-a_{11},0)$或$(a_{22},-a_{12},0)$，故在欧氏平面上，抛物线的中心不存在。

我们以后把椭圆和双曲线叫做**有心二次曲线**，抛物线叫做**无心二次曲线**。

3.3 二次曲线的直径与共轭直径

定义 3.4 无穷远点关于二次曲线的有穷极线叫做该二次曲线的直径。

注 (1) 由于中心是无穷远直线的极点，根据配极原则，过中心的直线的极点必是无穷远点；反之，无穷远点的极线必通过中心。因此，直径又可定义为：通过二次曲线中心的有穷直线叫做直径。

(2) 在第 3 章第 2 节中的直径定义 2.9 为：二次曲线的平行弦中点的轨迹叫做该二次曲线的直径。这个定义与本节的定义 3.4 也是一致的。下面给出证明。

证明 设无穷远点 L_∞ 的极线为 p，过点 L_∞ 任作二次曲线的割线 AB，若交 p 于点 C，

则$(AB,CL_\infty)=-1$，即$(ABC)=-1$，所以点C是弦AB的中点，由于过点L_∞的割线AB的任意性，故p为一组平行弦的中点的轨迹，如图8-16(a)所示。

反过来，容易证明，若有一组相交于无穷远点L_∞的平行弦，则这组平行弦的中点C均在点L_∞的极线p上，如图8-16(b)所示。

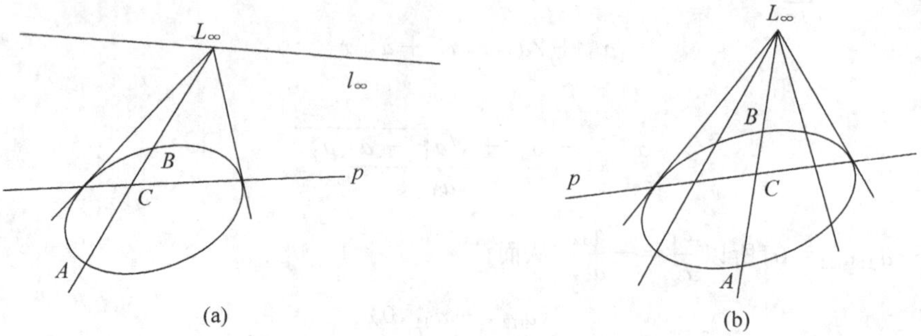

图 8-16

(3) 由于抛物线与无穷远直线相切，所以无穷远点关于抛物线的极线都过这个切点，即抛物线的直径有公共的无穷远点，亦即抛物线的直径是互相平行的，如图8-17所示。

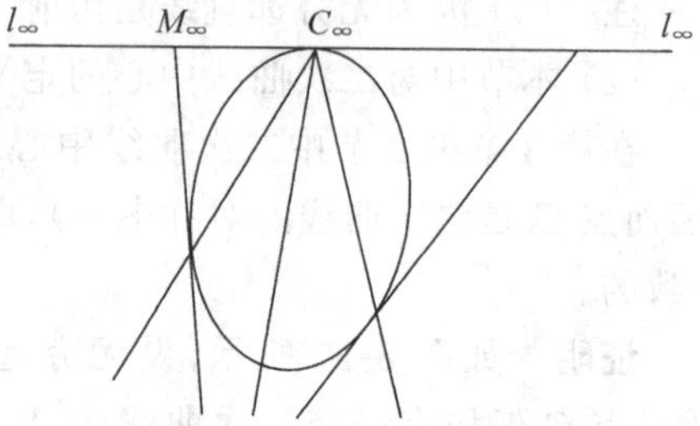

图 8-17

下面我们讨论如何求二次曲线的直径方程。

设二次曲线的方程为$S\equiv\sum_{i,j=1}^{3}a_{ij}x_ix_j=0(a_{ij}=a_{ji})$，且无穷远点为$P(\mu,\lambda,0)$，则它的极线方程为$S_P=0$，即直径的方程为

$$(a_{11}x_1+a_{12}x_2+a_{13}x_3)\mu+(a_{21}x_1+a_{22}x_2+a_{23}x_3)\lambda=0。\tag{8-24}$$

当$\mu\neq 0$时，直径的方程也可写为

$$a_{11}x_1+a_{12}x_2+a_{13}x_3+k(a_{21}x_1+a_{22}x_2+a_{23}x_3)=0。\tag{8-25}$$

当二次曲线表示抛物线时，它与无穷远直线的切点为无穷远点$O_\infty(a_{12},-a_{11},0)$或$(a_{22},-a_{12},0)$。因为这时的直径都经过点$O_\infty$，所以直径是一组平行直线，其方程为

$$a_{11}x_1+a_{12}x_2+bx_3=0,$$

或

$$a_{12}x_1+a_{22}x_2+bx_3=0,$$

其中b是参数。

定义 3.5 二次曲线的一条直径与无穷远直线交点的极线叫做该直径的**共轭直径**。

注 (1) 根据配极原则和共轭直径定义可得：两条直径的共轭关系是相互的。

(2) 由于两互相共轭的直径彼此通过对方的极点，所以共轭直径的定义也可叙述为：通过中心的两条共轭直线叫做共轭直径，且把与一对共轭直径平行的方向叫做**共轭方向**。

(3) 因为抛物线的直径都通过抛物线与无穷远直线的切点，所以抛物线的直径无共轭直径。但是抛物线的每一条直径p也平分一组平行弦，如图8-18所示，直径p平分与AB(经过p的极点P_∞)平行的那一组弦。我们把抛物线的直径与其所平分的弦的方向叫做共轭方向，但不是共轭直径。

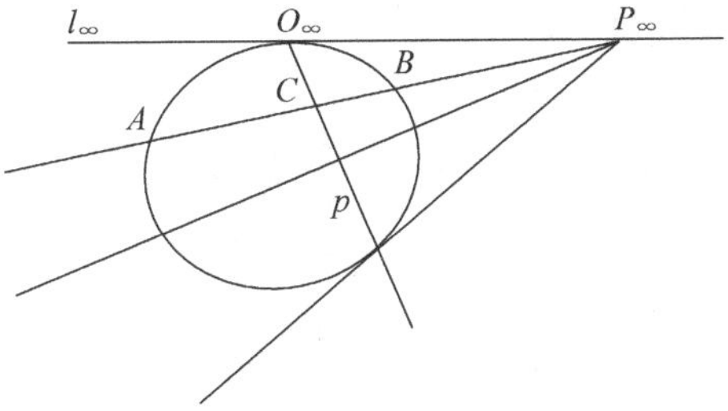

图　8-18

定理 3.4　与有心二次曲线的一条直径平行的一组弦，被它的共轭直径所平分。

证明　如图 8-19 所示，设 AB，CD 是一对共轭直径，直线 AB 上的无穷远点 P_∞ 是直线 CD 的极点，过点 P_∞ 引直线交该曲线于点 E，F，交 CD 于点 G，则有 $EF/\!/AB$，$(EF,GP_\infty)=-1$，所以点 G 是线段 EF 的中点，又 $EF/\!/AB$，所以 CD 平分与 AB 平行的弦。

反过来，如果 CD 平分与 AB 平行的弦，则 CD 一定是 AB 与无穷远直线的交点 P_∞ 的极线，所以 CD 是 AB 的共轭直径。

在图 8-19(a)中，由配极原则，还可以看出，过两点 C，D 处的切线必经过 CD 的极点 P_∞，所以这两条切线平行于 AB(如图 8-19(b))，于是有如下的推论。

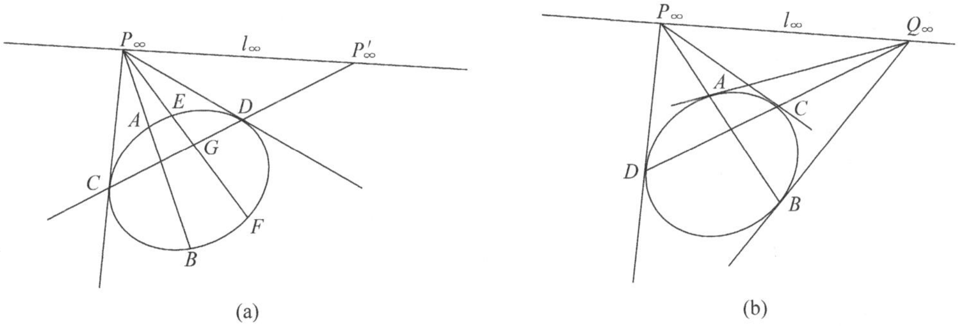

图　8-19

推论　过一条直径两端点的切线平行于该直径的共轭直径。

定理 3.5　一对共轭直径和无穷远直线组成一个自极三角形。

证明　共轭直径的交点是二次曲线的中心 C，点 C 是无穷远直线的极点。同时一条直径与无穷远直线的交点正好是其共轭直径的极点，所以它们组成一个自极三角形。

下面我们来讨论两条直径成为共轭直径的条件。

已知二次曲线的方程为 $S\equiv\sum\limits_{i,j=1}^{3}a_{ij}x_ix_j=0(a_{ij}=a_{ji})$，且它的一条直径 l 的方程为

$$a_{11}x_1+a_{12}x_2+a_{13}x_3+k(a_{21}x_1+a_{22}x_2+a_{23}x_3)=0。$$

设直径 l 的共轭直径 l' 的方程为

$$a_{11}x_1+a_{12}x_2+a_{13}x_3+k'(a_{21}x_1+a_{22}x_2+a_{23}x_3)=0。$$

再设直径 l 与无穷远直线的交点是 $P_\infty(a_{12}+a_{22}k,-a_{11}-a_{12}k,0)$，点 P_∞ 的极线 l' 是 l 的

共轭直径，则由式(8-24)知 l' 的方程为

$$(a_{11}x_1+a_{12}x_2+a_{13}x_3)(a_{12}+a_{22}k)-(a_{21}x_1+a_{22}x_2+a_{23}x_3)(a_{11}+a_{12}k)=0,$$

即

$$a_{11}x_1+a_{12}x_2+a_{13}x_3-\frac{a_{11}+a_{12}k}{a_{12}+a_{22}k}(a_{21}x_1+a_{22}x_2+a_{23}x_3)=0,$$

所以

$$k'=-\frac{a_{11}+a_{12}k}{a_{12}+a_{22}k},$$

因此

$$a_{11}+a_{12}(k+k')+a_{22}kk'=0。\tag{8-26}$$

式(8-26)是两条直径 l 与 l' 成为共轭直径的条件。

注 若直径 l 与直径 l' 的方程分别写成

$$\mu(a_{11}x_1+a_{12}x_2+a_{13}x_3)+\lambda(a_{21}x_1+a_{22}x_2+a_{23}x_3)=0,$$
$$\bar{\mu}(a_{11}x_1+a_{12}x_2+a_{13}x_3)+\bar{\lambda}(a_{21}x_1+a_{22}x_2+a_{23}x_3)=0。$$

则它们成为共轭直径的条件(8-26)变形为

$$a_{11}\mu\bar{\mu}+a_{12}(\lambda\bar{\mu}+\bar{\lambda}\mu)+a_{22}\lambda\bar{\lambda}=0。$$

例1 判断二次曲线 $x_1x_2+x_2x_3+x_3x_1=0$ 的类型，试求该曲线的中心，并求出过点(0,1,1)的直径及其共轭直径的方程。

解 因为

$$|\boldsymbol{A}|=\begin{vmatrix}0 & \frac{1}{2} & \frac{1}{2}\\ \frac{1}{2} & 0 & \frac{1}{2}\\ \frac{1}{2} & \frac{1}{2} & 0\end{vmatrix}=\frac{1}{4}\neq 0,\quad 且$$

$$A_{31}=\begin{vmatrix}\frac{1}{2} & \frac{1}{2}\\ 0 & \frac{1}{2}\end{vmatrix}=\frac{1}{4},\quad A_{32}=-\begin{vmatrix}0 & \frac{1}{2}\\ \frac{1}{2} & \frac{1}{2}\end{vmatrix}=\frac{1}{4},\quad A_{33}=\begin{vmatrix}0 & \frac{1}{2}\\ \frac{1}{2} & 0\end{vmatrix}=-\frac{1}{4}<0。$$

所以该二次曲线表示双曲线，且中心坐标为(1,1,−1)。

设该二次曲线一条直径的方程为

$$a_{11}x_1+a_{12}x_2+a_{13}x_3+k(a_{21}x_1+a_{22}x_2+a_{23}x_3)=0,$$

因为该直径要过点(0,1,1)，于是得

$$k=-\frac{\frac{1}{2}+\frac{1}{2}}{\frac{1}{2}}=-2,$$

故所求直径的方程为 $2x_1-x_2+x_3=0$。

设所求共轭直径的方程为

$$a_{11}x_1+a_{12}x_2+a_{13}x_3+k'(a_{21}x_1+a_{22}x_2+a_{23}x_3)=0,$$

则

$$k'=-\frac{a_{11}+a_{12}k}{a_{12}+a_{22}k}=-\frac{\frac{1}{2}\times(-2)}{\frac{1}{2}}=2,$$

故共轭直径的方程为 $2x_1+x_2+3x_3=0$。

例 2 求二次曲线 $x^2-y^2+3x+y-2=0$ 平分与直线 $2x+y=0$ 平行的弦的直径的方程。

解 由于与直线 $2x+y=0$ 平行的弦上的无穷远点为 $P_\infty(1,-2,0)$，所求直径是点 P_∞ 关于该曲线的极线

$$\left(x+\frac{3}{2}\right)-2\left(-y+\frac{1}{2}\right)=0,$$

即

$$2x+4y+1=0。$$

3.4 二次曲线的渐近线

定义 3.6 如果二次曲线上的无穷远点的切线不是无穷远直线，那么把此直线叫做该二次曲线的**渐近线**。

由定义显然可得：抛物线无渐近线，双曲线有两条实渐近线，椭圆有两条虚渐近线。

渐近线有如下性质。

定理 3.6 二次曲线的渐近线相交于中心，并且调和分离任何一对共轭直径。

证明 如图 8-20 所示，设 t 和 t' 是二次曲线的两条渐近线，直线 l,l' 是一对共轭直径。因为渐近线是无穷远点处的切线，所以切点 T,T' 就分别是 t 和 t' 的极点，但点 T,T' 在无穷远直线 l_∞ 上，所以 l_∞ 通过渐近线 t 和 t' 的极点。根据配极原则，渐近线也通过 l_∞ 的极点，而 l_∞ 的极点是二次曲线的中心，即渐近线通过中心，也就是渐近线相交于中心。

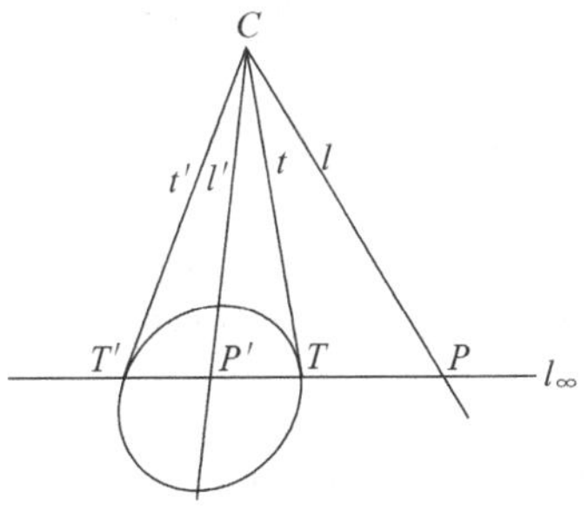

(a)

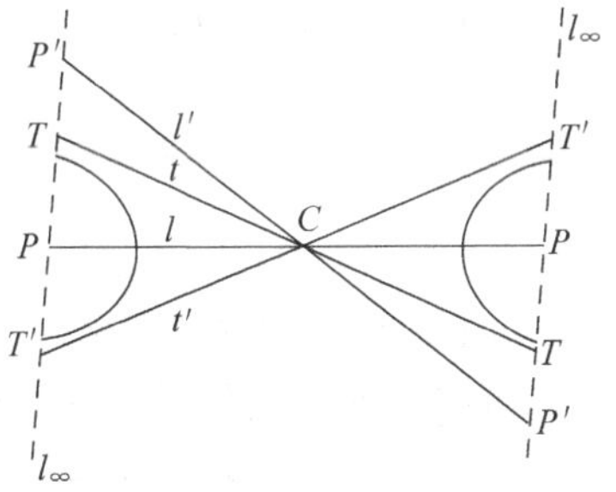

(b)

图 8-20

设一对共轭直径 l,l' 与无穷远直线 l_∞ 交于点 P,P'，根据共轭直径的定义有

$$(PP',TT')=-1,$$

所以

$$(ll',tt')=-1,$$

即渐近线调和分离共轭直径。

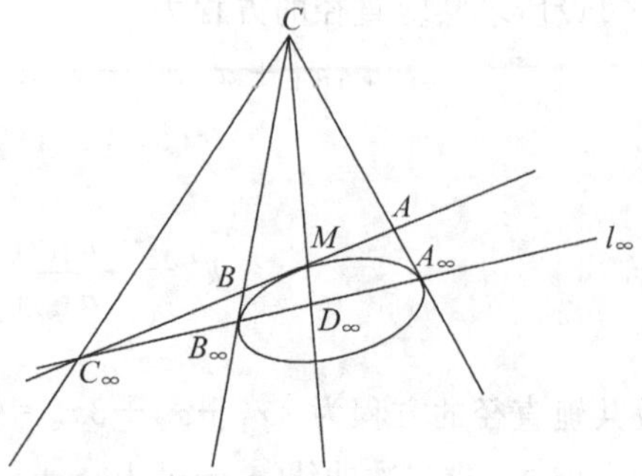

图 8-21

定理 3.7 如果双曲线的一条切线被它的两条渐近线所截，那么切点是截得线段的中点。

证明 如图 8-21 所示，设点 C 是双曲线的中心，任一切线 AB 与双曲线相切于点 M，且切线 AB 被渐近线 CA_∞，CB_∞ 所分别截于点 A 与 B。

令点 C_∞ 是 AB 与 l_∞ 的交点，D_∞ 是 CM 与 l_∞ 的交点，则点 C_∞ 的极线是 CD_∞，因此 CD_∞ 和 CC_∞ 为共轭直径，且有

$$C(A_\infty B_\infty,D_\infty C_\infty)=-1,\quad (AB,MC_\infty)=-1,$$

所以$(ABM)=-1$，故点 M 是线段 AB 的中点。

下面我们来讨论二次曲线的渐近线方程的求法。

已知二次曲线的方程为 $S\equiv \sum\limits_{i,j=1}^{3} a_{ij}x_ix_j=0, a_{ij}=a_{ji}, |a_{ij}|\neq 0$，求它渐近线的方程。

证法 1 由于渐近线是二次曲线上无穷远点的切线，所以它是无穷远点的极线，因此渐近线是直径，而且它通过本身的极点，这就是说它是自共轭直径。而两条直径成为共轭的条件是式(8-26)。

由于是自共轭直径，所以 $k=k'$，故有

$$a_{22}k^2+2a_{12}k+a_{11}=0。\tag{8-27}$$

由此解出 k_1k_2，代入本节直径方程(8-25)即可得到二次曲线的渐近线的方程为

$$a_{11}x_1+a_{12}x_2+a_{13}x_3+k_1(a_{21}x_1+a_{22}x_2+a_{23}x_3)=0,$$

与

$$a_{11}x_1+a_{12}x_2+a_{13}x_3+k_2(a_{21}x_1+a_{22}x_2+a_{23}x_3)=0。$$

证法 2 应用定义直接来求渐近线的方程。

由于二次曲线 $S\equiv \sum\limits_{i,j=1}^{3} a_{ij}x_ix_j=0, a_{ij}=a_{ji}, |a_{ij}|\neq 0$ 与无穷远直线 $x_3=0$ 的交点满足方程

$$a_{11}x_1^2+2a_{12}x_1x_2+a_{22}x_2^2=0。$$

上式表示两条相交于原点的直线，因为这两条直线与渐近线有公共的无穷远点，所以两条渐近线分别与这两条直线平行，另外渐近线又经过中心，所以，如果中心的非齐次仿射坐标为 $C(c_1,c_2)$，那么渐近线的非齐次仿射坐标方程为

$$a_{11}(x-c_1)^2+2a_{12}(x-c_1)(y-c_2)+a_{22}(y-c_2)^2=0。\tag{8-28}$$

所以求出二次曲线中心后，即可得到该二次曲线的渐近线的方程。

例 3 求二次曲线 $x^2+2xy-3y^2+2x-4y=0$ 的渐近线方程。

解法 1 设渐近线的方程为

$$a_{11}x_1+a_{12}x_2+a_{13}x_3+k(a_{21}x_1+a_{22}x_2+a_{23}x_3)=0,$$

于是由式(8-27)有

$$-3k^2+2k+1=0,$$

解得

$$k_1=1,\quad k_2=-\frac{1}{3}。$$

所以渐近线的方程为

$$x+y+1+(x-3y-2)=0,$$

和

$$x+y+1-\frac{1}{3}(x-3y-2)=0。$$

化简得

$$2x-2y-1=0\quad 和\quad 2x+6y+5=0。$$

解法 2 因为 $A_{31}=1,A_{32}=3,A_{33}=-4$，所以二次曲线中心的非齐次仿射坐标为 $\left(-\frac{1}{4},-\frac{3}{4}\right)$，将其代入本节渐近线方程式(8-28)，得

$$\left(x+\frac{1}{4}\right)^2+2\left(x+\frac{1}{4}\right)\left(y+\frac{3}{4}\right)-3\left(y+\frac{3}{4}\right)^2=0,$$

化简后求得两条渐近线的方程为

$$2x-2y-1=0\quad 和\quad 2x+6y+5=0。$$

4 二次曲线的仿射分类

所谓二次曲线的仿射分类就是指在仿射变换下对二次曲线进行的分类。

设二次曲线的方程为

$$S\equiv\sum_{i,j=1}^{3}a_{ij}x_ix_j=0\quad(a_{ij}=a_{ji})。\tag{8-29}$$

在本章第 3 节中，我们根据 $A_{33}=-(a_{12}^2-a_{11}a_{22})$ 的符号将方程(8-29)所表示的二次曲线分了类。当 $A_{33}>0$ 时，方程(8-29)所表示的曲线叫做**椭圆型二次曲线**；当 $A_{33}=0$ 时，方程(8-29)所表示的曲线叫做**抛物型二次曲线**；当 $A_{33}<0$ 时，方程(8-29)所表示的曲线叫做**双曲型二次曲线**。

当 $|a_{ij}|\neq 0$ 时，则方程(8-29)表示的是一条非退化的二次曲线。对于椭圆型的情形，有一种是椭圆，方程的标准形为 $x_1^2+x_2^2-1=0$，当然又应有另一种标准形为 $x_1^2+x_2^2+1=0$，即是空集。

当 $|a_{ij}|=0$ 时，则方程(8-29)表示的是一条退化的二次曲线。根据射影分类的结果，齐次坐标的标准形为 $y_1^2+y_2^2=0$ 时，在仿射平面上应分为 $x_1^2+x_2^2=0$ 和 $x_1^2+1=0$ 两类；而当标准形为 $y_1^2-y_2^2=0$ 时，在仿射平面上应分为 $x_1^2-x_2^2=0$ 和 $x_1^2-1=0$ 两类；最后还有一类标准形为 $y_1^2=0$。

综上所述，二次曲线可以分为以下 9 个仿射类：

(1) $A_{33}<0,|a_{ij}|\neq 0$，标准方程 $x_1^2-x_2^2+1=0$，双曲型，非退化，双曲线；

(2) $A_{33}=0,|a_{ij}|\neq 0$，标准方程 $x_1^2-2x_2=0$，抛物型，非退化，抛物线；

(3) $A_{33}>0$，$|a_{ij}|\neq 0$，标准方程 $x_1^2+x_2^2-1=0$，椭圆型，非退化，椭圆；

(4) $A_{33}>0$，$|a_{ij}|\neq 0$，标准方程 $x_1^2+x_2^2+1=0$，椭圆型，非退化，空集(虚椭圆)；

(5) $A_{33}<0$，$|a_{ij}|=0$，标准方程 $x_1^2-x_2^2=0$，双曲型，退化，两相交实直线；

(6) $A_{33}>0$，$|a_{ij}|=0$，标准方程 $x_1^2+x_2^2=0$，椭圆型，退化，一实点(两相交虚直线)；

(7) $A_{33}=0$，$|a_{ij}|=0$，标准方程 $x_1^2-1=0$，抛物型，退化，一对平行实直线；

(8) $A_{33}=0$，$|a_{ij}|=0$，标准方程 $x_1^2+1=0$，抛物型，退化，空集(一对平行虚直线)；

(9) $A_{33}=0$，$|a_{ij}|=0$，标准方程 $x_1^2=0$，抛物型，退化，两直线重合为一直线。

例 1 将二次曲线的方程 $4x^2+4xy+y^2+4x+2y-48=0$ 化成标准方程，并写出所用的仿射坐标变换式。

解 原方程可写成

$$(2x+y)^2+2(2x+y)+1-49=0,$$

即有

$$(2x+y+1)^2-49=0。$$

作仿射变换

$$\begin{cases}x'=2x+y+1,\\ y'=y,\end{cases}$$

得

$$x'^2-49=0。$$

再作仿射变换

$$\begin{cases}x''=\dfrac{x'}{7},\\ y''=y',\end{cases}$$

得到该二次曲线的标准方程为

$$x''^2-1=0。$$

所用的仿射变换式为

$$\begin{cases}x=\dfrac{7}{2}x''-\dfrac{1}{2}y''-\dfrac{1}{2},\\ y=y''。\end{cases}$$

练　习　8

1. 求由两个成射影对应 $\lambda'=\dfrac{\lambda-1}{\lambda+2}$ 的线束 $x_1-\lambda x_3=0$ 和 $x_2-\lambda' x_3=0$ 所构成的二阶曲线的方程。

2. 求出通过下列 5 点的二阶曲线的方程，并求出它所对应的二级曲线的方程：

(1) $(1,0,-1)$，$(1,0,1)$，$(1,2,1)$，$(1,2,-1)$，$(1,3,0)$；

(2) $(1,0,0)$，$(0,1,0)$，$(0,0,1)$，$(1,1,1)$，(a_1,a_2,a_3)。

3. 求通过定点 $(1,0,1)$，$(0,1,1)$，$(0,-1,1)$ 且以 $x_1-x_3=0$，$x_2-x_3=0$ 为切线的二次曲线的方程。

4. 求下列二阶曲线过给定点的切线的方程：

(1) 二阶曲线 $x_1^2-2x_2^2+3x_3^2-x_1x_2=0$ 过点$\left(2,\sqrt{\frac{5}{2}},1\right)$的切线的方程；

(2) 二阶曲线 $x_1^2+x_2^2-x_3^2-2x_1x_2=0$ 过点$(0,2,1)$的切线的方程。

5. 求二级曲线 $4u_1^2+u_2^2-u_3^2=0$ 在直线$[1,2,1]$上的切点的方程。

6. 设 A,B,C,P,Q,R 为二次曲线上的 6 个不同的点，PQ 交 BC,CA,AB 于点 E,F,G，PR 交 BC,CA,AB 于点 L,M,N。求证：$(QE,FG)=(RL,MN)$。

7. 已知动点与一个简单四点形的 4 个顶点所连直线的交比是常数。求证：动点的轨迹是一条二阶曲线。

8. 欧氏平面上三角形 ASA' 的两顶点 A,A' 常在两条定直线 l 及 l' 上移动，且点 S 为定点，顶角 S 为定值。求证：AA' 作成一条二阶曲线，且包括 l 和 l' 在内。

9. 求包含 5 条直线 $p[1,0,-1]$，$q[1,2,1]$，$r[1,2,-1]$，$s[1,0,1]$，$t[1,1,2]$的二级曲线的方程。

10. 给定二阶曲线上的 6 个不同的点，按照不同的排列次序可以产生多少条帕斯卡线？

11. 在内接于圆的两个三点形 ABC 和 $A'B'C'$ 中，设 AB 与 $A'B'$ 交于点 P，BC 与 $B'C'$ 交于点 Q，CD 与 $C'D'$ 交于点 R，证明：三点 P,Q,R 共线。

12. 设内接于同一个圆的两个四点形 $ABCD$ 和 $A'B'C'D'$ 中，设 AB 与 $A'B'$ 交于点 P，BC 与 $B'C'$ 交于点 Q，CD 与 $C'D'$ 交于点 R，且三点 P,Q,R 共线。证明：DA 与 $D'A'$ 的交点 S 也在这条直线上。

13. 求下列各点关于给定二次曲线的极线：

(1) 点$(1,2,1)$关于 $2x_1^2+4x_1x_2+6x_1x_3+x_3^2=0$；

(2) 点$(1,-1,0)$关于 $3x_1^2+5x_2^2+x_3^2+7x_1x_2+4x_1x_3+5x_2x_3=0$；

(3) 点$(2,1,1)$关于 $4x_1^2+3x_1x_2-x_2^2=0$；

(4) 点$(1,0)$关于 $3x^2-6xy+5y^2-4x-6y+10=0$；

(5) 点$(6,4)$关于 $x^2+3y^2+3x-y=0$。

14. 求下列直线关于给定二阶曲线的极点：

(1) $x_1-x_2+3x_3=0$ 关于 $2x_1^2-3x_2^2-5x_3^2+6x_1x_2+3x_1x_3+16x_2x_3=0$；

(2) $x_1+3x_2+x_3=0$ 关于 $3x_1^2+5x_2^2+x_3^2+7x_1x_2+4x_1x_3+5x_2x_3=0$；

(3) $3x-y+6=0$ 关于 $x^2-2xy+y^2-2x-6y=0$；

(4) $x-3=0$ 关于 $2x^2-4xy+y^2-2x+6y-3=0$；

(5) $y=0$ 关于 $4x^2+2xy-6x-10y+15=0$。

15. 设四边形 $ABCD$ 是二阶曲线的内接四边形，XYZ 是对边三点形。求证：点 B,C 处的切线交在直线 YZ 上，点 A,D 处的切线也交在直线 YZ 上。

16. 若两条非退化二阶曲线相交于 4 点，求证两条曲线的方程可以写成：

$a_1x_1^2+a_2x_2^2+a_3x_3^2=0 \quad (a_1a_2a_3\neq 0)$ 和 $b_1x_1^2+b_2x_2^2+b_3x_3^2=0 \quad (b_1b_2b_3\neq 0)$。

17. 求下列二阶曲线的矩阵的秩，若曲线是退化的，求出奇异点。

(1) $2x_1^2-x_2^2+5x_3^2-x_1x_2-4x_2x_3+7x_3x_1=0$；

(2) $2x_1^2+3x_2^2-x_3^2+x_1x_2+2x_2x_3-x_3x_1=0$；

(3) $x_1^2+4x_2^2+4x_3^2-4x_1x_2-8x_2x_3+4x_3x_1=0$。

18. 求证：二阶曲线上一点是奇异点的充要条件是它与曲线上任何点所连的直线上的所有点都在该曲线上。

19. 将下列二阶曲线的方程化成标准方程，并写出所用射影变换：

(1) $2x_1^2+x_2^2+3x_3^2-4x_1x_2+6x_2x_3-4x_3x_1=0$；

(2) $x_1x_2+x_2x_3+x_3x_1=0$；

(3) $x_1^2+4x_2^2+9x_3^2+4x_1x_2+12x_2x_3+6x_3x_1=0$；

(4) $4x_1^2+15x_2^2-5x_3^2+16x_1x_2-22x_2x_3-8x_3x_1=0$。

20. 判断二次曲线 $x_1x_2+x_2x_3+x_3x_1=0$ 的类型，求出中心，并求过点(0,1,1)的直径及其共轭直径。

21. 证明：两条直线 p,q 关于非退化二阶曲线 $\sum_{i,j=1}^{3} a_{ij}x_ix_j=0$ 为共轭直线的充要条件是

$$\begin{vmatrix} a_{11} & a_{12} & a_{13} & q_1 \\ a_{21} & a_{22} & a_{23} & q_2 \\ a_{31} & a_{32} & a_{33} & q_3 \\ p_1 & p_2 & p_3 & 0 \end{vmatrix}=0。$$

22. 在仿射平面上，判断下列方程所表示的二次曲线的类型，并求出将下列方程化为标准方程的仿射变换。

(1) $x^2+2xy-2y^2-6x-2y+9=0$；

(2) $x^2-2xy+2y^2-4y+3=0$；

(3) $x^2+2xy+2y^2-6x+2y+15=0$；

(4) $4x^2+4xy+y^2+4x+2y-48=0$。

23. 证明：在仿射坐标系下，方程

$$(\alpha x+\beta y+\gamma)^2+2(px+qy+r)=0,\quad \begin{vmatrix} \alpha & \beta \\ p & q \end{vmatrix}\neq 0$$

表示一条抛物线。

第四部分

“大学几何”与“中学几何”

第9章

“大学几何”对“中学几何”的指导意义

此处的“大学几何”泛指高等师范院校数学系本科生所学的几何,包括:空间解析几何、向量空间与向量代数、向量分析、几何基础、射影几何、微分几何以及拓扑学等课程。现阶段的“中学几何”则主要包括:度量几何、变换几何、几何基础及复数几何,甚至还出现了“拓扑学”的内容,与原来所说的“初等几何”是有很大区别的。中学数学教材中几何内容的这些变化是中学教育顺应时代发展的必然结果。

1 中学几何的研究内容及方法

1.1 几何学的研究对象及分类

“几何学”这一大家都熟悉的名词,在很多书中并没有严格的定义,但没有人不明白它的含义。因为在中学数学教科书中,把“几何学”解释为:研究物体的空间形式(简称形)的数学分支(或学科)。虽然这个解释并不能反映几何学(特别是近、现代几何学)的全部,但它是最容易被中学生理解和接受的。因此可以说,几何学研究的对象是“形”和“与形有关的那些元素”。

几何学是非常古老的学科之一,它从测量土地开始逐渐形成,经历了两千多年的漫长岁月(这在第一部分中已有所了解),到目前为止,已经发展成为一个庞大的“家族”,其“家庭成员”越来越多,学科分支也越来越细,几何书籍的名称更是种类繁多、五花八门。对这个“家族成员”的分类主要有以下几个方面。

(1) 按对应平行公理的不同分类,例如:欧氏几何与非欧几何,其中非欧几何又被分为双曲型几何与椭圆型几何。

(2) 按研究方法的不同分类,例如:解析几何、微分几何、积分几何等。

(3) 按研究范围的不同分类,例如:平面几何、立体几何、球面几何等。

(4) 按研究对象的不同分类,例如:曲线几何、曲面几何等。

(5) 按对应变换群的不同分类，例如：欧氏几何、仿射几何、射影几何等。

许多几何学则按主要发明者的名字来命名，如：欧氏几何、罗氏几何、黎曼几何等。

1.2 中学几何的主要研究内容

中学数学(包括初中与高中)教材中，几何一直以来都是非常重要的内容，也是占用篇幅较多的。从初一到高三，几乎每个学年都有关于几何的内容。这是因为几何研究的对象——图形的直观性，以及人们在日常生活中对它的频繁接触所决定的。

1. 早期中学数学教材中几何内容的基本结构

新中国成立以来，我国的中学数学教材中几何部分主要经历了几个大的变化。20 世纪 50 年代基本沿用苏联的教材模式，几何内容主要为平面几何与立体几何。20 世纪 60 年代初开始增加平面解析几何的内容。直到 70 年代末，中学几何基本分为三大块：平面几何、立体几何与平面解析几何。其中平面几何主要研究基本的平面直线形(主要包括线段、直线及其性质，三角形及其性质，四边形及其性质)与圆等基本图形及几何性质等。立体几何主要研究空间直线、平面及相关位置，简单几何体(基本的柱、锥、台、球)及其体积、表面积的计算等。平面几何、立体几何两部分内容主要采用“公理法”——定义＋作图＋逻辑推理的方法。由于这种方法对作图与逻辑推理要求较高，给学生学习几何造成了一定的困难，曾经一度有“几何几何，磨破脑壳，先生难教，学生难学”的说法。平面解析几何则主要是用代数方法研究直线与圆锥曲线的方程、性质等。

2. 后期的中学数学教材对几何内容的改革

从 20 世纪 80 年代开始至今，随着教学大纲的不断更新，教育教学及课程改革与实践不断地进行，新的课程标准(简称“新课标”)的颁布，中学几何的内容及结构发生了较大的变化。一方面原来的三大部分：平面几何、立体几何与解析几何的内容被拆分开来，与其他数学内容有机结合，重新进行了组织，并去掉了老教材中冗长繁琐的内容，保留了其中的精华；另一方面改革后的教材尽量多地与生产生活实际相联系，不但大大降低了学生学习几何的难度，而且也提高了学生学习几何的积极性。另外，后期数学教材还在中学几何中逐步引入了“向量”、“变换”，甚至“矩阵”这样一些新的元素及对应方法，把几何中一些原来繁琐的逻辑推理转化为代数运算来实现，这在降低学习难度的同时也使得几何与代数的结合关系更加紧密。

现阶段“中学几何”研究的内容主要涉及度量几何、欧氏几何与变换几何的基本内容。

(1) 度量几何

度量几何学主要研究从长度、面积、体积的定义、计算与相关性质，到可列可加测度，甚至包含可将几何学定量化的三角学与分形分数维数的计算等；中学几何中只涉及度量几何的最基本内容。现行的中学数学教材中，从初一的“图形认识初步”“相交线与平行线”“三角形”，初二的“全等三角形”“四边形”，初三的“圆”等原来属于平面几何的内容到高中属于立体几何和三角学的部分内容，只要是研究求长度、角度、面积、体积等涉及度量的几何问题，都属于度量几何学的范畴。

(2) 欧氏几何

对欧氏几何，在第一部分中已经做了较详细的介绍。目前中学几何的大部分内容仍属于欧氏几何的范畴，所用方法也是以公理法为基础，直接研究图形的性质。

从最早的《原本》问世，到不断地完善为一种演绎的科学体系，欧氏几何在几何学的统治地位持续了两千多年，直到非欧几何出现，它的地位才得以动摇。但是欧氏几何的精髓——公理化的思想方法在几何学中仍然占有重要的地位，而且它对后世的影响还不仅限于几何学以及数学方面，它的影响甚至超越了数学的范围，可以说直到现在仍是数学家们所追求的崇高学术目标。

(3) 变换几何

变换几何学起源于大数学家克莱因的“爱尔兰根纲领”及“变换群与几何学”的基本思想。

“变换群与几何学”的基本思想为：将变换群这一代数概念与几何学联系起来，从而使当时看起来互不相干的几何学得以统一，并依据群的关系进行分类。

中学几何涉及的变换主要有：合同(包括轴对称、平移与旋转)变换，相似(位似与相似)变换，仿射、反演和简单的拓扑变换等。变换几何的价值在于：

① 变换使几何图形由静态转向动态，使几何对象可以被操作。如：轴对称图形可以利用“折纸”来实现。

② 变换成为学生认识图形的工具，通过轴对称、中心对称、平移、旋转、位似、相似、仿射等变换，可以对常见的图形如：正三角形、等腰三角形、矩形、平行四边形、菱形、圆等有更深刻的认识，也可以将简单的基本的图形通过变换自然地过渡到较复杂的图形。

③ 利用变换论证几何问题，使一些复杂的问题大大简化。

例如：三角形全等是利用合同变换实现的；等腰三角形的性质，用对称性很容易说明。

改革后的中学教材，虽然加强了变换几何的内容，但所占篇幅并不大，主要是作分散处理，未作集中安排，也没有成为系统；而且变换观点与传统欧氏几何观点的衔接不密切也不规范。在这部分内容的教学上，主要依赖数学教师对教材的理解、把握和处理，一般来说很难保证教学效果。

1.3 中学几何的基本研究方法

现阶段中学数学教材涉及几何的研究方法主要有以下两大类。

1. 公理化思想方法(简称公理法)

从以《原本》为代表的“直观性公理化时期”、以非欧几何的发现为代表的“思辨性公理化时期”，以希尔伯特的《几何基础》为代表的“形式主义公理化时期”到以布尔巴基的《数学原本》为代表的“结构主义公理化时期”，公理化思想方法经历了漫长的发展过程，至今在科学方法学上仍有很强的示范作用。

公理法的基本思想为：从某些基本概念和基本命题出发，依据特定的演绎规则，推导出一系列定理，从而构成一个演绎系统的方法。其中的基本命题就是公理，它们是已经被实践反复证明而被认为不需证明的真理，是一个演绎系统的基础。

公理法的结构大体如下：

原始概念描述
给出定义 } ⇨ 命题 { 定理 —— 推论
公理的叙述 公式

在早期的中学几何教材中，公理法占据主导地位，对逻辑推理的要求比较严格，但学生接受起来则有较大难度。随着教育的不断发展，公理法在中学数学几何方法的改革中历经几多沉浮，虽然现在的教材对欧氏几何的内容已经不再按一个严格的演绎系统来展现，也不再强调哪些是公理，哪些是定理，但涉及几何证明的部分，基本上仍保留了公理法思想的演绎推理规则。各章内容在具体展开时，教材大多先从感性材料、生活实例和相关背景入手来给出几何定义，描述公理，然后再循序渐进地导出定理。这样做的目的，一是降低学生对公理、定义理解的难度，便于学生接受；二是尽量多地与实际生产生活相联系，使学生学有所用。

2. 代数法

中学几何涉及的代数方法主要有坐标法与向量法两种。

(1) 坐标法

坐标法——通过建立坐标系，使几何元素中的"点"对应为坐标，"线(面)"对应为方程(组)，然后利用代数运算得到的结果来研究几何问题的方法。

传统中学教材中，坐标法主要用于"平面解析几何"的相关内容，且"平面解析几何"也只用到坐标法。

坐标法的关键是建立适当的坐标系，这也是此方法的难点所在。因为在不同的坐标系下，几何元素的坐标或方程是不同的，坐标系的建立恰当与否，直接影响方程是否简单，计算是否复杂，太复杂的计算会让学生失去解题的信心和耐心。早期解析几何教材对坐标系的建立及坐标系变换的讨论较多，从而使学习难度较大。现在的教材大多数情况下只用到标准坐标系(也是使方程最简单的坐标系)，而较少讨论坐标变换。但作为中学数学教师，必须熟练掌握如何建立恰当的坐标系和利用坐标变换化简方程的方法。

(2) 向量法

向量法——利用向量及其运算来研究问题的方法。这是新教材增加的内容。

用向量法解决几何问题的关键：一是熟练掌握向量的运算；二是正确将几何问题向量化。

向量法和坐标法并不是完全独立的两种方法。因为在坐标系下，"向量"与"坐标"是一一对应可以互相转换的，向量的运算也可以通过坐标来实现，在一般情况下，向量法又比坐标法更简单、直观。

向量法不仅用于解析几何内容，也用于平面几何和立体几何之中，甚至在三角函数、不等式和物理中也有应用。

现行中学教材中，已不再按平面几何、立体几何与解析几何来划分几何内容，而是将这些内容重新分块，并与代数、三角函数等其他数学内容有机结合在一起，形成一种"模块式结构"，并根据不同的阶段、不同的对象规定了"必学"与"选学"的模块。

2 "大学几何"与"中学几何"的联系

高等师范院校数学专业大多开设有"解析几何"、"微分几何"、"几何基础"、"射影几何"、"整体微分几何"、"拓扑学"、"代数几何"等几何课程(我们将它们统称为"大学几何")，其中有些属于选修课程，主要是为能够进一步深造的学生提供选择。对今后从事中学数学教师职业的学生而言，上面的多数几何课程（如：解析几何、微分几何、几何基础及射影几何等）是必不可少的，本教材所涉及的内容更是如此。

“大学几何”与“中学几何”之间，既有直接的联系，又有宏观指导的作用。“中学几何”中包含的思想方法，在“大学几何”中不但都有涉及，而且是对“中学几何”的加深、扩充与拓展。

如：“几何基础”是中学平面几何与立体几何内容中的公理化思想方法的一般化、理论化与系统化；空间解析几何将中学平面解析几何的内容从二维延伸至三维，并且进行了一般化讨论，特别是向量代数的应用，不仅使内容进一步加深，还找到了一条如何从低维空间过渡到高维空间的路径；射影几何是对欧氏几何的进一步拓展；而微分几何、拓扑学等则是用更新的方法或在更广的范围来研究几何。

3 “大学几何”对“中学几何”教学的指导意义

高等师范生学习“大学几何”对“中学几何”的教学有何指导意义，是未来中学数学教师应该明确的一个重要问题。作为高等师范院校的数学专业，肩负着培养未来中学数学教师的重任。高等师范院校数学专业所开设的“大学几何”系列课程，对于今后将从事中学数学教学的准教师们来说是非常重要的。因为几何课程在中学数学内容中占了相当大的比例。如果没有扎实的几何功底，要想教好中学几何是不太容易的。

著名教育家霍姆斯基对教师曾经提过这样的建议：“应当在你所教的那门科学领域里，使学校教科书里包含的那点科学知识，对你来说，只不过是你入门时的常识。在你具有的科学知识大海中，你所教给学生的那部分基础知识，只应当是沧海中的一粟！”俗话说“站得高才能看得远”；“教师要想使学生得到一滴水，自己必须至少要有一桶水”也是这个道理。

在大学学习 “大学几何”的课程，不光要学习其内容，了解其背景，更重要的是学习其中的思想方法，提升视点、加深认识、培养自身能力。“大学几何”及其思想方法可以加深“准教师”们对“中学几何”的理解，提高他们对“中学几何”的认识，扩大他们的几何视野，培养其几何素养，锻炼其能力。

只有学好了“大学几何”，才能对几何学有一个较为全面的了解，才能对“中学几何”有较深刻的认识，才能够站在更高的位置用更广的角度来看待和理解“中学几何”，也才能更好地驾驭中学几何课程，从而完成好中学几何课程的教学工作。

3.1 高等师范院校数学教学改革中几何课程改革的重要性与必要性

随着中学教学改革的进程不断深入，教学改革及课程改革被推到了非改不可的境地。高等师范院校数学教育中，几何课程内容的改革与教育改革又是历来数学教育改革的热点及争议较大的问题。由于大学数学专业新课程的增加（信息类、思想教育类、新的实用技术类等），使传统几何课程的教学学时大大压缩，而“中学几何”对“大学几何”的需求则有增无减，这使得“大学几何”到了必须改革的时候。

本书——《几何学概论》正是顺应这个潮流进行高等师范院校数学专业几何课程改革的结果。

为了满足中学数学课程改革对几何课程的要求，我们将几何发展史、几何基础与射影几何等几门课程的重要内容有机结合而设立了“几何学概论”这门课程，为了配合教学，特地编写了《几何学概论》一书。其目的是使学生通过对该课程的学习，较全面地了解几何学的发展概况、不同几何分支的研究方法，理解不同几何学的基本观点及思想方法，并能用较高的观点去分析和处理中学几何的问题。

3.2 用现代数学的观点看待“中学几何”

在现代数学观点下，“几何”已不仅是研究“形”的数学分支，它早已发展为一棵枝繁叶茂的大树并包含了非常丰富的内涵。因此，作为中学数学教师，对“中学几何”应该有更加深刻的认识。

到目前为止，中学几何的研究对象虽然还是以具体的图形为主，但已经或多或少地加入了现代数学的思想。对中学数学教师来说，如果不能很好地理解与掌握现代数学的观点与方法，就不能很好地解决“居高临下”进行教学的问题，也不可能达到很好的教学效果。因此我们认为对中学数学教师来说，应该很好地理解以下几个问题。

1. 对几何的宏观认识

对几何的宏观认识，主要应从以下几个方面。

(1) 欧氏几何与非欧几何

从几何学的发展来看，首先要搞清楚的是欧氏几何与非欧几何的关系，还应较详细地了解欧氏几何的发展过程以及它的理论体系。

在第一部分中我们已介绍了非欧几何的产生及发展过程。这里主要是从宏观上理解欧氏几何与非欧几何的区别与联系。

在第一部分已知，从几何学的理论体系来看，欧氏几何与非欧几何的大部分(五组公理体系中的前四组)都是相同的，这四组公理导出的几何体系称为绝对几何；由于第五组公理(即平行公理)的不同导出了不同的几何。

比如，由欧氏平行公理：过已知直线外一点能且仅能作一条直线与已知直线平行；与前四组公理一起就导出了欧氏几何体系。

将欧氏平行公理改为：过已知直线外一点能作不止一条直线与已知直线平行；与前四组公理一起就导出了非欧几何中的双曲型几何(其中的典型代表就是罗巴切夫斯基几何——罗氏几何)。

若欧氏平行公理改为：过已知直线外一点不能作直线与已知直线平行，即任意两直线都相交；与前四组公理一起就导出了非欧几何中的椭圆型几何(其中的典型代表就是球面几何)。

由于双曲型几何与椭圆型几何都是否定了欧氏平行公理而导出的，因此这两类几何都称为非欧几何。

(2) 欧氏几何学的向量结构和度量结构

欧氏几何与公理化方法是中学几何的主要研究内容，希尔伯特公理体系使得欧氏几何学完备化，但并没有在集合论的基础上建立起几何学的数学结构。

为建立起既简单又能够适合几何学特征的数学结构，著名数学家外尔利用代数学中的向量空间为辅助空间，建立了几何学的向量结构。

对欧氏几何而言，若将欧氏空间中的元素看作向量，它就可以构成实数域上的向量空间,从而具有了向量结构;在此向量空间中,又利用向量的内积来定义空间的基本度量——两点间的距离,再利用正实数系($\mathbb{R}^+$)作为辅助结构,就可得到欧氏几何的度量结构,使欧氏空间成为度量空间。因此欧氏空间是一般向量空间的加强。

(3) 克莱因的几何统一观

早在1872年,著名的德国数学家克莱因在他就任埃尔朗根大学教授时作了题为"关于近代几何研究的比较考察"的报告,在几何领域内率先提出了"变换群与几何学"的思想观点,即可以利用变换群与几何学的关系将几何学进行分类。这一观点就是被后人称之为"埃尔朗根纲领"的克莱因的几何统一观,它对几何学的发展起到了非常巨大的推动作用。

(4) 微分几何观点下的几何统一观

微分几何是用微分的方法来研究空间的曲线、曲面的几何特征。著名数学家高斯研究了曲面的曲率——高斯曲率,并证明了高斯曲率在保长变换下的不变性后,提出了将曲面作为一个空间的思想,使曲面的几何特性可以不借助外围空间而在自身上进行研究——这就是内蕴几何的思想。在曲面上,对应平面上的直线这一概念的就是测地线,它是曲面上连接两点的最短线。黎曼将这一思想继承与发展,把曲面和曲率的概念推广到n维流形上就形成了黎曼几何。

在常曲率曲面中最常见的3个不同类型的曲面:平面——高斯曲率恒等于0;球面——高斯曲率恒等于a(a是大于0的常数);伪球面——高斯曲率恒等于b(b是小于0的常数)。这3个曲面恰好可以作为三种几何学(欧氏几何、球面几何与罗氏几何)的研究模型。高斯的这一发现证实了非欧几何的客观存在,打消了人们对非欧几何的怀疑,使得非欧几何(双曲型与椭圆型两类)与欧氏几何真正地得到并列的位置。

2. 对坐标系的认识

中学教材中,坐标系是利用数轴来定义的。这种定义方法简单、直观,容易被学生接受。但这样的定义有很大的局限性,最多定义到三维欧氏空间就无法进行扩展了。

在引入向量后,坐标系可以利用"标架"来定义;进一步地,利用代数知识,标架可以看作向量空间的基底,基底是向量空间的最大线性无关向量组,而空间任意向量的坐标都可以由基底确定。根据基底的不同,坐标系又可分为:直角坐标系(基底为标准正交基);仿射坐标系(基底为仿射基);进一步利用齐次坐标对仿射坐标系加以推广就可以得到射影坐标系。由此可见,"坐标系"实质上就是空间(几何元素的集合)与数(或数组)集合之间建立一一对应的中间"桥梁"。这个"桥梁"也可以认为就是一种"一一对应关系"。建立这种"一一对应关系"的目的就是要把几何元素"坐标化",使几何问题"代数化",从而用代数方法来研究几何问题。

根据所讨论问题的不同,建立的坐标系也有所不同。例如:研究欧氏几何时应该使用直角坐标系,因为直角坐标系是保距变换下的不变坐标系,适合研究图形的度量性质;研究仿射几何应该使用仿射坐标系,因为仿射坐标系是仿射变换下的不变坐标系,适合研究图形的仿射性质;而研究射影几何则应该使用射影坐标系,因为射影坐标系是射影变换下的不变坐标系,最适合研究图形的射影性质。

3. 关于直线形

直线形——包括直线、射线、线段、三角形、四边形等,既是中学几何研究的对象,也是仿射几何、射影几何研究的对象。由于研究的范围不同,研究的内容也不尽相同。射影几何由于它的高度概括性，其研究的结论既适用于仿射几何也适用于欧氏几何。如：结合性是射影不变性质，它也是仿射不变性而且是初等几何研究的内容；交比是最基本的射影不变量，可它也有初等意义。因此，一些中学几何问题中，若只涉及结合性时，用射影方法解决起来会很简便；若与结合性与平行性都有关系时，则可用仿射方法来解决(详见第 10 章)。

4. 关于二次曲线理论

二次曲线是利用二次方程来定义的平面曲线，“中学几何”与“大学几何”都把它作为研究的对象。

在中学解析几何中所涉及的二次曲线是圆锥曲线：椭圆、双曲线与抛物线。研究它们的方法都是利用它们的直观定义来求出标准方程，然后再利用标准方程来讨论它们的几何性质。圆锥曲线的共同点之一是它们的标准方程都是二次的；共同点之二是它们都可以用平面截割圆锥而得到。那么，我们有可能提出下面的问题：

问题 1：圆锥曲线与二次曲线是否等同？

问题 2：如果不等同，可否在一定范围内或一定条件下等同？

通过第二部分的学习我们已知：圆锥曲线与二次曲线一般情况下不等同。但如果在欧氏几何范围内讨论，圆锥曲线与二次曲线可以认为基本上是等同的。因为由二次曲线的度量分类知：非退化的二次曲线只有三种：椭圆、双曲线和抛物线，每一种中又有大小与形状的区别(如圆和圆大小可以不同，圆和椭圆除大小外形状也可不同)，但它们都属于圆锥曲线；而退化的实二次曲线就是直线(平行、相交或重合，平行有距离的区别，相交有不同夹角和交点位置的区别)。除实线之外，欧氏空间中的二次方程对应的图形还有可能是虚线。

在仿射空间的范围来讨论二次曲线，就只有按仿射分类来区别不同的二次曲线。由于仿射空间只保持仿射性质不变，不能保持图形的形状。按仿射分类，非退化的实二次曲线也只有三种：椭圆、双曲线、抛物线，且每一种就只有一条，没有大小形状之分；退化的实二次曲线也是直线(平行、相交或重合，但平行没有距离之分，相交没有夹角之分)。除实线之外，仿射空间中二次方程对应的图形也有可能是虚线。

在射影空间的范围来讨论二次曲线，只能按射影分类来区别不同的二次曲线，由于射影空间只保持射影性质不变，所以按射影分类，非退化的实二次曲线就只有一条；退化的实二次曲线则可能是：两条相交实直线、一条二重实直线或一点。除此之外，射影空间中二次方程对应的图形也可能是虚的。

练 习 9

1. 学习了本章后，你对中学几何的认识是否有所提高？有哪些提高？

2. 学习了仿射几何后我们知道，在仿射平面上，利用二次曲线与无穷远直线的关系可将非退化二次曲线分为椭圆、双曲线和抛物线三类，请用仿射观点解释中学解析几何中的如下问题：

(1) 抛物线为什么没有中心？

(2) 抛物线无限延伸时，图形为什么沿开口方向逐渐与对称轴平行？

(3) 是否存在与双曲线的两支都相切的直线？

3. 作为未来的中学数学教师，你是否有信心教好中学几何？如有，信心源于何处？如没有，原因何在？

第 10 章

“大学几何”方法在“中学几何”中的应用

“大学几何”所涉及的方法有：公理法(也称综合法)、坐标法、向量法、变换法、投影法、微分法等。公理法和坐标法在中学几何中是常用的，但中学教材中坐标系只用到平面直角坐标系；向量法是新教材增加的内容，其余方法在中学几何里涉及较少。但变换法和投影法对中学几何是非常有用的，特别是仿射和射影变换方法用于中学几何问题时，往往可以使问题大大简化。下面主要通过一些例子来说明各常用几何方法在中学几何中的应用。

1 “向量法”与“坐标法”在中学几何中的应用

向量在中学几何中分为“平面向量”与“空间向量”，平面几何中用“平面向量”，立体几何用“空间向量”。在大学几何中平面向量与空间向量都是向量，本身并没有区别，只是讨论的范围不同罢了。向量的应用涉及向量的运算，而向量的运算又可以利用坐标来实现，讨论的范围不同，坐标的个数就不一样，这时就有了平面向量与空间向量的区别。

向量的应用主要是利用向量的运算，其中最能反映线线(面)几何关系的运算是向量的线性运算、数量积与向量积。其中：向量的线性关系可以用来判断它们是否共线或共面；两向量数量积是否为零可以判断两向量是否垂直；它们的向量积是否为零向量则可以反映两向量是否平行(共线)。抓住这些特点，就能较好地利用向量来证明几何问题了。

1.1 用向量法证明共点(或共线)问题

例 1 证明三角形的三中线共点，且交点到三角形顶点的距离是它到对边中点距离的 2 倍。

证法 1 设三角形 ABC 的三条边上的中线分别为 AD，BE，CF，如图 10-1 所示，在三中线 AD，BE，CF 上各取一三等分点。

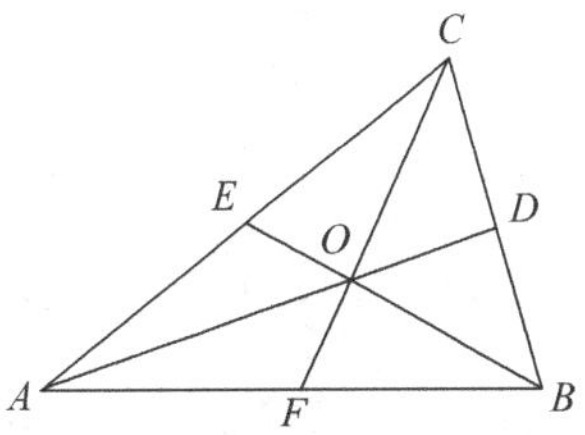

图 10-1

设 O_1 为 AD 的三等分点，且有 $\overrightarrow{AO_1}=\frac{2}{3}\overrightarrow{AD}$；$O_2$ 为 BE 的三等分点，且有 $\overrightarrow{BO_2}=\frac{2}{3}\overrightarrow{BE}$；$O_3$ 为 CF 的三等分点，且有 $\overrightarrow{CO_3}=\frac{2}{3}\overrightarrow{CF}$。

因为 D,E,F 分别是 BC,CA,AB 三边的中点，故有

$$\overrightarrow{AD}=\frac{1}{2}(\overrightarrow{AB}+\overrightarrow{AC}),\quad \overrightarrow{BE}=\frac{1}{2}(\overrightarrow{BA}+\overrightarrow{BC}),$$

$$\overrightarrow{CF}=\frac{1}{2}(\overrightarrow{CA}+\overrightarrow{CB})。$$

于是 $\overrightarrow{AO_1}=\frac{2}{3}\overrightarrow{AD}=\frac{2}{3}\cdot\frac{1}{2}(\overrightarrow{AB}+\overrightarrow{AC})=\frac{1}{3}(\overrightarrow{AB}+\overrightarrow{AC})$，

$$\begin{aligned}\overrightarrow{AO_2}&=\overrightarrow{AB}+\overrightarrow{BO_2}=\overrightarrow{AB}+\frac{2}{3}\overrightarrow{BE}=\frac{2}{3}(\overrightarrow{AB}+\overrightarrow{BE})+\frac{1}{3}\overrightarrow{AB}\\&=\frac{2}{3}\overrightarrow{AE}+\frac{1}{3}\overrightarrow{AB}=\frac{2}{3}\cdot\frac{1}{2}\overrightarrow{AC}+\frac{1}{3}\overrightarrow{AB}=\frac{1}{3}(\overrightarrow{AB}+\overrightarrow{AC})=\overrightarrow{AO_1}。\end{aligned}$$

所以 O_1 与 O_2 重合。同理可证 O_1,O_2,O_3 三点重合于点 O，即三角形的三条中线共点 O，且点 O 到三顶点的距离分别是它到相应对边中点距离的 2 倍。

点评 此证明利用了三线所共点的特殊性质：该点到顶点的距离等于到相应对边中点距离的 2 倍。如果没有此条件，只证明三线共点，则不能用此方法，可改为如下证法。

证法 2 设其中两条中线（不妨取 BE,CF）交于点 O，如图 10-2 所示，则有 $\overrightarrow{AO}=\overrightarrow{AF}+\overrightarrow{FO}=\overrightarrow{AE}+\overrightarrow{EO}$，且 $\overrightarrow{FO}=m\overrightarrow{FC}$，$\overrightarrow{EO}=n\overrightarrow{EB}$。

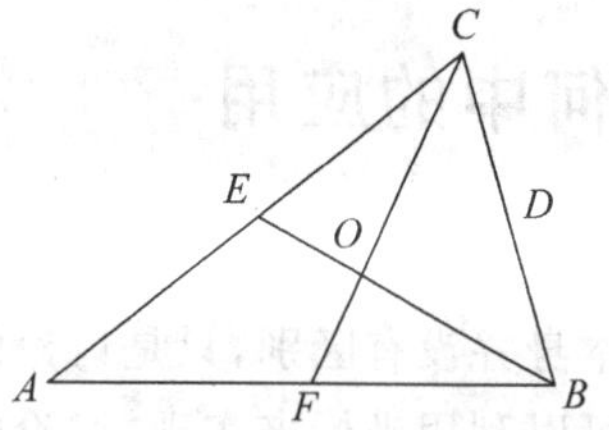

图 10-2

因为 D,E,F 分别是 BC,CA,AB 三边的中点，所以

$$\overrightarrow{AF}=\frac{1}{2}\overrightarrow{AB},\quad \overrightarrow{AE}=\frac{1}{2}\overrightarrow{AC},$$

$$\overrightarrow{AO}=\overrightarrow{AF}+\overrightarrow{FO}=\frac{1}{2}\overrightarrow{AB}+n\overrightarrow{FC},$$

$$\overrightarrow{AO}=\overrightarrow{AE}+\overrightarrow{EO}=\frac{1}{2}\overrightarrow{AC}+m\overrightarrow{EB}。$$

又因为 $\overrightarrow{BE}=\overrightarrow{BA}+\overrightarrow{AE}=\overrightarrow{BA}+\frac{1}{2}\overrightarrow{AC}$，$\overrightarrow{CF}=\overrightarrow{CA}+\overrightarrow{AF}=\overrightarrow{CA}+\frac{1}{2}\overrightarrow{AB}$，所以

$$\overrightarrow{AO}=\overrightarrow{AF}+\overrightarrow{FO}=\frac{1}{2}\overrightarrow{AB}+n\overrightarrow{FC}=\frac{1-n}{2}\overrightarrow{AB}-n\overrightarrow{CA}=\frac{1-n}{2}\overrightarrow{AB}+n\overrightarrow{AC},$$

$$\overrightarrow{AO}=\overrightarrow{AE}+\overrightarrow{EO}=\frac{1}{2}\overrightarrow{AC}+m\overrightarrow{EB}=\frac{1-m}{2}\overrightarrow{AC}-m\overrightarrow{BA}=\frac{1-m}{2}\overrightarrow{AC}+m\overrightarrow{AB}。$$

由 $\frac{1-n}{2}\overrightarrow{AB}+n\overrightarrow{AC}=\frac{1-m}{2}\overrightarrow{AC}+m\overrightarrow{AB}$，可得

$$\left(\frac{1-n}{2}-m\right)\overrightarrow{AB}+\left(n-\frac{1-m}{2}\right)\overrightarrow{AC}=\mathbf{0}。$$

因为 $\overrightarrow{AB},\overrightarrow{AC}$ 不共线，所以 $\frac{1-n}{2}-m=0$，$n-\frac{1-m}{2}=0$。由此可以解出 $m=n=\frac{1}{3}$。又由 $\overrightarrow{AD}=\frac{1}{2}(\overrightarrow{AB}+\overrightarrow{AC})$，所以

$$\overrightarrow{AO}=\frac{1}{3}(\overrightarrow{AB}+\overrightarrow{AC})=\frac{2}{3}\overrightarrow{AD}。$$

所以 O 在 AD 上，即三角形的三中线交于点 O。

关于共线问题，可以类似地用向量法解决。但如果用射影几何的观点来解决此类问题会更加简单(详见本章第 2 节)。

1.2 用向量法证明垂直(或平行)问题

中学立体几何中，一些有关垂直的问题用向量法证明会非常简单。用向量法证明垂直或平行问题，主要是利用向量的内积(即数量积)运算和外积(即向量积)运算中两个重要性质来实现的。这两个重要性质就是：

两向量互相垂直的充分必要条件是它们的内积为 0；

两向量互相平行的充分必要条件是它们的外积为 $\mathbf{0}$。

1. 有关垂直问题举例

例 2 线面垂直判定定理的向量证法。

直线和平面垂直的判定定理：如果一条直线和一个平面内的两条相交直线都垂直，那么这条直线垂直于这个平面。

如图 10-3 所示，已知：对于直线 m,n 与平面 α，有 $m\subset\alpha,n\subset\alpha,m\cap n=B$，且 $l\perp m$，$l\perp n$。求证：$l\perp\alpha$。

证明 设 g 是平面 α 内的任意一条直线，又设直线 l,m,n,g 上分别有非零向量：$\boldsymbol{l}$，$\boldsymbol{m},\boldsymbol{n},\boldsymbol{g}$，在平面 α 内，由于 $\boldsymbol{m},\boldsymbol{n}$ 不共线，所以 $\boldsymbol{g}=\lambda\boldsymbol{m}+\mu\boldsymbol{n}$，其中 $\lambda,\mu\in\mathbb{R}$。

由 $l\perp m,l\perp n$，可得 $\boldsymbol{l}\cdot\boldsymbol{m}=0,\boldsymbol{l}\cdot\boldsymbol{n}=0$。于是

$$\boldsymbol{l}\cdot\boldsymbol{g}=\boldsymbol{l}\cdot(\lambda\boldsymbol{m}+\mu\boldsymbol{n})=\lambda(\boldsymbol{l}\cdot\boldsymbol{m})+\mu(\boldsymbol{l}\cdot\boldsymbol{n})=0,$$

所以 $\boldsymbol{l}\perp\boldsymbol{g}$，即直线 $l\perp g$。

由于 g 是平面 α 内的任意一条直线，由定义知，$l\perp\alpha$。

例 3 如图 10-4 所示，已知四菱锥 P-$ABCD$ 的底面 $ABCD$ 是菱形，且 $\angle PAB=\angle PAD$。用向量法证明平面 PAC 垂直于底面 $ABCD$。

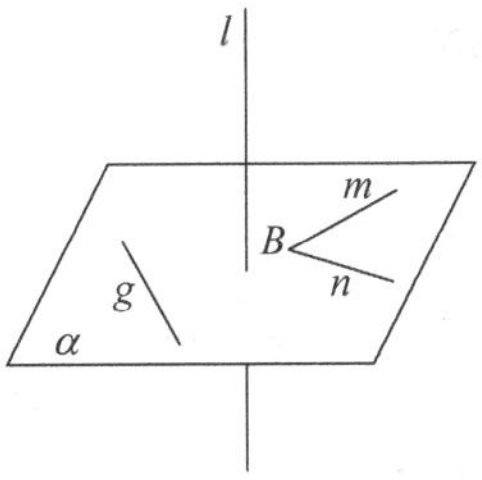

图 10-3

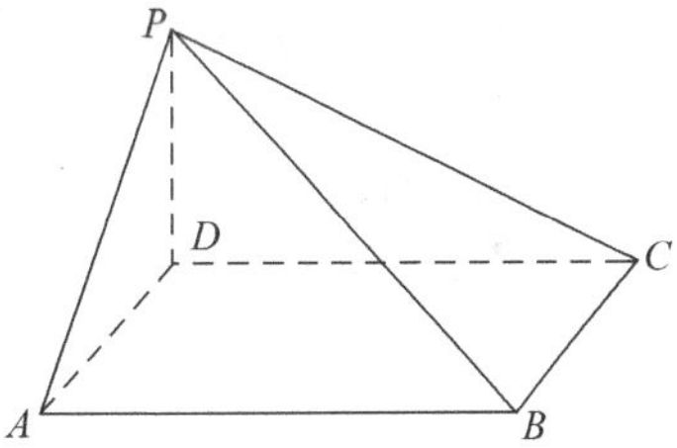

图 10-4

证明 因为 $\overrightarrow{AC}\times\overrightarrow{AP}$ 是平面 PAC 的法向量，$\overrightarrow{AB}\times\overrightarrow{AD}$ 是底面 $ABCD$ 的法向量，利用混合积的性质和双重外积展开式有

$$
\begin{aligned}
(\overrightarrow{AB}\times\overrightarrow{AD})\cdot(\overrightarrow{AC}\times\overrightarrow{AP}) &= [(\overrightarrow{AB}\times\overrightarrow{AD})\times\overrightarrow{AC}]\cdot\overrightarrow{AP}\\
&= [(\overrightarrow{AB}\cdot\overrightarrow{AC})\overrightarrow{AD}-(\overrightarrow{AD}\cdot\overrightarrow{AC})\overrightarrow{AB}]\cdot\overrightarrow{AP}\\
&= (\overrightarrow{AB}\cdot\overrightarrow{AC})(\overrightarrow{AD}\cdot\overrightarrow{AP})-(\overrightarrow{AD}\cdot\overrightarrow{AC})(\overrightarrow{AB}\cdot\overrightarrow{AP})。
\end{aligned}
$$

又因为 $\overrightarrow{AB}\cdot\overrightarrow{AC}=|\overrightarrow{AB}|\cdot|\overrightarrow{AC}|\cos\langle\overrightarrow{AB},\overrightarrow{AC}\rangle$，

$$
\begin{aligned}
\overrightarrow{AD}\cdot\overrightarrow{AP} &= |\overrightarrow{AD}|\cdot|\overrightarrow{AP}|\cos\langle\overrightarrow{AD},\overrightarrow{AP}\rangle,\\
\overrightarrow{AB}\cdot\overrightarrow{AP} &= |\overrightarrow{AB}|\cdot|\overrightarrow{AP}|\cos\langle\overrightarrow{AB},\overrightarrow{AP}\rangle,\\
\overrightarrow{AD}\cdot\overrightarrow{AC} &= |\overrightarrow{AD}|\cdot|\overrightarrow{AC}|\cos\langle\overrightarrow{AD},\overrightarrow{AC}\rangle,
\end{aligned}
$$

由题设知 $\angle PAB=\angle PAD$，$ABCD$ 又是菱形，所以

$$\cos\langle\overrightarrow{AB},\overrightarrow{AC}\rangle=\cos\langle\overrightarrow{AD},\overrightarrow{AC}\rangle,\quad \cos\langle\overrightarrow{AD},\overrightarrow{AP}\rangle=\cos\langle\overrightarrow{AB},\overrightarrow{AP}\rangle,$$

于是 $(\overrightarrow{AC}\times\overrightarrow{AP})\cdot(\overrightarrow{AB}\times\overrightarrow{AD})=0$，所以 $(\overrightarrow{AC}\times\overrightarrow{AP})\perp(\overrightarrow{AB}\times\overrightarrow{AD})$，即平面 PAC 垂直于底面 $ABCD$。

2. 有关平行问题举例

关于平行的问题中，线线平行只需证两线的方向向量平行；线面平行只需证线的方向向量与平面的法向量垂直；面面平行只需证两平面的法向量平行。而两向量平行当且仅当(1)它们的外积为零向量，(2)它们线性相关，(3)它们的对应坐标成比例，三者之一成立。

例 4 如图 10-5(a)所示，已知直三棱柱 $A_1B_1C_1$-ABC 中，$B_1C_1=A_1C_1$，M，N 分别是 A_1B_1，AB 的中点，求证：平面 AMC_1 平行于平面 NB_1C。

证明 因为直三棱柱 $A_1B_1C_1$-ABC 的底面为等腰三角形，且 M，N 分别是底边 A_1B_1，AB 的中点，所以 $C_1M\perp A_1B_1$、$CN\perp AB$。因此可取点 N 为原点建立直角坐标系如图 10-5(b)所示。依题意得各坐标如下：

$$N(0,0,0),\quad A(-a,0,0),\quad C(0,c,0),\quad B_1(a,0,h),$$

$$M(0,0,h),\quad C_1(0,c,h),\quad \overrightarrow{AM}=(a,0,h),$$

$$\overrightarrow{MC_1}=(0,c,0),\quad \overrightarrow{NB_1}=(a,0,h),\quad \overrightarrow{B_1C}=(-a,c,-h)。$$

若设平面 AMC_1 与平面 NB_1C 的法向量分别为 $\boldsymbol{n}_1$，$\boldsymbol{n}_2$，则有

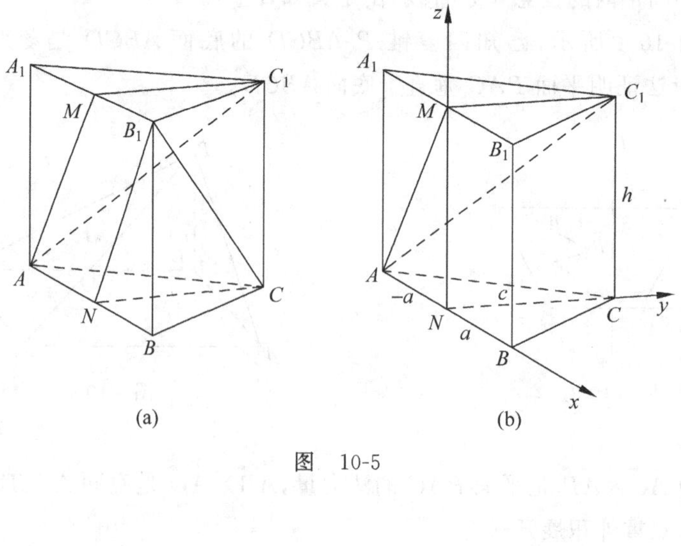

图 10-5

$$\boldsymbol{n}_1=\overrightarrow{AM}\times\overrightarrow{MC_1}=\begin{vmatrix}\boldsymbol{i}&\boldsymbol{j}&\boldsymbol{k}\\a&0&h\\0&c&0\end{vmatrix}=(-ch,0,ac),$$

$$\boldsymbol{n}_2=\overrightarrow{NB_1}\times\overrightarrow{B_1C}=\begin{vmatrix}\boldsymbol{i}&\boldsymbol{j}&\boldsymbol{k}\\a&0&h\\-a&c&-h\end{vmatrix}=(-ch,0,ac),$$

所以 $\boldsymbol{n}_1$ 与 $\boldsymbol{n}_2$ 平行，由此得：平面 AMC_1 平行于平面 NB_1C。

点评 用向量法解题时，也可以利用向量的坐标。要证明两平面平行，只需证它们的法向量平行，即证法向量对应的坐标成比例；而平面的法向量可用该平面方位向量的向量积来表示。

1.3 有关夹角或距离问题的例子

例 5 如图 10-6 所示，已知直线 l 与平面 α 内的三条共点直线所成的角相等。求证：$l\perp\alpha$。

证明 设平面 α 内的三条共点直线分别为 a,b,c，交点为 O。依题意并由数量积的定义可知

$$\boldsymbol{l}\cdot\boldsymbol{a}=|\boldsymbol{l}|\cdot|\boldsymbol{a}|\cos\theta,\quad \boldsymbol{l}\cdot\boldsymbol{b}=|\boldsymbol{l}|\cdot|\boldsymbol{b}|\cos\theta,\quad \boldsymbol{l}\cdot\boldsymbol{c}=|\boldsymbol{l}|\cdot|\boldsymbol{c}|\cos\theta,$$

其中 $\boldsymbol{a},\boldsymbol{b},\boldsymbol{c}$ 分别为同名直线对应的方向向量，θ 为直线 l 与三直线所成的角。由此得

$$\cos\theta=\frac{\boldsymbol{l}\cdot\boldsymbol{a}}{|\boldsymbol{l}|\cdot|\boldsymbol{a}|}=\frac{\boldsymbol{l}\cdot\boldsymbol{b}}{|\boldsymbol{l}|\cdot|\boldsymbol{b}|}=\frac{\boldsymbol{l}\cdot\boldsymbol{c}}{|\boldsymbol{l}|\cdot|\boldsymbol{c}|},\quad 即\quad \frac{\boldsymbol{l}\cdot\boldsymbol{a}}{|\boldsymbol{a}|}=\frac{\boldsymbol{l}\cdot\boldsymbol{b}}{|\boldsymbol{b}|}=\frac{\boldsymbol{l}\cdot\boldsymbol{c}}{|\boldsymbol{c}|}。$$

若设 $\boldsymbol{a}_0,\boldsymbol{b}_0,\boldsymbol{c}_0$ 分别为 $\boldsymbol{a},\boldsymbol{b},\boldsymbol{c}$ 的单位向量，上式可化为

$$\boldsymbol{l}\cdot\boldsymbol{a}_0=\boldsymbol{l}\cdot\boldsymbol{b}_0=\boldsymbol{l}\cdot\boldsymbol{c}_0。\tag{10-1}$$

由 $\boldsymbol{a},\boldsymbol{b},\boldsymbol{c}$ 共面知，其中必有一个向量可表示为其余两个的线性组合，不妨设 $\boldsymbol{c}_0=\lambda\boldsymbol{a}_0+\mu\boldsymbol{b}_0$，且 $\lambda+\mu\neq1$（否则 $\boldsymbol{c}_0-\boldsymbol{a}_0$ 与 $\boldsymbol{b}_0-\boldsymbol{c}_0$ 共线，与题设条件矛盾），则

$$\begin{aligned}\boldsymbol{l}\cdot\boldsymbol{c}_0&=\boldsymbol{l}\cdot(\lambda\boldsymbol{a}_0+\mu\boldsymbol{b}_0)=\lambda\boldsymbol{l}\cdot\boldsymbol{a}_0+\mu\boldsymbol{l}\cdot\boldsymbol{b}_0（将式(10\text{-}1)代入有）\\&=\lambda\boldsymbol{l}\cdot\boldsymbol{c}_0+\mu\boldsymbol{l}\cdot\boldsymbol{c}_0=(\lambda+\mu)\boldsymbol{l}\cdot\boldsymbol{c}_0。\end{aligned}$$

由 $\lambda+\mu\neq1$ 可得 $\boldsymbol{l}\cdot\boldsymbol{c}_0=0$，所以 $l\perp c$。

同理可得 $l\perp a$，$l\perp b$，于是得 l 垂直于平面 α。

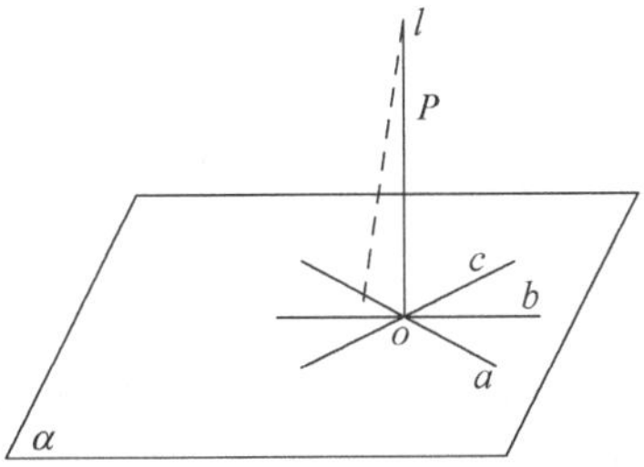

图 10-6

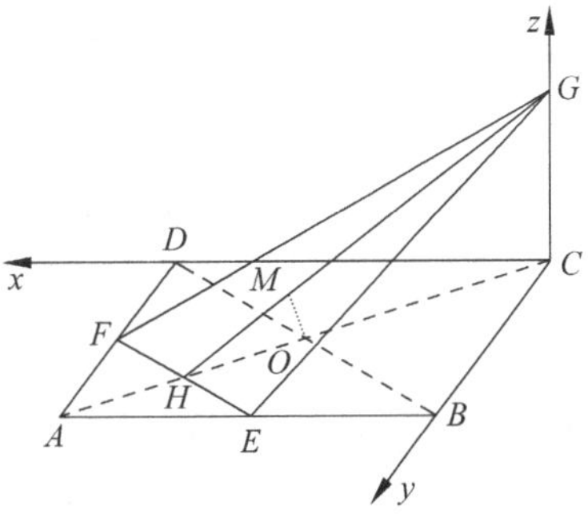

图 10-7

例 6 已知 $ABCD$ 是边长为 4 的正方形，E，F 分别是 AB，AD 的中点，GC 垂直于平面 $ABCD$，且 $GC=2$。求点 B 到平面 GFE 的距离。

解法 1 以点 C 为原点 CD，CB，CG 所在直线为轴建立空间直角坐标系，如图 10-7 所示，易证 BD 平行于平面 GFE，因此 B 到平面 GFE 的距离等于 BD 与 AC 的交点 O 到平面 GFE 的距离。

过 O 作 $OM\perp HG$ 于 M，则易证 $OM\perp$ 平面 GFE（事实上由于 $BD/\!/EF$，$OM\perp BD$，所以 $OM\perp EF$），所以 OM 的长就是点 B 到平面 GFE 的距离。

依题意可得 $H(3,3,0)$，$G(0,0,2)$，$O(2,2,0)$，于是

$$\overrightarrow{GH}=(3,3,-2),\quad \overrightarrow{GO}=(2,2,-2)。$$

若设 $\overrightarrow{GM}=\lambda\overrightarrow{GH}(0<\lambda<1)$，则

$$\overrightarrow{OM}=\overrightarrow{GM}-\overrightarrow{GO}=\lambda(3,3,-2)-(2,2,-2)=(3\lambda-2,3\lambda-2,-2\lambda+2)。$$

又 $\overrightarrow{OM}\cdot\overrightarrow{GH}=0$，所以

$$3(3\lambda-2)+3(3\lambda-2)-2(2\lambda+2)=0,$$

解之得 $\lambda=\dfrac{8}{11}$，故 $\overrightarrow{OM}=\left(\dfrac{2}{11},\dfrac{2}{11},\dfrac{6}{11}\right)$，所以 $|\overrightarrow{OM}|=\dfrac{2}{\sqrt{11}}$，即点 B 到平面 EFG 的距离为 $\dfrac{2\sqrt{11}}{11}$。

解法 2 若建立坐标系如图 10-8 所示，则依题意有 $F(4,2,0)$，$E(2,4,0)$，$G(0,0,2)$，从而 $\overrightarrow{GF}=(4,2,-2)$，$\overrightarrow{GE}=(2,4,-2)$。若设平面 GEF 的法向量为 $\boldsymbol{n}$，则

$$\boldsymbol{n}=\overrightarrow{GF}\times\overrightarrow{GE}=\begin{vmatrix}\boldsymbol{i}&\boldsymbol{j}&\boldsymbol{k}\\4&2&-2\\2&4&-2\end{vmatrix}=(4,4,12)=4(1,1,3),$$

其单位法向量为

$$\boldsymbol{n}_0=\frac{\boldsymbol{n}}{|\boldsymbol{n}|}=\frac{(1,1,3)}{\sqrt{11}}=\left(\frac{1}{\sqrt{11}},\frac{1}{\sqrt{11}},\frac{3}{\sqrt{11}}\right)。$$

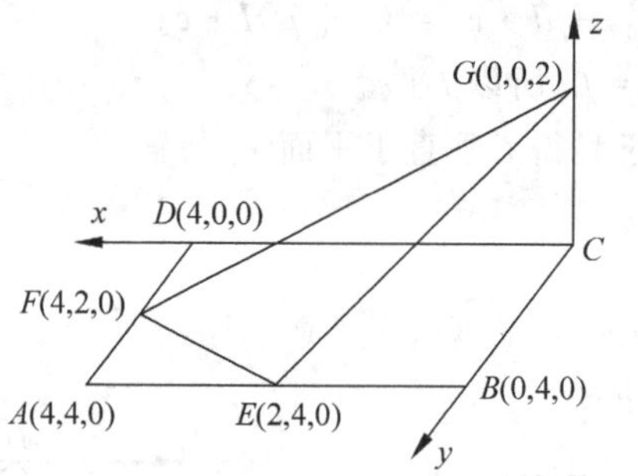

图 10-8

因为 $\overrightarrow{BG}=(0,-4,2)$，所以

$$d=\overrightarrow{BG}\cdot\boldsymbol{n}_0=(0,-4,2)\cdot\left(\frac{1}{\sqrt{11}},\frac{1}{\sqrt{11}},\frac{3}{\sqrt{11}}\right)=\frac{-4}{\sqrt{11}}+\frac{6}{\sqrt{11}}=\frac{2}{\sqrt{11}},$$

d 就是点 B 到平面 EFG 的距离。

1.4 有关面积、体积问题的例子

利用向量法求面积、体积，主要是利用向量代数中的两个公式：

(1) $\triangle ABC$ 的面积$=\dfrac{1}{2}|\overrightarrow{AB}\times\overrightarrow{AC}|$。

若 A,B,C 的坐标分别为$(x_A,y_A),(x_B,y_B),(x_C,y_C)$，则$\triangle ABC$ 的面积为

$$\frac{1}{2}|\overrightarrow{AB}\times\overrightarrow{AC}|=\frac{1}{2}\left\|\begin{matrix}x_A & y_A & 1\\ x_B & y_B & 1\\ x_C & y_C & 1\end{matrix}\right\|。$$

(2) 四面体 $ABCD$ 的体积$=\dfrac{1}{6}|(\overrightarrow{AB},\overrightarrow{AC},\overrightarrow{AD})|=\dfrac{1}{6}|(\overrightarrow{AB}\times\overrightarrow{AC})\cdot\overrightarrow{AD}|$。

若 A,B,C,D 的坐标分别为$(x_A,y_A,z_A),\cdots,(x_D,y_D,z_D)$，则四面体 $ABCD$ 的体积为

$$\frac{1}{6}|(\overrightarrow{AB},\overrightarrow{AC},\overrightarrow{AD})|=\frac{1}{6}\left\|\begin{matrix}x_A & y_A & z_A & 1\\ x_B & y_B & z_B & 1\\ x_C & y_C & z_C & 1\\ x_D & y_D & z_D & 1\end{matrix}\right\|。$$

对平面多边形，可以将其内部划分为若干个三角形，利用三角形的面积来求其面积。由于多边形有凸、凹之分，还可能有空洞(如图 10-9 所示：其中(a)是凸多边形；(b)是凹多边形；而(c)则是有空洞的多边形，实线表示多边形的边界)。这就发生两个问题：一是要分辨出多边形的内部和外部；二是如何划分三角形，使多边形面积可以表示为这些三角形面积之和。这需要对多边形进行判断。

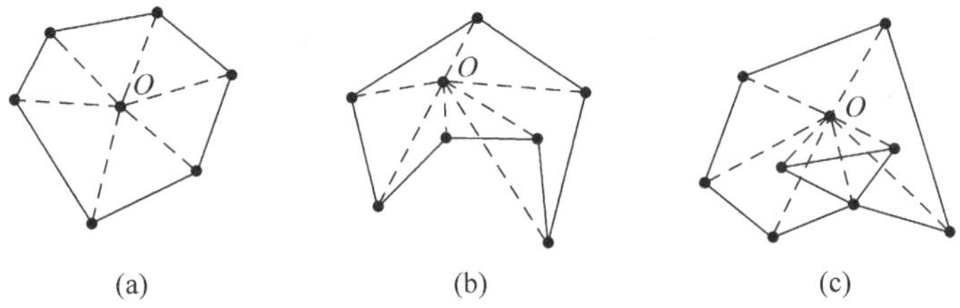

图 10-9

第一个问题比较好办：确定一个方向，从平面上点 P 沿定方向的射线与多边形边的交点个数(当交点恰为多边形顶点，且两边又在射线同侧时，交点算两个)为奇数时，P 为多边形的内部点。所有内部点的集合为多边形的内部。

第二个问题如何划分成三角形：一般是找一个内点 O，使其与各顶点相连接将多边形内部划分为若干个三角形。

若图形是凸多边形(图形在任意边所在直线的同一侧)，图 10-9(a)问题较简单。只需在其内部取一点与每个顶点依次相连即可将多边形分为若干个三角形，而多边形面积就是这些三角形面积之和。

若图形是非凸多边形(至少存在一条边,使图形在该边所在直线的两侧。如图 10-9 中(b),(c)所示),问题会较复杂。如图 10-9 中(c),无论怎样取点与顶点相连,都不能将多边形的面积表示为所连成的三角形(所取点与多边形顶点构成的所有三角形)的面积之和。其原因就是三角形的面积总是正值。

如果考虑三角形的有向面积,即按三角形顶点的顺序,逆时针时面积为正,顺时针时面积为负,则不论多边形是哪种类型,都可以将其面积表示为一些三角形有向面积的代数和。

一般地,对任意 n 边形 $A_1A_2\cdots A_{n-1}A_n$,若选择 O 点与各顶点相连得若干三角形:$\triangle OA_1A_2,\triangle OA_2A_3,\cdots,\triangle OA_{n-1}A_n,\triangle OA_nA_1$;记它们的有向面积分别为:$(OA_1A_2)$,$(OA_2A_3)$,$\cdots$,$(OA_{n-1}A_n)$,$(OA_nA_1)$,则多边形 $A_1A_2\cdots A_{n-1}A_n$ 的面积等于所有三角形有向面积的总和,即

$$S_{\text{多边形}}=\sum_{i=1}^{n}(OA_iA_{i+1}),\quad \text{其中}\quad A_{n+1}=A_1。$$

若设 A_i 的坐标为 (x_i,y_i),$i=1,2,\cdots,n$,O 的坐标为 (x_O,y_O),则有

$$(OA_iA_{i+1})=\frac{1}{2}\begin{vmatrix} x_O & y_O & 1\\ x_i & y_i & 1\\ x_{i+1} & y_{i+1} & 1\end{vmatrix}。$$

例 7 如图 10-10,多边形 $A_1A_2A_3A_4A_5A_6A_7$(其中 A_6 与 A_3 重合),各顶点的坐标如下:

$A_1(3,4)$, $A_2(-1,-1)$, $A_3(2,0)$, $A_4(2,2)$, $A_5(3,1)$, $A_6(2,0)$, $A_7(5,1)$,求多边形的面积 S。

解 依题意多边形面积可以表示为

$$S=(OA_1A_2)+(OA_2A_3)+\cdots+(OA_7A_1)$$

$$=\frac{1}{2}\left(\begin{vmatrix} 0 & 0 & 1\\ 3 & 4 & 1\\ -1 & -1 & 1\end{vmatrix}+\begin{vmatrix} 0 & 0 & 1\\ -1 & -1 & 1\\ 2 & 0 & 1\end{vmatrix}+\begin{vmatrix} 0 & 0 & 1\\ 2 & 0 & 1\\ 2 & 2 & 1\end{vmatrix}+\right.$$

$$\left.\begin{vmatrix} 0 & 0 & 1\\ 2 & 2 & 1\\ 3 & 1 & 1\end{vmatrix}+\begin{vmatrix} 0 & 0 & 1\\ 3 & 1 & 1\\ 2 & 0 & 1\end{vmatrix}+\begin{vmatrix} 0 & 0 & 1\\ 2 & 0 & 1\\ 5 & 1 & 1\end{vmatrix}+\begin{vmatrix} 0 & 0 & 1\\ 5 & 1 & 1\\ 3 & 4 & 1\end{vmatrix}\right)$$

$$=\frac{1}{2}(1+2+4-4-2+2+17)=10。$$

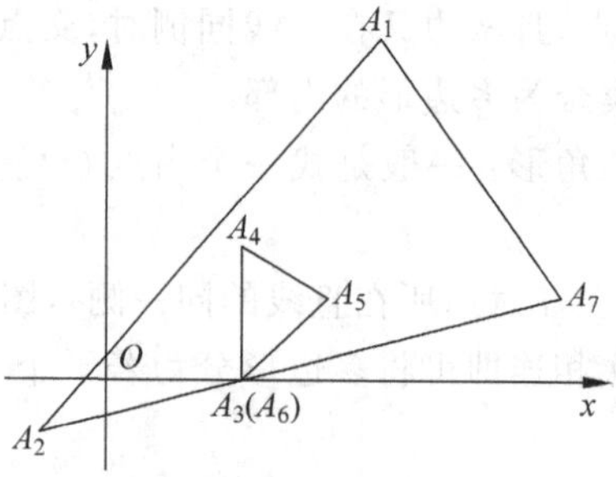

图 10-10

对于空间多面体可以按类似的方法求体积,不过问题会比平面复杂得多,计算量也较大。

从上述例子可以看出:向量法与坐标法是相通的,两种方法可兼顾使用。一般来说,定性的问题,用向量法直接可以解决,而定量的问题则通常将向量再转换为坐标计算。

2 仿射及射影几何方法在中学几何中的应用

2.1 仿射方法在中学几何中的应用

在初等几何中,大量的命题都离不开仿射性质(即不涉及距离、角度等度量问题的性质)。利用仿射性,有的问题可以变得非常简单。

例 1 如图 10-11(a)所示,平行四边形 $ABCD$ 中,E,F 分别是 DC,BC 的中点,连接 AE,BE,与 DF 分别交于 P,Q 两点,试求$\triangle EPQ$ 与$\square ABCD$ 的面积比。

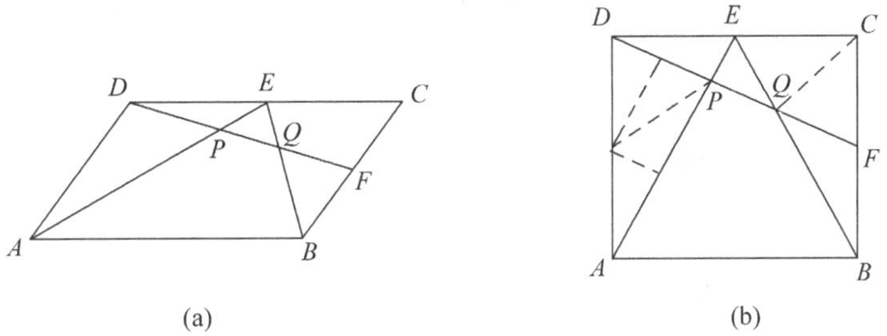

图 10-11

分析 图 10-11 中相关性质皆为仿射不变性质,所以$\triangle EPQ$ 与$\square ABCD$ 的面积之比为仿射不变量,因此可利用仿射变换将$\square ABCD$ 变为正方形如图 10-11(b)来证明。

解 设正方形 $ABCD$ 面积为 1(1 个单位),则$\triangle DEQ$ 的面积是$\triangle DCF$ 面积的 1/3(由 E,F 分别是 DC,BC 边的中点可得$\triangle ECQ\cong\triangle FCQ$,且$\triangle DQE$ 与$\triangle EQC$ 的面积相等,$\triangle DCF$ 的面积是正方形面积的 1/4),因此可求出$\triangle DEQ$ 的面积为 1/12;同理可得$\triangle DEP$ 的面积是$\triangle ADE$ 面积的 1/5,故$\triangle DEP$ 的面积为 1/20,由此可得

$$S_{\triangle EPQ}=S_{\triangle DEQ}-S_{\triangle DEP}=\frac{1}{12}-\frac{1}{20}=\frac{1}{30},$$

所以 $S_{\triangle EPQ}:S_{\square ABCD}=\dfrac{1}{30}$。

例 2 求椭圆$\dfrac{x^2}{a^2}+\dfrac{y^2}{b^2}=1$(其中 $a\neq b$)所围成图形的面积。

解 利用仿射变换

$$T:\begin{cases}x'=\dfrac{1}{a}x\\ y'=\dfrac{1}{b}y\end{cases},\quad \text{于是}\quad D=\begin{vmatrix}\dfrac{1}{a} & 0\\ 0 & \dfrac{1}{b}\end{vmatrix}=\frac{1}{ab},$$

则该椭圆在 T 下的仿射像为圆 $x'^2+y'^2=1$。

设椭圆和圆的面积分别为 S 和 S'，由于在仿射变换下，图形的面积比 $\frac{S'}{S}=D$ 保持不变，故

$$S=\frac{S'}{D}=\pi ab。$$

点评　由上述例子可以看出，利用仿射变换证明几何题时，主要是利用了图形的仿射不变性质，对图形实施适当的仿射变换后，使图形简化，其证明过程就变得非常简单了。

例 3　利用仿射坐标系证明三角形的三中线交于一点。且交点到三角形顶点的距离是它到对边中点距离的 2 倍。

分析　此题前面已经用向量法证明过，在此利用仿射坐标系进行证明，并比较一下不同证明方法的优缺点。

证明　设$\triangle ABC$ 的三边中点分别为 D,E,F，以 B 为原点，F,D 分别为 x,y 轴上的单位点建立仿射坐标系，如图 10-12 所示，则有 $B(0,0)$，$F(1,0)$，$D(0,1)$，$A(0,2)$，$E(1,1)$。依题意可得直线方程分别为

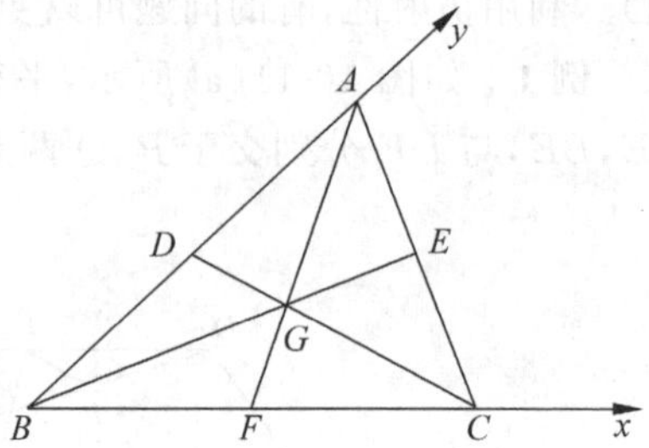

图　10-12

直线 AF：$y=-2x+2$；

直线 BE：$y=x$；

直线 CD：$y=-\frac{1}{2}x+1$。

于是得直线 AF 与直线 BE 的交点坐标为$\left(\frac{2}{3},\frac{2}{3}\right)$。

同理可得，直线 CD 与直线 BE 的交点坐标也是$\left(\frac{2}{3},\frac{2}{3}\right)$。

因此 AF,BE,CD 三线共点 G，且该交点到三角形顶点的距离是它到对边中点距离的 2 倍。

点评　本例的证明方法与向量法相比，可见此处的方法更为简单，更容易掌握。

2.2　射影方法在中学几何中的应用

有一些几何问题，用初等方法较难，但若用射影的观点来看，就一目了然了。但由于中学没有学习射影几何，故不宜直接用射影几何定理。但作为中学数学教师，应该学会用射影观点来研究几何问题。

首先，按射影几何的“对偶原理”，射影命题一定是成对的，且同真假。因此利用原有命题可以发现一些几何结论，如已有的定理的对偶命题；其次，可以将某些定理加以推广，如关于圆的某些相关结论，对椭圆也是成立的。关于二次曲线的某些相关定理，对其退化情况（直线形）也成立。

例如，（德萨格定理）若两个三角形对应顶点的连线交于一点，则它们的三组对应边的交点共线。

它的对偶命题（也是其逆命题）是：若两个三角形对应边的交点共线，则它们对应顶点

的连线共点。

又如，(帕普斯定理)圆锥曲线的内接六边形(可以自交)的三对对边的交点必共线。它的对偶定理是：(布利安桑定理)圆锥曲线的外切六边形的三对顶点的连线必共点(或互相平行——共无穷远点)。

下面是用射影方法证明中学几何问题举例。

前面已经用向量法证明了三角形的中线定理。下面我们将看到，用射影法来证明此定理会更简单。

例 4 如图 10-13 所示：设三角形 ABC 的三条边上的中点分别为 D,E,F，用射影方法证明三角形的三条中线 AD,BE,CF 共点。

证明 由三角形中位线的性质有 $EF\parallel BC,DE\parallel AB,DF\parallel AC$，即 EF 与 BC、DE 与 AB、DF 与 AC 分别交于无穷远点 $Q_\infty,R_\infty,P_\infty$，即三点形 DEF 与 ABC 的三对对应边交点共无穷远直线，由德萨格定理可知，它们的对应顶点的三条连线 AD,BE,CF 必共点。

例 5 如图 10-14 所示，设 I_1,I_2 和 I_3 分别是 $\triangle ABC$ 的三内角 $\angle A,\angle B,\angle C$ 的旁切圆的圆心，而且 $I_2I_3\cap CB=A_1,I_1I_3\cap CA=B_1,I_1I_2\cap BA=C_1$。求证：$A_1,B_1,C_1$ 三点共线。

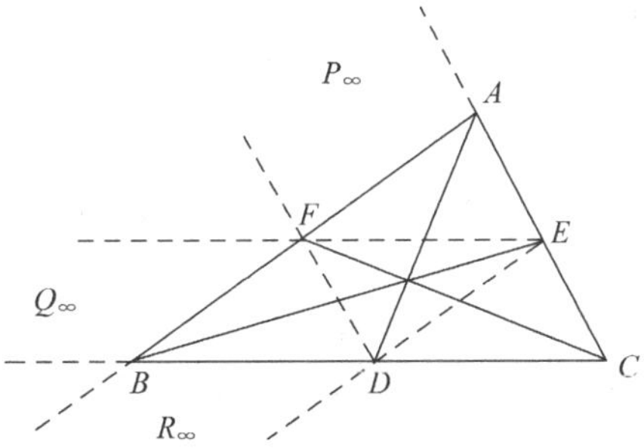

图 10-13

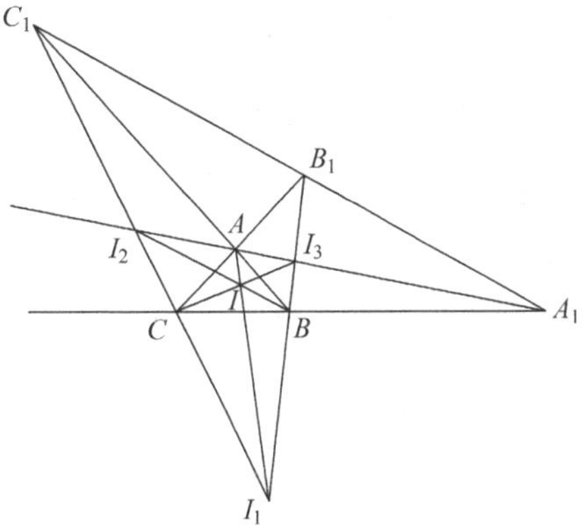

图 10-14

证明 因 AI_1,BI_2 和 CI_3 相交于一点 I，I 是 $\triangle ABC$ 的内心，即三点形 ABC 和三点形 $I_1I_2I_3$ 对应顶点连线共点，由德萨格定理可知其对应边的交点必共线，即 A_1,B_1,C_1 三点共线。

例 6 如图 10-15 所示，在 $\triangle ABC$ 中，$\angle BAC$ 的内、外角平分线 AM,AN 分别交 BC 于点 M,N。求证：$\dfrac{BM}{MC}=\dfrac{BN}{CN}$。

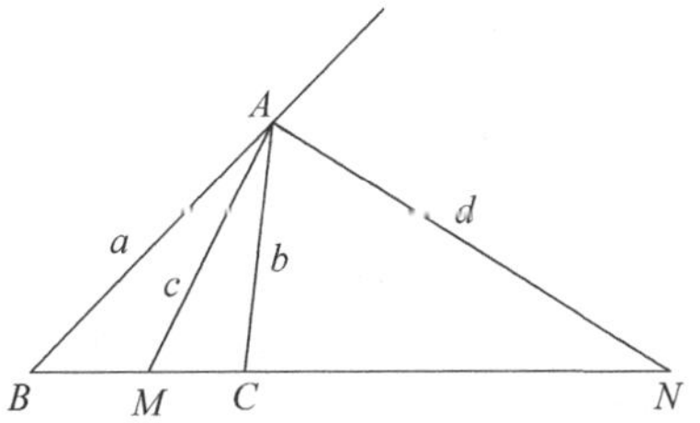

图 10-15

证明 设直线 AB,AC,AM,AN 分别为 a,b,c,d,则依题意得它们的交比为

$$(ab,cd)=\frac{\sin\angle(a,c)\sin\angle(b,d)}{\sin\angle(b,c)\sin\angle(a,d)}=-1,$$

由定理可得 $(ab,cd)=(BC,MN)$,所以

$$(BC,MN)=\frac{BM\cdot CN}{CM\cdot BN}=-1,\quad 即\quad \frac{BM}{MC}=\frac{BN}{CN}。$$

点评 上面的例 4、例 5 中用到了德萨格定理,例 6 则应用了调和共轭的有关结论。总的来说,从这些例子可以看出,利用射影方法证明几何问题主要是利用相关的射影性质,其特点是,证明过程都非常简单、明晰。

练　习　10

1. 试用向量方法证明三角公式中的正弦定理和余弦定理。

2. 设 E 是 $\angle AOB$ 的平分线上一点,C,D 分别在角的两边 OA,OB 上,且 $AD/\!/EB$,$BC/\!/EA$。求证:$AC=BD$。

3. 如图 10-16 所示,设 O 为锐角三角形 ABC 的外心,若 AO,BO,CO 分别交对边于 L,M,N,R 为 $\odot O$ 的半径,证明:$\dfrac{1}{AL}+\dfrac{1}{BM}+\dfrac{1}{CN}=\dfrac{2}{R}$。

4. 证明:若四面体的两条高共面,则连接这两条高所含顶点的棱垂直于此四面体内和它相对的棱。

5. 利用仿射坐标系证明:梯形两腰延长线的交点、两底的中点、两条对角线的交点四点共线。

6. 证明任意三角形的三条中线所分成的六个小三角形面积相等。

7. 如图 10-17 所示,四面体 $ABCD$ 中,点 X 在 BC 上,一直线通过 X 且分别交 AB,AC 于 P,Q,另一直线过 X 且分别交 DB,DC 于 R,S。求证:PR,QS,AD 三线共点。

8. 如图 10-18 所示:点 C,D 内分、外分线段 AB 使成等比,即 $\dfrac{AC}{CB}=\dfrac{AB}{BD}$,点 P 为 AB 外一点,且 $\angle CPD=\dfrac{\pi}{2}$。求证:$PC$ 和 PD 平分 $\angle APB$ 及其外角。

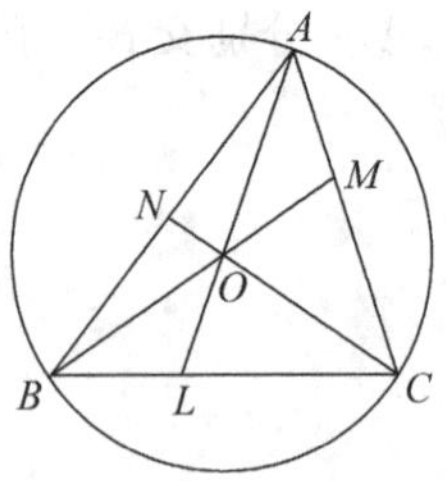

图 10-16

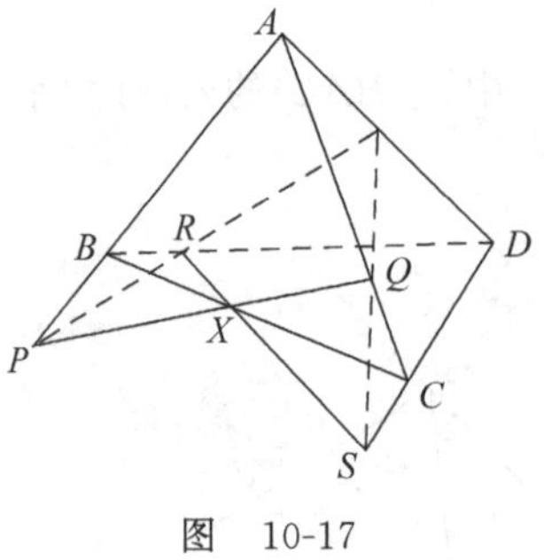

图 10-17

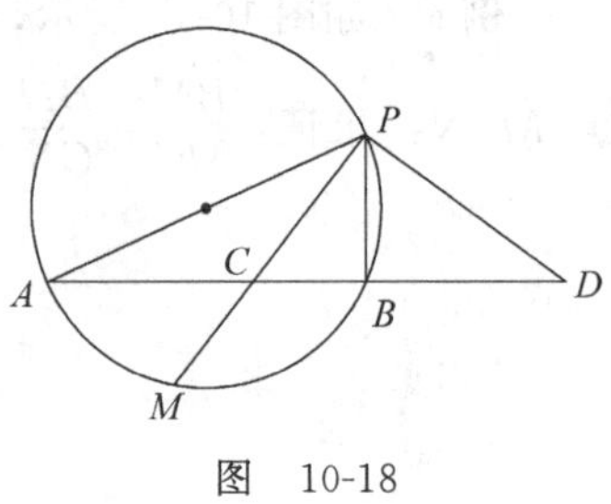

图 10-18

习题参考答案与提示

练 习 1

1. 当前我国高中的几何学习主要还是以欧氏几何的公理化体系为基础进行组织的。

欧氏几何的方法的特点是公理化方法的运用，其最大的功绩在于数学中演绎范式的建立，这种范式要求一门学科中的每个命题必须是在它之前建立的一些命题的逻辑结论，而所有这样的推理链的共同出发点，是一些基本定义和被认为是不证自明的基本原理——公设或公理。但是与“现代”方法相比较，也还有不少缺点。比如：(1)使用了重合法来证明图形的全等。(2)公理系统不完备，例如没有运动、连续性、顺序等公理，因此许多证明不得不借助于直观。(3)有的公理可以从别的公理推出；有的定义本身是含混不清的。(4)在一些实际给出的证明里也有缺点。(5)全书13卷并未一气呵成，而在某种程度上是前人著作的堆砌。等等。

2. 略。

3. 非欧几何揭示了空间的弯曲性质，将平直空间的欧氏几何变成了某种特例。19世纪的几何学可以理解为一场广义的“非欧”运动：从三维到高位；从平直到弯曲。非欧几何对于人们的空间观念产生了极其深远的影响。同时，非欧几何的出现打破了长期以来只有一种几何学即欧几里得几何学的局面。在这样的形势下，寻找不同几何学之间的内在联系，用统一的观点来解释它们，便成为数学家们追求的一个目标。统一几何学的第一个大胆计划是由德国数学家F.克莱因提出的。克莱因的纲领能够给大部分的几何提供一个系统的分类方法，对几何思想的发展产生了持久的影响。

之后，数学家希尔伯特提出了另一条对现代数学影响深远的统一几何学的途径——公理化方法。希尔伯特在《几何基础》中使用的公理化方法最为成功。公理化方法就是从公理出发来建造各种几何。希尔伯特比任何前人都更加透彻地弄清了公理系统的逻辑结构与内在联系。《几何基础》中提出的公理系统包括了20条公理，划分为五组：关联公理；顺序公理；合同公理；平行公理；连续公理。在这样自然地划分公理之后，在历史上第一次明确地提出了选择和组织公理系统的原则，即：相容性、独立性和完备性。在这样组织起来的公理系统中，通过否定或者替换其中的一条或几条公理，就可以得到相应的某种几何。

4. (1) 这种方法具有分析、总结数学知识的作用。凡取得了公理化结构形式的数学，由于定理和命题均已按照逻辑演绎关系串联起来，故使用起来也较方便。

(2) 公理化方法把一门数学的基础分析得清清楚楚，这就有利于比较各门数学的实质性异同，并能促使和推动新理论的创立。

(3) 数学公理化方法在科学方法学上有示范作用。这种方法对于现代理论力学及各门自然科学理论的表述方法都起到了积极的借鉴作用。

(4) 公理化方法所显示的形式的简洁性、条理性和结构的和谐性确实符合美学的要求，因而为数学活动中贯彻审美原则提供了范例。

练 习 2

1.

项 目	罗氏几何	欧氏几何
两条不重合直线的相交情况	至多一个点	至多一个点
给定一直线 l,过 l 外一点与 l 的平行线	至少有两条	唯一一条
两条平行线	不等距	等距
如果一条直线与两条平行线中之一相交,则与另一条	不一定	必相交
垂直于同一条直线的不同直线的关系	平行	彼此平行
三角形的三内角和	小于 180°	等于 180°
三角形的面积与三角形内角的关系	反比	无关
对应角相等的两个三角形的关系	全等	相似

2. 黎曼在 1854 年的就职演讲中,彻底革新了几何观念,创立了黎曼几何。他提出的空间的几何并不只是高斯微分几何的推广。他重新开辟了微分几何发展的新途径,并在物理学中得到了应用。他认为欧几里得的几何公理与其说是自明的,不如说是经验的。于是,他把对三维空间的研究推广到 n 维空间,并将这样的空间称之为一个流形。他还引入了流形匀速之间距离的微分概念,以及流形的曲率的概念,从而发展了空间理论和关于曲率的原理。

3. 罗氏几何诞生后长期不为人们所接受,一个重要原因是,它所得到的结论是奇特的,与人们所熟悉的事实大相径庭,尽管在逻辑推理上它是严密的,无懈可击的。但是除去逻辑推理外,人们看不到任何东西。因而在现实空间中找到一个模型来实现它,就变得十分重要了。实现模型的出现,使得人们对于非欧几何有了真实感,也为非欧几何的应用开辟了广阔的道路。

练 习 3

1. 提示:利用平移,旋转的表达式直接计算得 $T_aT_b=T_{a+b}$,$R_aR_b=R_{a+b}$,即可证明两个都可交换。

2. 提示:根据定义直接计算 $R_\theta T_a$ 与 T_aR_θ。

3. T^{-1}:$\begin{cases}x=5x'-3y'+8,\\ y=-3x'+2y'-3。\end{cases}$

4. T_2T_1:$\begin{cases}x'=-5x+7y+35,\\ y'=4x-4y-24,\end{cases}$ T_1T_2:$\begin{cases}x'=2x-2y+3,\\ y'=7x-11y+10。\end{cases}$

5. $\begin{cases}x'=\dfrac{R^2x}{x^2+y^2},\\ y'=\dfrac{R^2y}{x^2+y^2}。\end{cases}$

6. (1) (2,1); (2) (1,−2)。

7. 用穷举法证明对乘法和取逆封闭。

8～10. 直接计算。

11. $\begin{cases} x'=-y, \\ y'=x; \end{cases}$ 和 $\begin{cases} x'=\frac{4}{5}x+\frac{3}{5}y-\frac{8}{5}, \\ y'=\frac{3}{5}x-\frac{4}{5}y+\frac{4}{5}. \end{cases}$

12. 存在，变换式为$\begin{cases} x'=\pm\frac{\sqrt{5}}{5}x+\frac{2\sqrt{5}}{5}y+\frac{2\sqrt{5}}{5}, \\ y'=\frac{2\sqrt{5}}{5}x+\frac{\sqrt{5}}{5}y+\frac{\sqrt{5}}{5}. \end{cases}$

13. (1) $\begin{pmatrix} \frac{1}{a^2} & 0 & 0 \\ 0 & \frac{1}{b^2} & 0 \\ 0 & 0 & -1 \end{pmatrix}$, $\frac{1}{a^2}x$, $\frac{1}{b^2}y$, -1;

(2) $\begin{pmatrix} 0 & 0 & -p \\ 0 & 1 & 0 \\ -p & 0 & 0 \end{pmatrix}$, $-p$, y, $-px$;

(3) $\begin{pmatrix} 1 & 0 & \frac{5}{2} \\ 0 & -3 & 0 \\ \frac{5}{2} & 0 & 2 \end{pmatrix}$, $x+\frac{5}{2}$, $-3y$, $\frac{5}{2}x+2$;

(4) $\begin{pmatrix} 2 & -\frac{1}{2} & -3 \\ -\frac{1}{2} & 1 & \frac{7}{2} \\ -3 & \frac{7}{2} & -4 \end{pmatrix}$, $2x-\frac{1}{2}y-3$, $-\frac{1}{2}x+y+\frac{7}{2}$, $-3x+\frac{7}{2}y-4$。

14. (1) $\left(\frac{1}{2},-\frac{5}{2}\right)$; (2) $\left(\frac{4\mp2\sqrt{26}\mathrm{i}}{5},\frac{-7\pm\sqrt{26}\mathrm{i}}{5}\right)$。

15. $k<-4$。

16. (1) $-1:1$，抛物型； (2) $(-2\pm\sqrt{2}\mathrm{i}):3$，抛物型。

17. (1) 中心曲线； (2) 无心曲线。

18. (1) $a\neq9$; (2) $a=9, b\neq9$;

(3) $a=9, b=9$。

19. (1) $2x-y+1=0$, $3x+y=0$; (2) $x+y+1=0$。

20. (1) $xy-x-4=0$; (2) $2x^2-xy-3y^2+7=0$。

21. (1) $9x+10y-28=0$; (2) $x-2y=0$;

(3) $y+1=0$, $x-2=0$; (4) $11x+5y-10\sqrt{2}=0$, $x-y+2\sqrt{2}=0$;

(5) $x=0$。

22. (1) $x+4y-5=0$,(1,1)与 $x+4y-8=0$,(−4,3);
(2) $y\pm2=0$,(1,−2),(−1,2) 与 $x\pm2=0$,(−2,1),(2,−1)。

23. (1) (−1,1); (2) (−1,1)。

24. $6x^2+3xy-y^2+2x-y=0$。

25. (1) $6x+7y+4=0$; (2) $x+3y+1=0$。

26. $x+12y-8=0$,$12x-2y-23=0$。

27. $x-1=0$,$x-2y+3=0$。

28. $4x+y+3=0$。

29. $x+3y=0$ 与 $2x+y=0$;或 $x-3y=0$ 与 $2x-y=0$。

30. 略。

31. (1) $2x-y+1=0$; (2) $5x+5y+2=0$。

32. $x^2-xy-y^2-x-y=0$。

33. 1∶0,0∶1,$y=0$; 1∶0,0∶1,$x=0$; 0∶1,1∶0,$y=0$。

34. (1) 1∶(−1),1∶1,$x-y=0$,$x+y-2=0$;
(2) 1∶1,1∶(−1),$x+y=0$,$x-y+2=0$;
(3) 3∶(−4),4∶3,$3x-4y+7=0$;
(4) 任何方向都是主方向,过中心的任何直线都是主直径。

35. $4x^2-7xy+4y^2-7x+8y=0$.

36. 略。

37. 提示:求出主直径,并化简方程。

38. (1) $6(x'')^2+(y'')^2-12=0$; (2) $2\sqrt{2}(x'')^2+5(y'')^2=0$;
(3) $9(x'')^2-4(y'')^2-36=0$; (4) $2(x'')^2-1=0$。

练 习 4

1. 提示:根据向量函数微商的定义。

2. 提示:利用向量函数的求导法则。

3. 提示:利用向量的微商及其三向量共面的充要条件。

4. $\sqrt{2}a\sinh t$。注:双曲正弦 $\sinh t=\dfrac{e^t-e^{-t}}{2}$,双曲余弦 $\cosh=\dfrac{e^t+e^{-t}}{2}$。

5. 三个基本向量分别为:$\left(0,\dfrac{\sqrt{2}}{2},\dfrac{\sqrt{2}}{2}\right)$,$\left(\dfrac{\sqrt{6}}{3},-\dfrac{\sqrt{6}}{6},\dfrac{\sqrt{6}}{6}\right)$,$\left(\dfrac{\sqrt{3}}{3},\dfrac{\sqrt{3}}{3},-\dfrac{\sqrt{3}}{3}\right)$;

三线方程分别为:$\dfrac{x}{0}=\dfrac{y}{1}=\dfrac{z}{1}$,$\dfrac{x}{2}=\dfrac{y}{-1}=\dfrac{z}{1}$,$\dfrac{x}{1}=\dfrac{y}{1}=\dfrac{z}{-1}$;

三面方程分别为:$x+y=0$,$2x-y+z=0$,$x+y-z=0$。

6. 提示:利用切线的向量式方程及其弗雷内公式。

7. 提示:利用球心在原点、半径为 R 的球面曲线的方程 $\boldsymbol{r}=\boldsymbol{r}(s)$,满足条件 $\boldsymbol{r}^2(s)=R^2$。

8. $\kappa(t)=\dfrac{1}{3a(1+t^2)^2}$,$\tau(t)=\dfrac{1}{3a(1+t^2)^2}$。

9. $2x+3y+19z-27=0$。

10. 切平面方程为：$\cos\theta\cos\varphi\cdot x+\cos\theta\sin\varphi\cdot y+\sin\theta\cdot z-R=0$，

法线方程为：$\dfrac{x-R\cos\theta\cos\phi}{\cos\theta\cos\phi}=\dfrac{y-R\cos\theta\sin\phi}{\cos\theta\sin\phi}=\dfrac{z-R\sin\theta}{\sin\theta}$。

11. $\mathrm{I}=\mathrm{d}u^2+(u^2+v^2)\mathrm{d}v^2$，$\mathrm{II}=-2b\,\mathrm{d}u\,\mathrm{d}v$，$\mathrm{III}=\dfrac{b^2}{(u^2+b^2)^2}\mathrm{d}u^2+\dfrac{b^2}{u^2+b^2}\mathrm{d}v^2$。

12. 提示：直接计算即可证明。

练　习　5

1. (1) 三角形；　(2) 梯形；
   (3) 平行四边形；　(4) 平行四边形；
   (5) 六边形。
2. (1)(3)。
3. -1。
4. 提示：利用单比$(P_1PP_2)=\dfrac{P_1P}{PP_2}$，且点 P 在直线上，直接计算即可。
5. (1) $A'(3,1)$，$B'(4,0)$；　(2) $\boldsymbol{v}=(5,-3)$，$\boldsymbol{u}=(-4,2)$；
   (3) $C(1,7)$；　(4) $x'+3y'-3=0$。
6. $\begin{cases}x'=\dfrac{1}{2}x-\dfrac{1}{2}y+2,\\ y'=3x-y+3。\end{cases}$
7. $\begin{cases}x'=\dfrac{1}{2}x-\dfrac{1}{2}y,\\ y'=\dfrac{1}{2}x+\dfrac{1}{2}y-1。\end{cases}$
8. $\begin{cases}x'=2x+2y-1,\\ y'=-\dfrac{3}{2}x-2y+\dfrac{3}{2}。\end{cases}$
9. (1) $(2,-1)$；　(2) $(1,-2)$。
10. 不动点是$\left(-\dfrac{1}{2},-2\right)$；不动直线是 $2x-2y-3=0$，$4x-y=0$。
11. 提示：利用仿射变换、不动点和不动直线的定义。

12～13. 略。

练　习　6

1. (1) 三角形；　(2) 三角形；　(3) 梯形；
   (4) 四边形；　(5) 两平行直线；　(6) 两相交直线。
2. (2)，(3)。
3. 略。
4. 提示：利用数学归纳法。
5. (1) $(0,0)$，$(1,0)$，$(0,1)$，$\left(2,-\dfrac{5}{3}\right)$的齐次仿射坐标分别为

$(0,0,x_3),(x_3,0,x_3),(0,x_3,x_3),\left(2x_3,-\frac{5}{3}x_3,x_3\right),x_3\neq 0$；

当 $x_3=1$ 时为 $(0,0,1),(1,0,1),(0,1,1),\left(2,-\frac{5}{3},1\right)$。

(2) 无穷远点的齐次仿射坐标为 $(\rho,-3\rho,0),\rho\neq 0$。当 $\rho=1$ 时为 $(1,-3,0)$。

6. $(2,-3,-1)\to(-2,3)$； $(\sqrt{10},-\sqrt{6},2)\to\left(\frac{\sqrt{10}}{2},-\frac{\sqrt{6}}{2}\right)$；

$(0,1,0)$ 无非齐次仿射坐标； $(0,4,3)\to\left(0,\frac{4}{3}\right)$；

$(1,-3,0)$ 无非齐次仿射坐标。

7. 共计四个不同的点：

(1) $(1,1,1),(-1,-1,-1)$，都可化为非齐次 $(1,1)$；

(2) $(1,-1,-1),(-1,1,1)$，都可化为非齐次 $(-1,1)$；

(3) $(1,1,-1),(-1,-1,1)$，都可化为非齐次 $(-1,-1)$；

(4) $(1,-1,1),(-1,1,-1)$，都可化为非齐次 $(1,-1)$。

8. (1) $(1,-1,0)$； (2) $(2,-1,0)$；

(3) $(1,0,0)$； (4) $(0,1,0)$。

9. (1) $(2,9,5)$； (2) $(2,1,-3)$。

10. (1) $\begin{vmatrix} x_1 & x_2 & x_3 \\ 3 & 2 & 1 \\ 1 & 2 & 3 \end{vmatrix}=0$，即 $x_1-2x_2+x_3=0$，坐标为 $[1,-2,1]$；

(2) $\begin{vmatrix} x_1 & x_2 & x_3 \\ 4 & 1 & 2 \\ -2 & 2 & 1 \end{vmatrix}=0$，即 $3x_1+8x_2-10x_3=0$，坐标为 $[3,8,-10]$。

11. $c_1(a_1b_2-a_2b_1)x_1+c_2(a_1b_2-a_2b_1)-[c_1(a_2b_3-a_3b_2)+c_2(a_3b_1-a_1b_3)]x_3=0$。

12. (1) 不共线； (2) 不共线；

(3) 共线。

13. (1) $b^2x_1^2+a^2x_2^2-a^2b^2x_3^2=0$； (2) $b^2x_1^2-a^2x_2^2-a^2b^2x_3^2=0,(a,\pm b,0)$；

(3) $x_2^2-2px_1x_3=0,(1,0,0)$； (4) $x_1x_2-ax_1x_3^2=0,(1,0,0),(0,1,0)$。

14. (1) $x=0$； (2) 不存在；

(3) $(x-1)^2+y^2=0$。

15. (1) $x_2+x_3=0$； (2) $x_1+x_2-x_3=0$；

(3) $x_1+x_3=0$； (4) $x_2-x_3=0$。

16. (1) 原点； (2) 点 $(1,-1,1)$；

(3) 点 $(3,5,0)$； (4) 点 $(1,-5,0)$ 与点 $(1,2,0)$。

17. $(6,-1,-11),\left(-\frac{6}{11},\frac{1}{11}\right)$；$(2,-5,1),(2,-5)$；$(10,17,19),\left(\frac{10}{19},\frac{17}{19}\right)$。

18. 略。

19. (1) 两直线交于一点；

(2) 射影平面上至少存在四个点，其中任何三点不共线；

(3) 平面上无三线共点的四条直线及其两两的交点所组成的图形是四线形；

(4) 设一个变动的三线形，它的两顶点在一条定直线上且三边通过三个共线的定点，则第三个顶点也在一条定直线上。

20～22. 略。

23. 2。

24～25. 提示：直接计算。

26. $\frac{4}{3}$；$\frac{3}{4}$；$-\frac{1}{3}$；-3；$\frac{1}{4}$；4。

27. $(1,k,0)$。

28. 提示：利用交比的定义及其性质。

29. 提示：直接计算。

30. 提示：如30题图所示，三直线交于 a,b,c 点 O，有一条不过线束顶点的直线 l 去截线束 a,b,c，分别与交于点 A,B,C，在上任取一点 E，连接 AE 交 OC 于 F，连接 BF 并延长交 OA 于 G，连接 GE 并延长交直线 l 于 D，则 $(AB,CD)=-1$，连接线束顶点 O 与 D 所得的直线 d 为所求。

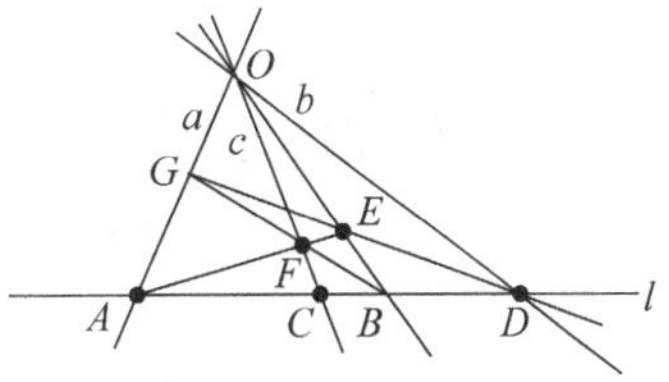

30题图

31. 提示：由于直线的交比是由共点直线的夹角来确定的，而与直线的位置无关，所以把直线都设为

l_i'：$y=k_ix(i=1,2,3,4)$，则有 $(l_1l_2,l_3l_4)=(l_1'l_2',l_3'l_4')$，即可证明。

32. $\frac{1}{2}$。

33. l_4：$5x+5y-8=0$。

练　习　7

1. (1) $\lambda=\frac{(-3-2)\cdot(x-0)}{(-3-0)\cdot(x-2)}=\frac{5x}{3x-6}$；　(2) 有2个，即 $x_1=0,x_2=\frac{11}{3}$。

2. 提示：将交比等式化成简比等式。

3. 提示：利用交比。

4～6. 略。

7. 射影对应式为 $x'=\frac{4x-4}{-3x+4}$，齐次式为 $\begin{cases}\rho x_1'=4x_1-4x_2,\\ \rho x_2'=-3x_1+4x_2\end{cases}(\rho\neq 0)$。

直线 l 上无穷远点的对应点为 $-\frac{4}{3}$；直线 l' 上无穷远点的对应点为 $\frac{3}{4}$。

8. $x'=\frac{1}{1-x}$。

9. 提示：利用一维射影对应保持交比不变。

10. $\begin{cases}\rho x_1'=12x_2,\\ \rho x_2'=-7x_1+17x_2,\end{cases}$ $(1,1)\to(6,5),(5,7)\to(1,1)$。

11. 坐标原点 O 对应点的坐标为 $-\frac{1}{3}$；无穷远点的对应点为 2。

12. $(0,0)\to(0,0)$；$(1,0)\to(2,1)$；$(0,1)\to(4,1)$。

13. $\begin{cases}\rho x_1'=a_{11}x_1+a_{12}x_2,\\ \rho x_2'=a_{21}x_1+a_{22}x_2\end{cases}$ $(\rho\neq0)$，

$(1,0)\to(a_{11},a_{21}),\left(\frac{a_{22}}{a_{11}a_{22}-a_{12}a_{21}},\frac{a_{21}}{a_{12}a_{21}-a_{11}a_{22}}\right)\to(1,0)$。

14. 提示：利用不动点与交比的定义。

15. $x'=\frac{1-3x}{1+x}$。

16. 射影变换式为$\begin{cases}\rho x_1'=x_2-x_3,\\ \rho x_2'=x_1-x_3,\\ \rho x_3'=x_1+x_2-x_3。\end{cases}$

17. (1) 不动点为$(2,1-\sqrt{5}\mathrm{i}),(2,1+\sqrt{5}\mathrm{i})$；(2) 不动点为$(1,-2),(1,-1)$。

18. (1) 直线 $y_2=0$ 上的点都是不变点，即直线 $y_2=0$ 是不变点组；
(2) 不动点有$(0,0,1),(1,1,0),(1,6,5)$。

19. (1) 仿射几何；(2) 欧氏几何；
(3) 仿射几何；(4) 仿射几何；
(5) 射影几何。

20. (1) 仿射几何 (2) 欧氏几何；
(3) 欧氏几何；(4) 仿射几何；
(5) 射影几何；(6) 射影几何。

练 习 8

1. $x_1x_2+2x_2x_3-x_1x_3+x_3^2$。

2. (1) $3x_1^2-x_2^2-3x_3^2+2x_1x_2=0$；
(2) $\frac{(a_1-a_3)}{a_2-a_1}x_1x_2+\frac{(a_3-a_2)}{a_2-a_1}x_1x_3+x_2x_3=0$。

3. $x_1^2+x_2^2-x_3^2=0$。

4. (1) $3x_1-2\sqrt{10}x_2+4x_3=0$；(2) $x_1+x_2-2x_3=0$。

5. $4u_1+2u_2-u_3=0$。

6～8. 略。

9. $u_1^2-3u_2^2-u_3^2+6u_1u_2=0$。

10. 60。

11～12. 提示：利用帕斯卡定理。

13. (1) $9x_1+2x_2+4x_3=0$；　(2) $x_1+3x_2+x_3=0$；

(3) $19x_1+6x_2-2x_3=0$；　(4) $x_1-6x_2+8x_3=0$；

(5) $15x_1+23x_2+14x_3=0$。

14. (1) $(38,19,-20)$；　(2) $(1,1,-1)$；　(3) $(3,-17,-1)$；

(4) $(27,5,-1)$；　(5) $(30,9,43)$。

15. 提示：利用配极原则。

16. 提示：选择四交点决定的完全四点形的对角三点形作为坐标三点形。

17. (1) 二阶曲线的矩阵的秩为2,退化的,且奇点为$(2,1,-1)$；

(2) 二阶曲线的矩阵的秩为3,非退化的,无奇点；

(3) 二阶曲线的矩阵的秩为1,退化的,且直线 $x_1-2x_2+2x_3=0$ 上的一切点都是奇点。

18. 取二阶曲线$(\boldsymbol{x})(a_{ij})(\boldsymbol{x})^{\mathrm{T}}=0$ 上动点 $\boldsymbol{x}$,设定点 $\boldsymbol{y}$,将 $\boldsymbol{x}$ 与 $\boldsymbol{y}$ 确定的直线方程$(z)=\lambda(\boldsymbol{x})+\mu(\boldsymbol{y})$代入曲线方程讨论。

19. (1) $y_1^2+y_2^2-y_3^2=0$；　(2) $y_1^2-y_2^2-y_3^2=0$；

(3) $y_1^2=0$；　(4) $y_1^2-y_2^2=0$。

20. 二次曲线是双曲型二次曲线,其中心为$\left(\frac{1}{2},\frac{1}{2},-\frac{1}{2}\right)$。所以直径方程为 $x_1-x_3=0$,共轭直径方程为 $x_1+2x_2+x_3=0$。

21. 提示：利用极点、共轭直线的定义,以及齐次线性方程组有非零解的条件。

22. (1) 仿射坐标变换式为$\begin{cases}\rho x_1=x_1'+x_2'-7x_3',\\ \rho x_2=x_1'-x_2'-2x_3',\\ \rho x_3=x_1'-x_2'-3x_3',\end{cases}$标准方程为 $x_1'^2-3x_2'^2+12x_3'^2=0$,再取适选取坐标,可得标准方程为 $y_1'^2-y_2'^2+y_3'^2=0$；

(2) 仿射坐标变换式为$\begin{cases}\rho x_1'=x_1-x_2,\\ \rho x_2'=x_2-2x_2,\\ \rho x_3'=x_3,\end{cases}$标准方程为 $x_1'^2+x_2'^2-x_3'^2=0$；

(3) 仿射坐标变换式为$\begin{cases}\rho x_1'=x_1+x_2-3x_3,\\ \rho x_2'=x_2+4x_3,\\ \rho x_3'=\dfrac{1}{\sqrt{10}}x_3,\end{cases}$　标准方程为 $x_1'^2+x_2'^2-x_3'^2=0$；

(4) 仿射坐标变换式为$\begin{cases}\rho x_1'=2x_1+x_2+x_3,\\ \rho x_2'=2x_1+x_2+x_3,\\ \rho x_3'=2x_1+x_2+7x_3,\end{cases}$标准方程为 $x_1'^2-x_3'^2=0$。

23. 提示：令$\begin{cases}x'=2x+\beta y+r,\\ y'=px+qy+s,\\ \rho x_3'=2x_1+x_2+7x_3。\end{cases}$

练　习　9

1. 略。

2. (1) 因抛物线在仿射平面上的中心是无穷远点，故在欧氏平面上没有中心；
(2) 因为它们都相交于无穷远点；　　(3) 存在。

3. 略。

练　习　10

1. 提示：利用两向量积的几何意义，将三角形的面积表示成三种形式，即可证明正弦定理；利用两向量和的数量积即可证明余弦定理。

2. 略。

3～4. 提示：用向量法。

5. 提示：以两腰交点为原点、两腰所在直线为轴建立仿射坐标系。

6. 提示：利用仿射变换。

7. 提示：利用射影几何方法。

8. 提示：利用射影对应及调和共轭性。

参考文献

[1] 中国大百科全书·数学[M]. 北京：中国大百科全书出版社，1992.
[2] 李文林. 数学史概论[M]. 2版. 北京：高等教育出版社，2002.
[3] [美]莫里斯·克莱因. 古今数学思想[M]. 上海：上海科学技术出版社，2002.
[4] 梁宗巨. 数学历史典故[M]. 沈阳：辽宁教育出版社，1995.
[5] 张顺燕. 数学的源与流[M]. 2版. 北京：高等教育出版社，2003.
[6] 普通高中课程标准实验教科书. 数学 选修3-3 球面上的几何[M]. 北京：人民教育出版社，2007.
[7] 吕林根，许子道，等. 解析几何[M]. 4版. 北京：高等教育出版社，2006.
[8] 梅向明，黄敬之，等. 微分几何[M]. 4版. 北京：高等教育出版社，2008.
[9] 陈维桓. 微分几何初步[M]. 北京：北京大学出版社，2003.
[10] 梅向明，等. 高等几何[M]. 3版. 北京：高等教育出版社，2008.
[11] 李修昌，宋建华，崔仁浩. 高等几何[M]. 哈尔滨：哈尔滨工业大学出版社，2008.
[12] 罗崇善，庞朝阳，田玉屏. 高等几何[M]. 2版. 北京：高等教育出版社，2007.
[13] 朱德祥，朱维宗. 高等几何[M]. 2版. 北京：高等教育出版社，2007.
[14] 郑崇友. 几何学引论[M]. 2版. 北京：高等教育出版社，2005.
[15] 项昭，项昕. 高中数学选修课程专题研究[M]. 贵阳：贵州人民出版社，2007.
[16] 周建伟. 高等几何[M]. 北京：高等教育出版社，2003.
[17] 王兵. 几何学的思想与方法[M]. 济南：山东大学出版社，2009.
[18] 张奠宙，沈文选. 中学几何研究[M]. 北京：高等教育出版社，2006.
[19] 王家铧，沈文选. 几何课程研究[M]. 北京：科学出版社，2006.
[20] 胡炳生，等. 现代数学观点下的中学数学[M]. 北京：高等教育出版社，1999.